办公电脑应用自救手册

主　编　周瑞金

副主编　孔银昌　邓友勤　牛小梅

電子工業出版社

Publishing House of Electronics Industry

北京·BEIJING

内 容 简 介

本书以各类机关、企事业等单位的办公人员为对象，针对电脑在日常办公使用过程中可能出现的各种问题，以解决实际问题为主线，对各种常见的故障进行了仔细的分析和分类，重点介绍了电脑在主机、存储设备、外设、数据备份、操作系统、因特网、局域网等方面可能出现的状况及相应的解决方法，并且根据办公人员的实际需求，对 Word、Excel、PowerPoint 等常用办公软件的应用与疑难问题也进行了介绍。

本书内容丰富、实用性强，讲解上深入浅出、循序渐进，通过实例讲解将理论与实践相结合，使读者学习本书后可以自己动手轻松排除电脑中各种各样的故障，并提升自己的系统、软件应用水平，成为电脑高手。本书非常适合各类有一定电脑操作基础的各类机关和企事业单位用户阅读参考。

未经许可，不得以任何方式复制或抄袭本书之部分或全部内容。
版权所有，侵权必究。

图书在版编目（CIP）数据

办公电脑应用自救手册 / 周瑞金等编著. —北京：电子工业出版社， 2010.4
ISBN 978-7-121-10576-0

Ⅰ. ①办… Ⅱ. ①周… Ⅲ. ①办公室－自动化－应用软件－基本知识 Ⅳ. ①TP317.1

中国版本图书馆 CIP 数据核字(2010)第 049203 号

策划编辑：祁玉芹
责任编辑：鄂卫华
特约编辑：刘娴庆
印　　刷：北京市天竺颖华印刷厂
装　　订：三河市鑫金马印装有限公司
出版发行：电子工业出版社
　　　　　北京市海淀区万寿路 173 信箱　邮编　100036
开　　本：787×1092　1/16　印张：20.5　字数：499 千字
印　　次：2010 年 4 月第 1 次印刷
定　　价：35.00 元

凡所购买电子工业出版社图书有缺损问题，请向购买书店调换。若书店售缺，请与本社发行部联系，联系及邮购电话：（010）88254888。

质量投诉请发邮件至 zlts@phei.com.cn，盗版侵权举报请发邮件至 dbqq@phei.com.cn。

服务热线：（010）88258888。

前　言

随着计算机技术的飞速发展，计算机的应用越来越广泛，各行各业的日常办公几乎都离不开电脑，一旦电脑出现故障即会造成不可估量的损失。因此，办公人员除了要掌握电脑的基本应用之外，还必须掌握一些必备的维修维护知识，以便在出现问题后能够及时处理，最大化地减少因电脑故障而造成的损失。本书是一本专门针对在日常办公使用过程中可能出现的各种电脑故障的自救手册，对各种常见的故障进行了仔细的分析和分类，并重点介绍了办公电脑出现问题最多的一些环节的状况分析及解决方案，如主机、存储设备、外设、数据备份、操作系统、因特网和局域网等方面，以及 Word、Excel、PowerPoint 等常用办公软件的应用及疑难问题处理。

全书共 12 章，各章的内容概括如下：

第 1 章介绍电脑故障自救的常识性问题，包括电脑系统的构成，常见的电脑故障现象，常用的电脑故障诊断方法，电脑故障诊断必备工具，以及处理电脑故障的注意事项等。

第 2 章介绍电脑主机硬件故障的分析与处理方法，包括电脑硬件故障分析，以及 CPU、内存、硬盘、主板、显卡、声卡、光驱与刻录机、电源的具体故障及其解决办法。

第 3 章介绍常见的电脑四大类故障的处理方法，即启动故障处理，关机故障处理，系统死机故障处理和系统蓝屏故障处理。

第 4 章介绍电脑常用外设的使用与故障处理，即显示器、键盘、鼠标、打印机、扫描仪、投影仪及设备的故障诊断和处理方法。

第 5 章介绍存储设备故障和数据备份与恢复，包括硬件文件存储故障与处理，移动硬盘存储故障与处理，U 盘的存储故障与处理，以及 CD/DVD 刻录机故障与处理。

第 6 章介绍操作系统故障诊断与处理方法，包括 Windows 登录、硬件驱动程序、显示系统、应用程序运行等故障的诊断与处理方法，以及操作系统的安装与重装方法。

第 7 章介绍常用文字处理软件 Word 2007 的应用与疑难排解，包括 Word 2007 的基本应用，长文档处理、排版、表格、绘图和打印等操作的技巧与疑难排解，优化 Word 的方法，以及 Word 程序的运行故障及处理方法。

第 8 章讲述了常用电子表格中软件 Excel 2007 的应用与疑难排解，包括 Excel 2007 的基本应用，工作簿应用、单元格格式设置、图标的设置与创建、常用函数的使用、数据筛选等操作的技巧与疑难排解，以及 Excel 程序的运行故障及处理方法。

第 9 章介绍常用演示文稿软件 PowerPoint 2007 的应用与疑难排解，包括 PowerPoint 2007 的基本应用，图形对象与多媒体应用、图表应用、版式与设计、动画设置与播放、输出与文件安全等的技巧与疑难排解，以及 PowerPoint 程序的运行故障与处理方法。

第 10 章介绍网络办公中常见故障的诊断与排解方法，包括局域网连接、局域网资源共享、Internet 连接共享，以及无线网络中经常出现的问题与故障的解决方法，此外还介绍了网络安全的常见问题与故障解决方法。

第 11 章介绍电脑的优化与日常维护技巧，本章首先介绍了优化操作系统的作用，然后介绍了从硬件方面优化 Windows XP 系统的方法，优化启动登录及开关机速度的方法，优化桌面菜单及文件系统的方法，以及优化注册表的方法。此外还简单介绍了两款常用的优化软件。

第 12 章介绍电脑安全与病毒防范自救知识，包括检测与修复系统漏洞，Windows XP 安全设置，识别电脑病毒的常识性知识，防病毒软件的安装与使用，防杀木马的方法，保护自己的各种账号和密码的方法，以及中毒后系统恢复的技巧与方法等。

本书由周瑞金主编，孔银昌、邓友勤和牛小梅为副主编，参加本书编写的人员还有张聪品、何立军、靳瑞霞、杨馨、陆科、寇志谦、刘晓光、左现刚、许小荣、任保宏和高翔等。由于时间仓促，作者水平有限，书中难免有不妥之处，欢迎广大读者提出宝贵的意见（我们的 E-mail 地址：qiyuqin@phei.com.cn）。

编著者

2010 年 2 月

目录 Contents

第 1 章　电脑故障自救常识

【本章导读】

在自动化办公过程中，电脑是不可或缺的工具之一。但是，电脑毕竟是机器，在使用电脑的过程中经常会遇到各种问题，因此电脑维修是不可避免的。但是，并不是所有的电脑故障都必须请专业的维修人员来维修，对于一些常见的故障，用户完全可以自己来进行处理，这样不但可以省下维修费用，而且还可以免去找维修公司所浪费的时间。

【内容提要】

λ　电脑系统的构成。

λ　电脑故障现象。

λ　电脑故障诊断方法。

λ　电脑故障诊断必备工具。

1.1 电脑系统的构成

电脑系统主要由软件和硬件两部分组成。电脑硬件是指可以看得见摸得着的物理装置，即机械器件、电子线路等设备，如主机、显示器、音箱和键盘等，是电脑赖以存在的基础，也是软件系统得以正常运行的平台；而软件则是指使电脑运行所需的各种程序、数据及有关的文档资料，通常承担着为电脑有效运行和进行特定信息处理任务的全过程的服务。两者相辅相成，缺一不可。

1.1.1 电脑硬件

从外观上来看，电脑硬件主要由主机、显示器、鼠标和键盘四部分组成，多媒体型电脑还会配置音箱、声卡、摄像头等各种音频和视频设备。目前我们接触到的电脑基本上都属于多媒体型电脑。

一般来说，组成电脑的主要硬件包括以下一些设备。

（1） 主机部分。

电脑主机部分包括机箱、电源、CPU、主板、内存和存储器等设备，其中存储器分为内存储器和外存储器，外存储器中又包括硬盘、光盘、软盘等。在主机部分中，机箱相当于一个容器，其他所有部件都被固定在机箱内的相应部位，如图 1-1 所示。

图 1-1 主箱内部结构图

（2） 输入设备。

电脑的输入设备包括鼠标、键盘等，用于让用户将指令和信息输入到电脑主机中去。

（3） 输出设备。

输出设备包括显卡、显示器、声卡、音箱等，负责将电脑主机处理过的结果以图像或声音的形式传递给我们。

在所有硬件设备中，主机是整个电脑的核心，电脑的主板、CPU、内存、硬盘等基本部件都被放置在主机箱中（组装电脑主要就是组装主机箱内的部件），鼠标、键盘、打印机、音箱等所有外部设备都要和它相连。在使用光盘、U 盘等外部存储器时，也要依赖于主机。

1.1.2 电脑软件

电脑软件是指为方便使用电脑和提高电脑使用效率而组织的程序，以及用于开发、使用和维护的有关文档，通常承担着为电脑有效运行和进行特定信息处理任务的全过程的服务。电脑软件可分为系统软件和应用软件两大类。

1. 系统软件

系统软件是指管理、监控和维护电脑资源的软件，是电脑正常运转所不可缺少的程序及相关数据的集合，系统软件主要包括操作系统、数据库管理系统和各种程序设计语言等。

（1）操作系统。

操作系统（Operating System，简称 OS）是电脑系统的指挥调度中心，管理着电脑系统的硬件和软件资源。操作系统是各类软件中最基础的软件，它是用户和裸机之间的接口，为各程序提供运行环境，因此，操作系统又被称为平台软件。

常见的操作系统有 DOS、Windows 和 UNIX 等。其中，由微软公司开发的 Windows 是最常用的操作系统，用于个人电脑的主要有 Windows XP 和 Windows Vista 版本；用于服务器的主要有 Windows 2000 和 Windows 2003 版本。

（2）程序设计语言。

程序设计语言通常简称为编程语言，是一组用来定义计算机程序的语法规则，包括机器语言、汇编语言和高级程序设计语言，其中最常用的是高级程序设计语言，如 Basic 语言、Pascal 语言、C 语言等。一种计算机语言让程序员能够准确地定义计算机所需要使用的数据，并精确地定义在不同情况下所应当采取的行动。

（3）数据库管理系统。

数据库管理系统（Database Management System）是一种操纵和管理数据库的大型软件，用于建立、使用和维护数据库，简称 dbms。在迈向信息社会的今天，会有大量的信息需要去处理，因此数据处理是电脑应用的一个重要领域，通过将数据组织成数据库，用户可方便地对数据进行查询、统计、排序和分析等操作。目前应用较多的数据库管理系统有 FoxPro、Oracle、SQL Server、Access 等。

2. 应用软件

应用软件是指电脑用户为某一特定应用而开发的软件，如文字处理软件、表格处理软件和图像处理软件等。电脑之所以具有这么多的功能，都应当归功于应用软件。

应用软件运行于操作系统之上，由专业人员根据各种需要而开发。我们平时见到和使用的绝大部分软件都属于应用软件，如杀毒软件、文字处理软件、学习软件、游戏软件和上网软件等。

按照应用软件的开发方式和适用范围，应用软件又可以分为定制软件和通用应用软件两种类型。其中，定制软件是为解决特定问题而开发的软件程序，如特定单位的人事管理软件和财务软件等；通用应用软件则又可根据其具体用途分为办公自动化软件、管理和财务处理软件、网络通信软件、电脑游戏软件、杀毒软件、图形图像处理软件、媒体播放软件等。

为了方便用户，操作系统本身也带有一些小的应用程序，例如，Windows XP 就附带了“画图”和“写字板”等，可以完成一些简单的绘图和文字处理任务。但是，这些程序的功能通常都比较简单，因此要利用电脑执行诸如平面设计和文稿处理等任务时，还应在电脑中安装专门的应用软件。

1.2 常见的电脑故障现象

在电脑的使用过程中，或者由于硬件质量问题，或者因为使用者操作不当，或者由于软件出现了问题，难免会出现一些这样那样的故障。通常电脑故障可分为硬件故障、软件故障和非正常损坏故障3种类型。

1.2.1 硬件系统故障

造成硬件系统出现故障的原因很多，如电脑硬件系统使用不当，电脑的板卡部件及外部设备等硬件电路发生损坏，部件、设备等性能不良都可能引起硬件系统故障。通常，可以将故障原因分为两种，一种是电脑硬件本身发生电气或机械方面的物理故障，称为真故障；另一种并不是真正的硬件故障，而是由于人为操作或者其他外界因素造成电脑系统不能正常工作的现象，称为假故障。

1. 真故障

真正的硬件系统故障可能会导致所在板卡或外设的功能丧失，甚至造成电脑系统无法启动，严重时还可能出现发烫、鸣响和电火花等现象。常见的真故障有以下几种。

（1） 电源引起的故障：通常有电源供电电压不足、电源功率较低或不供电等原因。此类故障通常会造成无法开机、电脑不断重启等现象，修复此类故障需要更换电源。

（2） 由于硬盘兼容引起的故障：原因为电脑中两个以上的部件之间不能配合工作。修复此类故障需要更换部件。

（3） 元件及芯片故障：原因为电脑主板等部件中的元件芯片损坏。修复此类故障需要更换损坏的元件及芯片。

2. 假故障

如果电脑系统中的各部件和外设完好，却出现了电脑系统不能正常工作的现象，则可能是以下几种原因。

（1） 未打开设备电源开关：许多与电脑主机相连的设备都有独立的供电设备，在运行电脑时只打开主机电源是不够的，还需要打开显示器电源开关，否则会造成“黑屏”和“死机”的假象；如果用户使用的是外置调制解调器上网，还需要打开调制解调器的电源。

（2） 连接问题：输入输出设备以及其他外围设备都需要将数据线连接至主机接口才能使用。如果数据线脱落、接触不良都会导致该外设无法正常工作。例如，显示器接头松动会导致屏幕偏色、无显示等故障；又如，键盘和主机间的连线松动会导致电脑自检失败。

（3） 设置问题：首次与主机相连使用的外设都需要先进行设置或调试。例如，添置的新硬盘要与原硬盘使用同一条硬盘线，则应进行主从盘跳线设置，否则两硬盘冲突无法正常工作。

（4） 操作不当：没有认真阅读新购买的硬件设备使用说明就急于操作引起的故障。

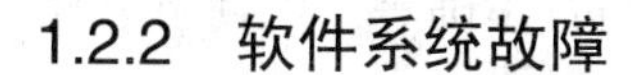

1.2.2　软件系统故障

软件故障主要是指软件使用不当、电脑感染病毒等软件引起的系统故障。电脑软件故障大致可分为：软件兼容性故障、系统配置故障、病毒故障、操作系统故障和应用程序故障等。

（1）　软件兼容性故障：指应用软件与操作系统不兼容造成的故障，修复此类故障时通常只需将不兼容的软件卸载即可。

（2）　系统配置故障：指由于修改操作系统中的系统配置选项而导致的故障，恢复修改过的系统参数即可修复此类故障。

（3）　病毒故障：指电脑中的系统文件或应用程序感染病毒而造成破坏，导致无法正常运行的故障，修复此类故障需要先杀毒，再将破坏的文件恢复。

（4）　操作故障：指由于误删除文件或非法关机等不当操作造成电脑程序无法运行或电脑无法启动的现象，修复此类故障时只要将删除或损坏的文件恢复即可。

（5）　应用程序故障：指由于应用程序损坏或应用程序文件丢失引起的故障。修复此类故障时通常需要卸载应用程序，然后再重新安装。

1.2.3　非正常损坏故障

除了电脑硬件故障与软件故障外，还有人为或外界环境引起的机器故障。有些用户在操作电脑时不注意操作规范及安全，会损坏电脑的部件。如带电插拔设备及板卡，安装设备及板卡时用力过度，都会造成设备接口、芯片和板卡等损伤或变形，从而引发故障。

因外界环境引起的故障，一般是指用户在未知的情况下或不可预测、不可抗拒的情况下引起的，如雷击、市电电压不稳，都有可能直接损坏主板。除此之外，外界环境的温度（温度过高）、湿度（湿度过大）和灰尘（灰尘太多）等也会造成电脑的性能不稳定引发电脑故障，如经常死机、重启或有时能开机有时又不能开机等。

1.3　常用的电脑故障诊断方法

很多用户刚接触电脑的时候都会有一种神秘感，电脑一出现故障就手足无措。其实，很多电脑故障的排除并不复杂，都是可以自己解决的，并不需要太多的电脑知识。下面介绍一下常用的电脑故障诊断和处理方法。

1.3.1　电脑故障的判断方法

多数电脑故障都有一定的规律可循，只要我们掌握了这个规律，就可以很容易地诊断出电脑故障出自何方。

当电脑发生故障后，用户首先要保持冷静，搞清楚电脑的当前配置情况，如操作系统的版本、早期安装和卸载的应用软件，以及电脑的工作环境和外部条件等，以便分析诱发电脑故障的直搠或间接原因。然后，用户可根据先假后真、先外后内、先软后硬的原则逐步识别电脑故障。

（1） 先假后真：指检查设置是否连接无误，回忆操作过程是否正确等，以判断电脑出现的故障是真故障还是假故障，排除了假故障后再考虑真故障。

（2） 先外后内：指先检查机箱外部连接，确认无误后再打开机箱检查主机内部的部件。

（3） 先软后硬：指先分析是否存在软件故障，排除后再考虑硬件故障。

1.3.2 电脑故障的诊断方法

电脑故障多种多样，但是如果找到正常的方法，就可以很容易地发现问题和解决问题。下面介绍几种常用的诊断电脑故障的方法。

1. 直接观察法

当电脑出现突如其来的故障时，用户应先对电脑进行外部观察，即一看二闻三听四摸。

（1） 看：指察看主板上的插头、插座是有否歪斜的，电阻、电容引脚是否相碰，主板表面是否有烧焦变色的地方，芯片表面是否有裂痕，主板上的铜箔是否被烧断等。

（2） 闻：指打开主机盖后闻一闻主板是否有烧焦的气味，以便发现故障和确定短路所在地。

（3） 听：指监听电源风扇、软/硬盘电动机或寻道机构、显示器变压器等设备的工作声音是否正常。另外，系统发生短路故障时常常伴随着异常声响，监听可以及时发现一些故障隐患，以便于用户在电脑故障发生前及时采取措施。

（4） 摸：指用手按压管座的活动芯片，看芯片是否松动或接触不良。另外，在系统运行时用手触模或靠近 CPU、显示器或硬盘等设备的外壳，根据其温度可以判断设备运行是否正常；除此之外，还可用手触摸一些芯片的表面，如发烫则有可能为芯片损坏。

2. 清洁法

电脑使用环境较差或使用时间较长后，主机内部就会积存一些灰尘，灰尘过多不但会造成主机内部件性能下降，还可能造成一些插卡或芯片的插脚氧化，造成接触不良。因此，当这类电脑出现故障时，首先应进行清洁工作，如打开主机盖，用毛刷轻轻刷去主机内部各组件上的灰尘。此外，还可以使用橡皮擦（或专业清洁剂）擦去各插卡金手指表面氧化层，重新插接好后开机检查故障是否排除。

3. 最小系统法

最小系统法是指将主机箱内所有接口卡、软盘驱动器、硬盘驱动器、键盘链、鼠标等全都拔下来，只剩下主板和电脑组成的系统。以最小系统法打开电源，系统仍没反应，则说明故障出在系统板本身。否则，用户可逐步在主板上加插部件，一步步确认电脑故障。例如用户可先将内存条插回主板，打开电源若有报警声，则说明是内存故障；接下来再插入其他部件，如显卡等。

4. 插拔法

插拔法是指在关闭电脑的情况下将主机内部主板上的组件逐块拔出，每拔除一个组件就开机观察电脑运行状态，若主板能够正常运行，则表示故障原因为该组件故障或相应 I/O 总线插槽及负载电路故障。若拔出所有插件板后系统启动仍不正常，则故障很可能就在主板上。

5. 交换法

交换法是指将同型号主板，总线方式一致、功能相同的主板或同型号芯片相互交换，根据故障现象的变化判断故障所在。如果能找到同型号的电脑部件或外设，使用交换法可以快速判定是否是元件本身的质量问题。此方法多用于易拔插的维修环境，例如内存自检出错，可交换相同的内存芯片或内存条来判断故障部位。如果是无故障芯片之间进行交换，故障现象依旧；若交换后故障现象变化，则说明交换的芯片中有一块是坏的，可进一步通过逐块交换而确定故障部位。

注意：

如果没有相同型号的电脑部件或外设，但有相同类型的电脑主机，也可以把电脑部件或外设插接到同型号的主机上，以判断组件是正常的还是存在故障。

6. 比较法

运行两台或多台相同或相类似的电脑，根据正常电脑与故障电脑在执行相同操作时的不同表现，可以初步判断故障产生的部位。

7. 震动敲击法

用手指轻轻敲击机箱外壳，有可能解决因接触不良或虚焊造成的故障问题。然后进一步检查故障点的位置。

8. 升温降温法

升温降温法采用的是故障促发原理，即制造故障出现的条件来促使故障频繁出现，以观察和判断故障所在的位置。人为升高电脑运行环境的温度，这样可以检验电脑各部件的耐高温情况（如 CPU），从而及早发现事故隐患。例如，人为降低电脑运行环境的温度，如果电脑故障出现率减少，说明故障出在高温或不能耐高温的部件中，这么做可以缩小故障诊断范围。

1.4 电脑故障诊断与维修的必备工具

故障确诊之后，接下来就可以根据判断来排除故障。在维修的过程中会用到一些必备的工具，这些工具包括两大类：硬件工具和软件工具。

1.4.1 硬件维修基本工具

电脑的硬件维修工具并不复杂，不一定非要使用专业的维修工具，只需要一些常用的简单工具即可，如螺丝刀、尖嘴钳、镊子、橡皮、手电筒等。当然，如果遇到一些特殊的电脑硬件故障，还需要一些比较专业的维修工具，如万用表、IC 起拔器、防静电工具、金

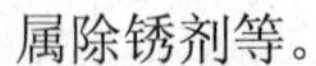

属除锈剂等。

1. 常用工具

常用的电脑硬件维修工具都是些极其普通的东西，在五金店就可以买到，主要包括下面一些工具。

（1） 螺丝刀：包括一字螺丝刀和十字螺丝刀两种，主要用于拆卸机箱。在选择螺丝刀时最好使用磁性螺丝刀，这样在拆卸机箱的过程中，即使有螺丝掉到主机内，也可以使用螺丝刀将其吸上来。建议用户最好是大小螺丝刀各准备一把，如图 1-2 所示。

（2） 尖嘴钳：主要用于插拨一些小元件，如跳线帽、主板支撑架（包括金属螺柱和塑料定位卡）等，如图 1-3 所示。

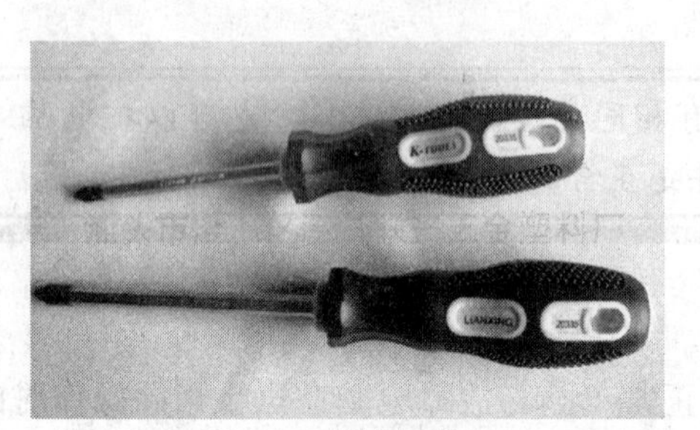

图 1-2 磁性螺丝刀

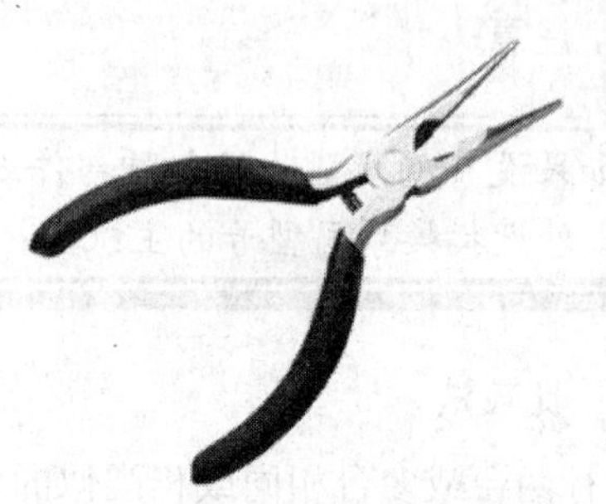

图 1-3 尖嘴钳

（3） 镊子：主要用于夹取人手很难拿捏的小螺丝或跳线，如图 1-4 所示。除此之外在使用电烙铁焊接元件时，镊子也是不可缺少的夹取、散热工具。

（4） 橡皮：即常用的绘图橡皮，如图 1-5 所示。主要用于擦除插卡部件金属接脚（即金手指）上的金属氧化层。

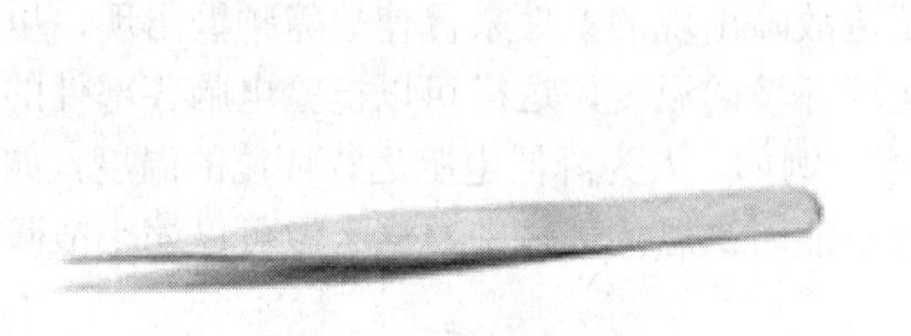

图 1-4 镊子

图 1-5 橡皮

（5） 手电筒：主要用于照明，如图 1-6 所示。由于电脑机箱里空间很小，各种部件排列紧密，当室内光线不足时要想看清机箱内某些部位，则可备只小手电。

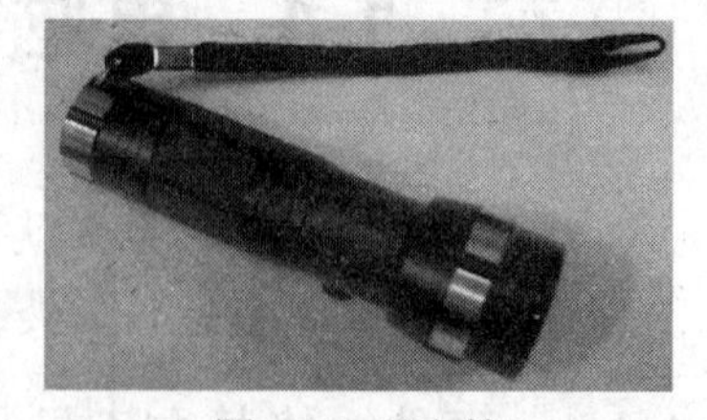

图 1-6 手电筒

提示：

维修时难免要拆卸电脑部件，可将拆下来的螺丝放在小空盒避免丢失，待维修完毕再将螺丝拧回原处。

2. 专业工具

图 1-7　Debug 卡

专业的硬件维修工具有 Debug 卡、万用表、IC 起拔器、防静电工具、金属除锈剂等。下面简单介绍一下这几种工具。

（1） Debug 卡：Debug 卡是诊断电脑故障时最常用到的检测工具，将此卡插在 PCI 插槽上，然后启动电脑，即可从卡上显示的故障代码检测出电脑故障问题所在，如图 1-7 所示。

（2） 万用表：主要用于检测系统各个点的电压信号，测量电源的输出电压，检测电路、电缆及开关的连通性（短路或断路），如图 1-8 所示。万用表上有不同的设置，可以测试电阻、直流电压、交流电压；每一个设置又包含有好几个量程，要注意选择合适的量程，量程过大会降低测量的精度，量程太小则会超出测量范围，严重的话还会损坏万用表。

注意：

> 如果用户使用万用表测量的电压是 220V 的市电，最好使用单手进行测量。因为在使用双手测量时，一不小心可能会使电流通过身体，造成回路，容易伤身。

（3） IC 起拔器：主要用于起拔主板或金属卡上的集成电路芯片，如图 1-9 所示。使用 IC 起拔器拆卸芯片，可避免伤及芯片上的拐角。使用时可将 IC 起拔器的两端插入集成电路芯片插座两头的空隙处，用力夹紧然后向上拔起。

图 1-8　万用表

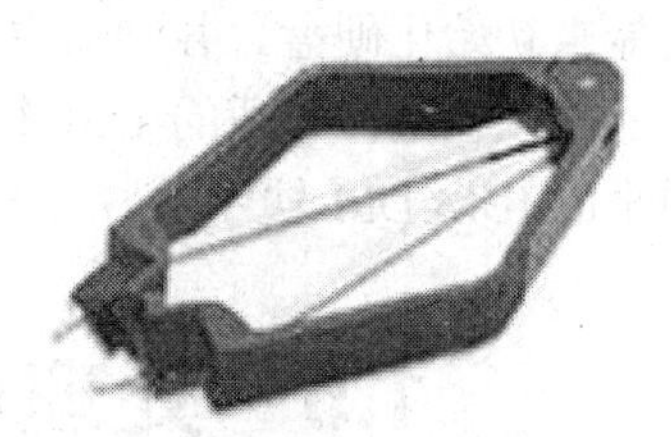
图 1-9　IC 起拔器

（4） 防静电工具：该工具由碗带和抗静电片组成，如图 1-10 所示。碗带和抗静电片上都含有导片，使用时应将导片的一端夹在主机上，而拆下的元件应放在抗静电片上。在进行硬件维修，尤其是维修服务器等高档电脑设备时，使用防静电工具可以保证部件及部件上的元件免受静电释放的破坏。

（5） 金属除锈剂：主要用于去除主板上扩展槽内的金属氧化层，如图 1-11 所示。使用时将喷嘴上的小细管对准主板上的扩展槽，按下喷嘴移动，将金属除锈剂均匀地喷在主板扩展槽内，即可去除金属氧化层。

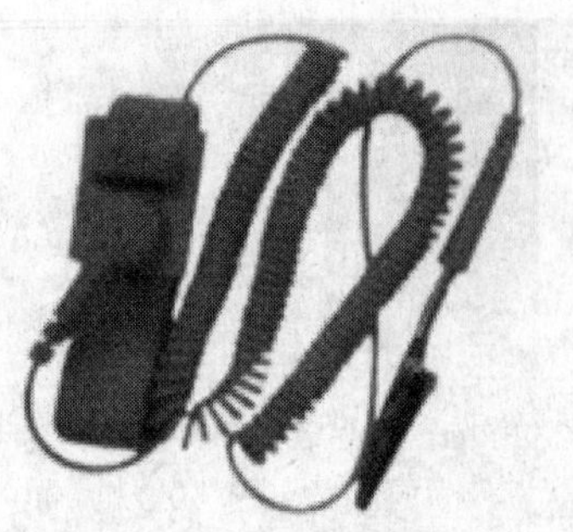

图 1-10　防静电工具

图 1-11　金属除锈剂

1.4.2　工具软件

除了硬件维修工具之外，在处理电脑故障时还需要准备一些软件工具，主要包括：系统启动盘、杀毒软件和 DM 软件。

（1） 系统启动盘：主要用于从软盘引导系统。如果用户使用的是 386、486 电脑，可准备一张 DOS6.2 的系统启动盘，这张盘上应含有 Fdisk、Format 等系统文件，主要用于启动和处理使用 DOS 6.2 的 386、486 电脑；如果用户使用的将有 Windows 98 操作系统的奔腾以上的电脑，可准备一张 Windows 98 系统启动盘。如果用户使用的是 Windows XP 或 Windows Vsita 操作系统，则应装备一张 Windows XP 或 Vsita 安装盘。

（2） 杀毒软件：用户可准备一种或几种优秀的杀毒软件，当电脑中毒时，可将杀毒软件插入软盘或光盘驱动器中，然后重新启动电脑，用杀毒盘引导电脑启动，并查杀电脑中的病毒。

（3） DM 软件：即 Disk Manager 硬盘管理软件，该软件主要用于对硬盘检测和处理。我们主要应用其中的硬盘低级格式化测试硬盘是否有坏道，并且应用它灵活的分区及快速格式化功能来初始化硬盘。各硬盘生产厂商都为自己的硬盘提供了专门的 DM 软件，用户可根据自己的硬盘选择合适的 DM 软件。用户也可使用万用版 DM，它由两部分组成，一部分是原来的 IBM-DM 软件，另一部分则是专门针对该软件开发的伙伴程序 DM.COM。

1.5　处理电脑故障的注意事项

在处理电脑故障之前，用户应先准确地检测出引起电脑故障的原因，然后再对电脑故障进行处理。同时，用户还应避免解决了一个故障又引发另一个故障。归纳说来，在处理电脑故障时需要注意以下事项。

（1） 移除电源：在拆装电脑零件时一定要记住先将电源移除，不要进行热插拔，以免因不当操作而烧坏电脑。

（2） 小心静电：维修电脑时要小心触电，以免静电损坏电脑元件，因此在接触电脑部件前应先消除静电。尤其是干燥的冬天，手经常带有静电，请勿直接用手触摸电脑部件。

（3） 工具准备：在维修前应先备齐所需的工具（如螺丝刀、尖嘴钳等），以免在维修过程中因缺少工具而无法继续维修。

第 2 章　电脑主机硬件故障分析

【本章导读】

要解决电脑主机的硬件故障，首先应该对出现问题的硬件进行故障分析，然后有针对性地对其进行故障排除。本章即介绍电脑主机各硬件组件的故障分析及其故障排除方法。通过本章的学习，读者应掌握电脑硬件故障分析技巧和排除 CPU、内存、硬盘、主板、显卡、声卡、内存、光驱、刻录机、电源等电脑硬件的故障的常用方法。

【内容提要】

- λ　电脑的硬件故障分析。
- λ　电脑硬件各部件的故障排除。

2.1 电脑硬件故障分析

电脑出现硬件故障的原因很多，灰尘、高温、潮湿、震动、磁场等都会影响电脑硬件的性能，因此，当电脑硬件出现故障后，用户首先应当分析一下环境因素，然后再查看硬件本身是否有问题。

2.1.1 电脑硬件常见故障

电脑使用久了，难免会出现一些故障，如常见的黑屏、死机、无故重启等问题，都是由于主板、显卡、内存等硬件的原因造成的。下面介绍一些常见的电脑硬件故障。

1. 死机

死机是常见的电脑故障之一，每个使用过电脑的人恐怕都遇到过死机现象。电脑死机是一件很讨厌的事，有时还会给用户带来不小的损失。导致电脑死机现象的硬件故障主要有下面几种原因。

（1） CPU 风扇故障。

造成电脑死机的最常见原因是 CPU 风扇出现了问题，导致 CPU 过热而造成的。此外，也有可能是显卡或电源的风扇出现了问题，导致温度过热所致。

当用户碰到死机现象后，可先将电脑主机平放在地上，打开主机箱，观察 CPU 风扇扇叶是否在旋转，如果扇叶完全不转，则说明 CPU 风扇出现了故障。但有的时候 CPU 风扇并没有完全停止转动，只是转数过小，这同样也起不到良好的散热作用。用户可以用一种简单的方法来判断 CPU 是否出现了故障：用手指轻轻放在 CPU 风扇的扇叶上，如果扇叶停止转动，即说明 CPU 风扇出现了故障，否则正常。

（2） 显卡或电源风扇故障。

如果不是 CPU 风扇的毛病，则用户可以检测显卡或电源的风扇是否出现了故障。显卡风扇的检测方法与 CPU 风扇的检测方法相同，这里不再赘述。如果要检测电源风扇，则用户可以将手心平放在电源后部；如果感觉吹出的风有力，不是很热，证明电源风扇运转正常，没有故障；如果感觉吹出的风很热，或是根本感觉不到风，则说明电源风扇出现了问题。

当出现由风扇故障而导致的死机现象时，只需更换相应的风扇即可解决故障。

2. 重启

电脑在正常使用的情况下无故重启也是电脑常见故障之一。造成电脑重启的最常见的硬件故障是由于 CPU 风扇转速过低或 CPU 过热。但是，也不排除是由于软件故障、系统漏洞或者非法操作而造成电脑重启，所以偶尔一两次的重启并不一定是电脑硬件的故障。造成电脑重启的常见硬件故障有以下几种。

（1） CPU 风扇故障。

一般来说，CPU 风扇转速过低或者过热只能造成电脑死机，但由于目前市场上大部分主板均有 CPU 风扇转速过低和 CPU 过热保护功能，当在系统运行的过程中检测到 CPU 风扇转速低于某一数值或者 CPU 温度超过某一度数时，自动重启电脑。这样，如果电脑开启了这项功能的话，CPU 风扇一旦出现问题，电脑就会在使用一段时间后不断重启。

要检测是否是由于 CPU 风扇转速过低或者 CPU 过热造成的电脑重启，用户可将 BIOS 恢复一下默认设置，关闭上述保护功能。如果电脑不再重启，就可以确认故障源了，这时只需一个 CPU 风扇即可解决重启故障。

（2）　电容故障。

造成电脑重启的另一个常见硬件故障是由于主板电容爆浆。电脑在长时间使用后，部分质量较差的主板电容就可能会爆浆。如果只是轻微的爆浆，电脑依然可以正常使用，但随着主板电容爆浆的严重化，主板会变得越来越不稳定，就会出现电脑重启的故障。

提示：

电容爆浆是指电容发胀漏液的现象。电容老化，或者电流电压过大，都会引起电容爆浆。

要检测电容是否爆浆，用户可将机箱平放，查看主板上的电容，正常电容的顶部是完全平的，部分电容会有点内凹；但爆浆后的电容则是凸起的。解决电容爆浆故障的方法只有一种，就是更换主板供电部分电容。

（3）　硬盘故障。

当电脑非法关机或者被磕碰后，电脑会有一个硬件自检的过程，但是如果在进入操作系统的过程中重启，并且一再如此的话，就要考虑是否是硬盘问题了。

要检查是否是由于硬盘故障造成的电脑重启现象，用户可找一个磁盘坏道修复软件修复一下硬盘。如果修复完毕的硬盘仍有坏道，就需要更换新硬盘。需要注意的是：在修复坏道之前用户要记住先备份硬盘数据。

（4）　电源故障。

电源是引起电脑重启的最大嫌疑之一，劣质的电源不能提供足够的电量，但系统设备增多，功耗变大，劣质电源输出的电压就会急剧降低，导致系统工作不稳定，即会出现重启的现象。

由于电源故障造成电脑重启的现象主要有以下几个原因：

- CPU 需要大功率供电时，电源功率不够而超载引起电源保护，停止输出。电源停止输出后，负载减轻，此时电源再次启动。由于保护恢复的时间很短，所以就表现为主机自动重启。
- 电源直流输出不纯，数字电路要求纯直流供电，当电源的直流输出中谐波含量过大，就会导致数字电路工作出错，表现为经常性的死机或重启。
- CPU 的工作负载是动态的，对电流的要求也是动态的，而且要求动态反应速度迅速。有些品质差的电源动态反应时间长，也会导致经常性的死机或重启。
- 更新设备（高端显卡/大硬盘/视频卡），增加设备（刻录机/硬盘）后，功率超出原配电源的额定输出功率，就会导致经常性的死机或重启。

如果是因为电脑故障而造成的电脑死机或重启，则用户需要更换高质量大功率计算机电源。

（5） 内存故障。

内存的热稳定性不良、芯片损坏或者设置错误也会造成系统重启，并且几率相对较大，原因有二：

- 内存热稳定性不良，开机可以正常工作，但当内存温度升高到一定温度后，就不能正常工作了，因而导致死机或重启。
- 内存芯片轻微损坏时，开机通过自检（设置快速启动不全面检测内存）也可以进入正常的桌面进行正常操作，但当运行一些 I/O 吞吐量大的软件（媒体播放、游戏、平面/3D 绘图）时就会重启或死机。

要解决由于内在故障而引起的电脑重启现象，只能更换内存。

（6） 显卡或网卡故障。

当用户使用独立显卡或者独立网卡时，如果外接卡的做工不标准或品质不良，也可能引发 AGP/PCI 总线的 RESET 信号误动作导致系统重启。此外，显卡、网卡松动，也可能引起系统重启。

（7） 接口故障。

电脑主机上有很多接口，用于连接电脑各部件及各种外部设备，如打印机，扫描仪等。接口的类型可分为并口、串口、USB 接口，如果接口有故障，或者外设不兼容时，电脑也会自动重启。例如，打印机的并口损坏，某一脚对地短路，USB 设备损坏对地短路，针脚定义、信号电平不兼容等，都可能造成电脑重启。

（8） 插座接触不良。

电源插座在使用一段时间后，簧片的弹性慢慢丧失，导致插头和簧片之间接触不良、电阻不断变化、电流随之起伏，系统就会很不稳定，一旦电流达不到系统运行的最低要求，就会造成电脑重启。此外，劣质电源也是导致电脑重启的一个重要原因。因此，用户在选择电源插座时，一定要选择购买质量过关的好插座和电源线。

3. 黑屏

显示器黑屏也是电脑常见故障之一，即开机时按下电源按钮后，电脑无响应，显示器黑屏不亮。当遇到这种故障时，用户应先检查一下电脑的外部连接，如显示器和主机的电源是否插好，显示器与主板信号接口处是否脱落等。排除了这些原因后，用户可打开机箱查看是否是 CPU 风扇出了毛病。

由 CPU 风扇故障造成的黑屏现象分为两种情况：一是开机后 CPU 风扇转但黑屏，二是按开机键 CPU 风扇不转而黑屏。

开机后 CPU 风扇转但黑屏的故障原因一般可以通过主板 BIOS 报警音来区分，要解决这个故障也很简单，用户可查找一下电脑旁边是不是有什么强磁的东西，如音箱、电视、磁铁等，如果有就应将它移开；如果不能确定是哪件东西有强磁，用户可以选择将显示器移开，然后再选择电脑显示器调节菜单，找到消磁一项，选择确认。有时显示器受到强磁的磁化后显示器本身已经不能完全修复显示器的偏色问题，这时用户可购买一根消磁棒来对显示器消磁，不过需要注意的是：如果经常对电脑进行消磁，尤其是长时间多次使用消磁棒对电脑进行消磁的话，会加速 CRT 显示器老化，所以要慎用消磁棒。

2.1.2　电脑硬件的故障处理思路

如果一台电脑反复出现蓝屏、死机、黑屏等问题，尤其是重装系统也还是重复出现同样的现象，就基本上可以肯定是硬件出了故障。用户通常可以按照以下两种方法来诊断和处理电脑硬件故障。

1. 最小系统法

当排除了由于外部原因（如插座没插好或者连接问题等）引起的电脑故障外，用户可采用最小系统法来检测故障究竟出自哪里。

这种处理方法的具体操作过程是：将电脑外部连接的所有的外设，如各种 USB 设备拔除，并且将电脑主机中的光驱、声卡、软驱、网卡、调制解调器等设备的连接线都拆下来，仅保留电源、主板、显卡、内存、CPU 等能够支持系统基本运行的硬件，尝试让机器运行在最小的配置状态下，看看是否能够顺利运行。如果可以，则将设备逐个安装上去，以检测故障出现在安装哪个设备之后，即可确定故障源是出自哪个部件。

2. 替换法

替换法是指用好的部件换下可能出故障的部件，从而找出故障部件。在使用替换法之前，一定要仔细检查各个部件的连接，如内存与内存槽的接触、CPU 的安装、显卡与扩展槽的接触等。如果主板上有空余插槽，用户可换一个槽位安装部件，然后开机检验。否则，用户可以通过逐个更换部件来进行测试。

在使用替换法检测硬件故障时，建议部件的替换顺序如下：内存→显卡→主板→电源→CPU。

不过，使用替换法来处理电脑硬件故障时，要求用户必须有足够的备件，否则难以使用这种方法。

2.1.3　电脑硬件的日常维护技巧

电脑故障不论大小都会给人带来很多麻烦，想要减少电脑故障，最重要的还是正确地进行日常维护。下面介绍一下电脑硬件各部件的日常维护技巧。

1. 整机维护

整机维修包括防尘、防高温、防烟雾、防磁、防潮、防震等几个方面。

（1）　防尘。

灰尘可以造成电脑硬件的工作性能降低，因此，除了要将电脑放置于整洁的房间外，还要为各电脑配件定期除尘，以避免灰尘太多对电脑配件造成不良影响。

（2）　防高温。

电脑周围应保留足够的散热空间，不要堆放杂物，以免影响电脑的散热性能。

（3）　防烟雾。

烟雾对电脑的损坏也不可小看，因此电脑工作期间应尽量不要吸烟。

（4）　防磁。

强磁可以使显示器画面变色、扭曲，甚至老化，因此电脑周围不要有强大磁场，也不要将磁盘、信用卡、手机能带磁性的东西放在电脑附近，以防被磁化。

（5） 防潮。

对于电脑来说，水是一项大忌，不管是主机、显示器也好，还是键盘、鼠标也好，都怕水，因此，要切记不要将水洒在任何一个电脑部件上。此外，如果长时间不用电脑，要记得定期开机运行一下，以驱除机体内的潮气。

（6） 防震。

电脑工作中不要搬运主机箱或使其受到震动，以免给硬盘带来震动。

2. 显示器的维护

显示器是电脑组件中最重要的也是最贵的部件，正确地维护显示器不但可以保证其使用质量，还可以有效地延长其使用寿命。在显示器的日常维护中，用户应注意以下几点。

（1） 不要用手去触摸显示屏。

显示器分为 CRT 显示器（普通显示器）和 LCD 显示器（液晶显示器）两种，但不管是哪一种显示器，都要注意尽量不要用手去触摸显示器屏幕，以免对屏幕造成伤害。

人手上会带有油脂和静电，目前 CRT 屏幕表面一般涂有防强光、防静电的 AGAS（Anti-GlareAnti-Static）涂层和防反射、防静电的 ARAS（Anti-ReflectionAnti-Static）涂层，而人手上的油脂会破坏显示器表面的涂层。此外，计算机在使用过程中会在元器件表面积聚大量的静电电荷，尤其是在显示器使用之后，用手去触摸显示屏幕时会发生剧烈的静电放电现象，静电放电可能会损害显示器，特别是脆弱的 LCD。

显示器屏幕由于长时间在外曝露，很容易变脏，在清洗 CRT 显示器屏幕的时候，要注意不能用酒精，因为酒精会溶解这层特殊的涂层，最好用绒布或者拭镜纸来插洗屏幕，而不要用普通的纸巾。

（2） 远离磁场源。

很多人都喜欢将音箱放置在显示器附近，其实这是大错特错的，因为音箱具有强大的磁场，对显示器非常不利。除了音箱之外，其他任何具有强磁场的东西也都不要置于显示器附近，但虽然如此，显示器还是不可避免的会受到各种电磁波的干扰，所以一般显示器都有消磁功能，用户应该定期（比如一个月）对显示器进行消磁，但要注意同一时段不要反复使用这个功能。

（3） 不要将杂物放置在显示器上。

CRT 显示器的散热孔通常在显示器顶部，因此不要将杂物放在显示器上面，以免将显示器外壳的散热孔堵住，影响散热。

（4） 避免强光照射。

强光会使显示器快速老化，因此不要让显示器受到强光的照射。此外，也不要将显示器调得太亮或对比度太强，以免显像管的灯丝和荧光粉过早老化。

（5） 不要擅自拆卸显示器。

显示器内有高压电路，因此，非专业人士的用户应注意不要擅自打开显示器，当显示器出现故障后可找专业的维修人员进行维修。

（6） LCD 显示器的维护。

LCD 显示器具有轻、薄，节约占地面积，图像更为清晰的优点，但是它比起 CRT 显示器来比较脆弱，尤其是其液晶面板应更加注意避免划伤，或者损害显示器的液晶分子，使显示效果下降。用户可购买一张保护膜贴上，以保护显示屏。

此外，对于液晶显示器还应该避免强烈的冲击和震动，以免损坏屏幕和敏感的电器元件。

防水和防老化对液晶显示器也是很重要的，要切记不要将水直接洒到显示屏表面上，以免水进入 LCD 导致屏幕短路；也不要使液晶显示器长时间处于开机状态（连续 72 小时以上），因为过长时间的连续使用，会使液晶面板发热、老化或元器件过热。

3. 主机的维护

主机箱内包含着电脑系统中最主要的各硬件部件，因此主机的整体维护也是一项重要的内容。对于主机的维护，用户需注意以下事项。

（1） 避免震动。

主机的防震主要是为了避免硬盘受到震动。硬盘是非常脆弱的，受到震动后如果出现坏道，则此部分的资料就会读不出来，导致数据丢失。此外，震动还可能使其他部件产生松动、脱落，造成接触不良等故障。

（2） 避免异物。

要防止机箱内混入螺丝钉等导电体，否则极容易造成机箱内的板卡短路，产生严重后果。

（3） 防静电。

如果电脑硬件出现了故障，必须打开机箱面板对主机内硬件进行维护维修时，应先切断电源，并且洗洗手，以释放静电。

（4） 保持整洁。

主机内部杂乱的数据线、电源线可用橡皮筋扎起来，这样不但给人整洁的感觉，还方便主机散热。

4. 主板的维护

主板安装在主机箱内部，上面有各种插槽和接口。当用户需要检测或更换插槽内安插的硬件部件（如内存条），或者要拔插 PS/2 接口的鼠标、键盘时，一定要切记先关闭电脑，千万不能在开机的状态下进行操作，否则，轻则毁坏接口，重则烧毁相关芯片或电路板。此外，插拔接口应该平行水平面拔出，以防止接口产生物理变形。

通常情况下，普通电脑上只有 USB 接口和 IEEE 1394 火线接口才支持热插拔，即可在不关主机的情况下进行插拔。

5. 硬盘的维护

虽然硬盘是密封的，但它仍然非常脆弱，所以在电脑运行时千万不要搬运主机，以免硬盘受到震动。此外，在硬盘高速运转时（即机箱面板上红灯闪烁的时候），千万不要重启电脑或者直接切断电源。

正确持拿硬盘的方法是握住两侧，最好不要碰其背面的电路板，因为手上的静电可能损害电路板（特别是气候干燥的时候），运输硬盘最好先套上防静电袋，然后用泡沫塑料保护，尽量减少震动。

6. CPU 的维护

CPU 是电脑的中枢，在安装 CPU 的时候要注意不要插反，因为 CPU 插座是有方向性的，插座上有两个角上各缺一个针脚孔，与 CPU 相对应。在安装 CPU 风扇时，一定要先

在 CPU 核心上均匀地涂上一层导热胶，但也不要涂太厚，以保证散热片和 CPU 核心充分接触，安装时不要用蛮力，以免压坏核心。安装好后，一定要接上风扇电源（主板上有 CPU 风扇的三针电源接口）。

CPU 风扇是 CPU 的保护神，就目前主流 CPU 的发热水平，假设没有 CPU 风扇，CPU 不用几分钟就会被烧毁，所以平时应该时常注意 CPU 风扇的运行状况，还要不时地清除风扇页片上的灰尘，以及给风扇轴承适当加些润滑油，以保证风扇运转正常。

此外，CPU 还有一个超频的问题，有很多用户喜欢超频使用 CPU，但其实现在主流 CPU 的运行频率已经够快了，完全没有必要超频使用，相反在夏天的时候还应该降频，以免其温度太高而被烧毁。当然，用户也不必对 CPU 的温度太过敏感，一般来说，CPU 在 75℃以下都可以安全工作。通常认为安全工作温度为极限工作温度的 80%。

7. 内存条的维护

内存条安插在主板上的 DIMM 插槽中，DIMM 插槽的两旁都有一个卡齿，当内存缺口对位正确且插接到位之后，这两个卡齿应该自动将内存卡住，这时用户会听到一声轻微的“咔哒”声。不过，DDR 内存条的金手指上只有一个缺口，缺口两边不对称，对应 DIMM 内存插槽上的一个凸棱，所以方向容易确定。

在拔起内存的时候，只需向外搬动两个卡齿，内存即会自动从 DIMM（或 RIMM）槽中脱出。

对内存条也应当定期除尘，否则可能会引起内存金手指与插口接触不良，这时可用橡皮或棉花沾上酒精清洗，以避免出现电脑黑屏等故障。

8. 驱动器的维护

驱动器根据其功能不同划分多种类型，如 CDROM、CDRW、DVDROM、COMBO、DVDRW 等。驱动器的日常保养也无非是防震、防尘、防潮、散热等一般硬件都需要注意的事项。此外，对于光驱用户还需要注意以下几个问题。

（1） 不要老把光碟留在光驱里。

因为光驱每隔一段时间就会进行检测，特别是刻录机，总是在不断地检测光驱，而高倍速光驱在工作时，电动机及控制部件都会产生很高的热量，一方面会使整机温度升高，另一方面也加速机械部件的磨损和激光头的老化。

（2） 不要是碟就往里面放。

光驱不是影碟机，其纠错能力远远不及影碟机，因此如果要看影碟的话不如直接买影碟机。

（3） 不要长时间使用驱动器。

如果想用电脑来看电影，建议先把影片复制到硬盘上，这样看起来也流畅，另外也可以使用虚拟光驱制作虚拟光盘。

（4） 硬盘、光驱主从跳线要设置正确。

在连接 IDE 设备时，遵循红红相对的原则，让电源线和数据线红色的边缘线相对，这样才不会因插反而烧坏硬件。IDE 线上一般都有防呆口，通常不会接反。

9. 电源的维护

电脑所使用的电源应与照明电源分开，特别注意不要和大功率的电器使用同一插座，最好使用单独的插座。用于电脑的电源及电源插座质量要高，电源与插座间接触性能要好，并且摆放要合理，使其不易碰绊，以尽可能杜绝意外掉电。如果条件允许，建议购买 UPS 或是稳压电源之类的设备，以保证为计算机提供洁净的电力供应。

此外，还要定期对电源盒进行除尘，因为电源盒中是灰尘最多的部件。为了避免风扇产生很大噪声，用户可定期给电脑风扇添加润滑油。

10. 鼠标和键盘的维护

鼠标和键盘是电脑硬件中使用频率最高的，因此，它们出现故障的几率也比较高。对于鼠标和键盘，在日常维护时都应该注意以下几点。

（1） 避免外力损伤。

在使用鼠标时，要防止碰摔及锐器划伤，不要强力拉动导线，点击鼠标时不要用力过度，以免损坏弹性开关。

在使用键盘时，要注意按键力度，在按键的时候一定要注意力度适中，动作要轻柔，强烈的敲击会损坏键帽，减少键盘的寿命。

（2） 尽量使用鼠标垫。

使用鼠标垫不但可以使移动更平滑，也增加了橡皮球与鼠标垫之间的摩擦力，如果是机械鼠标，还可以减少污垢通过橡皮球进入鼠标内部。在使用光电鼠标时，要注意保持鼠标垫的清洁，使其处于更好的感光状态，避免污垢附着在以光二极管和光敏晶体管上，遮挡光线接收。此外，光电鼠标勿在强光条件下使用，也不要在反光率高的鼠标垫下使用。

（3） 定期清洁。

不要在键盘上方吃东西、喝饮料，否则食物残渣就可能会掉到键盘里，堵塞键盘上的电路，造成输入困难。此外，鼠标和键盘要定期清洁，可用湿布或沾少量酒精进行清洗。注意清洗后必须晾干后方可与主机连接。清洗机械鼠标时，应先打开背面的旋转盘，卸下橡皮球，主要清洗转轴上的污垢。清洗光电鼠标时，则主要是清洗附着在光二极管和光敏晶体管上的污垢。

（4） 禁止热拔插。

不要在开机状态下对非 USB 接口的鼠标键盘进行插拔，这不仅对主板不利，也会对鼠标键盘造成损害。

（5） 注意防水。

不要将茶杯放在键盘上，一旦液体洒到键盘上，会造成接触不良、腐蚀电路造成短路等故障，损坏键盘。

11. 音箱的维护

音箱的使用寿命是比较长的，但是，并不是说它就是坚不可催的，在使用过程中还是要注意这样那样的问题。下面介绍一下音箱的日常维护技巧。

（1） 正确设置声卡输出方式。

我们通常使用的都是集成 AC'97 声卡和普通的有源音箱，机箱背面面板上有 3 个接口，在连接音箱和声卡时，一定要将各个插头正确插入相应的接口。其中线路输出接口为绿色，麦克风接口为红色，线路输入（模拟输入）接口为蓝色。

（2） 注意操作程序。

在进行开机、关机、重启等操作时，应将音箱音量关至最小，或者关闭电源，防止大

电流对音箱造成损害。

（3） 不要让音箱长时间大音量工作。

音箱长时间大音量地工作一方面对人的听觉不好，另外也容易烧毁电源及放大电路，对音箱本身造成损害。

（4） 注意音箱的摆放。

音箱的正确摆放方法应该是：以显示器为中心，左右对称摆放，并保证音箱喇叭正对使用者，低音炮方向性不强，位置可灵活一些；对于经常大音量使用的音箱，不要将音箱直接放在电脑桌上（尤其是低音炮），以免与电脑桌产生共振造成失真，同时较大的振动对高速运转的硬盘、光驱也有害。

12. U盘和移动硬盘的维护

U盘和移动硬盘是当前流行的移动存储介质，尤其是U盘，以其体积小、容量大、价格便宜、便于携带等优点得到众多用户的广泛拥护。U盘的搞震性较好，但要注意正确的使用方法，在拔除U盘的时候一定要记住先退出U盘驱动器，当提示可以安全删除硬件时再拔除U盘。

移动硬盘较U盘容量更大，但价格也相对较高，体积较大不便携带，因此适合存储和移动大文件。移动硬盘的内部采用微硬盘内芯，抗震性虽然比硬盘好，但仍然非常脆弱，因此主要的还是要防震。此外，在工作状态下最好不要移动移动硬盘。

13. 硬件其他维护常识

除了以上电脑整机及各组件的日常维护方法外，用户在日常操作中也要注意下面一些问题，免得因为误操作而伤害电脑硬件。

（1） 正确的开机和关机方法。

正确的开机方法是：先开外设，如显示器、打印机、UPS等，然后再开主机。因为外设（特别是CRT显示器）在启动时一般会产生高压，继而形成大电流，会冲击主板CPU芯片。

正确的关机方法是：单击任务栏上的“开始”按钮，打开“开始”菜单，选择其中的“关闭计算机”命令，在打开的对话框中选择“关闭”按钮。等彻底关闭主机后，再断开外围设备的启动开关和总电源开关。如果无法进行软关机，按住启动键3~5 s也可以关闭主机，但是此方法在硬盘还在高速运转的时候不要采用。

常常有些人因为种种原因在关机之后立刻又重新开机，这是非常错误的做法，因为过大的脉冲电流会冲击损伤内部设备，而且现在的硬盘都是高速硬盘，从切断电源到盘片还没有完全停止转动，重新开机使硬盘在减速时突然加速对硬盘不利。当然，在硬盘高速运转时突然关机或重启，使硬盘突然减速，也同样对硬盘不利。

最后还有一点是经常被人疏忽却又必须要注意的事情，就是在雷雨天气或断电、电压不稳定等情况下，最好不要打开电脑。

（2） 严密固定。

对于新配的电脑，一定要检查一下安装硬盘、驱动器的固定螺丝是否装齐、拧紧了，以防长期使用硬盘、驱动器运转产生的振动使固定螺丝变松，造成更大的震动。

（3） 妥善保管说明书

妥善保管电脑各种板卡和外设的说明书，一旦电脑出现问题，不管是自己修也好，还是请专业人员来维修也好，都有个参考依据。

2.2 CPU 常见故障排除

当电脑出现运行不稳定、通电后不能启动等现象时，用户可采用“替换法”来进行检测。如果排除了电源、内存以及软件、病毒等因素引发的故障，那么接下来就要检查是否是 CPU 出了问题。

由 CPU 造成的故障表现虽然是多种多样，但归纳起来也无外乎频繁死机、开机自检显示的工作频率反复变化、因超频过度而无法开机以及系统加电后没有任何反应等几种现象。下面分别介绍由 CPU 引起的不同故障现象的原因及解决办法。

2.2.1 CPU 频率自动降低

故障现象：开机后发现 CPU 的频率降低了，显示的信息是 Defaults CMOS Setup。

故障分析：重新设置 CMOS Setup 中的 CPU 参数，如果之后 CPU 显示正常，且使用正常，但 CPU 频率降低的情况还是时有发生，则应该是主板的电池问题，多半是电池电压已经低于 3 V 了。

解决方法：更换 CMOS 电池。方法是关闭主机电源，在主板上找到纽扣型的锂电池，更换电池。然后开机重新设置 CPU 参数。

2.2.2 CPU 超频引起显示器黑频

故障现象：CPU 超频使用几天后，复位后无效。

故障分析：先检查显示器的电源是否接好，电源开关是否开启，显卡与显示器的数据线是否连接好。确认无误后，关闭电源，打开机箱，检查显卡和内存是否接好，或者重新安装显卡和内存，再启动电脑，如果屏幕仍无显示，说明故障不在此。考虑到 CPU 是超频使用，而且是硬超，因此结论可能是超频不稳定引起的故障。

解决方法：开机后用手感触一下 CPU 是否发烫，如果是，找到 CPU 的外频与倍频跳线，逐步降频后，启动电脑，系统恢复正常，显示器也有了显示。

将 CPU 的外频与倍频调到合适的情况后，应检测一段时间看是否很稳定，如果系统运行基本正常，但是偶尔会出现点小毛病（如非法操作，程序点击几次才可打开），此时如果不想降频，为了系统的稳定，可适当调高 CPU 核心电压。

2.2.3 CPU 超频造成运行死机

故障现象：CPU 超频使用，每次开机运行 30 min 左右就死机，关机后不能立即重新启动开机，但间隔 1 h 左右之后还是可以开机启动。

故障分析：先打开机箱，然后启动电脑，观察 CPU 散热风扇是否转速慢或者停转，或者短时间内散热片升温过快。如果是前两种情况，说明风扇本身出现了问题；如果是后一种情况，则说明是由于超频引起的散热不良。

解决方法：如果是风扇本身出现了问题，建议更换一款新的 CPU 散热风扇；如果是超频引起的散热不良，则需更换功率更大的散热风扇；如果还是不行，则只能降低频率使用CPU。

2.2.4 无法用跳线恢复CPU频率

故障现象：在给CPU进行超频后，重新启动却出现了黑屏问题。由于电脑的主板是软跳线主板，只能在开机后进入CMOS才能更改CPU频率设置，但电脑黑屏导致无法完成这个操作。

故障分析：一种方法是按下机箱上的POWER键开启电脑的同时，按住键盘上的Insert键，大多数主板都将这个键设置为让CPU以最低频率启动并进入CMOS设置。如果这种方法不行，可以按Home键代替Insert键试试。成功进入CMOS后，可以重新设置CPU的频率。

解决方法：如果第一种方法无法实现，可以按照主板说明书的提示，打开机箱找到主板上控制CMOS芯片供电的3针跳线，将跳线改插为清除状态。清除CMOS参数同样可以达到让CPU以最低频率启动的目的。启动电脑后可以进入CMOS，重新设置CPU/硬盘驱动器/软盘驱动器参数即可。

2.3 内存常见故障排除

内存是电脑中的重要部件之一，用于存储程序和数据。对于计算机来说，有了存储器，才有记忆功能，才能保证正常工作。本节介绍由内存引起的常见故障现象及解决办法。

2.3.1 开机无显示

故障现象：启动电脑后，显示器黑屏，不显示任何内容。

故障分析：出现此类故障一般是因为内存条与主板内存插槽接触不良造成的。由于内存条原因造成开机无显示故障，主机扬声器一般都会长时间蜂鸣（针对Award Bios而言）。

解决方法：如果是内存条与主板内存插槽接触不良，用橡皮来回擦拭内存条的金手指部位，除去其上的锈迹即可解决问题（不要用酒精等清洗）；如果仍然出现开机无显示的现象，则可能是内存损坏，或者主板内存槽有问题，只能更换新硬件。

2.3.2 Windows注册表经常无故损坏

故障现象：Windows注册表经常无故损坏，提示要求用户恢复。

故障分析：此类故障一般都是因为内存条质量不佳引起，很难修复。

解决方法：更换内存条。

2.3.3 Windows经常自动进入安全模式

故障现象：Windows经常自动进入安全模式。

故障分析：此类故障一般是由于主板与内存条不兼容或者内存条质量不佳引起，常见于高频率的内存用于某些不支持此频率内存条的主板上。

解决方法：可以尝试在CMOS设置内降低内存读取速度看能否解决问题，如果不行就只能更换内存条了。

2.3.4　随机性死机

故障现象：随机性死机。

故障分析：此类故障一般是由于采用了几种不同芯片的内存条，而各内存条的速度不同产生一个时间差导致的。也有可能是内存条与主板不兼容，但此类现象比较少见。另一种情况可能是由于内存条与主板接触不良引起的。

解决方法：对于第一种情况，可以通过在 CMOS 设置降低内存速度的方法来解决，否则就只有将所有内存条更换为同一型号的。如果是第二种情况，则只有更换内存条。第三种情况下，可用橡皮擦拭内存条的金手指部位除锈后再插回。

2.3.5　内存加大后系统资源反而降低

故障现象：内存加大后系统资源反而降低。

故障分析：此类现象一般是由于主板与内存不兼容引起的，常见于高频率的内存条用于某些不支持此频率的内存条的主板上。

解决方法：在 COMS 中将内存的速度设置得低一点。

2.3.6　提示内存不足

故障现象：运行某些软件时经常出现内存不足的提示，或者从硬盘引导安装 Windows 进行到检测磁盘空间时系统提示内存不足。

故障分析：如果是在运行某些软件时经常出现内存不足的提示，一般是由于系统盘剩余空间不足造成的；如果是硬盘引导安装 Windows 进行到检测磁盘空间时系统提示内存不足，则一般是由于用户在 config.sys 文件中加入了 emm386.exe 文件。

解决方法：对于前一种情况，可以删除一些无用文件，多留一些空间，一般保持在 300 MB 左右为宜。对于后一种情况，则需要将 emm386.exe 文件屏蔽掉。

2.4　硬盘常见故障排除

硬盘是电脑主要的存储媒介之一，由一个或者多个铝制或玻璃制的碟片组成，碟片外覆盖有铁磁性材料。绝大多数硬盘都是固定硬盘，被永久密封固定在硬盘驱动器中。硬盘的作用是存储资料，当硬盘出现故障后，如果处理不当，往往会导致系统的无法启动和数据的丢失。下面介绍硬盘常见故障的诊断与排除方法。

2.4.1　系统不认硬盘

故障现象：系统不认硬盘。即系统无法从硬盘启动，从 A 盘启动也无法进入 C 盘，使用 CMOS 中的自动监测功能也无法发现硬盘的存在。

故障分析：这种故障大都出现在连接电缆或 IDE 端口上，硬盘本身故障的可能性不大，可通过重新插接硬盘电缆或者改换 IDE 口及电缆等进行替换试验，就会很快发现故障的所在。

解决方法：如果新接上的硬盘也不被接受，一个常见的原因就是硬盘上的主从跳线；

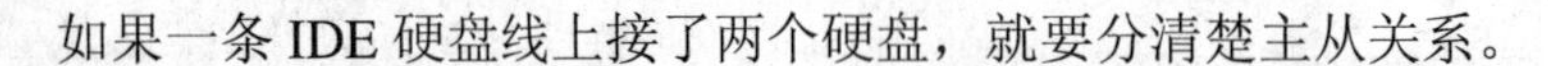

如果一条 IDE 硬盘线上接了两个硬盘，就要分清楚主从关系。

2.4.2 硬盘无法读写或不能辨认

故障现象：硬盘无法读写或不能辨认。

故障分析：这种故障一般是由于 CMOS 设置故障引起的。CMOS 中的硬盘类型正确与否直接影响硬盘的正常使用。现在的机器都支持“IDE Auto Detect”的功能，可自动检测硬盘的类型。当硬盘类型错误时，有时干脆无法启动系统，有时能够启动，但会发生读写错误。比如 CMOS 中的硬盘类型小于实际的硬盘容量，则硬盘后面的扇区将无法读写，如果是多分区状态则个别分区将丢失。还有一个重要的故障原因，由于目前的 IDE 都支持逻辑参数类型，硬盘可采用“Normal,LBA,Large”等，如果在一般的模式下安装了数据，而又在 CMOS 中改为其他的模式，就会发生硬盘的读写错误故障，因为其映射关系已经改变，将无法读取原来的正确硬盘位置。

解决方法：修改 CMOS 设置。

2.4.3 硬盘出现坏道

故障现象：硬盘出现坏道。硬盘出现坏道时，通常会发生下面一些现象：

（1） 在读取某一文件或运行某一程序时，硬盘反复读盘且出错，提示文件损坏等信息，或者要经过很长时间才能成功；有时甚至会出现蓝屏等。

（2） 硬盘声音突然由原来正常的摩擦音变成了怪音。

（3） 在排除病毒感染的情况下系统无法正常启动，出现“Sector not found”或“General error in reading drive C”等提示信息。

（4） Format 硬盘时，到某一进度停止不前，最后报错，无法完成。

（5） 每次系统开机都会自动运行 Scandisk 扫描磁盘错误。

（6） 对硬盘执行 Fdisk 时，到某一进度会反复进进退退。

（7） 启动时不能通过硬盘引导系统，用软盘启动后可以转到硬盘盘符，但无法进入，用 SYS 命令传导系统也不能成功。这种情况很有可能是硬盘的引导扇区出了问题。

故障分析：硬盘出现坏道除了硬盘本身质量以及老化的原因外，还有很大程度上是由于平时使用不当造成的。硬盘坏道根据其性质可以分为逻辑坏道和物理坏道两种，简单来说，逻辑坏道是由于一些软件或者使用不当造成的，这种坏道可以使用软件修复；而物理坏道则是硬盘盘片本身的磁介质出现问题，例如盘片有物理损伤，通常用软件无法修复，只能宣告该硬盘的结束。而逻辑坏道则是可以修复的，可重新使用各品牌硬盘自己的自检程序进行完全扫描。如果检查的结果是“成功修复”，就可以确定是逻辑坏道。

解决方法：当硬盘出现了物理坏道，除了更换新的硬盘外别无它法。而如果是逻辑坏道，则只要将硬盘重新格式化就可以了。由于逻辑坏道只是将簇号作了标记，以后不再分配给文件使用，为了防止格式化可能的丢弃现象，最好还是重新分区，或者 GHOST 覆盖也可以，不过，这两种方案都多多少少会损失些数据。

2.4.4 硬盘容量与标称值不符

故障现象：硬盘容量与标称值明显不符。

故障分析：一般来说，硬盘格式化后容量会小于标称值，但此差距绝不会超过 20%。如果两者差距很大，则应该在开机时进入 BIOS 设置，在其中根据硬盘容量作合理设置。如果还不行，则说明可能是主板不支持大容量硬盘。此种故障多在大容量硬盘与较老的主板搭配时出现。另外，由于突然断电等原因使 BIOS 设置产生混乱也可能导致这种故障的发生。

解决方法：如果是主板与硬盘不兼容所致，可尝试下载最新的主板 BIOS 并进行刷新来解决；如果是 BIOS 设置产生混乱所致，则重新设置 BIOS 即可解决。

2.4.5　不能正常引导系统

故障现象：无论使用什么设备都不能正常引导系统。

故障分析：这种故障一般是由于病毒所致。“硬盘逻辑锁”是病毒中包含的一种很常见的恶作剧手段，硬盘被病毒的“逻辑锁”锁住后，无论使用什么设备都不能正常引导系统，甚至是软盘、光驱、挂双硬盘都效果一样，不会起任何作用。

“逻辑锁”的上锁原理是：计算机在引导 DOS 系统时将会搜索所有逻辑盘的顺序，当 DOS 被引导时，首先要去找主引导扇区的分区表信息，然后查找各扩展分区的逻辑盘。“逻辑锁”修改了正常的主引导分区记录，将扩展分区的第一个逻辑盘指向自己，使得 DOS 在启动时查找到第一个逻辑盘后，查找下一个逻辑盘时总是找到自己，这样一来就形成了死循环，从而造成不能正常引导系统启动。

解决方法：给“逻辑锁”解锁比较容易的方法是热拔插硬盘电源。就是在当系统启动时，先不给被锁的硬盘加电，启动完成后再给硬盘插上电源线，这样系统就可以正常控制硬盘了。但是，这是一种非常危险的方法，搞不好就会把硬盘彻底弄坏。为了降低危险程度，碰到“逻辑锁”后，大家最好依照下面几种比较简单和安全的方法处理。

（1）准备一张启动盘，在其他正常的机器上使用二进制编辑工具（推荐 UltraEdit）修改软盘上的 IO.SYS 文件（修改前记住先将该文件的属性改为正常），具体是在这个文件里面搜索第一个“55AA”字符串，找到以后修改为任何其他数值。然后，就可以用这张修改过的系统软盘顺利地带着被锁的硬盘启动了。不过这时由于该硬盘正常的分区表已经被破坏，无法用“Fdisk”来删除和修改分区，这时用户可以用 Diskman 等软件恢复或重建分区。

（2）因为 DM 是不依赖于主板 BIOS 来识别硬盘的硬盘工具，就算在主板 BIOS 中将硬盘设为“NONE”，DM 也可识别硬盘并进行分区和格式化等操作，所以可以利用 DM 软件为硬盘解锁。方法是先将 DM 复制到一张系统盘上，接上被锁硬盘后开机，按 Del 键进入 BIOS 设置，将所有 IDE 接口设为“NONE”并保存后退出，然后用软盘启动系统，系统即可带锁启动，因为此时系统根本就等于没有硬盘。启动后运行 DM，DM 即可识别出硬盘，选中该硬盘进行分区格式化就可以了。这种方法简单方便，但是会丢失硬盘上的数据。

2.5　主板常见故障排除

主板是整个电脑的关键部件，在电脑中起着至关重要的作用。如果主板产生故障将会影响到整个 PC 机系统的工作。下面，我们就一起来看看主板在使用过程中最常见的故障有

哪些。

2.5.1 开机无显示

故障现象：开机无显示。

故障分析：电脑开机无显示，首先要检查的就是 BIOS。出现此类故障一般是因为主板 BIOS 被 CIH 病毒破坏造成（当然也不排除主板本身故障导致系统无法运行）。一般 BIOS 被病毒破坏后硬盘里的数据将全部丢失，所以可以通过检测硬盘数据是否完好来判断 BIOS 是否被破坏，如果硬盘数据完好无损，那么还有以下 3 种原因会造成开机无显示的现象。

（1） 因为主板扩展槽或扩展卡有问题，导致插上诸如声卡等扩展卡后主板没有响应而无显示。

（2） 免跳线主板在 CMOS 里设置的 CPU 频率不对，也可能会引发不显示故障，对此，只要清除 CMOS 即可予以解决。清除 CMOS 的跳线一般在主板的锂电池附近，其默认位置一般为 1、2 短路，只要将其改跳为 2、3 短路几秒种即可解决问题，对于以前的老主板如若用户找不到该跳线，只要将电池取下，待开机显示进入 CMOS 设置后再关机，将电池放上去也可以达到 CMOS 放电之目的。

（3） 主板无法识别内存、内存损坏或者内存不匹配也会导致开机无显示的故障。某些老的主板比较挑剔内存，一旦插上主板无法识别的内存，主板就无法启动。有时内存型号不同也会导致此类故障的出现。

解决方法：对于主板 BIOS 被破坏的故障，可以插上 ISA 显卡看有无显示，如有提示，按提示步骤操作即可。如果没有开机画面，用户可以自己做一张自动更新 BIOS 的软盘，重新刷新 BIOS。如果还是不能解决，建议找专业维修人员维修。

2.5.2 CMOS 设置不能保存

故障现象：CMOS 设置不能保存。

故障分析：此类故障一般是由于主板电池电压不足造成，对此予以更换即可，但有的主板电池更换后同样不能解决问题，此时有两种可能：一是主板电路问题；二是主板 CMOS 跳线问题；如将主板上的 CMOS 跳线设为清除选项，或者设置成外接电池，从而使得 CMOS 数据无法保存。

解决方法：如果是主板电路问题，需要找专业人员维修；如果是主板 CMOS 跳线问题，则重新设置跳线即可解决。

2.5.3 光驱读盘速度变慢

故障现象：在 Windows 下安装主板驱动程序后，出现光驱读盘速度变慢的现象，有时候甚至会出现死机。

故障分析：在一些杂牌主板上有时会出现此类现象，将主板驱动程序安装完成后，重新启动计算机不能以正常模式进入 Windows 98 桌面，而且该驱动程序在 Windows 98 下不能被卸载。

解决方法：出现这种情况后，通常用最新的驱动程序重新安装后即可解决问题。如果还是不行，就只能重新安装系统。

2.5.4　鼠标不可用

故障现象：安装 Windows 或启动 Windows 时鼠标不可用。

故障分析：出现此类故障的软件原因一般是由于 CMOS 设置错误引起的。

解决方法：在 CMOS 设置的电源管理栏有一项 modem use IRQ 项目，其选项分别为 3、4、5、……、NA，一般默认选项为 3，将其设置为 3 以外的中断项即可。

2.5.5　频繁死机

故障现象：电脑频繁死机，在进行 CMOS 设置时也会出现死机现象。

故障分析：在 CMOS 里发生死机现象，一般为主板或 CPU 有问题。

解决方法：

出现此类故障一般是由于主板 Cache 有问题或主板设计散热不良引起，笔者在 815EP 主板上就曾发现因主板散热不够好而导致该故障的现象。在死机后触摸 CPU 周围主板元件，发现其温度非常烫手。在更换大功率风扇之后，死机故障得以解决。对于 Cache 有问题的故障，我们可以进入 CMOS 设置，将 Cache 禁止后即可顺利解决问题，当然，Cache 禁止后速度肯定会受到影响。

如若按上述方法不能解决故障，那就只有更换主板或 CPU 了。

2.5.6　主板接口失灵

故障现象：主板 COM 口或并行口、IDE 口失灵。

故障分析：出现此类故障一般是由于用户带电插拔相关硬件造成的。

解决方法：可用多功能卡代替相关硬件，但在代替之前必须先禁止主板上自带的 COM 口与并行口。有的主板连 IDE 口都要禁止方能正常使用。

2.6　显卡常见故障排除

显卡的用途是将计算机系统所需要的显示信息进行转换驱动，并向显示器提供行扫描信号，控制显示器的正确显示，是连接显示器和个人电脑主板的重要元件，是“人机对话”的重要设备之一。显卡作为电脑主机里的一个重要组成部分，承担输出显示图形的任务，对于喜欢玩游戏和从事专业图形设计的人来说显卡非常重要。

2.6.1　开机无显示

故障现象：开机后显示器黑屏。

故障分析：此类故障一般是因为显卡与主板接触不良，或者主板插槽有问题造成的。

解决方法：对于一些集成显卡的主板，如果显存共用主内存，需注意内存条的位置，一般在第一个内存条插槽上应插有内存条。

提示：

对于 AWARD BIOS 显卡而言，由于显卡原因造成的开机无显示故障，开机后一般会发出一长两短的蜂鸣声。

2.6.2 显示器花屏

故障现象：显示花屏，看不清字迹。

故障分析：此类故障一般是由于显示器或显卡不支持高分辨率而造成的。

解决方法：花屏时可切换启动模式到安全模式，然后再在 Windows 98 下进入显示设置，在 16 色状态下单击“应用”、“确定”按钮。重新启动，在 Windows 98 系统正常模式下删除显卡驱动程序，重新启动计算机即可。也可不进入安全模式，在纯 DOS 环境下，编辑 SYSTEM.INI 文件，将 display.drv=pnpdrver 改为 display.drv=vga.drv 后，存盘退出，再在 Windows 中更新驱动程序。

2.6.3 颜色显示不正常

故障现象：颜色显示不正常。

故障分析：显示器显示颜色不正常也可能是显示器自身故障，或者显示器被磁化所致。如果排除了显示器的原因，则用户可以检查一下显卡与显示器信号线是否接触不良，或者显卡是否损坏；如果只是在某些软件里运行时颜色不正常，则可通过设置 BIOS 来解决。

解决方法：在某些软件里运行时显示颜色不正常的现象一般常见于老式机，用于可在 BIOS 里找到校验颜色的选项，将其开启即可解决。如果显卡损坏，则只能更换显卡。

2.6.4 死机

故障现象：死机。

故障分析：出现此类故障一般多见于主板与显卡的不兼容或主板与显卡接触不良。显卡与其他扩展卡不兼容也会造成死机。

解决方法：如果由于主板与显卡接触不良，应清洁显卡金手指部位；如果是由于显卡与主板或其他扩展卡不兼容引起的故障，则应更换其他可兼容型号的显卡。

2.6.5 屏幕出现异常杂点或图案

故障现象：屏幕出现异常杂点或图案。

故障分析：此类故障一般是由于显卡的显存出现问题，或者是由于显卡与主板接触不良造成。

解决方法：清洁显卡金手指部位或更换显卡。

2.6.6 显示驱动程序丢失

故障现象：显卡驱动程序丢失。

故障分析：显卡驱动程序载入，运行一段时间后驱动程序自动丢失，此类故障一般是由于显卡质量不佳或显卡与主板不兼容，使得显卡温度太高，从而导致系统运行不稳定或出现死机。此外，还有一类特殊情况，即以前能载入显卡驱动程序，但在显卡驱动程序载入后，进入 Windows 时出现死机。

解决方法：对于前一种情况，只有更换显卡一种方法。如果是后一种情况，则可更换其他型号的显卡在载入其驱动程序后，插入旧显卡予以解决。

如果这两种处理方法都不能解决此类故障，则说明是注册表故障，对注册表进行恢复或重新安装操作系统即可。

2.7　声卡常见故障排除

声卡是计算机进行声音处理的适配器，声卡故障可以造成计算机不能正常发声等现象。本节介绍声卡的常见故障诊断及排除方法。

2.7.1　声卡无声

故障现象：声卡无声。

故障分析：出现这种故障常见的原因有以下几种。

（1）　驱动程序默认输出为“静音”。

（2）　声卡与其他插卡有冲突。

（3）　安装 Direct X 后声卡不能发声。

（4）　一个声道无声。

解决方法：

（1）　单击屏幕右下角的声音图标（小喇叭），显示音量调节滑块，清除“静音”复选框中的对号。

（2）　调整 PnP 卡所使用的系统资源，使各卡互不干扰。有时打开“设备管理”窗口虽然未见黄色的惊叹号（冲突标志），但声卡就是不发声，其实也是存在冲突，只是系统没有检查出来。

（3）　安装 Direct X 后声卡不能发声，说明此声卡与 Direct X 兼容性不好，需要更新驱动程序。

（4）　检查声卡到音箱的音频线是否有断线。

2.7.2　声卡噪声过大

故障现象：声卡发出的噪音过大。

故障分析：出现这种故障常见的原因有以下几种。

（1）　插卡不正。

（2）　有源音箱输入接在声卡的 Speaker 输出端。

（3）　Windows 自带的驱动程序不好。

解决方法：

（1） 由于机箱制造精度不够高、声卡外挡板制造或安装不良导致声卡不能与主板扩展槽紧密结合，发现可见声卡上金手指与扩展槽簧片有错位。这种现象在ISA卡或PCI卡上都有，属于常见故障。一般可用钳子校正。

（2） 对于有源音箱，应接在声卡的Line out端，它输出的信号没有经过声卡上的功放，噪声要小得多。有的声卡上只有一个输出端，是Line out还是Speaker要从卡上的跳线决定，厂家的默认方式常是Speaker，所以要拔下声卡调整跳线。

（3）在安装声卡驱动程序时，要选择“厂家提供的驱动程序”选项，而不要选择“Windows 默认的驱动程序”选项。如果用“添加新硬件”的方式安装，要选择“从磁盘安装”而不要从列表框中选择。如果已经安装了Windows自带的驱动程序，可从“开始“菜单中选择“控制面板”→“系统”→“设备管理”→“声音、视频和游戏控制器”选项，点击各分设备，再选择“属性”→“驱动程序”→“更改驱动程序”→“从磁盘安装”选项。这时插入声卡附带的磁盘或光盘，装入厂家提供的驱动程序。

2.7.3 播放CD无声

故障现象：播放CD无声。

故障分析：播放CD无声分为两种情况，一种是完全无声，一种是只有一个声道出声。

如果用Windows 98的“CD播放器”播放CD完全无声，但“CD播放器”又工作正常，说明是光驱的音频线没有接好；如果只有一个声道出声，则可能是音频线接错了。

解决方法：

（1） 完全无声的解决方法：使用一条4芯音频线连接CD－ROM的模拟音频输出和声卡上的CD－in即可，此线在购买CD－ROM时会附带。

（2） 只有一个声道出声的解决方法：光驱输出口一般左右两线信号，中间两线为地线。由于音频信号线的4条线颜色一般不同，可以从线的颜色上找到一一对应接口。若声卡上只有一个接口或每个接口与音频线都不匹配，只好改动音频线的接线顺序，通常只把其中2条线对换即可。

2.7.4 PCI声卡出现爆音

故障现象：PCI声卡出现爆音。

故障分析：一般是因为PCI显卡采用Bus Master技术造成挂在PCI总线上的硬盘读写、鼠标移动等操作时放大了背景噪声的缘故。

解决方法：关掉PCI显卡的Bus Master功能，换成AGP显卡，将PCI声卡换插槽上。

2.7.5 无法正常录音

故障现象：无法正常录音。

故障分析：可能是传声器插头插错，或者是声音选项设置错误。

解决方法：首先检查传声器是否错插到其他插孔中。其次双击任务栏右端的小喇叭图标，从弹出的声音控制面板中选择“属性”→“录音”选项，看看各项设置是否正确。接下来在“控制面板”→“多媒体”→“设备”中调整“混合器设备”和“线路输入设备”，把它们设为“使用”状态。如果“多媒体”→“音频”面板中的“录音”选项是灰色的，可试试在“添加新硬件”→“系统设备”面板中添加“ISA Plug and Play bus”，把声卡随卡工具软件安装后重新启动。

2.7.6 PCI 声卡在 Windows 98 下使用不正常

故障现象：PCI 声卡在 Windows 98 下使用不正常。具体现象为：在声卡驱动程序安装过程中一切正常，也没有出现设备冲突，但在 Windows 98 下面就是无法出声或是出现其他故障。

故障分析：这种现象通常出现在 PCI 声卡上，用户可检查一下安装过程中把 PCI 声卡插在的哪条 PCI 插槽上。因为 Windows 98 中有一个 Bug，有时只能正确识别插在 PCI-1 和 PCI-2 两个槽的声卡，而在 ATX 主板上紧挨 AGP 的两条 PCI 插槽才是 PCI-1 和 PCI-2（在一些 ATX 主板上恰恰相反，紧挨 ISA 的是 PCI-1），所以，如果没有把 PCI 声卡安装在正确的插槽上，就会发生 PCI 声卡使用不正常的现象。

解决方法：分清插槽，正确安装 PCI 声卡。

2.8 光驱与刻录机常见故障排除

光驱或刻录机是多媒体电脑的重要组件之一，但是它们也是电脑硬件中最易损的部件，一旦光驱或刻录机罢工，有很多工作如通过光盘安装软件或者刻录光盘等都将不能正常进行。其实光驱与刻录机的很多故障并不复杂，只要略微维修一下就可以了。下面介绍光驱与刻录机的常见故障诊断与排除方法。

2.8.1 光驱工作时硬盘灯始终闪烁

故障现象：光驱工作时硬盘灯始终闪烁。

故障分析：这是一种假象，实际上并非如此。硬盘灯闪烁是因为光驱与硬盘同接在一个 IDE 接口上，光盘工作时也控制了硬盘灯的结果。

解决方法：将光驱单元独接在一个 IDE 接口上。

2.8.2 光驱使用时出现读写错误或无盘提示

故障现象：光驱使用时出现读写错误或无盘提示。

故障分析：这种现象大部分是在换盘时还没有就位就对光驱进行操作所引起的故障。

解决方法：对光驱的所有的操作都必需等光盘指示灯显示为正常时才可进行操作。在播放影碟时也应将时间调到零时再换盘。

2.8.3 光驱读不出数据或者读盘时间变长

故障现象：光驱在读数据时，有时读不出来，并且读盘的时间变长。

故障分析：光驱读盘不出的硬件故障主要集中在激光头组件上，且可分为两种情况：一种是使用太久造成激光管老化；另一种是光电管表面太脏或激光管透镜太脏及位移变形。

解决方法：对激光管功率进行调整，并且对光电管和激光管透镜进行清洗。

调整激光头功率的方法：在激光头组件的侧面有 1 个像十字螺钉的小电位器。用色笔记下其初始位置，一般先顺时针旋转 5°～10°，装机试机不行再逆时针旋转 5°～10°，直到能顺利读盘。注意切不可旋转太多，以免功率太大而烧毁光电管。

清洗光电管及聚焦透镜的方法：拔掉连接激光头组件的一组扁平电缆，记住方向，拆开激光头组件。这时能看到护套罩着激光头聚焦透镜，去掉护套后会发现聚焦透镜由四根细铜丝连接到聚焦、寻迹线圈上，光电管组件安装在透镜正下方的小孔中。用细铁丝包上棉花沾少量蒸馏水擦拭（不可用酒精擦拭光电管和聚焦透镜表面），并看看透镜是否水平悬空正对激光管，否则须适当调整。

2.8.4 开机检测不到光驱或者检测失败

故障现象：开机检测不到光驱或者检测失败。

故障分析：这类故障有可能是由于光驱数据线接头松动、硬盘数据线损毁或光驱跳线设置错误引起的。

解决方法：首先检查光驱的数据线接头是否松动，若有松动就应将其重新插好、插紧。如果确定不是接头的故障，可找一根新的数据线换上试试。这时如果故障依然存在，则需检查一下光盘的跳线设置，如有错误，将其更改即可。

2.8.5 光驱读盘能力下降

故障现象：一些以前能够顺利读取的光盘，现在需要很长时间才能识别出，有些带有划痕的盘也无法识别了。清理了激光头上的灰尘后也没什么起色。

故障分析：根据现象可以判断，光驱的激光头已经老化了。质量再好的光驱，也有一定的寿命，使用一定的时间后不可避免地会发生无法正常读盘的现象。

解决方法：如果光驱在保修期内，可与有关方联系维修或者更换部件。如果出了保修期，用户可以尝试自己调整激光头的发射功率，以提高读盘能力。但是需要注意，提高激光头的发射功率可以有效地提高读盘能力，但也加快了元器件的衰老速度。如果光驱还能比较正常地工作，建议不要调整发射功率。

调整激光头发射功率的方法是：拆开光驱，找到激光头旁边的电位器，使用一字螺丝刀小心调节，逆时针旋转 5º～10º（旋转一圈为 360º）。然后通电开机，检查光驱的读盘能力是否提高，否则关机进行反方向的调节。调节量不宜过大，否则会烧坏激光头。每次少调一点，开机检查一下效果，需要耐心地反复调整。

2.8.6 光驱托盘进出不畅

故障现象：光驱的托盘进出时不通畅，有时候进出很快，有时候好像被卡住似的，一顿一顿的。

故障分析：根据现象分析，应该是光驱的机械部分出现了问题。拆下光驱并打开外壳，仔细检查后发现，托盘旁边的齿轮和轨道有轻微的磨损，原来的少量润滑油与大量灰尘混合，已经失去润滑的功效。

解决方法：使用棉签小心擦去这些没有润滑作用的污物，均匀涂抹上新的润滑油。安装好后开机检查，故障排除。

2.8.7　DVD 光驱不能读 CD-R 光盘

故障现象：DVD 光驱读取普通 CD 光盘时正常，读取自己刻录的 CD-R 光盘时提示设备没有准备好。

故障分析：某些 DVD 厂商为了抵制盗版，没有提供对 CD-R 光盘的读取功能。

解决方法：检查一下产品说明书，或者查阅有关资料，确认该产品是否支持 CD-R。如果产品支持对 CD-R 光盘的读取，则需要对光驱进行检修。

2.8.8　播放刻录的音频 CD 有噪声

故障现象：无论使用电脑还是普通 CD 机，播放刻录机制作的音频 CD 都带有比较大的噪声。

故障分析：在刻录时，如果系统或光驱工作不稳定，被刻录的音频 CD 中就会有噪声。

解决方法：在刻录音频 CD 时使用低速刻录，而不要使用刻录机或者 CD-R 光盘所支持的最高速度。如果条件允许，最好先在硬盘中建立数据的镜像（很多刻录软件带有此功能），然后再刻录到音频 CD 上。

2.8.9　刻录机能读盘却不能刻盘

故障现象：新刻录机安装好后，发现只能读盘，不能刻盘。

故障分析：不同品牌的刻录机与不同的刻录软件可能存在兼容性问题，因此出现这种情况的原因可能是由于刻录机与刻录软件不兼容所造成的。

解决方法：首先检查设备的驱动程序是否正确安装，如果是，则尝试更换一个刻录软件。最好使用刻录机附带的刻录软件，或者厂商推荐的刻录软件。

2.8.10　安装刻录机后系统无法正常启动

故障现象：新 IDE 内置光盘刻录机安装到电脑上后，操作系统无法正常启动。

故障分析：开机检查，发现光盘刻录机与硬盘使用同一根 IDE 数据线，而且刻录机和硬盘的跳线都设置为 Master（主盘）。

解决方法：硬盘不要和光驱、光盘刻录机共用一根数据线，这样可能会影响数据传输的效率。将光盘刻录机跳线调整为 Slave（从盘），开机后系统启动正常。

2.8.11　光盘刻录连续失败

故障现象：一台 IDE 接口的内置刻录机，正常使用较长时间，突然出现连续刻盘几十张全部失败的情况。更换了几个刻录软件也无济于事。

故障分析：根据现象分析，故障应该出在刻录机上。检查刻坏的光盘，发现绝大部分盘面上没有激光刻录的痕迹，怀疑是刻录机激光头出现问题。卸下刻录机，打开外壳，发现激光头上蒙上了薄薄一层污垢。

解决方法：用棉签小心擦除激光头上的污垢，然后重新安装刻录机，开机试用，故障排除。

2.9 电源类故障排除

电源是提供电压的装置，它负责提供计算机中所有部件所需要的电能。电源功率的大小，电流和电压是否稳定，将直接影响计算机的工作性能和使用寿命。本节介绍由电源引起的电脑故障的诊断与排除方法。

2.9.1 电源老化导致的系统死机

故障现象：系统启动后不久就死机，显示器黑屏无信号，光驱灯长亮。无论进 Windows 98 系统、用系统盘引导、或进入 CMOS 系统都会出现此故障，一旦死机无论复位键还是电源键均不能关机，只有拔掉电源插座且必须等待一定时间后才能再次开机。

故障分析：为了排除软件故障，首先重新安装操作系统，但问题仍旧。考虑到 CMOS 设置也会导致死机的情况，于是恢复 CMOS 初始设置，打开机箱拆下其他卡件最小化引导，更换内存条，检查 CPU 故障依旧，用万用表测量内部供电插头电压均正常。由于此机为 ATX 电源，给主板供电的插头无法拔下测量，所以没有测量。分析本机购机时间较长，且内部配置板卡较多，电源在长期高负荷下运行，可能是电源部分的故障。测量市电电压高达 240 V，高于正常电压，找来一稳压器加上后起动故障消除，连续几小时均正常运转。结论为电源部件老化，长期高负荷运行已不能起到稳压作用，家用电脑没有配置 UPS 电源，因而导致电压高时无法正常工作。

解决方法：配置 UPS 电源。此外购机时应选用较好的功率足够的名牌电源，这样就可以避免长期使用过程中类似的问题出现，保证计算机的正常运转。

2.9.2 电脑自行通电

故障现象：电脑无故自动通电，具体表现为电源指示灯亮，机箱内风扇声嗡嗡直响，显示器却没有显示。

故障分析：查看说明书后发现，该主板 CMOS 设置中的电源管理设定（Power Management Setup）中 Resume On Ring/LAN 项默认值为“Enabled”。于是启动电脑进入 CMOS 设置查看，果然如此。因此可以断定，可能是由于电压不稳而使内置调解器接收到错误信号，导致主机自动通电。

解决方法：将 Resume On Ring/LAN 项值改为“Disabled”，存盘后重启电脑，故障消除。

2.9.3 休眠与唤醒功能异常

故障现象：不能进入休眠状态，或休眠后不能唤醒。

故障诊断：出现这些问题时，首先要检查硬件的连接（包括休眠开关的连接是否正确，开关是否失灵等）和 PS-ON 信号的电压值。进入休眠状态时，PS-ON 信号应为低电平（0.8 V 以下）；唤醒后，PS-ON 信号应为高电平（2.2 V 以上）。如果 PS-ON 信号正常，而休眠和唤醒功能仍不正常，则为 ATX 电源故障。

解决方法：进入夏季后，为了预防雷击，对 ATX 电源结构的计算机，如果用户长时间不使用，又不想进行远程控制，建议将交流输入线拔下，以切断电源输入。

第 3 章　常见四大类故障处理

【本章导读】

第 2 章介绍了电脑各硬件的常见故障，本章则集中了电脑常见的四大类故障，分别介绍它们的诊断与处理方法。电脑常见四大类故障分别为：启动故障；关机故障；死机故障；蓝屏故障。通过本章的学习，读者可以了解和掌握最常见的这四类电脑故障的诊断和解决方法，从而可以在遇到电脑故障时快速反应和及时处理。

【内容提要】

- λ　电脑启动故障的处理。
- λ　电脑关机故障的处理。
- λ　系统死机故障的处理。
- λ　系统蓝屏故障的处理。

3.1 电脑启动故障处理

当 Windows 无法启动时，很多故障都可以在安全模式下解决。如果连安全模式都无法进入，很多人就会选择重装系统。重装系统固然是一种解决得最彻底的方法，但电脑中的一些资料却可能会就此宣告结束。因此尽可能地排除启动故障才是解决问题的最佳途径。

3.1.1 电脑启动故障的主动报错信息

在启动电脑时，如果发现问题，系统会主动报错，显示一些提示信息。如果用户能够了解这些信息，就可以及时了解是哪里出现了问题，而不至于手足无措。

1. 文字信息

下面介绍一下电脑启动时出现的一些报错信息的含义。

（1） Bad CMOS Battery：说明主机内的 CMOS 电池电力不足。

（2） Cache Controller Error：说明 Cache Memory 控制器损坏。

（3） Cache Memory Error：说明 Cache Memory 运行错误。

（4） CMOS Checks UM Error：说明 CMOS RAM 存储器出错，请重新执行 CMOS SETUP。

（5） Diskette Drive Controller Error：说明该错误信息出现的原因可能是软盘驱动器未与电源连接；软盘驱动器的信号线与 I/O 卡之间的连接不正确；软盘驱动器损坏；多功能卡损坏；CMOS 里软驱参数设置错。

（6） Display Card Mismatch：说明主机内装显卡与系统设定值不匹配。

（7） Equipment Config Ration Error：说明硬件设备参数不合，重新设置 CMOS。

（8） Fixed Disk Controller Error：说明该错误信息出现的原因可能是硬盘未接电源；硬盘信号线与 I/O 卡之间的连接不正确；硬盘已损坏。

（9） Fixed Disk 0 Error：说明硬盘 0 磁道损坏。

（10） Insert System Diskette, Press ENTER Key To Reboot：说明没有系统引导盘。

（11） I/O Parity Error：说明输入输出程序无法正确运行。

（12） Keyboard Error：说明键盘连接错误或键盘损坏。

（13） Memory Error：说明主板上 DRAM、SIMM 或附加的内存条损坏。

（14） Memory Size Mismatch：说明系统检测到的内存条容量与实际不符。

（15） Press Fl To Continue or Ctrl+Alt+Esc For SETUP：说明系统设定错误。

（16） Protected Mode Test Fail：说明 CPU 保护模式错误。在该情况下，系统仍可在实模式（Real Mode）DOS 环境下运行。

（17） RAM BIOS Not Exist：说明当用户想启动 SHADOW RAM 时但 SHADOW RAM 不存在。

（18） RAM Parity Error：说明主板上 DRAM 或 SIMM 无法正常运行。

（19） Real Time Clock Error：说明时钟设定不正确。

2. 声音信息

电脑开机自检时，机内小喇叭会发出各种“嘟”声，这也是电脑在报告自检信息。不同的 BIOS，“嘟”声的含义也不同。下面列出两类常见 BIOS 的开机自检声音信息。

（1） AMI BIOS

- 1 短声：表示内存刷新失败。
- 2 短声：表示内存 ECC 较验错误。
- 3 短声：表示系统基本内存（第 1 个 64 K）自检失败。
- 4 短声：表示系统时钟出错。
- 5 短声：表示 CPU 出错。
- 6 短声：表示键盘控制器错误。
- 7 短声：表示系统实模式错误，不能进入保护模式。
- 8 短声：表示显示内存错误（如显示内存损坏）。
- 9 短声：表示主板 Flash RAM 或 EPROM 检验错误（例如 BIOS 被 CIH 病毒破坏）。
- 1 长 3 短声：表示内存错误（例如内存芯片损坏）。
- 1 长 8 短声：表示显示系统测试错误（如显示器数据线或显卡接触不良）。

（2） Award BIOS

- 1 短声：表示系统正常启动。
- 2 短声：常规错误，应进入 CMOS SETUP，重新设置不正确的选项。
- 1 长 1 短声：表示 RAM 或主板出错。
- 1 长 2 短声：表示显示器或显卡错误。
- 1 长 3 短声：表示键盘控制器错误。
- 1 长 9 短声：表示主板 FlashRAM 或 EPROM 错误（例如 BIOS 被 CIH 病毒破坏）。
- 不间断长“嘟”声：表示内存条未插好或有芯片损坏。
- 不停响声：表示显示器未与显卡连接好。
- 重复短“嘟”声：表示电源有故障。
- 无“嘟”声同时无显示：表示电源未接通。

3.1.2 电脑硬件启动故障处理

当用户按下电脑主机上的电源开关后，电脑即进入启动状态。在电脑的启动过程中，会首先进行自检，包括系统中安装的各硬件设备是否存在以及能否正常工作，然后执行系统文件，初始化一些重要的系统数据，一切顺利结束后，电脑才能正常启动。如果在启动过程中出现了问题，则电脑不能正常启动。本节先介绍几种常见的电脑硬件启动故障的处理方法。

1. 开机后电脑无响应

故障现象：打开电源，按下开机按钮后，电脑无任何动静。

故障分析：此时电源应向主板和各硬件供电，无任何动静说明是供电部分出了问题（包括主板电源部分）。

解决方法：

（1） 市电电源问题。检查电源插座是否正常，电源线是否正常。

（2） 机箱电源问题。检查是否有 5 V 待机电压，主板与电源之间的连线是否松动。若不会测量电压可以找个电源调换一下试试。

（3） 主板问题。如果市电电源和机箱电源都没有问题，那么主板故障的可能性就比较大了。用户可先检查一下主板和开机按钮的连线有无松动，开关是否正常。可以将开关用电线短接一下试试。如果不是这些问题，则应更换一块同型号或者同一芯片组的主板试试。

2. 开机有反应但显示器无图像

故障现象：按下开机按钮后，风扇转动，但显示器却不显示图像，电脑无法进入正常工作状态。

故障分析：风扇转动说明电源已开始供电；显示器无图像，电脑无法进入正常工作状态，说明电脑未通过系统自检，主板 BIOS 设定还没输出到显示器。因此，故障应出在主板、显卡和内存上。但有时劣质电源和显示器损坏也会引起此故障。

解决方法：

（1） 如果有报警声，说明电脑自检出了问题。报警声是由主板上的 BIOS 设定的。BIOS 有两种，分别为 AMI 和 AWARD。大多数主板都是采用 AWARD 的 BIOS。

AWARD 的 BIOS 设定为：

- 长声不断响：表示内存条未插紧。
- 1 短：表示系统正常启动。
- 2 短：表示 CMOS 设置错误，需重新设置。
- 1 长 1 短：表示内存或主板错误。
- 1 长 2 短：表示显示器或显卡错误。
- 1 长 3 短：表示键盘控制器错误。
- 1 长 9 短：表示主板 BIOS 的 FLASH RAM 或 EPROM 错误。

AMI 的 BIOS 设定为：

- 1 短：表示内存刷新故障。
- 2 短：表示内存 ECC 校验错误。
- 3 短：表示系统基本内存检查失败。
- 4 短：表示系统时钟出错。
- 5 短：表示 CPU 出现错误。
- 6 短：表示键盘控制器错误。
- 7 短：表示系统实模式错误。
- 8 短：表示显示内存错误。
- 9 短：表示 BIOS 芯片检验错误。
- 1 长 3 短：表示内存错误。
- 1 长 8 短：表示显示器数据线或显卡未插好。

（2） 如果没有报警声，可能是喇叭坏了，可按下列步骤进行检测与处理。

第一步：检查内存。将内存取出用橡皮将插脚擦干净，换个插槽插牢试机。如果有两根以上的内存条共用的，请只用一根内存条试机。

第二步：检查显卡。检查显卡是否插实，取出后用橡皮将插脚擦干净安装到位后再试机。然后将显卡与显示器连线拔掉再试机，看是否进入下一步自检。如有可能可更换一个显卡试试。

第三步：检查主板。首先将主板取出放在一个绝缘的平面上（因为有时机箱变形会造成主板插槽与板卡接触不良），检查主板各插槽是否有异物，插齿有没有氧化变色，如果发现其中的一两个插齿和其他的插齿颜色不一样，那肯定是氧化或灰尘所致，可用小刀将插齿表面刮出本色，再插上板卡后试机。然后，检查主板和按钮之间的连线是否正常，特别是热启动按钮。最后，用放电法将 BIOS 重置试试，方法是将主板上的钮扣电池取下来，等五分钟后再装上，或直接将电池反装上 2 s 再重新装好，然后试机看是否正常。如果有条件可更换一块主板试试。

第四步：检查 CPU。如果是 CPU 超频引起的故障，那么上面将 BIOS 重置应该会解决这个问题，如果没超频，那么检查风扇是否正常，实在不行可更换 CPU 试试。

第五步：电源不好也会出现这种现象，有条件可更换电源试试。

第六步：如果前面几步的方法都无法解决问题，可将除 CPU、主板、电源、内存、显卡之外的硬件全部拔下，然后试机看是否正常。如果试机正常，在排除电源和主板出现问题的可能性之后，可用最小系统法进行测试；如果试机不正常，则可将这些部件分别更换一下试试。

3. 进入操作系统但显示无图像

故障现象：开机后，显示器无图像，但机器读硬盘，通过声音判断，机器已进入操作系统。

故障分析：这一现象说明主机正常，问题出在显示器和显卡上。

解决方法：检查显示器和显卡的连线是否正常，接头是否正常。如有条件，可更换一下显卡和显示器试试。

4. 自检未完成时停止

故障现象：开机后已显示显卡和主板信息，但自检过程进行到某一硬件时停止。

故障分析：显示主板和显卡信息说明内部自检已通过，主板、CPU、内存、显卡、显示器应该都已正常（但主板 BIOS 设置不当，内存质量差，电源不稳定也会造成这种现象）。问题出在其他硬件的可能性比较大。

注意：

一般来说，硬件坏了而 BIOS 自检只是找不到，但还可以进行下一步自检。如果是因为硬件的原因停止自检，说明故障比较严重，硬件线路可能出了问题。

解决方法：

（1） 要解决主板 BIOS 设置不当，可以用放电法来处理，或者进入 BIOS 修改，也可以重置为出厂设置（查阅主板说明书就会找到步骤）。在修改 BIOS 时要注意，在 BIOS 设置中如果把键盘和鼠标报警项设置为出现故障就停止自检，那么键盘和鼠标坏了就会出现这种现象。

（2） 如果能看懂自检过程，一般来说，BIOS 自检到某个硬件时停止工作，那么这个硬件出故障的可能性非常大，可以将这个硬件的电源线和信号线拔下来，开机看是否能进入下一步自检。如果可以就是这个硬件的问题。

（3） 如果看不懂自检过程，可将软驱、硬盘、光驱的电源线和信号线全部拔下来，将声卡、调制解调器、网卡等板卡全部拔下（显卡内存除外），将打印机、扫描仪等外置设备全部断开，然后按硬盘、软驱、光驱、板卡、外置设备的顺序重新安装，安装好一个硬件就开机试试，当接至某一硬件出现问题时，就可判定是该硬件引起的故障。

5. 通过自检但无法进入操作系统

故障现象：通过自检，但无法进入操作系统。

故障分析：出现这种现象，说明是找不到引导文件，如果不是硬盘出了问题就是操作系统坏了。

解决方法：检查系统自检时是否找到硬盘，如看不懂自检过程，可以用启动盘重试，即放入带光碟启动的光盘或启动软盘，将 BIOS 内设置改为由光驱（软驱）引导。重新开机进入 A 盘后，输入“C:”按 Enter 键。如果能进入 C 盘，说明操作系统出问题。重新安装操作系统；如果不能进入 C 盘，则说明硬盘或者分区表损坏，可用分区软件判断是否可以分区。若不能分区，说明硬盘坏了，反之是分区表损坏。重新分区即可解决故障。

6. 进入操作系统后死机

故障现象：进入操作系统后不久死机。

故障分析：进入操作系统后死机的原因很多，硬件方面的问题应出在内存、电源、CPU 和各个硬件的散热这几个方面。

解决方法：

（1） 打开机箱，观察显卡和 CPU 电源的风扇是否都正常转动，散热片上是否灰尘较多，机箱内是否较脏。如果机箱内灰尘较多，可断电清理灰尘。此外，可用手摸硬盘是否较热（正常状态比手微热），如果烫手，可以确定硬盘有问题。

（2） 如果 CPU 处于超频状态，请降频使用。

（3） 电源，内存和主板质量不好引起的故障只能通过分别调换后试机来确定。

7. 提示插入系统盘

故障现象：开机自检通过后，提示插入系统盘。

故障分析：

（1） 插入系统盘启动到 DOS 模式，查看分区，C 盘正常。

（2） 在 DOS 模式下，转系统到 C 盘。

（3） 重启后，故障依旧。查杀病毒，没发现异常。

（4） 在自动批处理文件中发现一条启动后访问 A 盘的语句。

解决方法：删除启动后访问 A 盘的语句后，一切正常。

3.1.3　电脑软件启动故障处理

电脑无法正常启动，除了硬件方面的原因外，也不排除软件方面的原因，如某些文件丢失，或者文件格式非法，都可能造成电脑启动故障。下面介绍几种常见的因软件故障而造成电脑不能正常启动现象的解决方法。

1.　解释命令出错或丢失

故障现象：启动时出现 Bad or missing command interpreter（解释命令出错或丢失）的信息。

故障分析：由于操作系统每次开机时，都需要引导两个隐含的系统文件（IO.SYS、MSDOS.SYS）及 COMMAND.COM 文件，从而完成机器的启动。出现以上问题是由于引导盘里缺少 COMMAND.COM 文件所造成的。

解决方法：复制一个 COMMAND.COM 文件到硬盘上，则故障消失；换一张完好的系统盘引导机器（必须要与硬盘上的系统版本一致）；使用系统盘的 Copy 命令，格式为：COPY COMMAND.COM C:17．硬盘引导记录损坏而引起的故障排除。

2.　硬盘引导记录损坏

故障现象：启动时出现 Disk boot failure,Insert systemdisk（硬盘引导记录损坏，插入系统盘）信息。

故障分析：若出现此类信息，表明系统引导区受损或遭到病毒侵袭。

解决方法：比较保险的方法是通过确认无病毒的系统软盘启动，使用系统软盘上的 FORMAT 命令（格式为：FORMAT C:/S/U），对硬盘的引导记录进行复写，但是要注意此命令会 覆盖 C 盘上的信息。

3.　缺少两个隐含文件

故障现象：出现 Non - systemdisk or disk error. Replace andstrike any key when ready.（非系统盘或磁盘出错，换一张软盘，当一切准备好时，按任意一键）信息。

故障分析：由于操作系统每次开机时，都要引导两个隐含文件 IO.SYS、MSDOS.SYS 和 COMMAND.COM 文件，从而完成机器的启动。出现这一问题是由于缺少这两个隐含文件所造成的。

解决方法：换一张完好的系统盘引导机器；用 SYS.COM 命令（格式为：SYS C:）复制 IO.SYS 及 MSDOS.SYS 两个隐含文件到硬盘上，故障消失。

4.　开机密码丢失

故障现象：忘记了 BIOS 设置的开机密码，导致无法开机。

故障分析与解决方法：从 586 电脑开始，主板上都设有 BIOS 口令屏蔽跳线，只要找到该跳线，再按照说明书的操作方法去做，就可以轻松地把口令给去掉了。如果是 486 的电脑，则可查看一下主板的 BIOS 是否是 AWARD 公司出品的，如果是，不妨试一试以下的几个万能密码（注意大小写）：（1）Syxz；（2）eBBB；（3）h996；（4）wantgirl；（5）Award。

5. Windows 无法启动，但能进入安全模式

故障现象：Windows 无法启动，但能进入安全模式。

故障分析与解决方法：这种故障一般问题不大，修复的几率较高。具体可参照下面几种方法操作：

（1） 在安装新设备后不能正常启动，进入安全模式后，在“控制面板”→“系统”中选择“设备管理器”选项卡，在列出的所有设备中查找前有一个感叹号冲突的设备，如果有的话，打开这个设备的“属性”，查看“资源”选项卡，看看这个设备与其他设备的中断冲突，然后取消“自动设置”复选框，单击“更改设置”按钮，选择一个没有使用的中断号即可。如果还不行，则可以在设备属性中选择“常规”选项卡，选中“在此硬件配置文件中禁用”复选框，如果能正常启动成功，证明这个硬件的驱动程序可能有问题，可以在设备管理器中将它删除后重装驱动程序。

（2） 安装了启动时自动运行软件后，如果不能正常启动，可以将其卸载，待系统可以正常启动后，尝试重新安装。顺便说一句，安装系统启动时自动运行的软件不要与其他软件在同一次启动中安装可以减少此类故障。

（3） 电脑启动时自动运行的文件出现故障造成 Windows 不能正常启动，或者前一种情况软件无法卸载（包括不能完全卸载）的，可以到下面的地方找到并将其删除：

- “开始”菜单内的“程序”文件夹中的“启动”文件夹中。
- Config.sys 与 Autoexec.bat 中，若有则在该行前面加上“rem”不让它运行。通常防病毒程序都会在这两个文件中加入要执行的程序。
- Windows 目录下的 Win.ini 中[Windows]段中的 Run 或 Load 参数后，这里也可以在该行前加上“Rem”，不让它执行。
- 注册表（Registry）中，运行注册表编辑器（Regedit），进入编辑器后利用“编辑”中的“查找”功能查找产生故障的自动可执行文件，将不要执行项目的主键删除或将文件更名。注意：修改注册表时，要事先用“导出注册表文件”的方法做好备份。

（4） 如果在系统启动时提示丢失了某些在 system.ini 文件中的.vxd、.386 等文件，用户可以到其他计算机上复制相应的文件到对应的位置，如果还不行，还可以备份自己的 Windows 98 安装目录下 system.ini 文件，然后用文本编辑器打开 system.ini 文件找到相应的.vxd 或.386 的那一行，将该行删除即可。如果修改有误，再用备份还原即可。

（5） 如果 Windows 不能正常启动是由系统文件损坏造成的，可以运行在 Windows\system 目录下的 Sfc.exe 文件来检查并恢复遗失或损毁的系统文件。如果产生问题的那个文件是 Windows 系统需要用到的，则会被修复回来。

（6） 如果 Windows 不能正常启动是由文件版本冲突造成的，可以运行 Windows 目录下的 Vemui.exe 文件，找出产生问题的文件后，选择“恢复所选文件（R）”按扭，则 Windows 98 会自动用不同号的版本取代目前使用文件，而版本冲突管理器也会给这个被取代的文件制作备份，可以再换回来。

6. 从 Win9X 升级到 Windows XP 时启动出错

故障现象：当从 Win9X 升级到 Windows XP 的时候，出现 NTLDR is missing 提示信息。

（1）故障分析：Clone 以后的问题：当把使用 Clone 制作的 Win9x 升级到 Windows XP 时，很容易出现一句提示：NTLDR is missing。要出现这种情况必须满足下面要求。

- 系统/启动分区是 FAT32 文件系统。
- 计算机的启动使用了 INT-13 中断扩展启动。一般现在的主流电脑都是使用了这种方式。
- 因为在 Clone 的时候，刻录后系统存放于 FAT32 BIOS Parameter Block（BPD）的值和物理驱动器的几何分布不匹配。

Win9x 在启动的时候会忽略 BPD 的值，即使这个值是非法的，但是在 Windows 2000/XP 里却需要这个值。如果这个值是非法的，那么启动将失败。

解决方法：重写 FAT32 BPB 里面正确的值，然后使用 Windows XP 里面 Fixboot 命令重写 Windows XP 启动代码即可。具体的操作如下：

方法一：使用一张含有 SYS.COM 的 Win9X 启动盘启动电脑，执行 SYS C:命令，重新启动，会发现无法启动 Windows XP。再次重新启动，使用 Windows XP 安装光盘启动，进入故障恢复控制台，执行 fixboot 即可。

方法二：如果不会使用故障恢复控制台，也可以在 Win9X 中执行 Windows XP 安装，系统复制完文件以后会重新启动，启动之后要快速按下方向键的上或下箭头，选择 Windows 回到 Win9X 下，接着编辑 Boot.ini 文件，确认 Boot.ini 文件和电脑上 Windows XP 的启动相匹配，最后删除 C 盘根目录上以$开头的全部文件即可。

（2） 故障分析：文件丢失/破坏。

解决方法：这个文件位于 C 盘根目录，只要从 Windows XP 安装光盘里面提取这个文件，然后放到 C 盘根目录上即可。

7. I/O 错误

故障现象：I/O 错误，导致 Win9X 启动失败。

故障分析：这个问题一般是由于错误删除 C 盘根目录上的一个启动 Win9x 的重要文件 bootsect.dos 造成的。这个文件储存了启动 Win9x 的必须代码，而且这个文件的创建是在安装 Windows XP 的时候自动创建的，Windows XP 里面并没有相应的命令可以直接解决这个问题。

解决方法：使用一张含有 SYS.COM 的 Win9X 启动盘启动电脑，执行 SYS C:命令，重新启动，会发现无法启动 Windows XP。再次重新启动，使用 Windows XP 安装光盘启动，进入故障恢复控制台，执行 fixboot 即可。如果不会使用故障恢复控制台，可在 Win9X 里面执行 Windows XP 安装，系统复制完文件以后会重新启动，启动后快速按下方向键的上或下箭头，选择 Windows 回到 Win9X 下，接着编辑 Boot.ini 文件，确认 Boot.ini 文件和电脑上 Windows XP 的启动相匹配，最后删除 C 盘根目录上以$开头的全部文件即可。

8. 找不到 HAL.DLL 文件

故障现象：由于找不到 HAL.DLL 文件而导致启动中止。

故障分析：这是由于 C 盘根目录下的 boot.ini 文件非法，导致默认从 C:\Windows 启动，但 Windows XP 又没有安装在 C 盘，所以系统提示找不到 HAL.DLL 文件，因而造成启动失败。

解决方法：重新编辑 Boot.ini 文件。下面是几种较为简单的操作方法。

（1） 用 Win9X 启动盘启动，并用 EDIT.EXE 命令编辑这个文件。启动 EDIT.EXE 以后只要按照正确的格式输入 Boot.ini 文件的内容，保存为 Boot.ini 文件即可。

（2）使用 COPY CON 命令创建一个 Boot.ini 文件。在 DOS 下输入 Copy Con C:\boot.ini 以后按 Enter 键，然后按照 Boot.ini 文件的格式输入，每输入一行按一次 Enter 键，当全部内容输入完毕以后，按 Ctrl+Z，屏幕上会看到^Z 的提示。这个时候再按一次 Enter 键，系统会提示 1 file(s) copied，表示创建成功。

（3） 使用故障恢复控制台里面的 bootcfg 命令。

（4） 在别的电脑上创建好以后，复制到受损电脑的 C 盘根目录上，覆盖源文件。

9. 安装 Windows 2000 后无法启动 Windows XP

故障现象：安装 Windows 2000 后，试图启动 Windows XP 时，会收到下面的错误消息：

```
  Starting Windows...
  Windows
2000 could not start because the following file is missing or corrupt: \WINDOWS
\ SYSTEM32\CONFIG\SYSTEMd startup options for Windows 2000, press F8.
  You can attempt to repair this file by starting Windows
2000 Setup using the original Setup floppy disk or CD-ROM.
  Select 'r' at the first screen to start repair.
```

故障分析：出现此问题的原因是，在 Windows 2000 发行时 Windows XP 尚不存在，因此 Windows 2000 引导程序不知道已在 Windows XP 中做了改动。计算机需要知道这些改动才能加载 Windows XP。

解决方法：用 Windows 2000 启动计算机，然后将 Windows XP 光盘上 I386 文件夹中的 NTLDR 和 Ntdetect.com 文件复制到系统驱动器的根目录中。

3.2 电脑关机故障处理

引起 Windows 系统出现关机故障的主要原因有：选择退出 Windows 时的声音文件损坏；不正确配置或损坏硬件；BIOS 的设置不兼容；在 BIOS 中的“高级电源管理”或“高级配置和电源接口”的设置不适当；没有在实模式下为视频卡分配一个 IRQ；某一个程序或 TSR 程序可能没有正确关闭；加载了一个不兼容的、损坏的或冲突的设备驱动程序等。下面介绍电脑关机故障的诊断与处理方法。

3.2.1 退出声音文件损坏

故障现象：退出 Windows 时的声音文件损坏。

故障分析：从“开始”菜单中选择“设置”→“控制面板”命令打开控制面板，在其中双击“声音和音频设备”图标，打开“声音和音频设备 属性”对话框，切换到“声音”选项卡，在“程序事件”列表框中选择“退出 Windows”选项，然后在“声音”下拉列表框中选择“(无)”，如图 3-1 所示。单击“确定”按钮，然后关闭计算机，如果 Windows 能够正常关闭，就可以肯定是由退出声音文件所引起的故障。

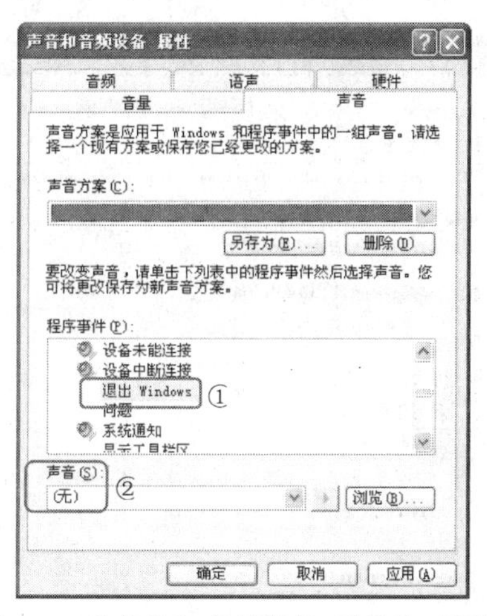

图 3-1　“声音和音频设备 属性”对话框

解决方法：执行以下操作之一。

（1） 从备份中恢复声音文件。

（2） 重新安装提供声音文件的程序。

（3） 将 Windows 配置为不播放“退出 Windows”的声音文件。

3.2.2　关机时自动重启

故障现象：使用 Windows XP 操作系统，关机时计算机却自动重新启动。

故障分析：在 Windows XP 中，默认情况下当系统出现错误时会自动重新启动，这样当用户关机时，如果关机过程中系统出现错误，就会重新启动计算机。

解决方法：在桌面上右击“我的电脑”，从弹出的快捷菜单中选择“属性”命令，打开“系统属性”对话框，选择“高级”选项卡，单击“启动和故障恢复”选项组中的“设置”按钮，如图 3-2 所示。然后，在打开的“启动和故障恢复”对话框中清除“系统失败”选项组中的“自动重新启动”复选框中的选择记号，如图 3-3 所示。单击“确定”按钮关闭该功能，即可解决自动重启故障。

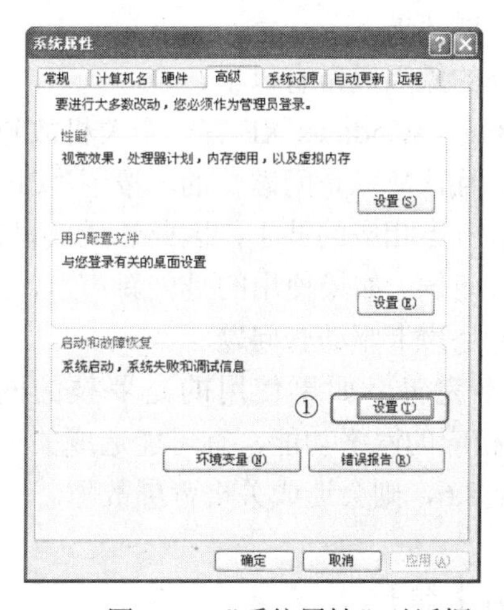

图 3-2　“系统属性”对话框

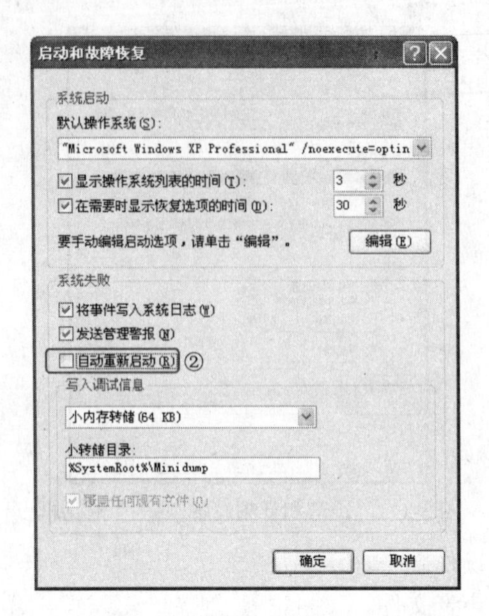

图 3-3 “启动和故障恢复”对话框

3.2.3 USB 设备故障造成的关机异常

故障现象：在使用 USB 设备时，欲关机电脑却自动重启。

故障分析：目前 USB 设备非常流行，U 盘、鼠标、键盘、Modem 等多采用 USB 插口，然而这些 USB 设备往往是造成关机故障的罪魁祸首。因此当出现关机变成重启故障时，可检查电脑上是否接有 USB 设备。如果有，应先将其拔掉再常去关机；如果此时关机正常，则可以肯定是 USB 设备的故障。

解决方法：换掉 USB 设备，或者连接一个外置 USB Hub，将 USB 设备接到 USB Hub 上，而不要直接连到主板的 USB 接口上。

3.2.4 关机时蓝屏

故障现象：关机过程中出现蓝屏。

故障分析：造成关机蓝屏的原因通常有以下几个。

（1） Windows XP 有 Bug。Windows XP 有一个关机故障的 Bug，如果计算机在关机过程中时常出现关机蓝屏，而且该故障是间歇性的，按下“Ctrl+Alt+Delete”组合键也毫无反应，那么可以肯定系统没有打上相应的补丁，因此造成关机蓝屏。

（2） 创新声卡的驱动有问题。如果使用的是创新声卡，并且在关机过程中出现蓝屏，错误码是“0X0A”，可以肯定是声卡驱动有问题。

（3）罗技鼠标、键盘不完善。如果使用的是罗技的网络键盘，并且安装了 Key Commander 软件来驱动键盘相应的网络功能，有可能造成关机变成重启故障；而如果罗技鼠标的驱动程序是 MouseWare8.6，则会造成关机蓝屏故障。

解决方法：

（1） 下载 SP1 补丁包打上补丁。

（2） 进入设备管理器，将声卡删除，刷新后，手动安装最新的带有数字签名的驱动程序。

（3） 卸载 MouseWare8.6 驱动程序。

3.2.5　关机却不能自动切断电源

故障现象：在关机过程中，一切正常，但是却停止在“您可以安全地关闭计算机了”，无法自动切断电源，需要手动按主机箱面板上的“Power”键来关机。

故障分析：出现该故障的原因一般有以下几个方面。

（1） BIOS 设置错误，可能是误修改了 BIOS 中有关电源管理的选项。

（2） Office XP 引起的故障。Office XP 中的 Ctfmon.exe 是微软的一个文本服务文件，只要用户安装了 Office XP，并且安装了“可选用户输入方法”组件，这个文件就会自动调用，为语音识别、手写识别、键盘以及其他用户输入技术提供文字输入支持。即使没有启动 Office XP，Ctfmon.exe 照样在后台运行。往往就是它造成了关机故障。

（3） APM/NT Legacy Node 没有开启。一般情况下，APM/NT Legacy Node 没有开启可能造成关机却不能自动切断电源。

解决方法：

（1） 如果对 BIOS 设置比较熟悉，请进入 BIOS，试着修改 BIOS 中有关电源管理的选项。如果对 BIOS 不熟悉，则选择“Load default setup”选项，恢复 BIOS 到出厂时的默认设置。

（2） 卸载 Ctfmon.exe 程序。方法是在“开始”菜单中选择“设置”→“控制面板”→“添加/删除程序”选项，在目前已安装的程序中选择“Microsoft Office XP Professionain With FrontPage”选择，再单击“更改”按钮，在打开的“维护模式选项”对话框中选择“添加或删除功能”选项，然后单击“下一步”按钮，在打开的“为所有 Office 应用程序和工具选择安装选项”对话框中展开“Office 共享功能”选项列表，选择“中文可选用户输入方法”选项，在弹出菜单中选择“不安装”命令，单击“更新”按钮。

（3） 进入设备管理器，选择“查看”→“显示隐藏的设备”命令，显示出系统中所有的隐藏设备，在设备列表框中查看有无 APM/NT Legacy Node 选项（如果电脑支持此功能，就会有该选项），如果有，双击该选项，在弹出的属性对话框中单击“启用设备”按钮。

3.3　系统死机故障处理

死机是一种常见故障。死机时的表现多为蓝屏，无法启动系统，画面无反应，鼠标指针停滞，键盘无法输入等。造成死机的原因是多方面的，硬件故障、软件故障或者病毒感染都可能引起系统死机。下面介绍系统死机故障的诊断与处理方法。

3.3.1　由硬件故障引起的死机

硬件本身故障、接触不良，或者电脑质量差都有可能造成死机现象的发生。本节介绍几种常见的由硬件故障引起的死机现象的诊断与解决方法。

1. 开机后黑屏且不自检

故障现象：开机后黑屏，听不到硬盘自检的声音，有时能听到喇叭的鸣叫。

故障分析：造成这类故障的原因一般有硬件接触不良，硬件本身故障和CPU超频使用等几种。其中CPU超频使用最易引起死机故障。

解决方法：

（1） 检查硬件是否接触不良，如设备连线是否连好，电源插座是否插牢，插接卡是否松动。可以将各个插接卡拔下再重新插一遍，如果有空闲插槽，可把插接卡换一个插槽。此外，还要检查一下各个插接卡的插脚是否有氧化迹象，若有要及时处理。

（2） 通过替换法逐一检查主板、CPU、内存、显卡、显示器等基本电脑组件，确定故障源。

（3） 给CPU降频。

2. 开机有显示但不能正常起动

故障现象：开机有显示，且能听到硬盘自检的声音，但就是不能正常起动。

故障分析：开机有显示，且能听到自检声，但屏幕僵在自检的某一步，有时可看到光标不停闪烁，偶尔还会出现错误提示，这种现象大多是因为BIOS设置不当造成的，如内存的类别设置（快页式、EDO、SDRAM等）与实际不符，内存的存取速度（如DRAM Read Burst Tining以及DRAM Write Burst Timing选项等）设置过快等。如果用户的内存性能无法达到要求而强行设置，就容易发生死机，不同品牌的内存混用，以及Cache的设置失误也会造成死机。

解决方法：修改BIOS设置。

3. 因电脑本身质量引起的系统死机

故障现象：系统无故死机，疑是电脑质量有问题。

故障分析：组装的电脑由于配件来源较杂，因此有可能发生质量问题或者硬件之间不兼容问题，如CPU是经过改造或是假冒CPU、内存是经过改造或是假冒内存等。此外，以下原因也可能造成系统死机。

（1） 主板芯片组不稳定，或某一芯片有问题。可用手触摸芯片，检查温度是否过高。

（2） CPU与内存的速度不匹配。即CPU速度很快，但内存速度却很慢。反之亦然。

（3） 内存品牌较差或是次级品规格。

（4） 整体的主机系统匹配不当。

解决方法：要保证有一个稳定的主机系统稳定必须具备有良好芯片组的稳定主板，优良、正规的CPU，正规的内存条和优良的操作系统等条件。

3.3.2 由软件故障引起的死机

除了硬件故障外，软件故障也会引起死机现象的发生。下面介绍几种常见的由软件原因引起的死机故障。

1. 关闭操作系统时死机

故障现象：关闭操作系统时死机。

故障分析：关闭系统时的死机多数是与某些操作设定和某些驱动程序的设置不当有关。系统在退出前会关闭正在使用的程序以及驱动程序，而这些驱动程序也会根据当时情况进行一次数据回写的操作或搜索设备的动作，其设定不当就可能造成前面说到的无用搜索，形成死机。

解决方法：在下次开机时进入“控制面板”，选择“性能和维护”→“系统”选项，打开“系统属性”对话框，切换到“硬件”选项卡，单击“设备管理器”按钮，如图 3-4 所示。此时会打开如图 3-5 所示的“设备管理器”窗口，在这里一般能找到出错的设备。出错设备前面会有一个黄色的惊叹号，删除它之后重装驱动程序，通常即可解决问题。

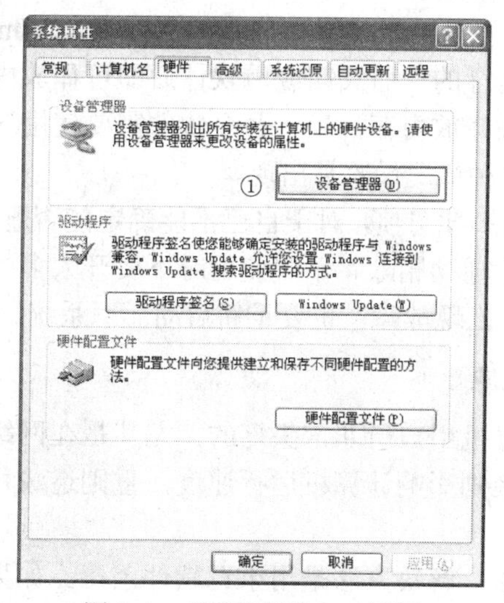

图 3-4　“系统属性”对话框

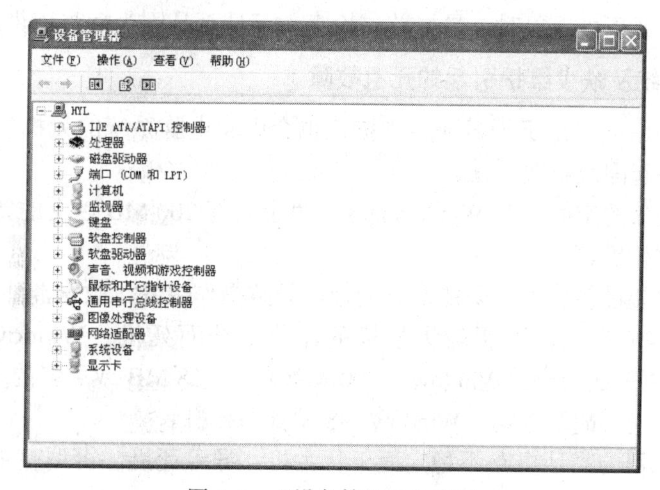

图 3-5　“设备管理器”窗口

2.　运行应用程序时死机

故障现象：在 Windows 98 操作系统下运行应用程序时出现死机。

故障分析：这种情况是最常见的，可能由以下几个原因引起。

（1）　程序本身的问题，或者是应用软件与 Windows 98 的兼容性不好，相互冲突。

（2）不适当的删除操作。指没有使用应用软件自身的反安装程序卸载。在 Windows 98 操作系统中，因为应用软件在安装时会在 Windows 98 安装目录下建立一些 Windows 98 的链接文件，用删除目录的方式是无法去除这些文件的。把它们留在系统中不但会增加注册表容量，降低系统速度，而且往往引起一些不可预知的故障出现，进而导致系统死机。

（3） 有时即使用正确的方法卸载软件也可能造成死机。这是因为应用软件有时要与 Windows 98 共享一些文件，如果在删除时全删去，Windows 98 很可能大大失去了这些文件，造成系统稳定性的降低。

（4） 有时运行各种软件都正常，却忽然间莫名其妙地死机，重新启动后运行这些应用程序又十分正常，这是一种假死机现象。出现的原因多是 Windows 98 的内存资源冲突。因为应用软件是在内存中运行的，而关闭应用软件后即可释放内存空间。但是有些应用软件即使在关闭后也无法彻底释放内存，当下一个软件需要使用这部分内存时，就会出现冲突。同时开启多个窗口时这种情况最容易出现。

解决方法：养成良好的卸载习惯，对于自己不能确定能否删除的选项不要贸然去删除。可借助一些专业的删除程序辅助删除。平时使用时不要开太多的窗口，以免应用程序争用资源。必要时即使电脑没有出现故障，也要重新启动一下系统。

3. 病毒造成的死机现象

病毒一向是让广大计算机用户所非常头疼的，尤其是在网络化高速发达的今天，简直是防不胜防。病毒的侵袭轻则影响计算机运行速度，重则造成数据丢失、系统崩溃和死机等现象。

对病毒造成的死机现象，解决方法是用杀毒软件杀毒。如果病毒破坏了文件结构甚至是 BIOS，那么唯一的解决方法只能是杀毒后重装系统或重写 BIOS。由于病毒是防不胜防的，因此在电脑出现死机现象时，最好首先检查一下是否是因为病毒感染。

4. 因操作系统及缺少维护引起的死机故障

因操作系统出错或者由于平时缺少维护，也会引起电脑系统的死机故障，下面介绍一些常见的死机故障起因及解决方法。

（1） 检查硬盘的空间。在 Windows 98 硬盘上要有 200 MB 以上的暂存空间，否则空间周转不灵会导致死机。

（2） 硬盘安装过多软件，未能及时清理，导致操作错乱，数据混乱而造成死机。

（3） 内存容量不足，使用较大规模的操作系统而死机。Windows 98 最好使用 32 MB~64 MB 或更多的内存，Windows 2000 最好使用 128 MB 或更多的内存。

（4） 操作不当，胡乱关机，Windows 98 尤其易死机。

（5） 因显示器的高压电路不稳定而干扰主机，导致死机，可调整主机与显示器的距离或位置试一试。

（6） 因外围设备扩展卡而影响主板。可重新插拔，查看哪一块造成死机，以便更换。

（7） 系统程序因染上病毒而遭破坏，因程序不全而死机。先清除病毒，若还是不稳定，重新安装整套程序。

（8） 电脑因受环境影响而死机，如天气突然变冷，温差太大。

（9） 因主机 BIOS 内程序已有局部故障或被病毒修改而死机。

（10） 主板没有保养，电路板已经腐朽而死机。

（11） CPU 的电压、外频、倍频调整不正常，造成温度过高而死机。

（12） CPU 超频过头，导致 CPU 不正常工作而死机或因散热不良而死机。

（13） 内存老化，特性不良而死机。

（14） 主板芯片老化不稳定而死机。

（15） 电源、部件老化，电压输出不稳，外围设备增加太多，不堪负荷而死机。

（16） 用电设备已超负荷，电压降至 200 V 以下，电压降低，没有使用稳压的不间断电源系统（UPS）而死机。

（17） 电脑旁边有高频电线或电动机设备，受到瞬间高频的干扰而死机。

（18） 硬盘坏磁道太多，执行程序时就死机了。执行几次 CHKDSK 或 SCANDISK 命令，若无效则备份数据，可对硬盘进行低级格式化，重新整理硬盘。

3.3.3 死机的预防

前面介绍了一系列电脑死机的解决方法，但是，解决问题不如防患于未然，如果用户在平时使用电脑时加以注意，有很多时候是可以预防死机现象发生的。下面介绍一些预防电脑死机的方法。

（1） 在插拔硬件时，一定要小心，防止板卡接触不良。

（2） CPU 超频不宜过高，而且在更换 CPU 时，一定要插好。有些启动死机就是因为 CPU 没有插好而造成的。

（3） BIOS 设置要恰当。虽然 BIOS 要设置得最优，但所谓最优是相对的，有时最优的设置反倒引起频繁启动或者运行死机。例如，某些内存设置和总线设置就不宜优化过度。

（4） 配备稳压电源，以免电压不稳而造成运行死机。

（5） 不使用来历不明的软盘或者光盘，因为这些盘中可能会带有病毒。不要轻易解包运行用 E-mail 接收的邮件中所附的软件，因为这些软件可能会带来病毒。

（6） 在应用软件没有正常结束时，不要关机，这样会造成系统文件的损坏，而使下次运行时死机或者启动死机。对于 Windows 98/2000 等系统来说，这点更为重要；在安装应用软件出现是否覆盖文件的提示时，最好不要覆盖，通常系统文件是最好的，不能根据时间的先后来决定覆盖文件；在卸载文件时，不要删除共享文件，某些共享文件可能被系统或者其他程序使用，一旦删除了这些文件，会使应用软件无法启动而死机，或者出现系统运行死机。

（7） 在系统设置时，最好检查有无保留中断号门（RQ），不要让其他设置使用此类中断号。

（8） 在加载某些软件时，要注意先后次序。有些软件由于编程的不规范，不能先运行，而应放在最后运行，这样才不会引起系统管理的混乱。

（9） 在运行大型应用软件时，不要在运行状态下退出以前运行的程序，否则可能引起整个 Windows 系统的崩溃；如果电脑内存较小，最好不要同时运行占用内存较大的应用程序，否则在运行时极易出现死机。建议在运行这些程序时应及时保存当前正在使用的文件。

（10） 对于系统文件，最好使用隐含属性，这样才不至于因误操作而删除或者覆盖这些文件。

（11） 慎用磁盘扫描程序，Microsoft 的磁盘扫描程序运行后，可能使系统无法运行。

（12） 在 Windows 98 中尽量不要运行 16 位应用程序，有的应用程序在 Windows 98 中运行时会修改系统文件而使系统无法启动。

（13） 在升级 BIOS 之前，应确定所升级的 BIOS 版本，同时应先保存一下原先的版本，以免升级错误而使系统无法启动。

（14） 在系统正常结束后再关机。某些硬盘在数据读写状态下关机，将无法启动，此时可将此硬盘拿到其他机器上启动一下再拿回即可；在修改硬盘主引导记录时，最好保存原来的记录，这样不致因修改失败而无法恢复原来的硬盘主引导记录。

（15） 少用软件测试版，有些测试版使用后会使系统无法启动。

3.4 系统蓝屏故障处理

系统蓝屏也是一种常见的故障现象。根据其成因，蓝屏故障的发生大致也可以分为软件和硬件两个方面。

3.4.1 硬件引起的蓝屏故障

造成系统蓝屏故障的硬件原因很多，例如内存超频或者性能不稳定，硬件的兼容性不好，硬件散热不良，或者 I/O 冲突，都可能造成蓝屏故障。

1. 内存超频或不稳定

故障现象：随机性蓝屏。

故障分析：内存超频或者内存条性能不稳定都可能造成随机性蓝屏。

解决方法：先用正常频率运行试试，如果排除了超频问题，可找一根好的内存条替换检查一下试试。

2. 硬件的兼容性不好

故障现象：升级内存时将不同规格的内存条混插引起的故障。

故障分析：各内存条在主要参数上不同，就可能造或屏幕蓝屏或死机，甚至更严重的内存故障。

解决方法：注意内存条的生产厂家、内存颗粒和批号的差异。也可以换一下内存条所插的插槽位置。

3. 硬件散热不良

故障现象：在电脑运行一段时间后出现蓝屏。

故障分析：在电脑的散热问题上所出现的故障，往往都有一定规律，一般才出现，表现为蓝屏死机或随意重启。故障原因主要是过热引起的数据读取和传输错误。

解决方法：超频的降频，超温的降温。

4. I/O 冲突

故障现象：由于 I/O 冲突造成蓝屏现象。

故障分析：这种现象出现得比较少，但也不排除出现的可能性。

解决方法：从系统中删除带“！”号或“？”号的设备名，然后重新启动计算机进行确认。也可以手动分配系统资源。

3.4.2 软件引起的蓝屏故障

造成系统蓝屏故障的软件原因也很多，重要文件损坏或丢失，注册表损坏，系统资源耗尽，或者某些重要文件出错都会造成系统的蓝屏故障。

1. 重要文件损坏或丢失

故障原因：Windows 98 中的 VxD（虚拟设备驱动程序）或.DLL 动态连接库之类的重要文件丢失，情况一般会比较严重，从而出现蓝屏警告。

解决方法：

（1） 记下所丢失或损坏的文件名，用 Windows 98 启动盘中的“Ext”命令从 Windows 98 安装盘中提取和恢复被损坏或丢失的文件，方法如下：用 Windows 98 启动盘引导计算机，在提示符下输入“Ext”命令，在提示“Please enter the path to the Windows CAB files（a）：”后输入 Windows 98 安装压缩包所在的完整路径，如“F\Pwin98\Win98”，完成后按 Enter 键。在提示“Please enter the name(s)of the file(s)you want to extract：”后输入丢失文件的名称，如“Bios. Vxd”，然后按 Enter 键。在解压路径提示“Please enter path to extract to（‘Enter’ for current directory）：”后输入文件将被解压到的完整路径，如“C\Windows\System”并按 Enter 键。出现确认提示“Is this Ok？(y/n)：”后，输入“y”并按 Enter 键。“Ext”程序会自动查找安装盘中的 CAB 压缩包，并将文件释放到指定的位置。最后，重新启动电脑，即可恢复操作系统。

（2） 有的病毒可能会破坏注册表项杀毒后注册表应恢复中毒之前的备份，如果是中毒所致，应用杀毒软件杀毒。

（3） 如果能启动图形界面，可采取重装主板以及显卡的驱动程序和进行“系统文件扫描”来恢复被破坏或丢失的文件。“系统文件扫描”的方法为：在“开始”菜单中选择“程序”→“附件”→“系统工具”→“系统信息”命令，打开“系统信息”窗口，选择“工具”菜单中的“系统文件检查器”命令，然后扫描改动过的文件。

2. System.ini 文件错误

故障原因：安装或卸载软件后，未及时更新 System.ini 文件，造成系统蓝屏。

解决方法：禁用注册表中该项，或者重新安装相应的软件或驱动程序。

3. Windows 98 自身不完善

故障原因：Windows 98 的 sp1 和 Microsoft 的 Vxd_fix．exe 补丁程序影响 Windows 98 的稳定性。

解决方法：下载相应的补丁程序。

4. 系统资源耗尽

故障现象：当进行复杂操作或者保存复制的时候突然发生蓝屏。

故障诊断：这类故障的发生原因主要是与 3 个堆资源（系统资源、用户资源、GDI 资源）的占用情况有关。用户可打开资源状况监视器查看一下剩余资源，如果 3 种资源都在 50%甚至更低，就很容易出现非法操作、蓝屏或死机一类的故障。

解决方法：减少资源浪费，减少不必要的程序加载，避免同时运行大程序（图形、声音和视频软件），例如加载计划任务程序，输入法和声音指示器，声卡的 DOS 驱动程序，系统监视器程序等。

5. DirectX 问题

故障原因：DirectX 版本过低或是过高、游戏与它不兼容或是不支持、辅助重要文件丢失，以及显卡对它不支持都可能造成系统蓝屏。

解决方法：升级或是重装 DirectX。如果是显卡不支持高版本的 DirectX，说明显卡太老了，可尝试更新显卡的 BIOS 和驱动程序；如果还是不行，则需要更换显卡。

3.4.3 防止系统蓝屏的几点注意事项

在日常使用计算机的过程中，用户也可以通过悉心维护来防止系统蓝屏故障的出现。下面介绍几点防止系统蓝屏的注意事项：

（1） 定期对重要的注册表文件进行手工备份，避免系统出错后，未能及时替换成备份文件而产生不可挽回的错误。

（2） 尽量避免非正常关机，减少重要文件的丢失。如.VxD、.DLL 文件等。

（3） 尽量少升级显卡、主板的 BIOS 和驱动程序，避免升级造成的危害。

（4） 定期检查优化系统文件，运行“系统文件检查器”进行文件丢失检查及版本校对。

（5） 减少无用软件的安装，尽量不用手工卸载或删除程序，以减少非法替换文件和文件指向错误的出现。

（6） 如果不是内存特别大和其管理程序非常优秀，尽量避免大程序的同时运行。如果发现在听 MP3 时有沙沙拉拉的声音，基本可以判定该故障是由内存不足而造成的。

第4章　常用外设的故障处理

【本章导读】

除了主机之外，显示器和键盘、鼠标也是非常重要的组件，缺一不可。此外，在办公领域中，还有一些常用的电脑配套设备，如打印机、扫描仪、投影仪、数码相机或者摄像机等数码设备等。它们如果出现故障，一样会严重影响工作进度，带来不可估量的后果。因此，学会一些常用外设的使用及故障处理方法同样非常有用。本节即介绍电脑常用外设的使用及故障诊断与处理方法，通过本章的学习，读者除了掌握显示器和键盘、鼠标的故障诊断与处理方法外，还可以了解与掌握打印机、扫描仪、投影仪等常用办公设备的故障诊断与处理方法。

【内容提要】

- λ　显示器故障的诊断与处理。
- λ　鼠标键盘故障的诊断与处理。
- λ　打印机故障的诊断与处理。
- λ　扫描仪故障的诊断与处理。
- λ　投影仪故障的诊断与处理。

4.1 显示器的故障诊断与处理

显示器是电脑配件中比较重要也是最为昂贵的配件，一般来说不容易出现故障，然而一旦出现故障就会让用户束手无策。其实，如果用户能对显示器的工作原理进行一些初步了解后，还是可以自己进行简易的维修和保养工作的，即使故障非常严重，也能够及早进行维修，从而延长显示器的使用寿命。下面分别介绍一下 CRT 显示器和 LCD 显示器的故障诊断及处理方法。

4.1.1 CRT 显示器的故障

CRT 显示器是一种使用阴极射线管（Cathode Ray Tube）的显示器，是目前应用最广泛的显示器之一。它的性能比较稳定，价格也比较便宜。

1. 显示器老化

故障现象：刚开机字符模糊，然后渐渐清楚。

故障分析：这是显示器老化的前兆。从原理上来说，CRT 显示器显管内的阴极管电子枪必须加热之后才能打出电子束，可是当阴极管开始老化的时候，加热的过程变慢了，所以在刚开机的时候，没有达到标准温度的阴极管，无法射出足够的电子束，因此这时看见的画面会由于没有足够电子束轰击荧光屏而不清晰，而长时间使用之后，温度达到标准的要求，足量电子束轰击荧光粉使显示器变得清晰起来。

解决方法：这个情况一般发生在购买显示器多年之后，已经没有维修的必要了，只能另行选购显示器。如果是新显示器出现这样的问题，说明该机已有老化征兆，有可能是翻新显像管，建议立刻退货。

2. 聚焦电路不正常

故障现象：开机后字符先清楚后模糊。

故障分析：从原理分析，造成这种现象的原因主要在于聚焦电路，也有可能是散热不良造成的。聚焦电路设计有问题会造成长时间使用之后无法保证其正常工作，造成图像模糊；而散热不良则会造成行管太热，形成输出功率损耗，接着影响到高压的输出和加速级电压输出不够，从而影响到聚焦电路的正常工作。总的来说，还是聚焦电路的问题。

解决方法：打开显示器的后盖，调节可以调整高压的旋钮。不过，这种方案只是在短期内有效，长时间让显示器在调整高压的情况下工作会加速显示器的老化，时间长了仍然会产生聚焦不良的情况。

3. 显示器缺色

故障现象：显示器缺色。

故障分析：由于显示器靠解码电路来分离色彩，出现缺色问题，基本故障可确定在电路上，更换电路即可解决。

解决办法：由于缺色涉及到电路板的更换和维修，甚至只是更换部分电容电阻等元件，因此应到专业的显示器维修中心去测试。如果是新显示器，则应立刻更换。

4. 画面不正常

故障现象：刚开机的时候，画面很大，然后在几秒钟慢慢缩小到正常的情况。

故障分析：出现这种情况显示器基本属于品质良好的显示器。造成这种现象的原因是因为在刚开机的时候，偏转线圈所带的电流很大，为了防止此时有大量的电子束瞬间轰击某一小片荧光屏，造成此片的荧光粉老化速度加快而形成死点，高档的显示器都会有保护电路开始工作的功能，使偏转线圈让电子束散开，而不是集中在某块。而当偏转线圈的电流正常的时候，保护电路会自动关闭。所以用户看到的图像在刚开机的时候很大，后来缩小正常，这个过程就是保护电路开始工作的过程。不过值得注意的是，如果是在使用过程中，特别是在切换一个高亮高暗的图像时出现画面缩放的情况，那么表示这款显示器的高压部分不稳定。

解决方法：如果是前一种原因则没有任何事情；如果是后一种情况，最好更换显示器。

5. 显示器闪烁厉害

故障现象：同样刷新率的显示器，看着却比别的显示器更闪烁。

故障分析：这个原因主要在于行场处理不同步，也有可能是因为某些相关元件质量不好，造成显示器在工作中超出正常范围，无法达到正常工作的要求。

解决办法：这类显示器在实际使用过程中相当于“超频”使用，很容易造成显示元件损伤，应立刻降低其使用标准，恢复默认出厂设置，以延长显示器的使用寿命。

6. 显示器红屏

故障现象：显示器出现红屏。

故障分析：通过色谱分析可以发现，在色谱中，绿色和蓝色的比例较大，红色的比例较小，所以当绿蓝阴极管稍微有衰减，显示器就会出现红屏的情况。如果出现全屏的红色，表示显示器的寿命已到期。

解决办法：请专业的维修人员使用高压电击阴极管，可以让衰竭的阴极管暂时恢复过来。不过这样维修只能维持短暂的时间，最好还是换一台显示器。

7. 显示器内部有响声

故障现象：显示器内部有“吱吱”的响声。

故障分析：显示器内部的高压包老化之后，如果某些地方绝缘不太好，就会打火，因此发出“吱吱”的响声。

解决办法：请专业的维修人员更换显示器的高压包。

8. 显示器黑屏

故障现象：显示器在使用一段时间后突然黑屏。

故障分析：出现这种现象主要是因为显示器内部的部分元件不稳定，当达到一定程度的时候，保护电路自动切断电源所致。

解决办法：送维修中心检修，更换部分元件。

9. 显示器出现偏色

故障现象：显示器出现某几个角偏色。

故障分析：出现这种情况通常是周围磁场影响所至。对显示器造成影响的磁场因素有很多，例如音箱、彩电和无绳电话等。

解决办法：更换房间，或者更换显示器摆放方向。此外，可利用目前大多数显示器都具有的消磁功能进行消磁。如果偏色非常严重，多次消磁之后依然存在，可使用专业的消磁设备进行消磁。

4.1.2 LCD 显示器的故障

LCD 显示器俗称液晶显示器，是目前流行趋势越来越广泛的显示器。LCD 显示器采用液晶控制透光度技术来实现色彩，其画面稳定，无闪烁感，刷新率不高但图像很稳定。而且，液晶显示器还具有无辐射、体积小、能耗低的优点。但是，目前液晶显示器与 CRT 显示器相比，图像质量仍不够完善，而且一旦出现问题很难修复。下面介绍一些常见的液晶显示器的故障诊断与处理方法。

1. 屏幕上出现杂纹

故障现象：关机时屏幕上出现干扰杂纹。

故障分析：这种情况是由显卡的信号干扰所造成的，属于正常现象。

解决办法：在显示器菜单中自动或手动调整相位来解决此问题，也有部分显示器经过调整之后还是无法解决，不过并不影响使用。

2. 屏幕上出现黑斑

故障现象：在 LCD 的屏幕上有拇指大小的黑斑。

故障分析：这种情况很大程度上是由于外力按压造成的。在外力的压迫下液晶面板中的偏振片会变形，这个偏振片性质像铝箔，被按凹进去后不会自己弹起来，这样造成了液晶面板在反光时存在差异，就会出现黑斑。

解决方法：这种情况不会影响 LCD 的使用寿命，但是要注意在以后的使用中不要用手去按液晶屏，以免对液晶屏造成更多的伤害。

4.2 键盘鼠标的故障诊断与处理

键盘和鼠标是电脑的输入设备，也是与用户直接接触最多、最容易损坏的部件。不过，键盘与鼠标的设计并不十分复杂，所以只要不是毁灭性的故障，用户还是完全可以自己修复和处理的。

4.2.1 键盘故障

目前常用的键盘有机械键盘、电容式键盘、多媒体键盘等，最流行的要数电容式键盘。本节介绍键盘的常见故障与诊断方法。

1. 某些按键无法键入

故障现象：键盘上的某些按键不能正常键入，而其余按键正常。

故障分析：这是典型的由于键盘太脏而导致的按键失灵故障。

解决方法：清洗键盘内部。清洗键盘的方法是先关机并拔掉电源后拔下键盘接口，将键盘翻转用螺丝刀旋开螺丝，打开底盘，用棉球沾无水酒精将按键与键帽相接的部分擦洗干净。

2. 按键显示不稳定

故障现象：使用键盘录入文字时，有时候某一排键都没有反应。

故障分析：可能是因为键盘内的线路有断路现象。

解决方法：拆开键盘，找到断路点并焊接好。

3. 键盘不灵敏

故障现象：使用键盘时有个别按键轻轻敲击无反应，必须使劲才有反应。

故障分析：由于用力按下键盘能输入字符，看来键盘接口和电缆均没有问题，很有可能是电路故障造成的。

解决方法：拆开键盘进行检查，发现失灵按键所在列的导电层线条与某引脚相连处有虚焊现象，这就是导致故障的原因。将虚焊点重新焊好，安装好键盘后接通电源开机检测，故障解决。

4. 电容式键盘连键

故障现象：电容式键盘，按单键时出现连键现象。

故障分析：这是由于按键的弹性降低所致。

解决方法：用一张韧性好的纸片垫在塑料键与金属膜片之间，增加按键的弹性，即可解除连键现象。

5. 按键不能弹起

故障现象：有时开机时键盘指示灯闪烁一下后，显示器就黑屏；有时单击鼠标却会选中多个目标。

故障分析：这种现象很有可能是某些按键被按下后不能弹起造成的。按键次数过多、按键用力过大等都有可能造成按键下的弹簧弹性功能减退甚至消失，使按键无法弹起。

解决方法：关机断电，然后打开键盘底盘，找到不能弹起的按键的弹簧，用棉球沾无水酒精清洗一下，再涂少许润滑油脂，以改善其弹性，处理后放回原位置。也可以更换新的弹簧。

6. 键盘和鼠标接反

故障现象：一开机就黑屏，或者开机后当 Windows98 启动到蓝天白云的画面时就死机。

故障分析：这是很典型的键盘和鼠标接反引起的故障。

解决方法：分清插口，将键盘和鼠标重新进行正确的连接。

7. 错误操作导致的键盘鼠标故障

故障现象：电脑在运行过程中，不小心将键盘连线弄掉了，于是立即把键盘插上，但键盘却无论如何也没有反应。

故障分析：这是典型的操作不当导致的故障。PS/2 接口是带电的，而在电脑运行过程中最忌讳的是热插拔，因为这样极有可能烧毁电路。因此，该电脑在运行过程中热拔插了键盘，可能是已经烧坏了主板上 PS/2 接口附近的电路。

解决方法：除了更换键盘别无他法。

4.2.2 鼠标故障

常见的鼠标分为机械鼠标和光电鼠标两种，目前应用最广泛的是光电鼠标。鼠标最好和鼠标垫配套使用，这样可以有效地延长鼠标的使用寿命，并且提高鼠标的灵敏度。下面介绍鼠标常见故障的诊断与处理方法。

1. 开机检测不到鼠标

故障现象：一台电脑使用一直正常，但某日开机时突然检测不到接在串口上的鼠标了。

故障分析：首先检查是否为鼠标故障，将其连到其他电脑却能正常使用；再检查是否为电脑故障，但将其他鼠标连到该电脑上也能正常使用。由此判断可能是因为拔插鼠标的次数太多，使得鼠标接口发生松动了。

解决方法：更换串口连线。

2. 鼠标按键无响应

故障现象：一台电脑使用一直正常，但某日使用鼠标时，按下鼠标按键却无响应。

故障分析：这种故障多半是由按键下方接触开关的接触片断裂引起的。

解决方法：更换鼠标，或者从废弃的鼠标上拆卸一个按键来替换损坏的按键。

3. 鼠标双击无效

故障现象：在一台电脑中双击鼠标时只能选中对象却不能打开对象，再单击也是一样的选中对象。

故障分析：这是因为系统双击速度设置得太快引起的。

解决方法：在“鼠标 属性”对话框中将鼠标的双击速度调慢。方法是在“开始”菜单中选择“设置”→“控制面板”命令，打开“控制面板”窗口，选择“打印机和其他硬件”→“鼠标”选项，打开如图 4-1 所示的“鼠标 属性”对话框，在“双击速度”选项组中向左拖动速度滑块使之速度变慢，然后单击“确定”按钮。

4. 光电鼠标的灵敏度变差

故障现象：光电鼠标的反应速度变得很迟钝。

故障分析：这是典型的光电鼠标灵敏度变差的故障，引起这种故障的原因有透镜通路有污染；光电接收系统偏移，焦距没有对准；发光管或光敏管老化；外界光线影响。

解决方法：如果是鼠标本身的问题，如前 3 种原因，可根据情况适当修理。不过鼠标价格目前十分低廉，如果自己不会修而要送维修中心维修可能不太划算，不如直接换新的。如果是最后一种原因，则可通过调节光线强度来解决问题。

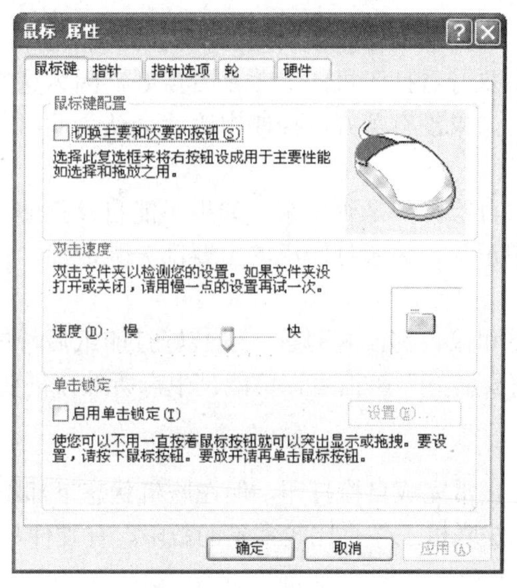

图 4-1　“鼠标 属性”对话框

4.3　打印机的故障诊断与处理

打印机是计算机的输出设备之一，用于将计算机处理结果打印在相关介质上。打印机根据用途可分为办公和事务通用打印机、商用打印机、专用打印机、家用打印机、便携式打印机和网络打印机；根据种类则可以分为针式打印机、喷墨打印机和激光打印机。下面分别介绍各类打印机的常见故障诊断与解决方法。

4.3.1　针式打印机

针式打印机目前广泛应用于商场、银行、邮局等场所，在所有类型的打印机中，针式打印机的社会拥有量是最大的。打印机是一种常用的设备，一旦发生故障，所造成的影响就很难估量，例如，银行的打印机坏掉就会造成工作停滞，给银行和客户造成很多麻烦。下面即介绍针式打印机的故障诊断与处理方法。

1.　打印机不能进行任何操作

故障现象：打印机在通电状态下不能进行任何操作。

故障分析：可以先找到打印机通电后不能工作的原因，然后用排除法一一排除找到问题所在。

解决方法：

（1）　查看打印机的电源指示灯是否已亮，若不亮就应先检查电源插头和电源线是否存在断路故障，查看电源开关和熔断丝是否已损坏。这些地方的原因排除之后，如果熔断丝已断，换后又熔断，证明电路部分存在短路故障。如果在电路中还没有发现有什么明显损坏的元件的话，就应及时送到维修部门由专业人员进行维修。

（2）　观察打印机是否有复位动作，即开机后打印头字车会先向右再向左，然后又回

到起始位置。如果没有看到复位动作，证明是打印机的控制电路部分出现了故障。对于个别型号的打印机来说，还要看看打印机的上盖是否盖好，因为这些打印机具有一个检测机盖是否盖上的限位开关，如果没有盖好，控制电路就会认为此时并不能进行打印工作，而使打印机处于等待状态。

（3） 查看打印机的自检打印是否正常。如果不能自检打印，说明打印机的控制电路存在故障；如果自检打印正常，说明打印机的主要部分无故障，故障点可能在接口电路或连接数据电缆上。

（4） 如果连接电缆和接口都没有问题，安装好打印纸后，屏幕上提示“打印机没有准备好”或“打印纸没有安装好”等信息，可能是中毒所致，需要杀毒。

2. 不能联机打印

故障现象：打印机能正常完成自检打印，但在联机状态下却不能进行正常的打印。

故障分析：打印机无法联机工作是比较常见的故障，有硬件故障和软件故障两种可能。

解决方法：

（1） 能正常进行自检打印证明打印机本身是正常的，可查看一下电源线和数据线是否连接正常。

（2） 确定连线正常之后，可查看软件方面的原因：检查驱动程序是否正确；检查打印机端口的设置；检测是否中了病毒。病毒可以通过封锁打印接口使主机和打印机之间无法进行正常通信，可用一张系统引导盘启动，然后再用“Print Screen”键来检查打印是否正常。

（3） 如果前两种原因都不是，可采用替换排除法，逐步确定故障源。

3. 打印过程中出错

故障现象：在打印时突然出现无故停止打印、报警或打印错位、错乱等情况。

故障分析与解决方法：

（1） 打印头在打印时都会发热，因此为了避免打印头因过热而损坏，针式打印机都设有打印头温度检测和自动保护电路。如果是超负荷打印造成停止打印，并不能算是故障，而是使用不当才造成的。

（2） 打印纸被用完了暂停打印，红色缺纸指示灯就会发亮光，同时蜂鸣器也会发出代表报警信号的声音，只要安装好打印纸后并按联机键（ON LINE）就可以继续工作了。

（3） 打印完未及时收好而堆积在一起的打印纸被卷入打印机里，会造成阻塞，打印机就会处于停机状态，这时需清理阻塞物。

（4） 色带在打印过程中运转不畅发生了阻塞。如果字车导轴的污垢过多，会造成字车运行受阻，可在关机后用手移动字车看是否有很大阻力或移动不均。如有此现象，就应该清洗字车导轴，并适当加适量润滑油，使字车在移动时感到阻力均匀、运行自如就行了。

4. 打印字迹不清

故障现象：打印字迹不清晰，无法正常观看。

故障分析与解决方法：

（1） 检查打印色带，看色带是否安装正确，或者是否该换新的色带。

（2）检查打印头间隙调整杆的位置是否正确。间隙过大就会打印不上字，重新调整一下即可。

5. 字符缺点、断线

故障现象：打印出的字迹存在缺点、断线的现象。

故障分析与解决方法：

（1）检查驱动线圈和打印针驱动电路是否被烧毁，如果是，则需找专业人员维修。

（2）如果非上述原因，可检查打印针出针口是否堵塞，否则会导致出针不畅而造成字符缺点、断线。如果是，则需清洗打印头。

（3）检查打印头是否有断针，或者个别针是否磨损变短，如果有，则需更换打印针。

6. 无法正确打印汉字

故障现象：打印汉字出现错误，甚至不能打印汉字。

故障分析：如果打印西文正常，却无法正确打印汉字，可能是软件方面的原因。

解决方法：

（1）检查是否已安装了正确的汉字打印驱动程序。

（2）检查是否装有中文打印字库，以及字库文件是否已损坏。

7. 针式打印机使用时应该注意的事项

针式打印机故障很多，但大多数都是由于用户安装、超负荷使用以及未及时、正确地进行日常维护而造成的，实际维修量并不是很大，只要做好日常维护工作，很多故障都可以及时得以发现与解决。

（1）注意摆放环境。工作环境灰尘尽量少，一定要远离带有酸、碱腐蚀性的物品，打印机的工作台必须平稳没有振动；不要在打印机上放置任何物品；打印机尽量远离大功率的电器设备。

（2）定期清洗打印头。打印头结构精密，价格占有比例大，较昂贵，由于打印头经常接触色带上的油墨、纸屑以及灰尘，所以打印头前端的出钉处是很容易被堵塞的，就会影响到打印效果，甚至断针，所以要定期清洗。

（3）定期清洁打印机和加油润滑。要经常用小毛刷扫，吹除打印机内的纸屑和灰尘；保持打印机的外观清洁，以免进入打印机内部，字车导轴和传动齿轮也要保持清洁，阻力过大时加少量的高级润滑油。

（4）正确调整打印头和打印字辊之间的间隙。针式打印机有一个调整纸厚的开关，在打印不同层的纸时，调节杆具体位置应根据打印机操作手册设定。

（5）及时更换色带。色带时间长了颜色就会变浅，这时要更换色带，不要强行调节针距或加重打印，很容易就会断针。

（6）合理打印蜡纸。学校较多用于针式打印机来打印蜡纸，由于蜡纸上的油墨很容易将打印头的针孔堵塞，蜡纸起毛也会刮针，造成打印头断针，为了更好地使用打印机，可以在蜡纸上覆盖一层薄纸以减轻污染，同时清洗打印头次数要多一些。打印头间隙要调整合适，间隙过小会使打印强度过大，容易击穿蜡纸，间隙过大打印出的字迹就会不清楚，所以应根据使用适当调节。

（7） 不要强力操作。出现卡纸时，不要强行拉纸或按进/退纸按钮，只要搬动单页/连续纸转换杆，轻轻拉出被卡住的纸张即可。

（8） 要正确接插打印机。正确插、拔数据电缆插头，以防烧毁接口元件。

（9） 切勿带“病”工作。出现一些不是很影响打印等情况时，不要再让打印机继续工作，以防造成更加严重的故障。

4.3.2 喷墨打印机

喷墨打印机是办公室使用得较为普便的一种设备，其由于使用、保养、操作不当等原因经常会出现一些故障。总的来说，喷墨打印机的检修应遵循从简单到复杂原则，即先检查比较明显的故障现象，如打印字迹暗淡、不打印、卡纸、不能喷墨、打印出乱字符、整机不工作等，然后再根据故障现象判断故障的大致部位，如果出现打印字迹暗淡，不能喷墨，则大多是由于喷墨管路或喷头损坏。下面介绍喷墨打印机常见故障原因与排除方法。

1. 开机后没反应

故障现象：打印机开机后没有任何反应。

故障分析：电源供应不良，电源线连接不牢固；或者是打印机电源电路损坏。应重点检查电源电路中的开关管、电源厚膜块、稳压二极管、三端稳压器是否损坏。一般情况下，开关管损坏较为常见。

解决方法：关闭打印机，检查供电电源是否正常，检查开关电源是否有电压输出，重新连接电源线，确保插头安插牢固。如果是电路损坏，则应交维修中心维修。

2. 不响应打印命令

故障现象：发出打印命令后打印机没有任何响应，或指示灯闪亮但不打印。

故障分析与解决方法：

（1） 数据线连接不牢固或断路。重新连接数据线，确保接口、插头安插牢固，并检查字车带状电缆是否连接正常，如果不能排除故障可以尝试更换数据线。

（2） 计数器累计的废墨量达到上限值。喷墨打印机一般都有个废墨垫，用来吸收打印头清洗时排出的废墨。打印机清洗所消耗墨水量是由主板控制的，计数器将每次清洗打印头所耗墨水（也就是废墨）量叠加。当计数器累计的废墨量达到所规定的上限值后，打印机就会停止工作，防止废墨垫吸满墨水后墨水滴落到打印机内部。解决的方法是更换一个新的废墨垫，并将废墨计数器清零。

（3） 打印文档容量过大，打印机内存不足。喷墨打印机不是很适合连续长时间作业，对于过多页数文档建议分段打印。对于页面描述过于复杂的文件，应适当降低打印分辨率和打印速度，不要超过打印机内存的限制。

（4） 打印端口设置不当。在“开始”菜单中选择“打印机和传真”命令，打开“打印机和传真”窗口，右击所使用的打印机图标，在弹出的快捷菜单中选择“属性”命令，打开“打印机属性”对话框，切换到“端口”选项卡，对打印机的数据接口进行设置，如图 4-2 所示。LPTl 是打印机端口，单击下方的“配置端口”按钮，可以对当前打印的连接端口进行正确设置。

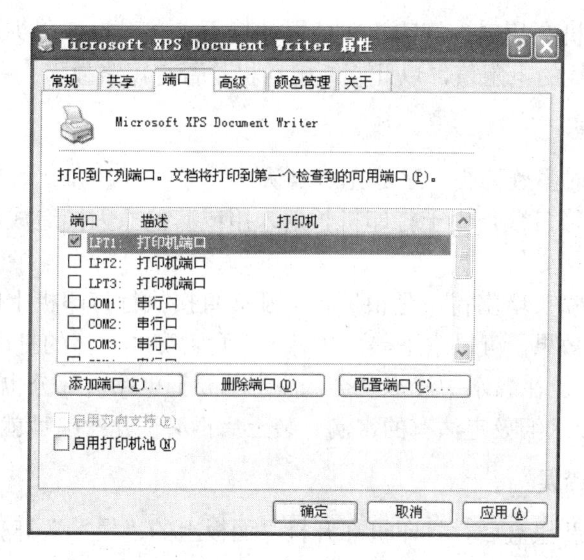

图 4-2　打印机属性对话框的“端口”选项卡

（5） 字车被锁定，或打印头被异物卡住而无法运动。有些打印机设有字车锁定装置，如果上一次关机时字车没有回归到初始位置就切断电源，那么再次开机时字车锁定装置就不能自动释放，致使字车不能移动，因此使用打印机之前必须先解除锁定设置。打印机前盖可以随意翻开，难免会掉进异物而阻碍打印头的运动。因此，下达打印指令后，要注意观察打印机的声音是否正常。出现字车驱动电动机或控制电路等硬件故障。检查字车驱动电动机及其机械传动机构是否出现故障，以及传动齿轮与皮带的啮合、滑轨与字车的切合等是否良好。可试着用手推动字车，保证字车可以滑动自如。

3. 字车运动无规律

故障现象：开机后字车来回无规律运动，随机撞到机械框架上。

故障分析与解决方法：

（1） 字车导轨上附着的污物太多，造成导轨润滑不好。字车导轨上的润滑油与灰尘、纸屑混合后形成油垢，长期积累下来会使打印头在移动过程中所受到的阻力越来越大，使字车不能正常运行，从而引起打印头撞车。可以使用蘸有无水酒精的软布擦拭清洁导轨，酒精挥发后再滴加几滴润滑油，故障即可排除。

（2） 打印机搁置时间太长，机械活动部件过于干涩。若喷墨打印机长时间不用，无论是喷头、字车还是导轨都易过分干涩而出现不良反应，必须保证喷头内液态循环机构的正常运转，字车、导轨的良好润滑更是高品质打印的前提。建议每隔一段时间开机自动清洁一次打印机，并在机械传动部位添加润滑剂。

（3） 光电传感器脏污或损坏。打印机字车停车位置有一只光电传感器，它是向打印机主板提供打印小车复位信号的重要元件。此元件如果因灰尘太大或损坏，字车会因找不到回位信号碰到框架，而导致无法使用，一般出此故障时需要用沾有少许无水酒清的棉球或软布清洁传感器，如果不能排除，则要更换器传感器。

（4） 上一次关机操作有误。喷墨打印机关机前，打印头必须回到初始位置，否则打印头无法正确定位，机械传动系统不能正常启动。

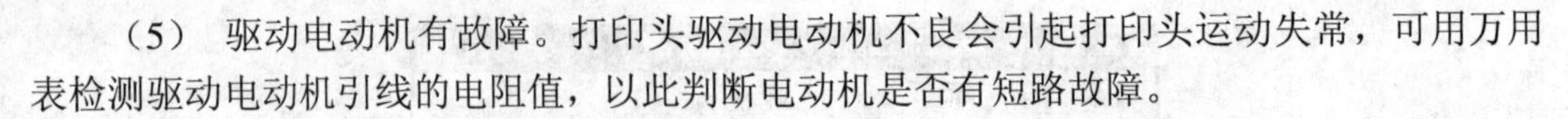

（5） 驱动电动机有故障。打印头驱动电动机不良会引起打印头运动失常，可用万用表检测驱动电动机引线的电阻值，以此判断电动机是否有短路故障。

4. 打印喷头堵塞

故障现象：打印时墨迹稀少，字迹无法辨认。

故障分析：该故障多数是由于打印机长期未用或其他原因，造成墨水输送系统障碍或喷头堵塞。

解决方法：如果喷头堵塞得不是很厉害，那么直接执行打印机上的清洗操作即可。如果多次清洗后仍没有效果，可以拿下墨盒（对于墨盒喷嘴非一体的打印机，需要拿下喷嘴，但需要仔细），把喷嘴放在温水中浸泡一会（注意不要把电路板部分也浸在水中，否则后果不堪设想），然后用吸水纸吸走沾有的水滴，装上后再清洗几次喷嘴就可以了。

5. 指示灯显示错误

故障现象：更换新墨盒后，打印机在开机时面板上的“墨尽”灯亮。

故障分析：正常情况下，当墨水已用完时“墨尽”灯才会亮。如果在更换新墨盒后打印机面板上的“墨尽”灯还亮，一是可能墨盒未装好，二是可能在关机状态下自行拿下旧墨盒，更换上新的墨盒。因为重新更换墨盒后，打印机将对墨水输送系统进行充墨，而这一过程在关机状态下将无法进行，使得打印机无法检测到重新安装上的墨盒。另外，有些打印机对墨水容量的计量是使用打印机内部的电子计数器来进行计数的（特别是在对彩色墨水使用量的统计上），当该计数器达到一定值时，打印机判断墨水用尽。而在墨盒更换过程中，打印机将对其内部的电子计数器进行复位，从而确认安装了新的墨盒。

解决方法：打开电源，将打印头移动到墨盒更换位置。将墨盒安装好后，让打印机进行充墨。充墨过程结束后，故障排除。

6. 喷头软性堵头

故障现象：喷头软性堵头，导致不能正常打印。

故障分析：软性堵头指的是因种种原因造成墨水在喷头上粘度变大所致的断线故障。

解决方法：一般用原装墨水盒经过多次清洗就可恢复，但这样的方法太浪费墨水。最简单的办法是利用手中的空墨盒来进行喷头的清洗。用空墨盒清洗前，要先用针管将墨盒内残余墨水尽量抽出，越干净越好，然后加入清洗液（配件市场有售）。加注清洗液时，应在干净的环境中进行，将加好清洗液的墨盒按打印机正常的操作上机，不断按打印机的清洗键对其进行清洗。利用墨盒内残余墨水与清洗液混合的淡颜色进行打印测试，正常之后换上好墨盒就可以使用了。

7. 打印机清洗泵嘴故障

故障现象：打印机清洗泵嘴出问题，造成不能正常打印。

故障分析：打印机清洗泵嘴出毛病是较多的，也是造成堵头的主要因素之一。打印机清洗泵嘴对打印机喷头的保护起决定性作用。喷头小车回位后，要由清洗泵嘴对喷头进行弱抽气处理，对喷头进行密封保护。在打印机安装新墨盒或喷嘴有断线时，机器下端的抽吸泵要通过它对喷头进行抽气，此嘴的工作精度越高越好。但在实际使用中，它的性能及气密性会因时间的延长、灰尘及墨水在此嘴的残留凝固物增加而降低。如果使用者不对其经常进行检查或清洗，它会使用户的打印机喷头不断出些故障。

解决方法：将打印机的上盖卸下移开小车，用针管吸入纯净水对其进行冲洗，特别要对嘴内镶嵌的微孔垫片充分清洗。

8. 打印精度变差

故障现象：检测墨线正常而打印精度明显变差。

故障分析：喷墨打印机在使用中会因使用的次数及时间的延长而打印精度逐渐变差。喷墨打印机喷头从开始使用到寿命完结，通常也就是 20~40 个墨盒的用量寿命。

解决方法：如果打印机已使用很久之后打印精度变差，可用更换墨盒的方法来试试。如果换了几个墨盒，其输出打印的结果都一样，那么就需要更换打印机喷头。如果更换墨盒以后打印质量有所改善，说明可能使用的墨盒中有质量较差的非原装墨水，应立即更换墨盒。

9. 行走小车错位碰头

故障现象：行走小车错位碰头。

故障分析：喷墨打印机行走小车的轨道是由两只粉末合金铜套与一根圆钢轴的精密结合来滑动完成的，虽然行走小车上设计安装有一片含油毡垫，用以补充轴上润滑油，但因我们生活的环境中到处都有灰尘，时间一久还是会因空气的氧化、灰尘的破坏而使轴表面的润滑油老化失效，这时如果继续使用打印机，就会因轴与铜套的摩擦力增大而造成小车行走错位，直至碰撞车头造成无法使用。

此外，还有一种可能的原因，即小车碰头是因为器件损坏所致。打印机小车停车位的上方有一只光电传感器，它是向打印机主板提供打印小车复位信号的重要元件。此元件如果因灰尘太大或损坏，打印机的小车会因找不到回位信号碰到车头。

解决方法：一旦出现此故障，应立即关闭打印机电源，用手将未回位的小车推回停车位。找一小块海绵或毡布，放在缝纫机油里浸泡至吸满油，然后用镊子夹住在主轴上来回擦。最好是将主轴拆下来，洗净后上油。

如果小车碰头是因为器件损坏所致，则需要更换器件。

4.3.3 激光打印机

激光打印机也是办公室里应用频繁的办公设备。激光打印机的打印质量高、速度快，为日常工作带来了很多的便利与快捷。本节介绍激光打印机的常见故障诊断与处理方法。

1. 打印机打印页前半部无图像

故障现象：一台 HP kserJei 型激光打印机，在打印出的页面上时常出现前半部无图像，后半部打印出的是原稿的前半部，但图像正常，无变形。

故障分析：故障现象表明是对位供纸不良造成的。正常情况下，当纸被搓到上下对位辊之间时，对位辊不是处于转动状态，而是处于短暂的停止状态，当控制器接到位于扫描器轨道上的对位传感器输出的对位信号后，对位辊旋转，纸即被送至旋转的感光鼓下，且送出纸的速度与感光鼓旋转的线速度相等，纸的前端与感光鼓上图像前端对准，再经转印、定影，即得到一张与原稿相同的打印页。当打印纸被对位辊提前送出，若被送出纸的速度与感光鼓的线速度相等，则打印页便是前半部空白，无图像，而后半部则是原稿的前半部，并且图像正常，否则图像是变形的。由此可见，故障原因是对位传感器或控制器有问题。

解决方法：检查扫描器轨道旁机架上的传感器。一旦发现传感器有问题，造成对位辊提前送纸，更换该传感器后试打印，故障排除。

2. 扫描器前进到供纸侧不能返回原位

故障现象：一台惠普激光打印机，在连续打印过程中，扫描器突然前进到打印机的供纸侧而不能返回原位，打印机发出"咔咔"的异常声响。

故障分析：扫描器不能返回原位的原因有返回传感器性能不良；控制器性能不良；返回传感控制器接触不良；扫描器驱动系统机械方面有故障。根据故障现象，是在连续打印中突然发生的，且伴有异常声响，因此怀疑扫描器驱动系统的机械部分有故障。这种"咔咔"声多是扫描器进入轨道尽头与机架相碰发出的。

解决方法：打开打印机，用手来回移动扫描器，感到移动很吃力，而在正常情况下用手移动扫描器是很轻便的，因此需把扫描器推回原位，再开机观察。此时面板显示正常，当主电动机开始旋转时，扫描器亦开始向前移动，同时曝光灯不亮，扫描器移动过程中未听见异常"咔咔"声。正常情况下，待打印机预热至一定温度时，主轴电动机开始旋转，若扫描器在原位，则静止不动；如果扫描器不在原位，则应立即返回原位。

接下来，打开打印机进一步检查时，用手来回移动扫描器，发现所有的链条均跟着转动，而正常情况下，移动扫描器架时，只有绕有扫描器驱动钢丝绳的鼓轮转动，链条是不转动的，由此看来是鼓轮与驱动链轮有问题，它们均属扫描器驱动部件，链轮位于鼓轮内侧，在离合器的作用下，使驱动轴转动驱动鼓轮旋转的。经对这部分拆卸检查，发现轮心装的滚珠轴承已磨损严重，驱动轴被磨出一个槽来，将链轮与驱动轴咬死，这样，当链轮开始转动时，驱动轴被带动，随鼓轮同时转动，带动鼓轮轴一个方向转动，导致扫描器只能前进而不能返回的故障。

为彻底消除故障，更换一新离合器后，将其他部件按原位装好试机，工作恢复正常，故障排除。

3. 从软件发送打印作业时打印机无反应

故障现象：一台惠普激光打印机，当软件发送打印作业时打印机无反应。

故障分析与解决方法：

（1） 电源线未与打印机连接或电源不通。可检查电源及电源连接线，使其连接牢固。

（2） 打印机可能暂停工作，处于休眠状态。需用软件恢复、唤醒打印机。

（3） 打印机与计算机之间的连接电缆未连接好。需重新将打印机与计算机之间的连接电缆连接牢固。

（4） 连接电缆有缺陷。可将该电缆在正常的机器上进行测试，验证有否毛病，若经验证确有缺陷，应更换新电缆。

（5） 软件中选择了错误的打印机。检查软件的打印机选择菜单，看是否选择了正确的打印机。

（6） 未有配置正确的打印机端口。检查软件的配置菜单，确保访问正确的打印机端口，若所用的计算机并非一个并行端口，应确保打印机电缆连接在正确端口上。

（7）　打印机连接在设置不正确的转换器上。检查转换器设置，可将打印机直接与计算机相连，便可验证转换器有否问题。

（8）　打印机发生故障。应检修打印机。

4.　打印出的页面整版色淡

故障现象：一台激光打印机，打印出的页面整版色淡。

故障分析与解决方法：

（1）　墨粉盒内已无足够的墨粉。检查墨粉盒内的墨粉量，若已接近用完应更换墨粉盒或添加墨粉。

（2）　墨粉充足，但浓度调节过淡。重新调节墨粉浓度，使其浓淡适宜。

（3）　感光鼓的感光强度不够。重新调节感光强度，使感光充足。

（4）　感光鼓加热器工作状态不良。检查感光鼓加热器工作状态，确保其工作良好。

（5）　高压电极丝漏电，充电电压低。检查高压电极丝有无与固定架相接等漏电现象，若有应予以绝缘处理。

（6）　转印电晕器安装位置有变。检查转印电晕器安装位置是否发生改变，若已改变应将位置调整好，确保转印电压足够。

5.　在输出纸部分卡纸

故障现象：一台 Canon 激光打印机，无论打印大张纸或小张纸，在输出纸部分均卡纸。上纸盒搓纸正常，只搓一张纸，而下纸盒则搓纸多张。

故障分析：打开机器检查时，可以看到单张纸顺利通过输纸部件的两个夹纸辊但纸不再前进，而下纸盒在输纸部件的前夹纸辊处有多张纸被卡往，并停在该处。说明输纸部件的夹纸辊与输纸辊之间有空隙，纸得不到夹纸辊与输纸辊之间的摩擦，而导致纸张停止不前，产生这种现象的原因，是因长期出现卡纸，导致输纸部件夹纸辊架上的弹簧变形而失去弹性，致使夹纸辊的夹纸力不够，纸与输纸辊之间不能产生摩擦，纸虽能顺利通过夹纸辊，但不能继续前进。

解决方法：用手触摸夹纸辊架，发现已松动变形，将夹纸辊架卸下，更换一个新弹簧后重新装好试机打印，工作恢复正常，故障排除。

6.　纸面污损

故障现象：打印完毕的纸张上发生污损。

故障分析：纸路中污物过多，就会使打印出的纸面发生污损。

解决方法：清洁纸路。方法是打开激光打印机的翻盖，取出硒鼓，用干净柔软的湿布来回轻轻擦拭进、出纸单元滚轴和印盒，去掉纸屑和灰尘。注意不要用有机溶剂清洗。

4.4　扫描仪的故障诊断与处理

扫描仪是一种常见的电脑配套设备，用于扫描图像并输入到计算机中。作为光电、机械一体化的高科技产品，一旦出现故障就会影响正常的工作。其中有些故障需要专业人员维修，但也有许多故障是用户自己就可以排除的。下面介绍一些常见的扫描仪故障的诊断与排除方法。

4.4.1 图像获取不完整

故障现象：整幅图像只有一小部分被获取。

故障分析：聚焦矩形框仍然停留在预览图像上，因此只有矩形框内的区域被获取。

解决方法：在做完聚焦后，点击一下去掉聚焦矩形框，反复试验以获得图像。

4.4.2 图像中有过多的图案

故障现象：由于噪声干扰，使得图像中有过多的图案。

故障分析：扫描仪的工作环境湿度超出了它的允许范围，或者是扫描仪在允许范围外被存放或运输了。

解决方法：让扫描仪工作在允许范围内。关掉计算机，再关掉扫描仪，然后先打开扫描仪，再打开计算机，以重新校准扫描仪。

4.4.3 扫描结果与原件颜色不符

故障现象：原稿颜色与屏幕颜色差别太大。

故障分析：检查屏幕的色度、亮度、反差的设定是否合乎正常要求；检查 ColorLinks 的屏幕设定选项是否正确；如果 FotoLook 是外挂在 Photoshop 下执行，检查 File-Preferences Monitor Setup、Printing lnks Setup 和 Seperation Setup 是否正确。

解决方法：如果是参数设置不正确，应重新进行设定；如果上述设置都正确，则可做一下扫描仪与显示屏之间的色彩校正。

4.4.4 扫描图像变形或模糊

故障现象：扫描出的整个图像变形或出现模糊现象。

故障分析与解决方法：

（1） 扫描仪玻璃板脏污或反光镜条脏污。用软布擦拭玻璃板并清洁反光镜条。

（2） 扫描原稿文件未能始终平贴在文件台上。确保扫描原稿始终平贴在平台上。

（3） 确保扫描过程中不要移动文件。

（4） 扫描过程中扫描仪因放置不平而产生震动。注意把扫描仪放于平稳的表面上。

（5） 调节软件的曝光设置或“Gamma”设置。

（6） 若是并口扫描仪发生以上情况，可能是传输电缆存在问题。建议使用 IEEE-1284 以上的高性能电缆。

4.4.5 扫描图像出现丢失点线的现象

故障现象：扫描的图像在屏幕显示或打印输出时总是出现丢失点线的现象。

故障分析与解决方法：

（1） 检查扫描仪的传感器是否出现了故障或文件自动送纸器的纸张导致机构出现故障。如有，应找专业人员进行检查维修。

（2）　对扫描仪的光学镜头做除尘处理。用专用的小型吸尘器效果最好。

（3）　检查扫描仪外盖上的白色校正条是否有脏污，需及时清洁。

（4）　检查一下稿台玻璃是否脏了或有划痕，可以定期请当地授权技术服务中心来彻底清洁扫描仪或更换稿台玻璃来避免该情况的发生。

4.4.6　扫描时找不到扫描仪

故障现象：电脑在进行扫描的时候，出现找不到扫描仪的故障现象。

故障分析与解决方法：先确认是否是先开启了扫描仪的电源，然后才启动计算机。如果不是，可单击“设备管理器”中的“刷新”按钮，查看扫描仪是否有自检，绿色指示灯是否稳定地亮着。如果绿色指示灯是稳定地亮着，可以排除扫描仪本身故障的可能性；如果扫描仪的指示灯不停地闪烁，则表明扫描仪工作状态不正常。在这种情况下，可以先检查扫描仪与电脑的接口电缆是否有问题，以及是否正确安装了扫描仪的驱动程序。此外，还应检查“设备管理器”中扫描仪是否与其他设备有冲突（IRQ 或 I/O 地址），如果有冲突，则需要更改 SCSI 卡上的跳线。

4.4.7　Ready 灯不亮

故障现象：打开扫描仪电源后，扫描仪的 Ready 灯不亮。

故障分析：出现这种故障现象的时候，可以先检查扫描仪内部灯管。如果发现内部灯管是亮的，可能是与室内温度有关。

解决方法：让扫描仪通电半小时后关闭扫描仪，一分钟后再打开它。如果此时扫描仪仍然不能工作，则需要先关闭扫描仪，断开扫描仪与电脑之间的连线，将 SCSI ID 的值设置成“7”，然后大约一分钟后再把扫描仪打开。在冬季气温较低的情况下，最好在使用前先预热几分钟，这样就可以避免开机后 Ready 灯不亮的现象。

4.4.8　图像色彩不够艳丽

故障现象：扫描仪扫描后，出现输出的图像色彩不够艳丽的情况。

故障分析：如果扫描的图像色彩不够艳丽，可以先调节显示器的亮度、对比度和 Gamma 值。Gamma 值是人眼从暗色调到亮色调的一种感觉曲线，Gamma 值越高，感觉色彩的层次就越丰富。

解决方法：可以在扫描仪自带的扫描应用软件里对 Gamma 值进行调整。为了求得较好的效果，也可以在 Photoshop 等软件中对 Gamma 值进行调整，但这属于“事后调整”。在扫描仪自带的软件中，如果是普通用途，Gamma 值通常设为 1.4；若用于印刷，则设为 1.8；网页上的照片则设为 2.2。

此外，扫描仪在使用前应该进行色彩校正，否则就极可能使扫描的图像失真；还可以对扫描仪的驱动程序对话框中的亮度/对比度选项进行具体调节。

4.5 投影仪的故障诊断与处理

投影仪是一种精密电子产品，集机械、液晶或DMD、电子电路技术于一体，是科研教育、商务洽谈以及各种会议所必备的演示设备之一。在使用投影仪时难免会出现各种问题，下面是一些常见故障的解决办法。

4.5.1 图像无显示

故障现象：投影仪不能正确将图像信号投射出来。

故障分析和解决方法：投影仪和信号源设备之间的信号线可能有问题，可检查信号线两端是否都已和相应设备连接紧固。如果没问题，可再检查一下与投影仪连接的电脑（笔记本），是否已经激活了外部视频功能。笔记本电脑基本都提供了 FN 功能切换键，只要同时按下 FN+标识为 LCD/CRT 或显示器图标的对应功能键，就能激活计算机的视频输出功能。此外，还应该检查投影仪本身的信号输入模式，才能保证投影仪画面显示正常。

4.5.2 图像偏色

故障现象：图像出现一片白色，甚至有蓝紫色斑块。

故障分析：投影仪内部光学系统中的偏振片损坏，投影仪投出来的图像就会出现偏色现象。

解决方法：需要重新更换新的偏振片。不过偏振片的更换操作需要打开投影仪的外壳，由于投影仪内部存在高电压，因此最好不要自行拆卸，以免发生危险或造成人为故障，需要投影仪维修人员进行专业投影机维修。

4.5.3 投影仪不启动

故障现象：投影仪不启动。

故障分析：投影仪电源电路发生故障。

解决方法：这种情况分投影机内部电源和外接电源，先检查一下投影仪的外接电源规格是否符合投影仪标准，例如外接电源插座没有接地，或者投影仪使用的电源线不是投影仪随机配备的，这都有可能造成投影仪电源输入不正常。一旦确定外接电源正常的话，就可以断定投影仪内部供电电路损坏，此时需要维修投影机或更换维修投影仪内部电源。

4.5.4 图像变形失真

故障现象：投影仪投出来的图像变形失真。

故障分析：可能是投影仪与投影屏幕之间的位置没有摆正。

解决方法：调整投影仪的升降脚座，或者调整投影屏幕的位置高度，确保投在屏幕上的图像呈矩形状。

4.5.5　图像显示不全

故障现象：投影仪所投出来的图像显示不全。

故障分析：投影仪和信号之间的分辨率不协调。

解决方法：重新调整计算机的分辨率以及投影仪的分辨率，让它们的大小相互匹配。

4.5.6　在 Windows 下无法正常投影

故障现象：投影机在接 VCD、视频展示台等 Video 信号时能正常投影，但在切换至电脑 RGB 信号时开机，DOS 下有显示而进入 Windows 后无法正常投影。

故障分析：电脑的刷新率调节过高或电脑的分辨率调节过高，超出了投影机的正常工作范围。

解决方法：将电脑的刷新率调至 75 Hz 以下，将电脑的分辨率降低，最好能使投影机工作在其最大物理输出分辨率上(比最大输入分辨率低一级)，此时的显示效果最好。

4.5.7　投影仪无故自动关机

故障现象：投影机在使用一段时间后无故自动关机，过几分钟后又可正常开机，此故障反复出现。

故障分析与解决方法：

（1）通风口不畅引起内部散热不良而启动内部热保护电路。需清洗投影机的进风口滤尘网，保证投影机的进出风口无遮挡，要定期对投影机的滤尘网进行清洗，并保持投影机所处环境的清洁。

（2）环境温度过高引起内部热保护电路启动。可在投影教室中加装空调、风扇等设备进行降温、散热，投影机如果吊顶安装，则要保证投影教室的上部空间也能正常降温。

4.5.8　投影模糊不清

故障现象：投影机投影模糊不清。

故障分析与解决方法：

（1）投影机聚焦未调好。可遥控或手动调整投影机的聚焦。

（2）投影机的镜头或滤尘网积尘太多。应清洁投影机的镜头、滤尘网，并请专业人员处理投影机内部积尘。

（3）投影机的分辨率设置太高。应降低投影机的分辨率。

（4）关机后立即切断电源使投影机内部液晶板未充分冷却而过早老化。需更换投影机内部液晶板。

4.5.9 投影与电脑中显示的内容差别太大

故障现象：投影机显示颜色较淡的画面、文字时不清晰，和显示器中显示的内容差别很大。

故障分析：投影机的亮度设置过高、对比度过低。

解决方法：调整投影机的亮度、对比度设置。

第 5 章　存储设备的故障处理

【本章导读】

电脑的存储设备主要是硬盘。随着技术的进步，资料交流的需求增大，移动存储设备的应用也非常频繁。目前常用的移动存储设备有 U 盘、移动硬盘和刻录机等，这些设备使用方便，各有优势，深受广大用户的欢迎。本节即介绍这些存储设备在存储文件时出现问题后的诊断与处理方法。通过本章的学习，读者可以掌握硬盘、移动硬盘、U 盘和 CD/DVD 刻录机的存储故障的诊断与处理方法。

【内容提要】

λ　硬盘文件存储故障与处理。

λ　移动硬盘存储故障与处理。

λ　U 盘的存储故障与处理。

λ　CD/DVD 刻录机故障与处理。

5.1 硬盘文件存储故障与处理

硬盘是电脑中主要的存储设备，操作系统、应用程序以及我们平时处理的文件都保存在硬盘中。一旦硬盘出现了文件存储故障，就会造成不可估量的损失，因此，掌握一些常用的硬件文件存储故障处理技术是非常必要的。

当系统将文件存储到磁盘上时，是按柱面、磁头、扇区的方式来进行的，即最先是第1磁道的第一磁头下的所有扇区，然后是同一柱面的下一磁头，当一个柱面存储满了就推进到下一个柱面，直到把文件内容全部写入到磁盘。系统也以相同的顺序读出数据，当硬盘的某一部分出现故障时，此部分的数据就有可能读不出来。但是，丢失的数据也不是完全不可以恢复，下面介绍几种硬盘数据丢失的原因及恢复丢失数据的方法。

5.1.1 误格式化硬盘数据

在DOS高版本状态下，格式化操作format在默认状态下都建立了用于恢复格式化的磁盘信息，实际上是把磁盘的DOS引导扇区，fat分区表及目录表的所有内容复制到了磁盘的最后几个扇区中（因为后面的扇区很少使用），而数据区中的内容根本没有改变。

目前可以使用多种恢复软件来进行数据恢复，如使用Easyrecovery和Finaldata等恢复软件均可以方便地进行数据恢复工作。下面介绍用Easyrecovery来恢复丢失的数据的操作步骤。

（1）打开EasyRecovery，在[url=http://www.fixdisk.net/]数据中恢复[/url]选项中，选择使用高级选项自定义数据恢复功能（ADVANCEDRECOVERY）选项，EasyRecovery即自动对硬盘各分区的格式及大小进行分析。选择要进行[url=http://www.raid-recovery. org/soft/]数据恢复[/url]的分区，然后单击ADVANCEDOPTIONS按钮进行设置，可以看到选中的磁盘分区在整个硬盘中的分布情况，并可以手动设置分区的开始和结束扇区，在这里选择默认即可。

（2）在filesystemScan选项中有3个选项可供选择。FileSystem下拉列表中提供FAT32、FAT16、NTFS和RAW等几个选项，这些选项自然是分区的不同格式，在这里需要进行说明的是RAW用于修复无任何文件系统的分区，RAW将对分区的每一个扇区进行一个一个的扫描，此扫描模式可以找到小到一个簇中的小文件和大到连续存放的各种大文件，这里建议选择利用RAW扫描。

（3）SimpleScan和AdvancedScan为两种不同的扫描模式，其中SimpleScan为只扫描指定分区的结构信息，而AdvancedScan将扫描硬盘全部分区的所有信息，花费时间较长。由于这里已经选择了要恢复的分区，所以选择SimpleScan即可。

（4）设置完成后，选择OK按钮确定回到上一个窗口并选择下一步，EasyRecovery将会对磁盘分区内的数据进行扫描，这个过程将会根据计算机的配置和分区的大小不同进行扫描时所用的时间有所不同。

（5）扫描结束后，系统会将扫描到的文件按不同的后缀进行排列，这里选择要进行恢复的文件，比如文档文件、图形文件和MP3文件等，然后单击“下一步”按钮，切换到下一个对话框。

（6） 在 RecovertolocalDrive 中选择恢复文件的保存地址，这里必须选择其他的非修复中的分区，可以点击 Browse 选择，其他选项保持默认即可。设置完毕，单击“下一步”按钮切换到下一个对话框。

（7） 单击“确定”按钮，完成了此分区文件的恢复过程。恢复文件之后，可按照不同的分类对恢复的数据进行重新整理，重新分类。

5.1.2 0 磁道损坏

硬盘的主引导记录区（MBR）在 0 磁道上。MBR 位于硬盘的 0 磁道 0 柱面 1 扇区，其中存放着硬盘主引导程序和硬盘分区表。在总共 512 字节的硬盘主引导记录扇区中，446 字节属于硬盘主引导程序，64 字节属于硬盘分区表（DPT），两个字节（55 AA）属于分区结束标志。0 磁道一旦受损，将使硬盘的主引导程序和分区表信息遭到严重破坏，从而导致硬盘无法引导。

0 磁道损坏判断的方法为：系统自检能通过，但启动时分区丢失或者 C 盘目录丢失，硬盘出现有规律的“咯吱……咯吱”的寻道声，运行 SCANDISK 扫描 C 盘，在第一簇出现一个红色的“B”，或者 Fdisk 找不到硬盘、DM 死在 0 磁道上；在进行“Format C:”时，屏幕提示 0 磁道损坏或无休止地执行读命令“Track 0 Bad”。

0 磁道损坏属于硬盘坏道之一，但它的位置相当重要，因而一旦遭到破坏，就会产生严重的后果。如果 0 磁道损坏，按照目前的普通方法是无法使数据完整恢复的，通常 0 磁道损坏的硬盘，可以通过专用的工具软件来使 0 磁道偏转一个扇区，使用 1 磁道作为 0 磁道来进行使用。而数据可以通过 Easyrecovery 按照簇进行恢复，但数据无法保证得到完全恢复。下面介绍两种解决硬盘 0 磁道损坏故障的方法。

1. 通过 DM 万用版解决

用户可从网上下载一个 DM 万用版，将其制作为 DM 启动盘，然后执行 DM 并进入其主界面。在主界面中按下 Alt+M 组合键进入 DM 的高级模式，将光标定位到“(E) dit/View partitions”（编辑/查看分区）选项，按 Enter 键后，程序要求选择需要修复的硬盘，选中硬盘，按 Enter 键便进入该硬盘的分区查看界面，如图 5-1 所示。

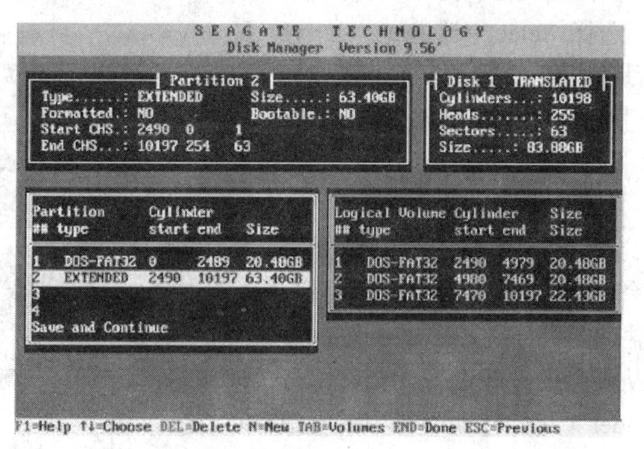

图 5-1 硬盘的分区查看界面

在分区列表框中选中“1”号分区，此时上面的分区信息栏将显示该分区信息，例如分区格式、容量、开始的柱面、结束的柱面等。此时需要记住开始柱面中的“0”和结束柱面序号“2489”。保持光标定位在1号分区上，然后按下Del键删除该分区，在出现的确认删除分区的界面中选择“Yes”并按Enter键，此时1号分区便删除了。

保持光标停留在1号分区上，然后按下Ins键添加分区。在出现的分区类型界面中选择“DOS-FAT32”选项，按Enter键，进入“Select Entry Mode”（设置容量模式）界面，在此选择“（C）ylinders”（柱头）选项，再按Enter键，进入容量输入界面。

在该界面中，是按照柱面来输入容量的。对于第一个分区（也就是C盘）而言，都是从第1个柱面开始，但现在我们必需将前面的“0”改成“1”，至于后面该分区结束的柱面数没有必要修改，可以根据之1号分区的结束柱面数进行填写。

重新划分好1号分区后，返回到分区界面，将光标定位到“Save and Continue”（保存并继续）选项保存设置，然后按下Esc键退出DM，最后根据提示重新启动电脑。重启电脑后，首先在BIOS中通过“IDE HDD Auto-Detection”功能重新设置硬盘参数，然后对C盘进行格式化。至此，修复工作结束。

2. 通过PCTools解决

工具软件PCTools是由美国Central Point公司针对PC机设计的实用工具包，该软件包中的DE（DiskEdit）工具可用来修复“0”磁道损坏的硬盘。

首先将PCTools 9.0下载到本地硬盘，由于该软件包体积比较大，且无法在FAT32格式上的硬盘上运行，因此最好是将下载得到的压缩包解压缩，然后将整个PCTools工具包刻录到光盘上。如果硬盘上有FAT16格式的分区，也可以将PCTools放在该分区上运行。

准备一张系统启动盘，将启动盘放入软驱并引导系统（注意一定要加载光驱驱动），然后放入预先准备好有PCTools的光盘，进入光盘上DE所在的目录并运行DE。进入DE主界面之后，首先会弹出一个信息窗口，提示此时DE运行在只读状态。按Enter键之后，程序会提示用户选择要打开的文件，此时直接按Enter打开默认的文档即可。

打开文档后，按下Atl键激活功能菜单，选择Options（选项）→Configuration（配置）命令。按Enter键后进入配置窗口，再按Tab键将光标定位到Read Only（只读）选项上，然后按空格键将该选项前的“√”取消，最后单击“OK”按钮保存设置。

返回到主界面，选择Select（选择）→Drive（设备）命令，然后在出现的驱动器列表将光标定位到Physical（物理磁盘）上，按空格键选中它，选中Drives（设备）栏中的Hard Disk（硬盘），按Enter键。

返回到主界面之后，选择Select→Partition Table（分区表）命令，选中并进入将出现硬盘分区表信息。如果硬盘有多个分区，那么1分区就是C盘，该分区是从硬盘的0柱面开始。将1分区的Beginning Cylinder（起始柱面）行中的0改成1即可，如图5-2所示。

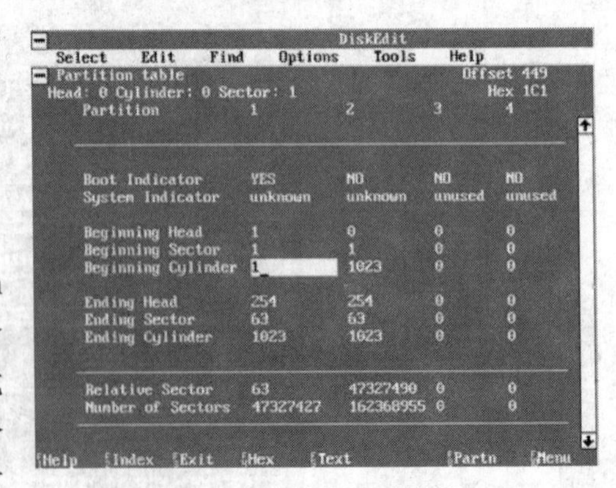

图5-2　硬盘分区表信息

修改之后按 Enter 键，软件会提示问是否保存更改，选择 Save（保存）命令并按 Enter 键确定，然后按下 Esc 键退出即可。重新启动电脑，按下 Del 键进入 BIOS 设置画面，让 BIOS 自动检查硬盘设置，应该可以看到该硬盘的 Cylinder（柱头）比原来减少了 1，保存并退出，重新分区，然后格式化，修复完成。

5.1.3 分区表损坏

分区表被破坏后，启动系统时往往会出现“Non-System disk or disk error，replace disk and press a key to reboot（非系统盘或盘出错）”、“Error Loading Operating System（装入 DOS 引导记录错误）”或者“No ROM Basic，System Halted（不能进入 ROM Basic，系统停止响应）”等提示信息。分区表的损坏是分区数据被破坏而使记录被破坏的。硬盘主引导记录（MBR）所在的扇区也是病毒重点攻击的地方，通过破坏主引导扇区中的 DPT（分区表），就可以轻易地损毁硬盘分区信息，达到对资料的破坏目的。

分区表损坏的原因通常有以下 3 种。

（1）计算机病毒是导致分区表损坏最为典型的故障之一，有些病毒除了攻击主板的 BIOS 之外，同时也会对分区表进行破坏，而且还有很多引导区病毒也会对分区表进行破坏。

（2）对硬盘进行分区转换或者是划分 NTFS 分区时意外断电或者死机，也可能导致分区表损坏。而且在通过 PQMagic（分区魔术师）之类的第三方分区软件调整硬盘分区容量、转换分区格式的时候也存在一定风险，如果死机或者断电也会导致硬盘分区表故障，甚至有可能丢失硬盘中的所有数据。

（3）如果在一块硬盘上同时安装了多个操作系统，那么在卸载的时候就有可能导致分区表故障，比如在同时安装了 Windows 2000 和 Windows 98 的计算机上，直接删除 Windows 2000 内核会导致分区表的错误。另外，在删除分区的时候如果没有先删除扩展分区，而是直接删除主分区，也会出现无法正确读出分区卷标的故障。

了解了分区表损坏的原因，就可以对症下药，解决问题了。下面介绍修复分区表的几种方法。

1. 查杀病毒

如果是由于引导区病毒造成分区表故障，可以借助 KV3000、瑞星、金山等杀毒软件提供的引导盘启动计算机，接着在 DOS 环境中对系统进行病毒查杀操作。比如用 KV3000 的引导盘启动计算机之后输入“KV3000/K”命令进行病毒扫描，如果发现引导区存在病毒，则程序会自动进行查杀清理。建议同时对整个系统进行完整的扫描，以查找出隐藏的病毒。一般说来，将引导区中残留的病毒清除之后即可恢复计算机的正常使用。

提示：

> 如果使用软盘引导计算机，之前一定要将软盘的写保护关闭，否则有可能导致病毒感染软盘。

2. 用 Fdisk 命令修复

Fdisk 是一个分区程序，但同时它还有着非常便捷的恢复主引导扇区功能，而且它只修

改主引导扇区，对其他扇区并不进行写操作，因此对于那些还在使用 Windows 9X 的朋友而言是一个非常理想的分区表修复工具。

通过 Fdisk 修复主引导区的时候，可先用 Windows 98 启动盘启动系统，在提示符下输入“Fdisk /mbr”命令，即可覆盖主引导区记录。

提示：

“Fdisk /mbr”命令只是恢复主分区表，并不会对它重新构建，因此只适用于主引导区记录被引导区型病毒破坏或主引导记录代码丢失，但主分区表并未损坏的情况使用。而且这个命令并不适用于清除所有引导型病毒，因此使用的时候需要注意。

3. 用 Fixmbr 修复引导记录

在 Windows 2000/XP 中一般会用到故障恢复控制台集成的一些增强命令，如 Fixmbr 用于修复和替换指定驱动器的主引导记录，Fixboot 用于修复驱动器的引导扇区，Diskpart 能够增加或者删除硬盘中的分区，Expand 可以从指定的 CAB 源文件中提取出丢失的文件，Listsvc 可以创建一个服务列表并显示出服务当前的启动状态，Disable 和 Enable 分别用于禁止和允许一项服务或者硬件设备等，而且输入“help”命令可以查看到所有的控制命令以及命令的详细解释。

输入“fixmbr”命令可以让控制台对当前系统的主引导记录进行检查，然后在“确定要写入一个新的主启动记录吗？”后面输入“Y”进行确认，就完成了主引导记录的修复。

4. 更换工具调整分区

在删除分区或重建分区的时候，如果遇到意外原因死机或者断电，这时再使用原先的工具就可能无法识别当前硬盘的分区表，必须更换另外一款分区表软件进行修复。例如，通过 Fdisk 分区时意外死机，再使用 Fdisk 就无法顺利进行分区，这时可采用 PQMagic 之类的第三方分区软件解决。

分区表对于系统的正常稳定运行影响非常大，一般情况下最好不要采用 DM 之类快速分区格式化软件，否则有可能导致后期使用过程中频频出现意想不到的麻烦。

5. 用 Disk Genius 备份恢复分区表

Disk Genius 不仅提供了诸如建立、激活、删除、隐藏分区之类的基本硬盘分区管理功能，还具有分区表备份和恢复、分区参数修改、硬盘主引导记录修复、重建分区表等强大的分区维护功能。此外，它还具有分区格式化、分区无损调整、硬盘表面扫描、扇区复制、彻底清除扇区数据等实用功能。

提示：

如果只是想利用 Disk Genius 查看、备份硬盘分区信息，可以直接在 Windows 下运行它，但如果涉及更改分区参数的写盘操作，则必须在纯 DOS 环境下运行，而且在使用前应将 CMOS 中的“Anti Virus”选项设为“Disable”。

运行 Disk Genius 后，程序将自动读取硬盘的分区信息，并在屏幕上以图表的形式显示硬盘分区情况。需要备份分区表的时候，可按下"F9"键或者执行"工具"→"备份分区表"命令，在弹出的对话框中输入文件名即可备份当前分区表。按下"F10"键或者执行"工具"→"恢复分区表"命令，然后在弹出的对话框中输入文件名，软件将读入指定的分区表备份文件并更新屏幕显示，确认无误后即可将备份的分区表恢复到硬盘。

6. 用 DiskMan 恢复硬盘分区表

DiskMan 也是一款非常不错的分区表修复维护工具，可以帮助用户找回昔日正常的硬盘。DiskMan 的大小只有 108 KB，可是功能非常强大，它可以手工修改硬盘中包括逻辑分区在内的所有数据，并且能按照用户的意愿进行分区，从而使一个硬盘中多个操作系统共存。此外，它还采用全中文图形界面，无须任何汉字系统支持，以非常直观的图表形式提示了分区表的详细结构。

启动 DiskMan 后，它会自动检查硬盘分区参数，发现不合理参数时逐一给出提示。用户可以手工修改错误的参数，方法是用光标上、下方向键选择（或鼠标点击）要修改的分区，按 F11 键进入修改状态。在弹出的"修改分区参数"窗口中，将光标移动到要修改的参数项，键入设定的值后，单击"确定"按钮退出即可。对修改过的分区，其序号旁边被标记上蓝色的字母 m。如果分区的大小或位置改动过，该分区将被视为新建立的分区，其序号旁的标志变为红色的字母 n，存盘后，该分区的原引导记录将不再起作用或被覆盖。

提示：

不要随便修改分区大小，特别是修改分区起始柱面、起始扇区、起始磁头参数，这会造成逻辑盘数据的丢失，因为 DiskMan 不能无损调整分区。

DiskMan 中最重要的一项功能就是重建分区表。如果硬盘分区表被分区调整软件或病毒严重破坏，引起硬盘和系统瘫痪，DiskMan 可通过未被破坏的分区引导记录信息重新建立分区表。在菜单的工具栏中选择"重建分区"，DiskMan 即开始搜索并重建分区。DiskMan 将首先搜索 0 柱面 0 磁头从 2 扇区开始的隐含扇区，寻找被病毒挪动过的分区表。接下来搜索每个磁头的第一个扇区。搜索过程可以采用"自动"或"交互"两种方式进行。自动方式保留发现的每一个分区，适用于大多数情况。交互方式对发现的每一个分区都给出提示，由用户选择是否保留。当自动方式重建的分区表不正确时，可以采用交互方式重新搜索，如果重新找回分区，上面的数据都能保留。

利用 DiskMan 手工修改分区参数，需要熟悉分区各参数的意义，而用其"重建分区"功能，也不能保证百分之百正确恢复。所以保护分区表最保险的方法还是备份分区表信息。启动 DiskMan 后按 F9 键，输入文件名，插入软盘后单击"确定"按钮即可。如要还原，只需按 F10 键，按提示操作，即可将硬盘分区信息完全恢复。

5.1.4 误删除数据

在计算机使用过程中最常见的数据恢复就是误删除之后的数据恢复，在这个时候一定要记住，千万不要再向该分区或者磁盘写入信息，因为刚被删除的文件被恢复的可能性最大。

实际上，当用 Fdisk 删除了硬盘分区之后，表面现象是硬盘中的数据已经完全消失，在未格式化时进入硬盘会显示无效驱动器。然而其实 Fdisk 只是重新改写了硬盘的主引导扇区（0 面 0 道 1 扇区）中的内容，也就是说只是删除了硬盘分区表信息，而硬盘中的任何分区的数据均没有改变。由于删除与格式化操作对于文件的数据部分实质上丝毫未动，这就给文件恢复提供了可能性。只要利用一些反删除软件就可以轻松实现文件的恢复。反删除软件可以通过对照分区表来恢复文件。

误格式化与误删除的恢复方法在使用上基本上没有大的区别，只要没有用 Fdisk 命令打乱分区的硬盘，要恢复的文件所占用的簇不被其他文件占用，格式化前的大部分数据基本上都可以被恢复。如果 Windows 系统还可以正常使用，那么最简单的恢复方法就是用 Windows 版 EasyRecovery 软件，它恢复硬盘数据的功能十分强大，不仅能恢复被从回收站清除的文件，而且还能恢复被格式化的 FAT16、FAT32 或 NTFS 分区中的文件。

使用 EasyRecovery 的高级选项自定义数据恢复功能来进行数据恢复操作，经过扫描系统会显示磁盘驱动器信息，选择要恢复资料的硬盘分区，按照提示要求，单击“下一步”按钮，软件将自动扫描分区，把所有详细文件信息显示出来，其中包括目前还存在的和已经被删除的文件。选中想恢复的文件，单击“下一步”按钮进入到选择目标位置对话框，稍等片后 EasyRecovery 即会找回丢失的文件，这时单击“取消”按钮退出程序即可。

5.2 移动硬盘存储故障与处理

移动硬盘是以硬盘为存储介质的一种便携式存储设备，用于在计算机之间交换大容量数据。移动硬盘多采用 USB、IEEE1394 等传输速度较快的接口，可以较高的速度与系统进行数据传输。目前我们常见的移动硬盘多为 USB 插口，支持即插即用，如图 5-3 所示。移动硬盘虽然便于携带，使用方便，但由于其特殊性，使用时要格外注意，以防因磕碰或者误操作而使其受到损伤。下面介绍在使用移动硬盘时常见故障的诊断与处理方法。

图 5-3 USB 插口的移动硬盘

5.2.1 系统无法正确检测到移动硬盘

故障现象：将移动硬盘正确地插入电脑的 USB 接口，听到硬盘发出“咔嚓、咔嚓”的响声，硬盘上指示灯不停的闪烁，系统能正常检测到使用了 USB 设备，但是，在“我的电脑”中却无法看到移动硬盘的图标。

故障分析：系统能够检测到 USB 设备，说明系统是能够正常地检测到移动硬盘的。观察发现其指示灯不停闪烁，并伴有“咔嚓、咔嚓”的响声，说明移动硬盘并没有损坏。将移动硬盘换到另一台电脑上，能够正常使用。根据这种情况，判断是 USB 供电不足引起的。

解决方法：将移动硬盘的 PS/2 供电接口与 USB 接口同时插入，试用后移动硬盘一切正常，问题解决。

5.2.2　USB2.0 移动硬盘在 USB1.1 上使用时不能识别

故障现象：移动硬盘指示灯不亮。经观察硬盘的 USB 接口及接口线针脚无异常；拆开硬盘盒，盘身表面部件无变色和异常现象；硬盘与硬盘盒的接口针脚没有变形。只用硬盘盒的接口模块连接硬盘而不装入盒内，插入电脑，移动硬盘恢复正常，但当再拔出装入硬盘盒内时，移动硬盘又没反应了。

故障分析：通过上述操作之后，基本上可排除移动硬盘本身出现故障的问题，由于使用的电脑接口是 USB1.1 的，怀疑是由于 USB 接口供电不足引起的。

解决方法：将移动硬盘换到其他电脑上试用，故障解决，移动硬盘一切正常。

5.2.3　在 NFORCE 主板上使用移动硬盘在进行读写操作时频繁出错

故障现象：一台电脑，使用 NFORCE2 主板，Windows XP 操作系统，在使用 USB2.0 移动硬盘复制大容量的文件时，经常提示复制文件出错，然后移动硬盘的盘符消失，要重新插拔 USB 连线才可继续使用，更换别的 USB2.0 移动硬盘后故障依旧。

故障分析：Windows XP 中自带有 USB2.0 驱动，但在实际使用中，却与 NFORCE2 主板存在兼容性问题，其故障表现为从 USB2.0 设备上复制大容量文件时报错，并且移动盘符消失。

解决方法：先安装微软的 SP 补丁，再安装 nForce2 芯片组驱动程序，最后再下载并安装厂家最新版的 USB2.0 驱动程序。

5.2.4　移动硬盘中出现乱码目录且无法删除

故障现象：在移动硬盘中发现一些乱码目录，在 Windows 下用删除命令删除时，电脑提示文件系统错误无法删除。由于移动硬盘中还有其他重要文件，又不能格式化硬盘。

故障分析：形成乱码目录是由于文件系统发生错误，其原因主要有以下两种。

（1） 在 USB 硬盘还没有完全完成读写任务的时候就拔下该硬盘。

（2） 在 USB 硬盘供电电压不足时读写文件。表现为在读写一个或多个较大的文件过程中，操作系统发生蓝屏。这种情况主要发生在笔记本电脑上或同一台电脑使用了多个 USB 设备。

解决方法：用 Windows 的磁盘扫描程序即可解决即该问题，方法是运行 Scandisk 命令，在扫描 USB 硬盘时选择自动修复错误，扫描完成后，乱码目录即已消失。同时，在该 USB 硬盘中根目录下会多出一些以 CHK 为扩展名的文件，这些就是乱码目录的备份文件，可以删除它们。

注意：

在使用 USB 接口移动硬盘时应注意以下事项：在移动硬盘正在读写的时候，虽然操作系统显示已完成了读写任务，但如果移动硬盘读写指示灯还亮的时候不要拔下硬盘；在某些 USB 接口供电不足的电脑或笔记本电脑上使用移动硬盘时，最好使用移动硬盘随盘提供的外接电源线来为移动硬盘供电，以增加电压，提高移动硬盘读写数据的安全性。

5.2.5 移动硬盘无法弹出和关闭

故障现象：在 Windows 2000/XP 系统中，移动硬盘无法在系统中弹出和关闭。

故障分析：系统中有其他程序正在访问移动硬盘中的数据，从而产生对移动硬盘的读写操作。

解决方法：关闭所有对移动硬盘进行操作的程序，有必要尽可能在弹出移动硬盘时关闭系统中的病毒防火墙等软件。

5.3 U 盘的存储故障与处理

U 盘的全称是“USB 闪存盘”，使用 USB 接口与电脑主机进行连接。U 盘最大的优点是小巧便于携带、存储容量大、价格便宜，我们可以把它挂在胸前、吊在钥匙串上、甚至放进钱包里，如图 5-4 所示。一般的 U 盘容量有 1 G、2 G、4 G、8 G、16 G 等，是目前最常用的移动存储设备。下面介绍 U 盘存储故障的诊断与处理方法。

图 5-4 U 盘

5.3.1 无法正确识别 U 盘

故障现象：电脑无法正确识别 U 盘。

故障分析：造成这种问题的原因很多，排除 U 盘本身的质量问题之外，应着重检查 BIOS 中的相关选项是否已经打开。

解决方法：OnChip USB 设成 Enabled；USB Controller 设成 Enabled（注：由于主板差异性大，各主板的 BIOS 设置选项可能略有出入）。

5.3.2 找不到 U 盘

故障现象：插入 U 盘后，电脑没有任何反应。

故障分析与解决方法：先判断 U 盘是否已经正确插入 USB 接口，可以拔下来再插一次；然后判断操作系统的版本，保证系统为 Windows 98 以上的版本；再检查是否在系统的 BIOS 设置中将 USB 接口激活。如果已经启用了 USB 设备但运行不正常，可在设备管理器中删除“通用串行控制器”下的相关设备，然后再刷新。最后检查是否 U 盘驱动程序的问题。如果经过以上的办法还不能解决问题，建议在另外一台电脑上测试，如果还是无法使用，可能是 U 盘本身的问题，只有进行更换。

5.3.3 读写时出现故障

故障现象：U 盘安装正常，但是在读写时出现故障。

故障分析：有可能是 U 盘本身的问题。可以读，但是无法写入，多半是在 U 盘中设置 3 只读开关，或者是 U 盘的空间已满，需要删除一部分文件后才能继续进行。此外，在出现掉电或者使用时强行拔出都有可能造成 U 盘无法使用。

解决方法：需要对 U 盘重新进行格式化。在系统中可以直接对 U 盘进行格式化的工作，但这样有时候可能不能完全解决问题，因此建议使用 U 盘自带的工具进行格式化。不同的 U 盘其使用的格式化工具也是不一样的。

5.3.4　U 盘无法停用

故障现象：停用 U 盘时提示无法停用该设备。

故障分析与解决方法：在使用 U 盘或 USB 插口的移动硬盘时，如果出现无法停用的现象，可按以下几个方面进行诊断和处理。

（1） 确认 USB 设备与主机之间的数据复制已停止。如果还在传输数据，则无法停用设备。

（2） Explorer.exe 进程经常会造成 USB 设备无法删除，或者某个文件和文件夹删不掉的情况，解决方法是打开任务管理器里的进程列表，先停止 Explorer.exe，再添加新任务 Explorer.exe，然后试着删除 USB 设备。

（3） 如果某些程序正在访问 U 盘上的文件，如某播放器正在播放 U 盘里的电影。解决方法是关掉访问 U 盘文件的程序，然后再停用 U 盘。

（4） 如果以上几种方法都能不解决问题，可重启电脑后再停用 U 盘。

5.4　CD/DVD 刻录机故障与处理

使用刻录机可以刻录影音光盘、数据光盘等。目前常用的刻录机有 CD 刻录机和 DVD 刻录机两种，按外观分则分为内置和外置两种，如图 5-5 所示。一旦刻录机出现了毛病，轻则损坏光盘，重则无法工作。

图 5-5　内置刻录机（左）和外置刻录机（右）

5.4.1　CD 刻录机

使用 CD 刻录机可以刻录 CD 光盘。CD 刻录盘有 CD-R 和 CD-RW 两种盘片，前者是一次性盘片，即刻入资料后就只能阅读而不能改动；后者则是可擦写光盘，可反复擦写。本节先介绍 CD 刻录机故障的诊断与处理方法。

1. 安装刻录机后无法启动电脑

故障现象：安装刻录机后无法启动电脑。

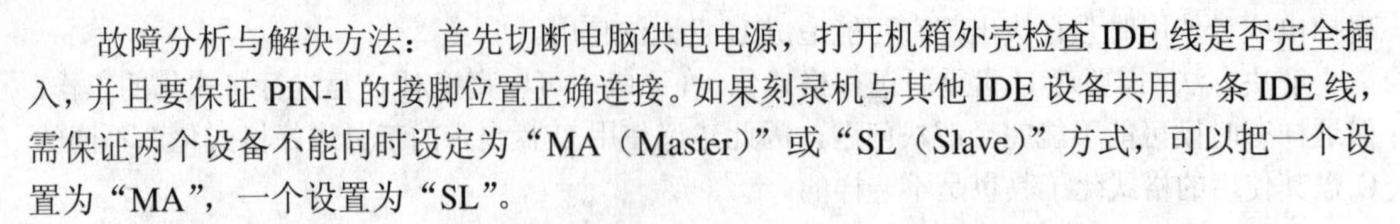

故障分析与解决方法：首先切断电脑供电电源，打开机箱外壳检查 IDE 线是否完全插入，并且要保证 PIN-1 的接脚位置正确连接。如果刻录机与其他 IDE 设备共用一条 IDE 线，需保证两个设备不能同时设定为“MA（Master）”或“SL（Slave）”方式，可以把一个设置为“MA”，一个设置为“SL”。

2. 模拟记录成功，实际记录却失败

故障现象：使用模拟刻录成功，实际刻录却失败。

故障分析和解决方法：刻录机提供的“模拟刻录”和“刻录”命令的差别在于是否打出激光光束，而其他的操作都是完全相同的，也就是说，“模拟刻录”可以测试源光盘是否正常，硬盘转速是否够快，剩余磁盘空间是否足够等刻录环境的状况，但无法测试待刻录的盘片是否存在问题和刻录机的激光读写头功率与盘片是否匹配等。因此，模拟刻录成功而真正刻录失败，说明刻录机与空白盘片之间的兼容性不是很好，可以采用以下两种方法来重新试验一下：

（1） 降低刻录机的写入速度，建议 2X 以下。

（2） 请更换另外一个品牌的空白光盘进行刻录操作。出现此种现象的另外一个原因是激光读写头功率衰减现象造成的，如果使用相同品牌的盘片刻录，在前一段时间内均正常，则很可能与读写头功率衰减有关，可送有关厂商维修。

3. 刻录的 CD 音乐不能正常播放

故障现象：刻录的 CD 音乐不能正常播放。

故障分析：并不是所有的音响设备都能正常读取 CD-R 盘片的内容，大多数 CD 机都不能正常读取 CD-RW 盘片的内容。

解决方法：最好不要用刻录机来刻录 CD 音乐；刻录的 CD 音乐必须要符合 CD-DA 文件格式。

4. 在刻录过程中出现错误提示

故障现象：刻录软件刻录光盘过程中，有时会出现“BufferUnderrun”的错误提示信息。

故障分析：“BufferUnderrun”错误提示信息的意思为缓冲区欠载。一般在刻录过程中，待刻录数据需要由硬盘经过 IDE 界面传送给主机，再经由 IDE 界面传送到刻录机的高速缓存中（BufferMemory），最后刻录机把储存在 BufferMemory 里的数据信息刻录到 CD-R 或 CD-RW 盘片上，这些动作都必须是连续的，绝对不能中断，如果其中任何一个环节出现了问题，都会造成刻录机无法正常写入数据，并出现缓冲区欠载的错误提示，进而是盘片报废。

解决方法：在刻录之前需要关闭一些常驻内存的程序，如关闭光盘自动插入通告，关闭防毒软件、Windows 任务管理和计划任务程序与屏幕保护程序等。

5. 刻录失败

故障现象：光盘刻录过程中，经常会出现刻录失败。

故障分析与解决方法：提高刻录成功率需要保持系统环境单纯，即关闭后台常驻程序，最好为刻录系统准备一个专用的硬盘，专门安装与刻录相关的软件。此外，用户最好能做到以下几点，以避免在刻录过程中因意外而造成的刻录失败。

（1）最好把数据资料先保存在硬盘中，制作成“ISO 镜像文件”，然后再刻入光盘。

（2）为了保证刻录过程数据传送的流畅，需要经常对硬盘碎片进行整理，避免发生因文件无法正常传送，造成的刻录中断错误。

（3）在刻录过程中不要运行其他程序，甚至连鼠标和键盘也不要轻易去碰。

（4）刻录使用的电脑最好不要与其他电脑联网，因为在刻录过程中如果系统管理员向本机发送信息，会影响刻录效果。

（5）在局域网中不要使用资源共享，因为如果在刻录过程中，其他用户读取本地硬盘，会造成刻录工作中断或者失败。

（6）注意刻录机的散热问题，良好的散热条件会给刻录机一个稳定的工作环境，如果因为连续刻录，刻录机发热量过高，可以先关闭电脑，等温度降低以后再继续刻录。针对内置式刻录机最好在机箱内加上额外的散热风扇。

（7）外置式刻录机要注意防尘，防潮，以免造成激光头读写不正常。

6. 无法识别中文目录名

故障现象：在使用 EasyCDPro 刻录软件刻录光盘时，无法识别中文目录名。

故障分析：EasyCDPro 是一个专业的刻录软件，它在支持中文文件名方面稍显欠缺。

解决方法：在使用 EasyCDPro 刻录中文文件名的时候，可以在文件名选项中选取 Romeo，这样就可以支持长达 128 位文件名，即 64 个汉字的文件名。

5.4.2 DVD 刻录机故障

DVD 刻录机可以刻录 DVD 光盘，同时也可以向下兼容 CD 盘。和 CD 光盘一样，DVD 光盘也分为 DVD-R 和 DVD-RW 两种盘片。

1. 达不到高倍速刻录速度

故障现象：16X 的 DVD 刻录机，刻录时只能选 4X。

故障分析：要达到高倍速的刻录速度，除了 DVD 刻录机本身的能力外，还要求盘片的支持。

故障解决：检查使用的盘片是否为高倍速 DVD 刻录盘。

2. 指示灯长亮不熄

故障现象：DVD 刻录机的指示灯一直亮着。

故障分析：如果 DVD 刻录机里有光盘，机台的指示灯就会一直亮着，表明“Disc In（有盘在内）”，这是正常现象。

解决方法：平时要注意不进行刻录或者阅读光盘的时候及时将盘取出来。

3. 刻录盘无法在其他光驱上读取

故障现象：刻录出来的盘片（DVD+R）在其他的 DVD 光驱上无法读取。

故障分析与解决方法：首先应确认 DVD 光驱是否支持 DVD+R/RW 此种格式：如果不支持，则该 DVD 光驱无法读取 DVD+RW 刻录机所刻录的 DVD+R 格式的盘片。其次应确认刻录的文件格式，如果是 DVD-Video 盘片，可查看刻录的文件格式是否是 DVD-ROM 格式。如果是 DVD Data 盘片，应注意盘片是否做过关闭盘片（Close Disk）的动作。

4. 刻录盘无法在家用 DVD 中播放

故障现象：刻录的 CD-R/DVD+R/DVD-R 盘无法在家用 DVD 播放器中读取。

故障分析与解决方法：首先应确认使用的播放器支持 CD-R/CD-RW/DVD+R/DVD-R 或其他类型的盘片（可查看说明书）。如果不支持，可改用别的能支持此类盘片的播放器，看是否可以被正常识别。如果能够识别，说明不属于刻录机故障，而是所使用的播放器读盘性能问题；如果故障依旧，则需将刻录机送至服务中心进行检测。

5. 电脑连接刻录机后无法读盘

故障现象：主机连接了一台 CD-RW 和一台 DVD 刻录机后无法读碟，且出现提示“请将磁盘插入驱动器”的提示信息。

故障分析：由于一次只能使用一台刻录机，所以造成 DVD 刻录机不认空白盘。

解决办法：右击 DVD 刻录机的盘符，从弹出的快捷菜单中选择“属性”命令，打开 DVD 刻录机的属性对话框，切换到“录制”选项卡，选中“在这个设备上启用 CD 录制”复选框，将 DVD 刻录机设置为默认刻录机。同理，如果想用 CD 刻录机也是如此设置。

6. 刻录机异常发烫

故障现象：DVD 刻录机刻了几张盘以后外表摸上去就很烫。

故障分析：DVD 刻录机的发热主要来自以下几个方面：

（1） 光头发射激光的热效应。

（2） 处理数据时芯片的发热。

（3） 马达高速旋转需更大电流供应导致的电路发热。

刻录机在进行 DVD 刻录时的发热量肯定会比 CD 读取时大很多，需要在散热方面做更好的防范。明基的 DVD 刻录机一方面是采用了全钢机芯，增强机台的热稳定性；同时采用了底板散热的方式，发热量大的芯片都会通过导热海绵接触到底板，通过底板来大面积的散热，这也是用户感觉外表比较热的原因所在。

解决方法：从刻录的成功率及刻录品质着想，不要进行不间断地连续刻录，对于电脑配件来说，高温都不是一件什么好的事情。最好是在刻录几张盘片后就让机器休息一下，这样无论是对于刻录盘片的成功率，还是 DVD 刻录机的保养，都是有好处的。

提示：

DVD 刻录机刻录满盘需要的时间：

（1） 以 4X 刻录满盘：约 15 min。

（2） 以 8X 刻录满盘：约 8 ~ 9 min。

（3） 以 12X 刻录满盘：约 6 ~ 7 min。

（4） 以 16X 刻录满盘：约 6 min 以内。

第 6 章　操作系统故障诊断与处理

【本章导读】

操作系统是计算机赖以运行的基础，是其他应用程序的运行平台。如果操作系统出现了问题，那么就意味着工作将无法进行。目前拥有用户最多的是微软公司出品的 Microsoft Windows 操作系统。其中，Windows XP 是目前最常用的 Windows 操作系统。本章介绍操作系统故障的诊断与处理方法，通过本章的学习，读者将了解并掌握 Windows 登录故障、硬件驱动程序故障、显示系统故障、文件存储故障、应用程序运行故障的处理，以及操作系统安装与重装的方法。

【内容提要】

- λ　Windows 登录故障与处理。
- λ　硬件驱动程序故障与处理。
- λ　显示系统故障与处理。
- λ　应用程序运行故障与处理。
- λ　操作系统的安装与重装。

6.1　Windows 登录故障

在 Windows XP 操作系统中，用户可以通过建立个人用户并设置密码来保护自己的账户。但是，如果有一天忘记了密码，那登录问题就成了难题。下面介绍恢复 Windows xp 登录的技术。

6.1.1　创建修复用户密码的启动软盘

微软在 Windows XP 中提供了一个创建修复用户密码的启动软盘的功能，当用户忘记密码时，可以通过这张软盘来启动计算机，所以用户应该事先做张密码启动盘以防万一。

创建密码启动盘的方法是：在“开始”菜单中选择“设置”→“控制台”命令，打开“控制面板”窗口，选择“用户账户”选项，在打开的“用户账户”窗口中选择自己的账户，进入自己账户的控制接口，单击窗口左上方的“阻止一个已忘记的密码”选项，打开“忘记密码向导”对话框，如图 6-1 所示。

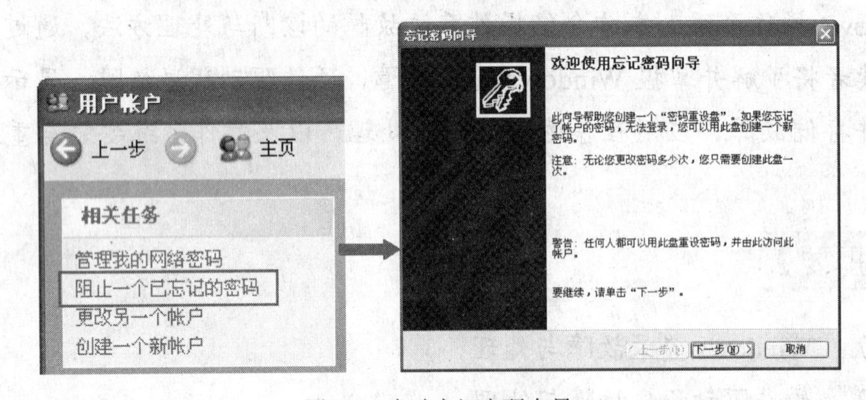

图 6-1　启动忘记密码向导

单击“下一步”按钮，切换到下一个对话框，根据向导提示将一张空白的已经格式化的磁盘插入到软驱中，如图 6-2 所示。单击“下一步”按钮，切换到下一个对话框，在“当前用户账户密码”文本框中输入账户当前的密码，如图 6-3 所示。

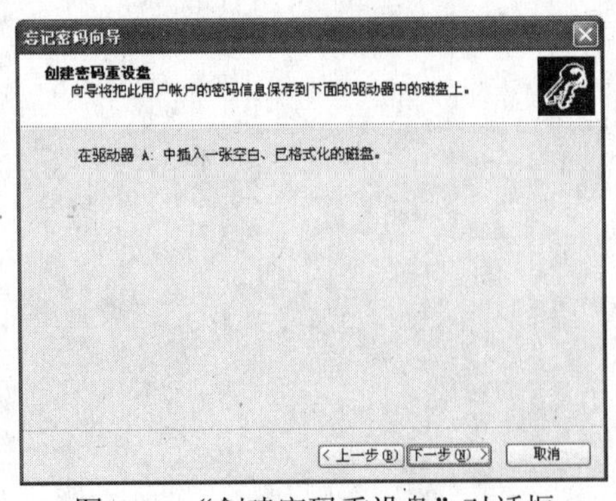

图 6-2　“创建密码重设盘”对话框

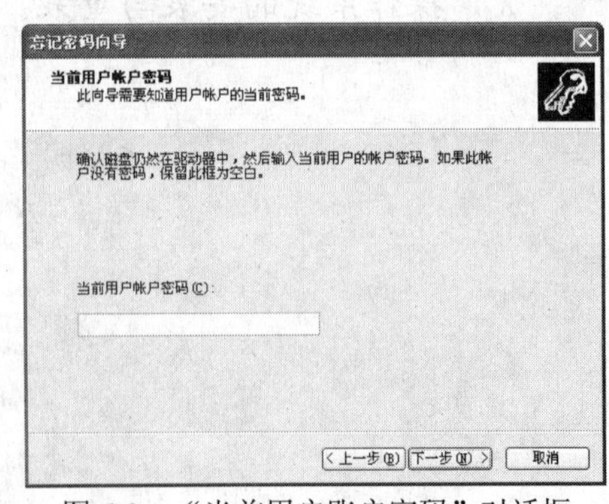

图 6-3　“当前用户账户密码”对话框

再单击“下一步”按钮，稍等片刻便可完成密码启动盘的创建。

6.1.2　通过双系统删除 Windows XP 登录密码

如果计算机中除了 Windows XP 之外还装有其他操作系统，那么可以使用另外一个操作系统启动，删除安装盘中的“Windows\System 32\Comfig”目录下的“SAM”文件，即账号密码数据库文件。然后，重新启动 Windows XP，管理员“administratoc”账号即不用密码登录了。

如果只有一个 Windows XP 系统，也可以取下硬盘换到其他计算机上将 SAM 文件删除，以取消登录密码。

注意：

此方法适用于采用 FAT32 分区安装的 Windows XP，如果是采用 NTFS 分区安装的，要保证其他系统能访问 NTFS 分区才行。

6.1.3　使用 NTFSDOS 工具恢复 Windows XP 登录密码

使用 NTFSDOS 工具也可以恢复 Windows XP 登录密码。首先，使用者可以从网上下载一个 NTFSDOS 软件，然后用它来制作一张从 DOS 下操作 NTFS 分区的启动盘，并用它启动 DOS，切换到系统目录，如“C:Windows\System 32”。

将“Logon.scr”更名为“Logon.scr.bak”，再复制一个“Command.com”并将文件更名为“Logon.scr”。然后重新启动计算机，当启动屏幕保护时，会发现屏幕显示为命令行模式，而且是有 administratoc 权限的，通过这个就可修改密码或添加新管理员账号。进入 Windows XP，“Logon.scr.bak”屏幕保护程序的名字改回来。此法适用于在 NTFS 分区安装的 Windows XP 操作系统。

6.2　硬件驱动程序故障

在 Windows 操作系统下，未正确安装驱动程序的硬设备都无法正常工作。因此，了解和掌握硬件驱动程序故障的诊断与处理方法是十分必要的。使用者可以先通过设备管理器检查驱动程序是否正确，如果不正确可重装驱动。下面介绍硬件驱动程序故障的诊断与解决方法。

6.2.1　查看驱动程序是否正确

在 Windows 操作系统中，设备管理器是管理计算机硬设备的工具，在设备管理器中可以查看计算机中所安装的硬设备、设置设备属性、安装或更新驱动程序、停用或卸除设备。如果想要知道是否正确安装了硬件驱动程序，只要打开设备管理器即可一目了然。

右击“我的电脑”图标，从弹出的快捷菜单中选择“属性”命令，打开“系统属性”

对话框，切换到如图 6-4 所示的“硬件”选项卡，单击“设备管理器”按钮，即可打开“设备管理器”窗口。如果驱动都正常，驱动程序前就没有任何标志；如果某个硬设备的驱动不匹配，则相应设备驱动程序前会显示一个问号“？”；如果某个硬设备未安装驱动程序或驱动程序安装不正确，则驱动程序前会显示一个感叹号“!”；如果驱动程序不能正常工作，则会显示一个“×”号，如图 6-5 所示。

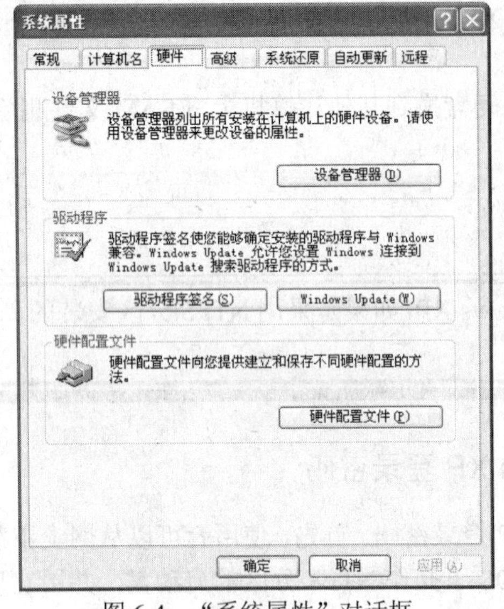

图 6-4 “系统属性”对话框

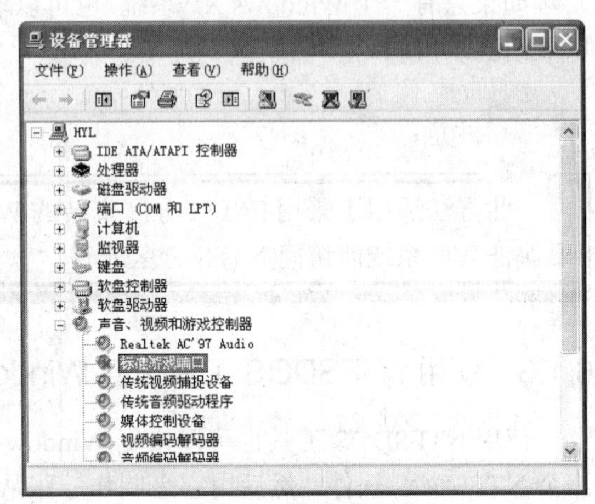

图 6-5 设备管理器

1. 红色的叉号

在“设备管理器”窗口中，如果某个设备前显示了红色的叉号，表示该设备已被停用。如图 6-5 中“声音、视频和游戏控制器”栏下的“标准游戏端口”。

解决方法：如果想要启用被停用的设备，可右击该设备名称，从弹出的快捷菜单中选择“启用”命令即可，如图 6-6 所示。

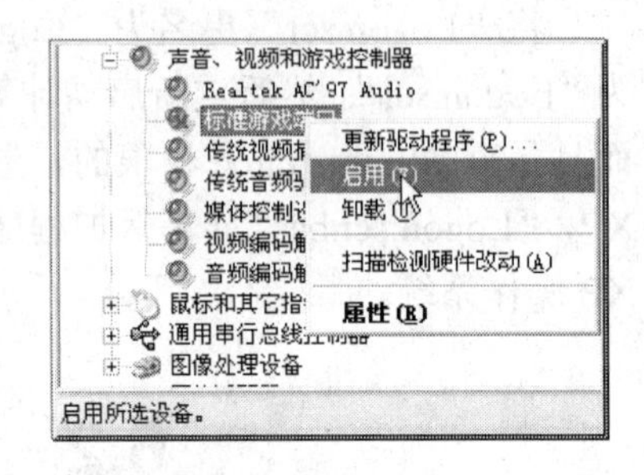

图 6-6 启用被停用的硬设备

2. 黄色的问号或感叹号

如果在“设备管理器”窗口中某个设备前显示了黄色的问号，表示该硬件未能被操作系统所识别；如果显示感叹号，则表示该硬件未安装驱动程序，或者驱动程序安装不正确。

解决办法：先右击显示黄色问号或感叹号的硬设备，从弹出的快捷菜单中选择“卸除”命令，然后重新启动系统，Windows XP 大多数情况下会自动识别硬件并自动安装驱动程序。不过，某些情况下可能需要插入驱动程序盘，按照提示进行操作即可。

6.2.2 声卡驱动故障的解决

声卡驱动是指多媒体声卡控制程序，英文名为 Adlib Sound Card Driver。使用者可在设备管理器中展开“声音、视频和游戏控制器”清单，查看声卡是否能够正常使用。下面介绍一些常见的声卡故障的诊断与解决方法。

1.　系统没有发现声卡驱动程序

故障现象：Windows 提示没有发现声卡驱动程序。

故障分析与解决方法：此类故障一般是因为在第一次装入声卡驱动程序时没有正常完成，或在 CONFIG.SYS、自动批处理文件 AUTOEXEC.BAT、DOSSTART.BAT 档中已经运行了某个声卡驱动程序。将里面运行的某个驱动程序档删除，或者将上面提到的 3 个档删除，一般即可解决故障。

如果上面 3 个档里没有任何档，而驱动程序又装不进去，则需要修改注册表，在“开始”菜单中选择“运行”命令，打开“运行”对话框，在“打开”文本框中输入“regedit”后单击“确定”按钮，打开“注册表编辑器”窗口，将与声卡相关的注册表项删除即可。例如，如果声卡型号为 ALS300，可在“注册表编辑器”窗口中选择“编辑”→“查找”命令，在打开的“查找”对话框中输入“ALS300”，如图 6-7 所示。然后，单击“查找下一个”按钮，将找到的字节删除，再继续查找下一个，依次将找到的选项删除即可。

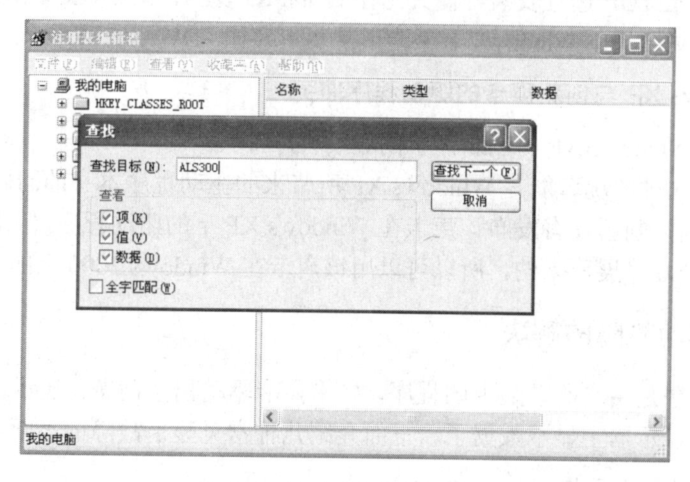

图 6-7　启用被停用的硬设备

此外，还有一种解决方法，就是将主机打开，将声卡拔出再插入另外一个插槽，重新找到设备后装入其驱动程序即可。

2.　声卡驱动陈旧导致系统故障

故障现象：电脑安装 Windows XP 操作系统后，为了使系统运行得更加流畅，又加装了一条旧 128MB SDRAM 内存，之后在运行过程中出现系统频繁死机的现象，尤其是上网时故障发生尤为频繁。

故障分析：造成死机的原因很多，系统错误、硬件不兼容、电源老化、网卡故障、CPU 散热不良、硬盘故障等都可能引起电脑死机。如果排除了以上原因后还是频繁出现死机现象，那么就可能是声卡驱动陈旧导致和 Windows XP 的兼容性不够好造成的系统故障。

解决方法：删除旧的声卡驱动程序，下载并安装新驱动程序，重启计算机，故障解决。

3.　驱动程序装入完成后声卡无声

故障现象：驱动程序装入完成后声卡无声。

故障分析：首先检查声卡与音箱的接线是否正确，音箱的信号线应接入声卡的 speaker 或 spk 口。确定接线无误后，可打开“控制面板”窗口，查看多媒体选项中有无声音设备，如果有设备说明声卡驱动正常装入，否则就表明驱动程序未成功安装或存在设备冲突。

解决方法：

（1） 将声卡更换一下插槽试试。

（2） 进入声卡资源设置选项，看其资源能否更改为没有冲突的地址或中断。

（3） 进入保留资源项目，看声卡使用资源能否保留不让其他设备使用。

（4） 看声卡上有无跳线，能否更改中断口。

（5） 关闭不必要的中断资源占用，例如 ACPI 功能、USB 口、红外线等设备。

（6） 升级声卡驱动程序。

（7） 装入主板驱动程序后重试。如果在多媒体选项里有声音设备，但声卡无声，可进入声卡的音量调节菜单看是否设为静音。此外还有一种比较特殊的情况，有的声卡必须用驱动程序内的 SETUP 进行安装，使其先在 CONFIG 及 AUTOEXEC、BAT 文件中，建立一些驱动声卡的文件，在 Windows 下才能正常发生（如 4DWAVE 声卡）。

4. Windows XP 与创新声卡的驱动程序冲突

故障现象：Windows XP 与创新声卡的驱动程序冲突。

故障分析：这种情况可能是 Windows XP 所带来的驱动程序本身的问题所引起的。

解决方法：因为创新没有发布该声卡在 Windows XP 下的驱动程序，但由于 Windows XP 是由 Windows 2000 发展而来的，所以可以用该声卡在 Windows 2000 上的驱动程序代替。

6.2.3 显卡驱动故障的解决

显卡驱动程序是用来驱动显卡的程序，如果显卡驱动出了问题，显示就无法正常工作，也就无法正确在显示器上显示数据了。下面介绍几种常见显卡故障的诊断与解决方法。

1. 显卡驱动程序丢失

故障现象：显卡驱动程序加载，运行一段时间后驱动程序自动丢失。

故障分析：此类故障一般是由于显卡质量不佳或显卡与主板不兼容，使得显卡温度太高，从而导致系统运行不稳定或出现死机。

解决方法：更换显卡。

2. 不能任意调整分辨率

故障现象：正常安装显卡驱动程序后，分辨率只能调节到 640×480。

故障分析：可能是因为 Windows 2000 操作系统中关于显示器的驱动程序安装不正确导致的。

解决方法：右击桌面，在弹出的快捷菜单中选择“属性”选项，打开“显示 属性”对话框，切换到“设置”选项卡。单击“高级”按钮，在打开的对话框中切换到“监视器”选项卡，在“监视器类型”选项组中单击“属性”按钮，打开“即插即用监视器 属性”对话框，切换到“驱动程序”选项卡，单击“更新驱动程序”按钮，打开“硬件更新向导”对话框，如图 6-8 所示。在向导对话框中按照提示逐步进入安装驱动程序即可。

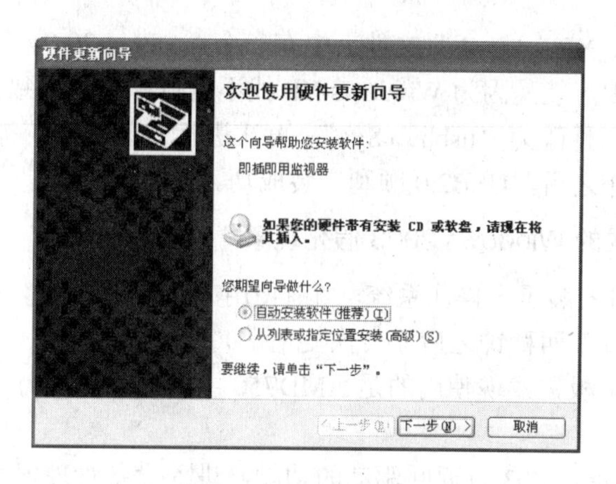

图 6-8　硬件更新向导

6.2.4　主板驱动故障的解决

主板在整个电脑系统中扮演着举足轻重的角色，如果主板出了问题，那么整台电脑就形同虚设。主板驱动程序是用来驱动主板的程序，即使主板本身没有问题，如果主板驱动出现故障，也会造成主板不能正常工作。

1.　主板驱动导致计算机死机故障

故障现象：新电脑在运行一些图形图像处理软件时，每当处理完毕执行保存操作时机器便死机了，重装操作系统多次但故障依旧，而且无法正常安装扫描仪。

故障分析：既然电脑在没有重新安装时能够正常的运行，而安装后便经常死机，这说明硬件损坏的故障可能性不大。由于在运行图像处理软件时容易死机，因此着重检查软件问题，依此对 DirectX 软件进行升级处理和恢复系统注册表后故障依旧，于是打开“设备管理器”窗口，发现“PCI Universal Serial Bus”和“PCI BridgePCI Universal serial BUS”两项标有黄色的感叹号，查看二者的属性，发现这两项设备的驱动程序均未能正确安装。

故障解决：找到主板驱动程序的安装光盘，重新安装主板驱动程序，然后重新启动，故障排除。

2.　在 Windows XP 下装不上 USB2.0 驱动

故障现象：安装完 Windows XP 操作系统后，安装 845GL 主板驱动，其他设备的驱动都安装正常，但 USB2.0 驱动却找不到。

故障分析：由于 USB2.0 的驱动不是直接安装的档，需要通过设备管理器，找到相关设备，通过升级驱动程序的方法安装，于是打开设备管理器，找到其中的未知设备项中有一个带问号的“通用串行总线控制器”，查看其属性说明，提示说驱动未安装好。开始升级驱动程序，提示自动搜索或指定档，选择浏览，查找驱动光盘，找到 USB2.0 驱动的文件夹，选中后确定键被启动，点击确定，开始查找，结果提示未找到相关驱动。插上一个 U 盘进行测试，系统提示找到新硬件，并开始自动安装驱动，安装完毕后，资源管理器中出现可移动磁盘的盘符，说明 USB 控制器一切正常。经反复查看后，发现 Windows XP 系统总是在寻找“usbhub.Sys”这个文件，于是在主板驱动盘查找 USB2.0 驱动文件夹，USB2.0“驱动文件夹中的“Win2k_XP\symbols”文件夹中有一个“usbhub20.Sys”的档，同目标文件相似，于是确定故障原因可能是因为 Windows XP 找不到目标文件所致。

解决方法：将该文件改为“usbhub.Sys”，再次进行安装，系统提示找到相关文件，确定安装，经过几步操作之后，USB2.0 顺利安装成功。

3. 主板驱动造成的 Windows 2003 假死现象

故障现象：计算机安装了多操作系统，当前使用 Windows 2003，发现经常有假死机（鼠标没有反应，一般要过三四秒钟之后才会恢复正常）的现象。

故障分析：检查主板，发现使用的是 AMD750 主板，没有支持 Windows 2003 的主板驱动。

解决方法：Windows 2003 有返回驱动的功能，进入设备管理器，将“IDE ATA/ATAPI 控制器”栏下的“AMD-756 PCI Bus Master IDE Controller V1.36”和“系统设备”栏下的“AMD-751 Processor to AGP Controller”返回驱动程序。重新启动后，便再也没有无故假死机的现象，计算机一直稳定运行。

4. 安装微星主板的驱动补丁程序后进入系统蓝屏

故障现象：一台主板为微星 815EPT（6337）的电脑，在 Windows 98 的过程中安装主板 INF 后，按照系统要求重新启动计算机，结果在进入 Windows 的过程中出现了蓝屏。

故障分析：可能由于系统没有检测到新设备。

解决方法：安装主板驱动程序之后，重新启动电脑，先进入安全模式，并对 C 盘进行一次磁盘扫描，然后再重新启动电脑，系统就会自动检测到新的设备，并安装相应的主板驱动程序。

6.2.5 网卡驱动故障的解决

在安装网卡时必须将网卡驱动程序也安装在电脑的操作系统中。网卡驱动程序的作用是告诉网卡，应当从内存的什么位置上将局域网传送过来的数据块存储下来。网卡驱动故障会导致网卡不能正常工作。

1. 安装网卡驱动后开机速度变慢

故障现象：安装网卡驱动后重新启动电脑，发现启动速度明显比以前慢了很多。

故障分析：首先排除安装驱动过程中出现过错误。通常说来，当单机进行了网络配置后，由于系统多了一次对网卡检测，使得系统启动比以前慢了很多，这是正常现象。如果没有为网卡指定 IP 地址，操作系统在启动时会自动搜索一个 IP 地址分配给它，这又要占用大概 10 秒钟的时间。

解决方法：即使网卡没有使用，也最好为其分配 IP 地址，或是干脆在 BIOS 中将其设置为关闭，这样即可提高启动速度。

2. 网卡驱动程序损坏

故障现象：网卡不能正常工作，网络也 ping 不通，但网卡指示灯发光。

故障分析：由于杀毒、非正常关机等原因，都可能造成网卡驱动程序的损坏。如果网卡驱动程序损坏，网卡就不能正常工作，网络也 ping 不通，但网卡指示灯发光。

解决方法：可打开“设备管理器”窗口，查看网卡驱动程序是否正常，如果“网络适配器”栏下所显示该网卡图标上标有一个黄色感叹号“!”，说明该网卡驱动程序不正常，重新安装网卡驱动程序即可解决问题。

3. 卸除顽固的网卡驱动

故障现象：计算机通过局域网连网，重新安装网卡并设定 IP 后却无法上网。打开设备管理器，发现原来的网卡名称后面添加了“#2”的标志。

故障分析：如果在 Windows 2000/XP 下，网卡设备有变化，就可能造成再次安装网卡时出现问题。最好的办法应该是先从设备管理器中卸除掉网卡再重新安装网卡。

解决方法：打开控制面板，双击“添加/删除硬件”选项，打开“添加或删除程序”对话框，找到原来的网卡名称，将其卸除。然后再回到设备管理器中，选择“操作”→“扫描硬件改动”命令，这次找到的网卡后面没有#号的了。到“网上邻居”的“属性”对话框中按照原来的设置步骤重新设置 IP 和网关、子网掩码、DNS，故障解决。

6.2.6 其他驱动故障

除了计算机主要硬设备之外，一些电脑外部设备如打印机等在使用时也需要安装正确的驱动程序，否则就不能正常工作。下面介绍几种常用计算机外设的驱动程序故障的诊断与解决方法。

1. 文景 A210 驱动程序卸除故障

故障现象：方正文景 A210 激光打印机突然不打印了，重新安装驱动程序时，系统提示要先卸除旧版的驱动程序，但是运行卸除程序又提示 Uninst.isu 不存在，卸除被中止，安装也不能进行。

故障分析：在卸除过程中提示 Uninst.isu 不存在，但是查看打印驱动程序所在的目录，又能找到 Uninst.isu 这个档，估计是 Uninst.isu 文件有问题。

解决方法：把打印机驱动程序光盘拿到另一台电脑上进行安装，安装完成后，进入驱动程序所在的目录，找到 Uninst.isu 这个档，把两个档进行比较，发现两个档的大小都不一样，把新的 Uninst.isu 文件复制过来，覆盖原来的 Uninst.isu 文件，然后再运行卸除程序，故障排除。

2. Modem 驱动安装故障

故障现象：Modem（调制解调器）不能正常工作。

故障分析：可能是 Modem 驱动程序没有正确安装。

解决方法：运行添加新硬件，选择添加端口，在选择驱动时，从 Modem 的驱动盘上找到并选择 Mdm3com.inf 文件，依次单击“Next”按钮，完成后就会发现在设备管理器中多出了一个 COM3 口，而且工作正常。接下来手动添加 Modem 驱动，在选择端口时选择了新安装的 COM3。最后创建了一个拨号连接，Modem 开始正常工作。

3. 打印机驱动安装故障

故障现象：打印机在安装驱动程序时总是出现蓝屏现象。

故障分析：这是因为所要使用的设备正在被占用，用户可重新启动计算机，检查设备是否可用。此外，这个现象还与病毒感染系统或者打印机驱动程序没有正确安装有关。

解决方法：

（1） 清除病毒。

（2） 将原来的打印机驱动程序删除，重新安装驱动程序。

（3） 如果还是无法解决问题，可重装操作系统。

3. 运行打印驱动程序时出错

故障现象：运行打印驱动程序时屏幕出现错误提示。

故障分析：这是因为在系统中有某些正在运行的应用程序与 Adobe 字体下载程序相互冲突造成的。

解决方法：

（1） 运行 Adobe 字体下载程序时，关闭打印机的状态窗口。

（2） 关闭系统中会锁住打印机并行口的应用程序，如字体管理程序。

4. 杂牌手柄驱动故障

故障现象：添加了一个新硬盘，原盘做主盘，新盘做从盘，装好以后在运行一些常规软件如 Office XP 时，不仅启动的速度比以前慢很多，而且在运行程序时还会出现短时间停止响应的现象，在游戏中表现尤其明显。

故障分析：既然安装新硬盘之前系统运行正常，那么引发故障的原因应该和新硬盘有一定的关联。于是排查在装硬盘时改动过的硬件设置，并检查了硬盘数据线和电源线，但都没有发现问题。后发现电脑并行端口处于空闲状态，而这本来应该是接一个 25pin 的游戏手柄，但在装硬盘时嫌接线太多碍事，就把暂时没用的手柄界面拔了下来而没接上去。经分析，这应该是游戏手柄驱动程序导致的故障。由于该手柄是杂牌手柄，随机驱动程序可能有不完善的地方。当支持的硬件被拔下时，原来的驱动程序就可能扰乱系统的正常运转，从而导致上述故障。

解决方法：在设备管理器中把游戏手柄的驱动程序进行卸除，然后再把手柄接口拔下，系统没有再出现运行缓慢的现象，因此确定是杂牌游戏手柄驱动引发的故障。关机后把游戏手柄重新连接到并行接口上，然后开机，再次进入系统后，一切恢复正常。再把新硬盘接上，也不再出现程序运行缓慢的现象了。

6.3 显示系统故障

显示系统故障不仅包含由于显示设备或部件所引起的故障，还包含由于其他部件不良所引起的在显示方面不正常的现象。也就是说，显示方面的故障不一定就是由于显示设备引起的，应全面进行观察和判断。

6.3.1 显示系统可能出现的故障现象

显示系统包括显示器、显示适配器及其他们的设置，此外还与主板、内存、电源及其他相关部件相关联。它们之中任何一种元素出现故障都可能会引起显示系统出现故障。计算机周边其他设备及地磁对计算机的干扰也会影响显示系统的正常运行。

显示系统出现故障后，一般会发生以下现象：

（1） 开机无显示、显示器有时或经常不能加电。

（2） 显示偏色、抖动或滚动、显示发虚、花屏等。

（3） 在某种应用或配置下花屏、发暗（甚至黑屏）、重影、死机等。

（4） 屏幕参数不能设置或修改。

（5） 亮度或对比度不可调或可调范围小、屏幕大小或位置不能调节或范围较小。

（6） 休眠唤醒后显示异常。

（7） 显示器异味或有声音。

6.3.2　显示系统故障的诊断顺序

在维修显示系统故障的时候，用户应本着先软后硬的原则，首先确保下载并安装了显示适配器的最新版驱动程序，然后，按照以下顺序进行故障诊断。

1. 市电检查

市电检查主要包括以下几个方面。

（1） 检查市电电压是否在 220V±10%、50 Hz 或 60 Hz。

（2） 检查市电是否稳定。

（3） 其余参考家电类故障中有关市电检查部分。

2. 连接检查

联机检查包括计算机部件之间的连接、电源线的连接，以及是否连接了地线。检查原则如下。

（1） 检查显示器与主机的连接牢靠、正确，当有两个显示端口时，应特别注意是否连接到了正确的显示端口上。

（2） 检查电缆接头的针脚是否有变形、折断等现象，应注意检查显示电缆的质量是否完好。

（3） 检查显示器是否正确连接上市电，其电源指示灯是否亮起，灯的颜色是否正确。

（4） 检查显示设备的异常是否与未接地线有关。要注意别让电脑维修工程师为用户安装地线，而是应请用户通过正式电工来安装。

3. 周边及主机环境检查

周边环境也会影响电脑的显示质量，或者造成显示异常。因此，环境检查也是一个不可忽视的方面。

（1） 检查环境温度和湿度是否与使用手册相符。如钻石珑管，要求的使用温度为18℃~40℃。

（2） 检查显示器加电后是否有异味、冒烟或异常声响，如爆裂声等。

（3） 检查显示适配器上的元器件是否有变形、变色，或升温过快的现象。

（4） 检查显示适配器是否插好，可以通过重插、用橡皮或无水酒精擦拭显示适配器（包括其他板卡）的金手指部分来检查。

（5） 检查主机内的灰尘是否较多并及时进行清除。

（6） 检查周围环境中是否有干扰物存在，这些干扰物包括日光灯、UPS、音箱、电吹风机、相靠过近（50 cm 以内）的其他显示器，及其他大功率电磁设备、线缆等。

（7） 对于偏色、抖动等故障现象，可通过改变显示器的方向和位置，检查故障现象能否消失。这是因为显示器的摆放方向可能由于地磁的的影响而对显示设备产生干扰。

4. 其他检查及注意事项

除上述几个方面外，用户还应注意以下两个方面。

（1） 检查主机加电后是否有正常的自检与运行的动作，如自检完成的鸣叫声、硬盘指示灯不停闪烁等。如有，则应重点检查显示器或显示适配器。

（2） 禁止带电搬动显示器及显示器方向，在断电后的一段时间内（2~3 min）也最好不要搬动显示器。

6.3.3 故障诊断与解决方法

显示系统出现故障，有时候并不仅仅只是显示器或者显卡的问题，周边的环境、相关部件的质量、操作系统的稳定性以及设置不当等都可能造成显示异常。当显示系统出现故障时，用户可从下面几个方面来依次进行判断和处理。

1. 调整显示器与显示适配器

对于显示器与显示适配器，使用者可通过以下几个方面来判断故障原因并进行解决。

（1） 通过调节显示器的 OSD 选项，最好是回复到 RECALL（出厂状态）状态来检查故障是否消失。对于液晶显示器，需单击 auto config 按钮。

（2） 检查显示器的参数是否调得过高或过低，如有则要进行手动更改。例如，H/V-MOIRE 是不能通过 RECALL 来恢复的。

（3） 检查显示器各按钮可否调整，以及调整范围是否偏移显示器的规格要求。

（4） 检查显示器的异常声响或异常气味是否超出了显示器技术规格的要求，例如，新显示器刚用之时会有异常的气味，刚加电时由于消磁的原因而引起的响声、屏幕抖动等，但这些都属正常现象。如果超出显示器技术规格的要求，则需要进行维修。

（5） 检查显示适配器的技术规格是否可用在主机中，例如 AGP 2.0 卡是否可用在主机的 AGP 插槽中等。

2. BIOS 配置调整

BIOS 设置不正确也会造成显示系统出现故障，因此当排除了显示器与显卡故障后，就应检查 BIOS 设置。对 BIOS 设置的检查主要有以下两个方面。

（1） 检查 BIOS 中的设置是否与当前使用的显卡类型或显示器连接的位置匹配，即是板载显卡还是外接显卡；是 AGP 显卡还是 PCI 显卡。如果不匹配，则需要更换显卡或者更换显卡所在插槽的位置。

（2） 对于不支持自动分配显示内存的板载显示适配器，需检查 BIOS 中显示内存的大小是否符合应用的需要，如果不符合应用，则应调整显存容量。

3. 检查显示器和显卡的驱动程序

检查显示器或显示适配器的驱动程序时，应在软件最小系统下进行（注意：下面显示属性、资源的检查和操作系统配置与应用的检查也应在软件最小系统下进行）。对显示器和显卡驱动的检查包括以下几个方面。

（1） 检查显示器及显卡的驱动程序是否与显示设备匹配，程序版本是否恰当。

（2） 检查显示器的驱动是否正确，如果有厂家提供的驱动程序，最好使用厂家的驱动程序。

（3） 检查是否加载了合适的 Direct X 驱动（包括主板驱动）。

（4） 如果系统中装有 Direct X 驱动，可用其提供的 Dxdiag.exe 命令检查显示系统是否有故障。

4. 显示属性、资源的检查

关于显示属性、资源的检查包括以下两个方面。

（1） 在设备管理器中检查是否有其他设备与显示适配器有资源冲突的情况，如有，应先去除这些冲突的设备。

（2） 显示属性的设置是否恰当，不恰当的显示属性设置就会造成显示异常。例如，不正确的监示器类型、刷新速率、分辨率和颜色深度等，会引起重影、模糊、花屏、抖动、甚至黑屏的现象。

5. 操作系统配置与应用检查

关于操作系统配置与应用的检查包括以下几个方面。

（1） 检查系统中的一些配置文件（如：System.ini 档）中的设置是否恰当，如不恰当，则需重新设置。

（2） 检查显示适配器的技术规格或显示驱动的功能是否支持应用的需要。

（3） 检查是否存在其他软、硬件冲突。

6. 硬件检查

如果排除了上述各项故障的可能还是不能解决问题，则可能是其他硬件方面的问题，用户可通过以下几方面的检查来确定故障源，并相应地解决问题。

（1） 当显示调整正常后，应逐个添加其他部件，以检查是哪一个部件引起的显示不正常。

（2） 可通过更换不同型号的显示适配器或显示器，检查它们之间是否存在的匹配问题。

（3） 可通过更换相应的硬件检查是否由于硬件故障引起显示不正常。建议的更换顺序为：显示适配器、内存、主板。

6.4 应用程序运行故障

应用程序是指为了完成某项或某几项特定任务而被开发，运行于操作系统之上的计算机程序。每一个应用程序都运行于独立的进程，拥有自己独立的地址空间，在 DOS 或

Windows 系统下其扩展名为 *.exe 或 *.com。应用程序无法运行意味着用户的工作将无法进行，下面介绍几种应用程序运行故障的诊断与解决方法。

提示：

应用程序与应用软件的概念不同，软件是指程序与其相关文件或其他从属物的集合，程序是应用软件的一个组成部分。例如：一个游戏软件包括程序（*.exe）和其他图片（*.bmp 等）、音效（*.wav 等）等附件，那么这个程序（*.exe）称作“应用程序”，而它与其他文件（图片、音效等）一起合称为“软件”。

6.4.1 应用程序运行时或运行完毕后突然死机

故障现象：应用程序运行时或运行完毕后突然死机，并且移动鼠标时机箱喇叭会发出“嘟嘟”的声音，单击无反应。

故障分析：当应用程序运行时出现以上故障，可能有以下几种原因：

（1） 软件本身有问题。很多软件在启动时，由于设计上的缺陷，往往无法正确调用系统资源，陷入一种死循环状态。用户可以换一个版本装上去试试，如果故障消除，则可以认定是软件本身的问题。

（2） 应用软件与操作系统兼容性不好。国内用户大都使用的是中文版的 Windows，如果在中文版的系统上安装并使用英文版的软件，有些会因为语言问题造成应用软件与操作系统不兼容，导致一运行该软件就死机。

（3） 系统资源不足。如果在一些硬件配置较差的计算机上运行 3ds max、AutoCAD 等特大型且对硬件要求较高的软件时发生死机，如果软件本身没有问题，则很可能是硬件配置太差，系统资源不足造成的。对于这类大型的应用软件，如果无法在硬件上对电脑升级，则最好安装低版本的软件，因为同一个软件低版本的对硬件的要求会低一些。

6.4.2 Windows 中的内存不足

故障现象：在运行 Windows 应用程序时，出现内存不足的故障，致使应用程序不能正常运行。

故障分析：出现内存不足的原因通常是因为同时运行了多个应用程序，占用资源太多所致。

解决方法：退出不需要运行的应用程序，然后检查系统的可用资源为多少，如果可用资源大于 30%，通常就可以运行新的程序。如果退出无用应用程序后还是提示内存不足，则可重启电脑。为了确保在启动进入 Windows 时系统的可用资源足够，应保证在“任务管理器”中没有无关的应用软件同时启动运行，在 WIN.INI 档中也没有由 Run 或 Load 命令加载的任何无关的应用程序，因为这些同时启动的无关应用程序可能已经占用了很多资源，使得要使用的应用程序无法运行。

6.4.3 设置用户权限后无法运行应用程序

故障现象：由于计算机通常为多人使用，因此在“组策略”窗口中对用户权限进行了设置，使系统只运行许可的 Windows 应用程序。设置完毕重启电脑后便无法运行应用程序。

故障分析：这是组策略说明限制用户可以在计算机上运行的 Windows 程序。当启用了“只许运行许可的 Windows 应用程序”策略后，则电脑只能运行用户加入到“允许运行的应用程序列表”中的程序。

解决方法：重新启动电脑，在启动菜单出现时按 F8 键，在 Windows 高级选项菜单中选择“带命令行提示的安全模式”选项，然后在命令提示符下运行 mmc.exe。在打开的“控制面板”窗口中依次单击“文件”→“添加/删除管理单元”→“添加”→“组策略”→“添加”→“完成”→“关闭”→“确定”，添加一个组策略控制台，把原来的设置改回来。操作方法为在“组策略”窗口左侧依次选择“用户配置”→“管理模板”→“系统”选项，然后在窗口右侧右击“只许运行许可的 windows 应用程序”策略，从弹出的快捷菜单中选择“属性”命令，在打开的对话框中恢复原来的设置，如图 6-9 所示。设置完毕，重新进入 Windows 即可。

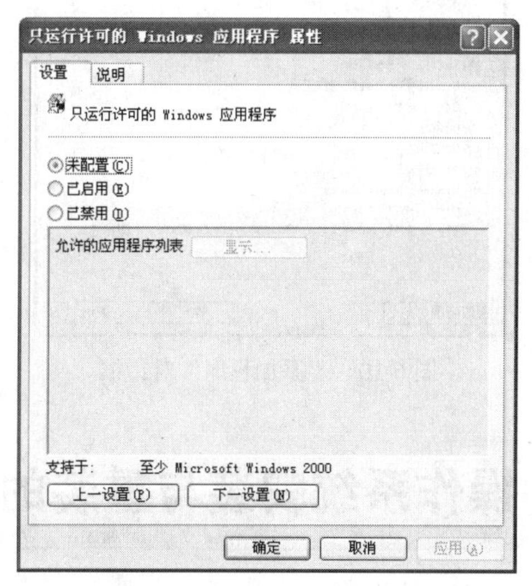

图 6-9 “只运行许可的 Windows 应用程序 属性”对话框

6.4.4 Windows 防火墙引起应用程序无法运行

故障现象：安装 Microsoft XP Service Pack 2（SP2）后，一些应用程序无法在更新的操作系统上运行，有时会出现一个 Windows 防火墙“安全提醒”对话框。

故障分析：这是因为默认情况下防火墙为启用状态，为了提高基于 Windows XP SP2 的计算机的性能，Windows 防火墙屏蔽了未被认可的外来连接。可以通过建立一个例外项将一个应用程序加入例外列表，从而允许这个程序继续运行。

解决方法：一些程序为了能够正常运行，必须从网络上接收信息。这些信息通过入站端口进入计算机。Windows 防火墙要允许这些信息进入，必须在计算机上打开正确的入站端口。要使程序和未装 SP2 之前一样地进行通信来允许程序正常的运行，可以使用以下的任何一种方法。

（1） 通过安全提醒来允许程序运行。这个提醒信息显示了程序的名称和程序的开发者。这个对话框包含 3 种选择：Unblock the program；Keep blocking this program；Keep blocking this program, but ask me again later。在“安全提醒”对话框中，选择“Unblock this program”，然后单击“确定”按钮。

（2） 通过 Windows 设置来允许程序运行 Syue.com。如果在“安全提醒”对话框中没有选择“Unblock the program”，这个程序将被禁止运行。可以通过配置 Windows 防火墙来达到同样的目的，方法是在“开始”菜单中单击“运行”按钮，打开“运行”对话框，输入“wscui.cpl”后单击“确定”按钮，打开“Windows 安全中心”窗口，单击“Windows 防火墙”选项，选择“例外”选项卡，单击“添加程序”按钮，打开“添加程序”对话框，在列表中选择程序，或者通过浏览来选定一个程序，如图 6-10 所示。选择要做为例外项的应用程序后，单击“确定”按钮即可。

图 6-10 “添加程序”对话框

6.5 操作系统安装与重装的方法

操作系统是各种应用程序运行的平台，如果操作系统出了问题就意味着电脑罢工了，目前大多数办公电脑所用的操作系统都是 Windows 系统。电脑出现非硬件故障后，如果通过各种方法都无法解决问题，那么就只能重装操作系统了。本节介绍安装 Windows XP 的操作方法。安装 Windows XP 的方法有两种，一种是从旧版本升级至 Windows XP，一种是全新安装 Windows XP。如果需要，电脑中也可以同时安装两个以上的操作系统。

6.5.1 系统安装前的准备工作

通常在购买电脑时商家都会免费为用户安装一套操作系统，但是，当操作系统出现了问题，有时就需要对其重新进行安装。当系统出现下述 3 种情况之一时，用户就应该考虑重装系统。

（1） 系统运行效率变得低下，垃圾文件充斥硬盘且散乱分布又不便于集中清理和自动清理。

（2）系统频繁出错，而故障又不便于准确定位和轻易解决。

（3）系统不能启动。

在因系统崩溃或出现故障而准备重装系统前，用户应先对电脑中有用的数据做好备份，以免因为硬盘的格式化操作而导致数据的丢失，从而造成不可弥补的损失。此外，对一些常用的软件、程序等也应做好备份，这样在重装操作系统后就不用费事到处寻找了。总之，在安装操作系统之前应做好以下一些工作。

（1）备份重要数据。

（2）备份收藏夹。

（3）备份输入法词库。

（4）备份邮箱地址簿和 QQ 好友信息。

（5）备份驱动程序。

（6）先准备安装盘，然后再删除原有的目录。

（7）备份软件安装序列号。

（8）先覆盖安装出错文件，如果不行再格式化磁盘重装。

6.5.2 BIOS 设置

BIOS 是一组固化到主板上一个 ROM 芯片中的程序，它保存着电脑最重要的基本输入/输出程序、系统设置信息、开机加电自检程序和系统启动自举程序等。在安装操作系统之前，还需要对 BIOS 进行相关的设置，以便系统安照工作顺序进行。电脑开机后会进行加电自检，此时根据系统提示按 Delete 键即可进入 BIOS 程序设置界面。

1. BIOS 设置程序的基本功能

不同类型的主板进入 BIOS 设置程序的方法有所不同，具体进入方法参见开机后的屏幕提示。BIOS 设置程序的基本功能如下。

（1）Standard CMOS Features（标准 CMOS 功能设置）：用于对基本的系统配置进行设定，如时间、日期、IDE 设备和软驱参数等。

（2）Advanced BIOS Features（高级 BIOS 特征设置）：用于对系统的高级特性进行设定。

（3）Advanced Chipset Features（高级芯片组特征设置）：用于对主板芯片组进行设置。

（4）Integrated Peripherals（外部设备设定）：用于对所有外围设备的设定。如声卡、Modem 和 USB 键盘是否打开等。

（5）Power Management Setup（电源管理设定）：用于对 CPU、硬盘和显示器等设备的节电功能运行方式进行设置。

（6）PnP/PCI Configurations（即插即用/PCI 参数设定）：用于设定 ISA 的 PnP 即插即用界面及 PCI 界面的参数，此项功能仅在系统支持 PnP/PCI 时才有效。

（7）PC Health Status（计算机健康状态）：用于显示系统自动检测的电压、温度及风扇转速等相关参数，而且还能设定超负荷时发出警报和自动关机，以防止故障发生等。

（8）Frequency/Voltage Control（频率/电压控制）：用于设定 CPU 的倍频，设定是否

自动侦测 CPU 频率等。

（9） Load Fail-Safe Defaults（载入最安全的默认值）：用于载入默认值作为稳定的系统使用。

（10） Load Optimized Defaults（载入高性能默认值）：用于载入最好的性能但有可能影响稳定的默认值。

（11） Set Supervisor Password（设置超级用户密码）：用于设置超级用户的密码。

（12） Set User Password（设置用户密码）：用于设置用户密码。

（13） Save & Exit Setup（存盘退出）：用于保存对 BIOS 的修改，并退出 Setup 程序。

（14） Exit Without Saving（不保存退出）：用于放弃对 BIOS 的修改，即不进行保存直接退出 Setup 程序。

2. 标准 BIOS 设置

在 BIOS 设置主页面中，用户可以通过方向键选中 Standard CMOS Features 选项，然后按 Enter 键进入 BIOS 的标准设置页面。 BIOS 的标准设置项中可以对电脑日期、时间、软驱、光驱等方面的信息进行设置。完成设置后按 Esc 键即可返回到 BIOS 设置主界面。

（1） 设置系统日期和时间。

在标准 BIOS 设置界面中，按方向键将光标移动到 Date 和 Time 选项上，然后按翻页键 Page Up/Page Down 或+/&S722;键，即可对系统的日期和时间进行修改。

（2） IDE 接口设置。

IDE 接口设置主要是对 IDE 设备的数量、类型和工作模式进行设置。计算机主板中一般有两个 IDE 接口插槽，一条 IDE 数据线最多可以接两个 IDE 设备，所以在一般的电脑中最多可以连接 4 个 IDE 设备。IDE 接口设置中各项的含义如下。

➢ IDE Primary Master：第一组 IDE 插槽的主 IDE 接口。
➢ IDE Primary Slave：第一组 IDE 插槽的从 IDE 接口。
➢ IDE Secondary Master：第二组 IDE 插槽的主 IDE 接口。
➢ IDE Secondary Slave：第二组 IDE 插槽的从 IDE 接口。

选择一个 IDE 接口后，即可通过 Page Up/Page Down 或+/-键来选择硬盘类型：Manual、None 或 Auto。其中 Manual 表示允许用户设置 IDE 设备的参数；None 则表示开机时不检测该 IDE 接口上的设备，即屏蔽该接口上的 IDE 设备；Auto 表示自动检测 IDE 设备的参数。建议用户使用 Auto，以便让系统能够自动查找硬盘信息。

（3）设置软驱。

Drive A 和 Drive B 选项用于选择安装的软驱类型。一般的主板 BIOS 都支持两个软盘驱动器，在系统中称为 A 盘和 B 盘，在 BIOS 设置中则称为 Drive A 和 Drive B。如果将软驱连接在数据线有扭曲的一端，在 BIOS 中应设置为 Drive A；如果连接在数据线中间没有扭曲的位置，则在 BIOS 中应设置为 Drive B。在软驱设置中有 4 个选项：None、1.2 MB、1.44 MB 和 2.88 MB，现在使用的几乎都是 1.44 MB 的 3.5in 软驱，所以根据软驱连接数据线的位置，在对应的 Drive A 处或 Drive B 处设置为“1.44 MB，3.5in”即可。如果计算机中没有安装软驱，可将 Drive A 和 Drive B 都设置为 None。

（4）设置显示模式（Video/ Halt On）

Video 项是显示模式设置，一般系统默认的显示模式为 EGA/VGA，不需要用户再进行修改。Halt On 项是系统错误设置，主要用于设置电脑在开机自检中出现错误时应采取的对应操作。

（5）内存显示

内存显示部分有 3 个选项：Base Memory（基本内存）、Extended Memory（扩展内存）和 Total Memory（内存总量），这些参数都不能修改。

3. 高级 BIOS 设置

在 BIOS 设置主页面中选择 Advanced BIOS Features 项，即可进入高级 BIOS 设置页面。在此可以设置病毒警告、CPU 缓存、启动顺序，以及快速开机自检等信息。

（1）病毒警告（Virus Warning）。

开启此项功能可对 IDE 硬盘的引导扇区进行保护。打开此功能后，如果有程序企图在此区中写入信息，BIOS 会在屏幕上显示警告信息，并发出蜂鸣报警声。此项设定值有：Disabled（停用）和 Enabled（开启）。

（2）设置 CPU 缓存。

可以设置 CPU 内部的一级缓存和二级缓存，此项设定值有：Disabled 和 Enabled。打开 CPU 高速缓存有助于提高 CPU 的性能，因此一般都设定为 Enabled。

（3）加快系统启动。

如果将 Fast Boot 项设置为 Enabled，系统在启动时会跳过一些检测项目，从而提高系统启动速度。此项设定值有：Disabled 和 Enabled。

（4）调整系统启动顺序。

系统的启动顺序设置一共有 4 项：First Boot Device（第一启动设备）；Second Boot Device（第二启动设备）；Third Boot Device（第三启动设备）；Boot Other Device（其他启动设备）。其中每项可以设置的值有：Floppy、IDE-0、IDE-1、IDE-2、IDE-3、CDROM、SCSI、LS120、ZIP 和 Disabled。

系统启动时会根据启动顺序从相应的驱动器中读取操作系统文件，如果从第一设备启动失败，则读取第二启动设备，第二设备启动失败则读取第三启动设备，以此类推。如果此选项设置为 Disabled，表示禁用此次序；如果设置为 Enabled，则允许系统在上述设备引导失败之后尝试从其他设备引导。此外，Boot Other Device 项表示使用其他设备引导。

（5）其他高级设置。

Security Option 项用于设置系统对密码的检查方式。设置了 BIOS 密码后，如果将此项设置为 Setup，将只有在进入 BIOS 设置时才要求输入密码；如果将此项设置为 System，则在开机启动和进入 BIOS 设置时都要求输入密码。OS Select For DRAM>64MB 项是专门为 OS/2 操作系统设计的，如果计算机用的是 OS/2 操作系统，而且 DRAM 内存容量大于 64 MB，那么应将此项设置为 OS/2，否则设置为 Non-OS2。Video BIOS Shadow 用于设置是否将显卡的 BIOS 复制到内存中，此项通常使用其默认值。

4. 载入/恢复 BIOS 默认设置

当 BIOS 设置比较混乱时，用户可通过 BIOS 设置程序的默认设置选项进行恢复。其中

Load Fail-Safe Defaults 表示载入安全默认值，Load Optimized Defaults 表示载入高性能默认值。

载入最优化默认设置具体操作方法为：首先，在 BIOS 设置程序主界面中将光标移到 Load Optimized Defaults 选项上，按 Enter 键，屏幕上提示是否载入最优化设置。然后，输入 Y 后再按 Enter 键，这样 BIOS 中的众多设置选项都恢复成默认值了。如果在最优化设置时计算机出现异常，可以用 Load Fail-Safe Defaults 选项来恢复 BIOS 的默认值，该项是最基本也是最安全的设置，在这种设置下一般不会出现问题，但计算机的性能也可能得不到最充分的发挥。

5. BIOS 加密与解密

BIOS 中设置密码有两个选项：超级用户密码和普通用户密码。超级用户密码是为防止他人修改 BIOS 内容而设置的，当设置了超级用户密码后，每一次进入 BIOS 设置时都必须输入正确的密码，否则不能对 BIOS 的参数进行修改。而普通用户密码可以让用户获得使用计算机的权限，但不能修改 BIOS 设置。

（1） 设置超级用户密码。

BIOS 密码最长为 8 位，输入的字符可以为字母、符号、数字等，字母要区分大小写。设置超级用户密码的方法是：在 BIOS 设置程序主界面中将光标定位到 Set Supervisor Password 项，按 Enter 键，在弹出的输入密码提示框中输入密码，输入完后按 Enter 键，然后按系统要求再次输入相同的密码并按 Enter 键确认，超级用户密码即设置成功。

（2） 设置用户密码。

BIOS 设置程序主界面中 Set User Password 项用于设置用户密码，其操作方法与设置超级用户密码完全相同。

（3） 取消 BIOS 密码。

在 BIOS 中设置了开机密码后，用户一旦忘记了这个口令，将无法进入计算机。口令是存储在 CMOS 中的，而 CMOS 必须有电才能保持其中的数据。因此，当用户忘记密码后，可以通过对 CMOS 进行放电操作使计算机放弃对密码的要求。

取消 BIOS 密码的方法是：打开机箱，找到主板上的电池，将其与主板的连接断开，此时 CMOS 将因断电而失去内部储存的一切信息。之后再将电池接通，开机后，由于 CMOS 中已是一片空白，即不再需要输入密码即可进入 BIOS 设置程序。选择主菜单中的 Load Fail-Safe Defaults 项（载入安全默认值）和 Load Optimized Defaults 项（载入高性能默认值），即可顺利启动电脑。

6. 保存与退出 BIOS 设置

在 BIOS 设置程序中通常有两种退出方式，即存盘退出（Save & Exit Setup）和不保存设置退出（Exit Without Saving）。

（1） 存盘退出。

如果 BIOS 设置完毕后需要保存所作的设置，可在 BIOS 设置主界面中将光标移到 Save & Exit Setup 项上，按 Enter 键，就会弹出询问是否保存退出的对话框，按 Y 键确认，即可保存设置并退出 BIOS 设置程序。按 Esc 键可返回 BIOS 设置程序主界面。

（2） 不保存设置退出。

如果不需要保存对 BIOS 所作的设置，可在 BIOS 设置程序主界面中选择 Exit Without Saving 项，此时将弹出 Quit Without Saving 对话框，按 Y 键确认退出即可。

6.5.3 从旧版本升级至 Windows XP

要在其他 Windows 版本的基础上升级到 Windows XP，应先进入原有的 Windows 操作系统，然后将安装光盘放入光驱，按住 Shift 键禁止光盘自动运行，进入光盘根目录，双击"SETUP.EXE"应用程序，打开"欢迎使用 Microsoft Windows XP"窗口，单击"安装 Microsoft Windows XP"超链接，如图 6-11 所示。

启动 Windows 安装向导，在"安装类型"下拉列表框中选择"升级（推荐）"选项，如图 6-12 所示。

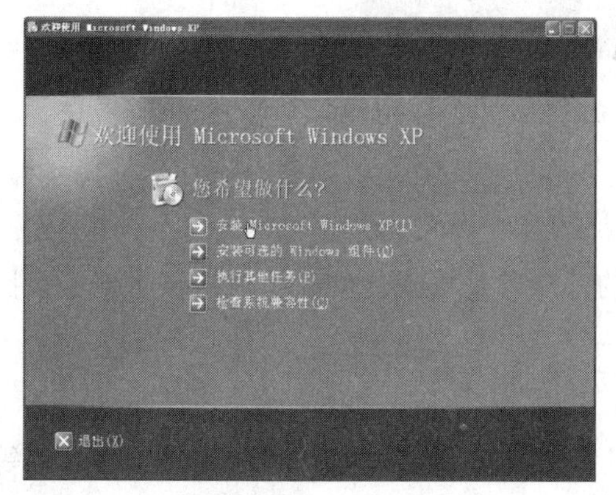

图 6-11 "欢迎使用 Microsoft Windows XP"界面

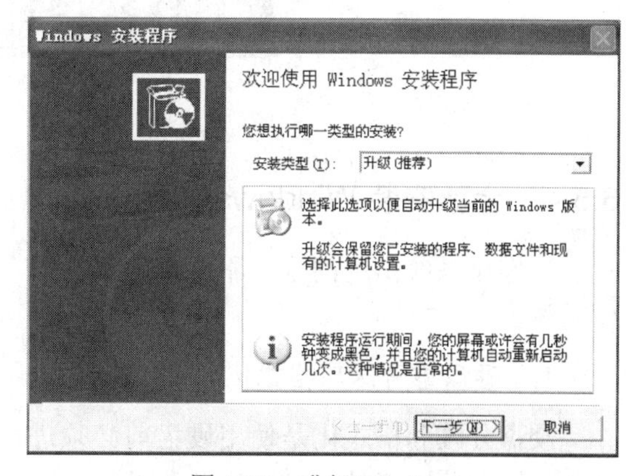

图 6-12 升级 Windows

单击"下一步"按钮，按照安装向导的提示一步步地设置区域和语言选项、用户名称和单位、产品密钥、电脑名称、系统管理员密码、日期和时间、网络设置、工作组或电脑域设置，设置完成后，即开始进行安装，并出现安装提示及安装进程界面，如图 6-13 所示。

安装向导会将 Windows XP 的文件复制到硬盘上，所需时间大约为 30~40 min，复制过程中在窗口左下方会显示进度。复制文件完成后，电脑将自动重新启动，进入如图 6-14 所示的欢迎界面。

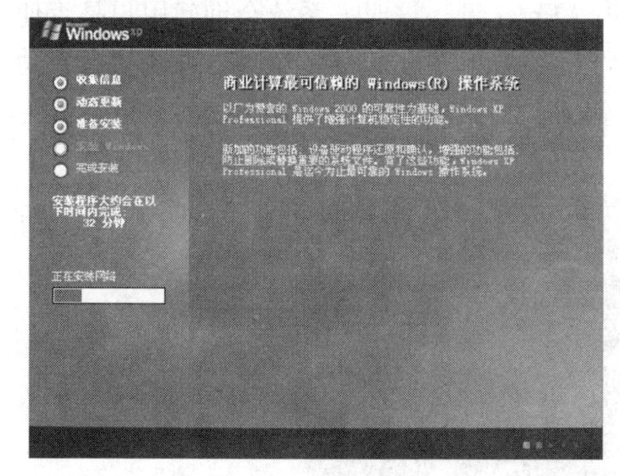

图 6-13 复制文件

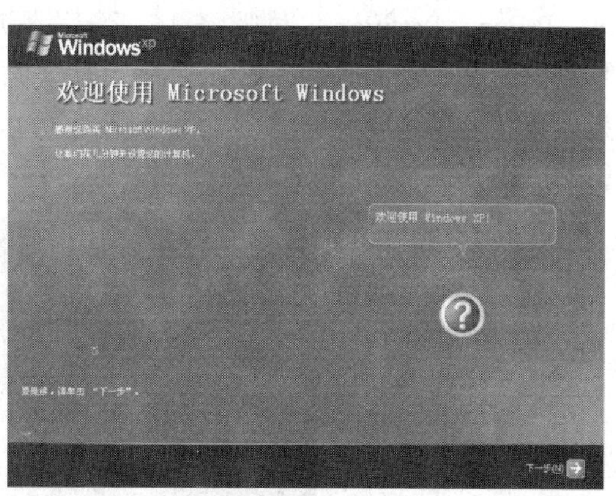

图 6-14 欢迎界面

单击“下一步”按钮，按照系统提示指定电脑连接到Internet的方式、使用电脑的用户名称，以及何时注册等选项，设置完毕后，将显示如图6-15所示的界面。单击“完成”按钮，即可进入Windows操作界面。

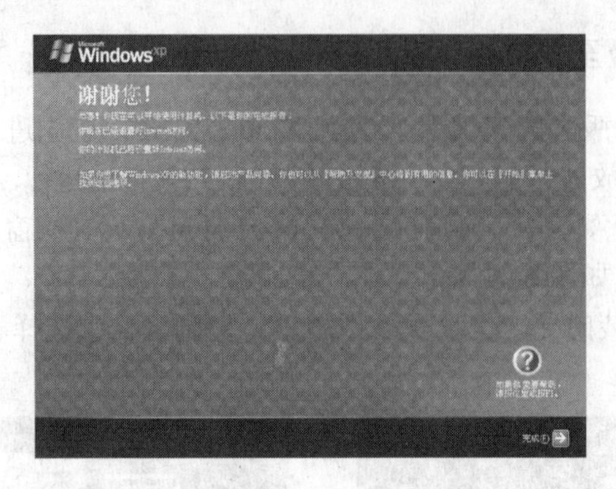

图6-15　完成安装

6.5.4　全新安装Windows XP

当操作系统出现问题且不能修复时，唯一的办法就是格式化硬盘，然后再重新安装操作系统。

1.　硬盘重分区与格式化

硬盘分区和格式化是使用硬盘前必须进行的操作。Windows 操作系统提供了 Fdisk 等基本的硬盘分区工具，该工具集成于Windows安装盘中，当用户需要全新安装Windows操作系统时，必须使用Fdisk对原始的硬盘进行格式化和分区操作。

（1）建立主分区。

要使用Fdisk进行硬盘分区，首先要用启动盘来启动计算机，进入DOS后，在A盘根目录下输入“Format”，这时屏幕上会出现信息，询问用户是否要启用FAT32支持，输入“Y”，然后按Enter键即会建立FAT32分区。如果输入“N”，则会使用FAT16分区。

如果硬盘还没有建立过分区，可直接按Enter键，然后在窗口中选择“1”，即建立主分区（Primary Partition），如图6-16所示。然后再按Enter键。这时，系统会询问用户是否使用最大的可用空间作为主分区，采用默认回答“Y”，按下 Enter 键。这时，系统将会自动为主分区分配逻辑盘符“C”，并提示主分区已建立，且显示主分区容量和所占硬盘全部容量的比例。按“Esc”键即可返回Fdisk主菜单。

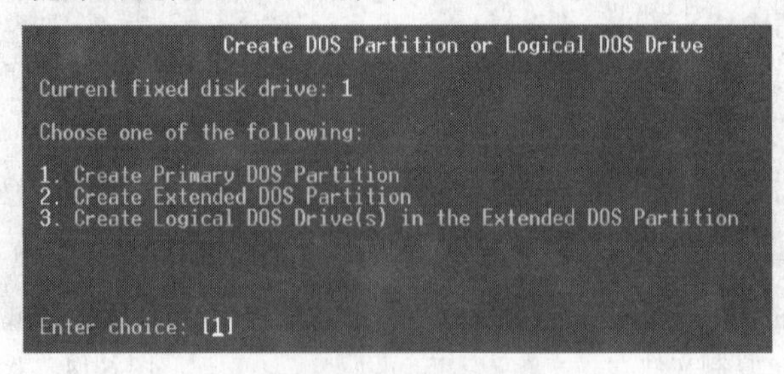

图6-16　建立主分区

（2）　建立扩展分区。

建立了主分区后，还要建立扩展分区。在 Fdisk 窗口中继续选择“1”，进入建立分区菜单后再选择“2”建立扩展分区。屏幕将提示当前硬盘可建为扩展分区的全部容量，如果不需要为其他操作系统（如 NT、LINUX 等）预留分区，则建议使用系统给出的全部硬盘空间。此时可直接按 Enter 键建立扩展分区，然后屏幕将显示已经建立的扩展分区容量。

（3）　建立逻辑驱动器。

扩展分区建立后，系统会提示用户还没有建立逻辑驱动器。按“Esc”键开始设置逻辑盘。用户可以根据硬盘容量和自己的需要来设定逻辑盘数量和各逻辑盘容量。设置完成后，屏幕上将会显示用户所建立的逻辑盘数量和容量，然后返回 Fdisk 主窗口。

（4）　激活主分区。

在硬盘上同时建有主分区和扩展分区时，必须进行主分区激活，否则以后硬盘无法引导系统。在 Fdisk 主窗口中选择“2”（Set active partition），屏幕将显示主硬盘上所有分区供用户进行选择。选择主分区“1”进行激活，然后退回 Fdisk 主窗口，再按 ESC 键退出 Fdisk 程序。

继续按“Esc”键，待屏幕提示用户必须重新启动系统时，重新启动系统，然后才能继续对所建立的所有逻辑盘进行格式化（Format）操作。

2.　安装 Windows XP

硬盘被格式化后，需要使用光驱或软驱来启动计算机。微软在 Windows XP 安装光盘里加入了启动功能，只要开机即可使用光盘安装 Windows XP 操作系统。默认状态下，BIOS 都设置为从软驱或硬盘启动，因此必须先进入 BIOS，将其设置为以光驱启动，才可以从光驱启动电脑。

打开电脑，进入如图 6-17 所示的画面后，按 Del 键，进入 BIOS 设置界面，按↓箭头键选择“BIOS FEATURES SETUP”选项，如图 6-18 所示。

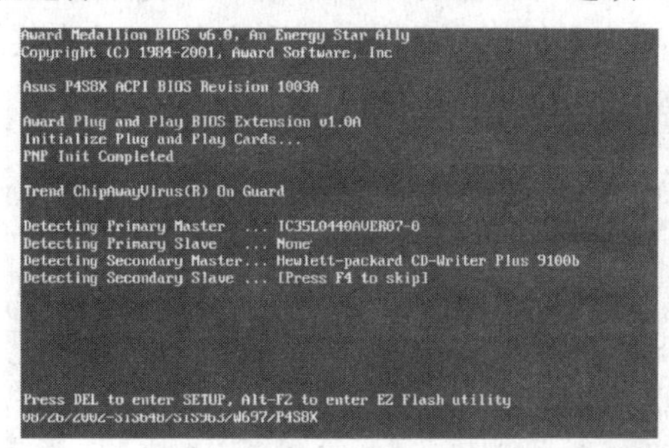

图 6-17　开机画面

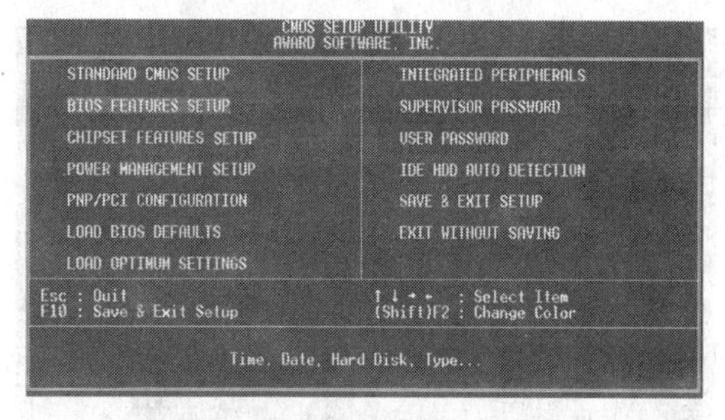

图 6-18　BIOS 设置界面

按 Enter 键，进入高级设置窗口，按↓箭头键选择“Boot Sequence”选项，然后按 PageUp 键或 PageDown 键将其值设置为“CDROM.C.A”，使计算机以光驱开机，如图 6-19 所示。

按 Esc 键返回上一级设置界面，选择“EXIT AND SAVE SETUP”选项，然后按 Enter 键，显示询问用户 SAVE to CMOS and EXIT（Y/N）的提示框，按 Y 键，如图 6-20 所示。按 Enter 键保存设置并退出。

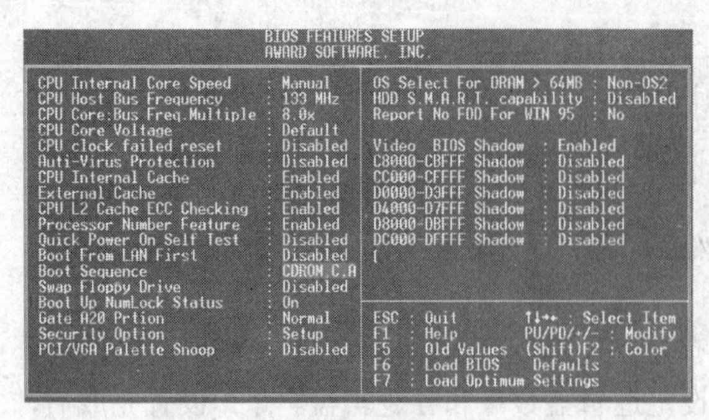

图 6-19 设置 CDROM 启动

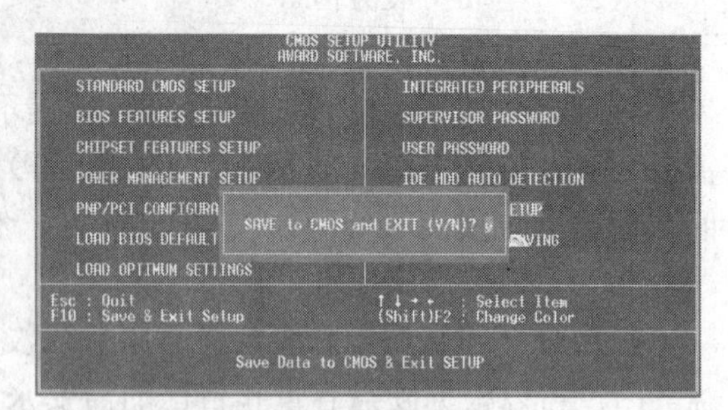

图 6-20 保存设置并退出 BIOS

然后，将光盘放入光驱，系统将自动以光驱重新启动电脑。如果出现如图 6-21 所示的 Press any key to boot from CD 提示文字时，按任意键或按 Enter 键进入安装程序界面，如图 6-22 所示。

图 6-21 提示画面

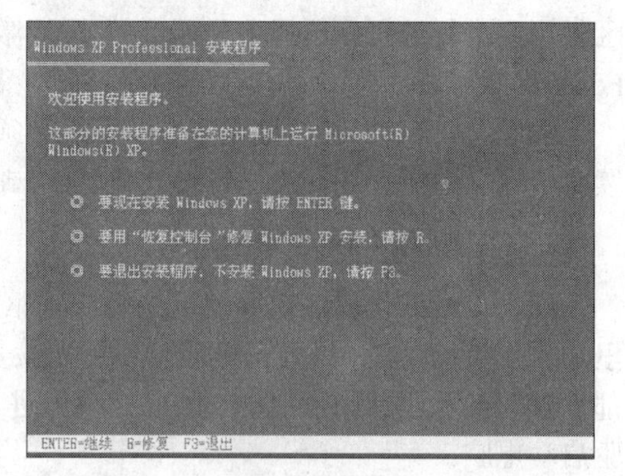

图 6-22 Windows XP 安装程序界面

按 Enter 键，进入如图 6-23 所示的“Windows XP 许可协议”界面，按 F8 键同意微软的授权，即可进入如图 6-24 所示的安装界面。此处必须同意接受协议，否则无法继续安装。

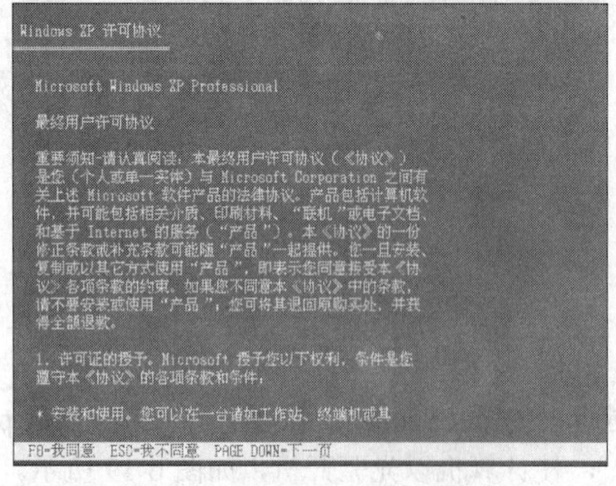

图 6-23 Windows XP 许可协议

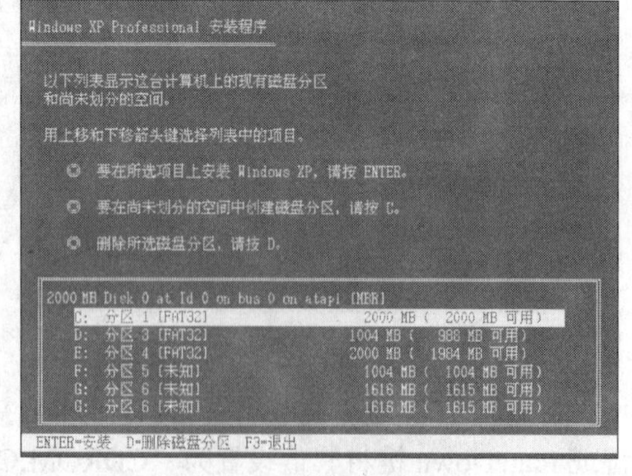

图 6-24 选择磁盘分区

安装界面中显示出了本台电脑上已有的磁盘分区和尚未划分的空间，按↑键或↓键选择要安装的分区。按 Enter 键，进入如图 6-25 所示的安装界面，选择文件系统。

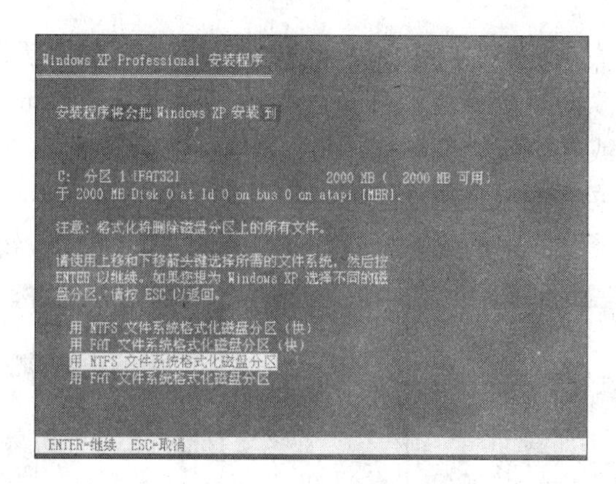

图 6-25　选择文件系统格式

提示:

Windows XP 支持 FAT32 与 NTFS 两种文件系统，NTFS 格式比 FAT32 更稳定，但是不支持 DOS 操作系统。用户应根据自己的实际需求进行选择。如果经常使用 DOS，建议一般用户采用 FAT32 文件系统。

设置完成后，Windows 将会对硬盘进行检查，并将安装时所需的临时文件复制到硬盘里。检查过程中，向导会显示检查的进度，如图 6-26 所示。

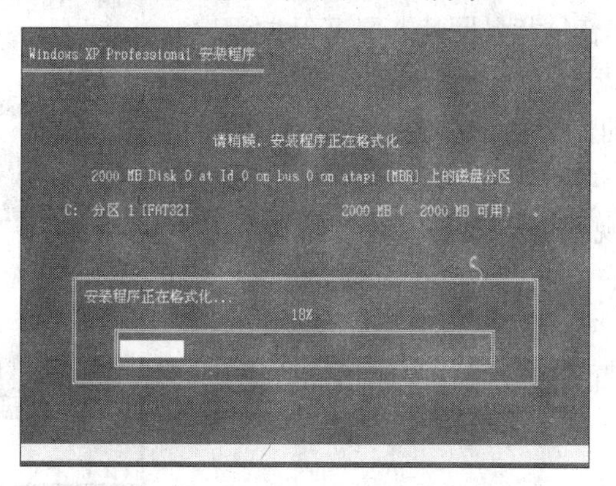

图 6-26　正在格式化磁盘分区

检查完硬盘后，系统将重新启动，然后开始安装 Windows。

3. 安装后的系统设置

配置系统环境可以使 Windows XP 操作系统使用起来更加方便和得心应手，并有利于保护电脑的硬件设备。配置系统环境包括设置任务栏与“开始”菜单，设置桌面主题及屏幕保护，设置窗口外观及屏幕分辨率等各个方面。

（1） 设置任务栏与“开始”菜单。

Windows XP 提供了智能化的任务栏和与以往版本不同的“开始”菜单外观，用户可以通过“任务栏和「开始」菜单属性”对话框来定制任务栏与“开始”菜单的显示方式。

要设置任务栏，可右击任务栏，从弹出的快捷菜单中选择“属性”命令，打开“任务栏和「开始」菜单属性”对话框，在“任务栏”选项卡上，用户可以指定任务栏的外观设置与在通知区域要显示或者隐藏哪些图标，如图 6-27 所示。

若要设置“开始”菜单，则应在“任务栏和「开始」菜单属性”对话框中切换到“「开始」菜单”选项卡，选择要使用的菜单样式，然后单击“应用”按钮，如图 6-28 所示。

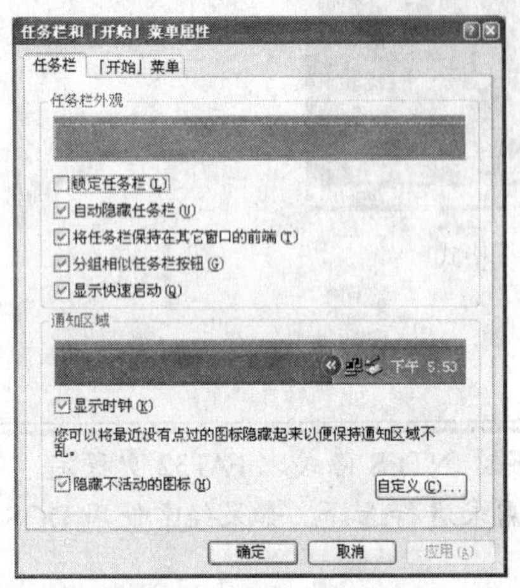

图 6-27　“任务栏”选项卡

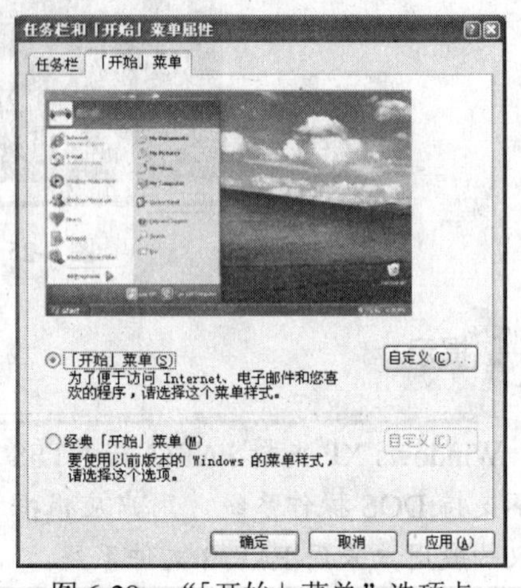

图 6-28　“「开始」菜单”选项卡

（2）　设置显示属性。

显示属性是指预先定义的一组桌面图案、图标、字体、颜色、鼠标指针、声音、背景图片、屏幕保护程序、以及由其他窗口元素组成的桌面外观方案。

右击桌面，从弹出的快捷菜单中选择“属性”命令，打开“显示 属性”对话框，其中包含“主题”、“桌面”、“屏幕保护程序”、“外观”和“设置”5 个选项卡，可分别用于设置主题选项、桌面背景、屏幕保护程序、窗口和按钮的色彩方案与字体大小、屏幕分辨率和颜色质量，如图 6-29 所示。设置完毕，单击“应用”按钮即可应用所选属性。

图 6-29　“显示 属性”对话框

4.　驱动程序的安装

通常用户在购买电脑硬件设备或者其他外设时，如果该设备需要安装驱动程序，厂家都会附送一张驱动程序光盘，用户可通过光驱来安装硬件驱动程序。

将驱动程序光盘放入光驱后，光盘通常会自动运行，进入安装界面。单击驱动程序的图标后，即会打开一个安装向导对话框，按照提示一步步进行操作即可完成安装。例如，当用户安装声卡驱动程序时，将主板驱动程序放入光驱中后，光盘即会自动启动打开引导界面，单击工具栏中的 Audio 图标，即可进入声音驱动程序安装界面，如图 6-30 所示。单击“RealTek AC'97 Audio Driver”超链接，打开如图 6-31 所示的安装向导，按照提示一步步进行操作即可完成声卡驱动程序的安装。

图 6-30　安装声卡驱动程序

图 6-31　安装向导

6.5.5　安装多操作系统

可以在计算机上安装多个操作系统，这样当用户启动计算机的时候就可以根据情况选择当前需要使用的操作系统。这通常被称为双启动或多重启动配置。Windows XP 支持 MS-DOS、Windows 3.1、Windows 95、Windows 98、Windows NT 3.51、Windows NT 4.0 和 Windows 2000 的多重启动。

1.　多操作系统的磁盘卷与磁盘格式化

每个操作系统都必须安装在计算机中单独的卷上。此外，必须确保启动卷是采用正确的文件系统格式化的。如果只有一个卷，就必须对硬盘进行重新分区和重新格式化，这样每个安装才能够保留自己的文件和配置信息。

如果想要将 Windows NT 4.0 或 Windows 2000 与 Windows 95 或 Windows 98 一起安装，启动卷必须格式化为 FAT，而不是 NTFS，因为安装了多个操作系统时，Windows 95 和 Windows 98 必须安装在启动卷，而且这些操作系统只支持 FAT 文件系统。

Windows 95 OSR2、Windows 98、Windows 2000 和 Windows XP 均支持 FAT32 卷。但是，如果使用除 NTFS 外的任何文件系统格式化 Windows NT 4.0、Windows 2000 或 Windows XP 卷，将会丢失所有 NTFS 特定功能，其中包括一些 Windows XP 功能，如文件系统安全性、加密文件系统（EFS）设置、磁盘配额与远程存储。

Windows 95 和 Windows 98 也无法识别 NTFS 分区，而是会将它识别为未知分区。因此，如果将 Windows 98 分区格式化为 FAT，将 Windows XP 分区格式化为 NTFS，则在运行 Windows 98 时试图访问 NTFS 分区上的所有文件时，这些文件都将无法使用或无法显示。

2.　安装多操作系统的方法

用户可以根据需要来选择要安装的多个操作系统。下面介绍两种常见的多操作系统的安装方案。

（1）　安装多操作系统时的注意事项。

在创建带有 Windows XP 和另一个操作系统（如 MS-DOS、Windows 95/98）的多重引导配置之前，应先了解下面一些注意事项，以免安装时出现错误。

- 每个操作系统必须安装在单独的卷中。
- 如果计算机上只有一个卷，除非只是简单地安装 Windows XP 的另一个副本，否

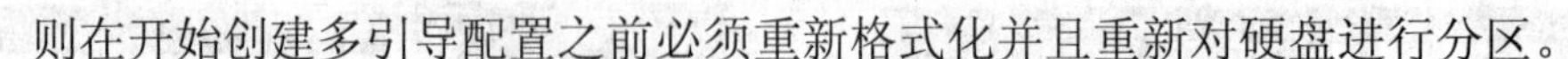

则在开始创建多引导配置之前必须重新格式化并且重新对硬盘进行分区。

➢ 不能在多重引导配置中既安装 Windows 95 又安装 Windows 98。

➢ 必须只有在安装 MS-DOS、Windows 95/98 后才可以安装 Windows XP，以防止 MS-DOS 或 Windows 95 覆盖 Windows XP 的引导扇区和 Windows XP 启动文件。

➢ 不要在不是使用 NTFS 压缩实用程序压缩的压缩驱动器上安装 Windows XP。

➢ 如果计算机位于 Windows 2000 或 Windows XP 安全域中，则必须对每个操作系统使用不同的计算机名称。

（2） 创建带有 MS-DOS、Windows 95/98 以及 Windows XP 的多重启动系统

确认硬盘是以正确的文件系统格式化后，可根据情况执行以下操作之一。

➢ 如果需要安装 MS-DOS、Windows 95/98 和 Windows XP 的多重引导系统，安装顺序为：MS-DOS→Windows 95/98，Windows XP。

➢ 如果只需安装 Windows 95/98 和 Windows XP 的双启动系统，应先安装 Windows 95/98，然后安装 Windows XP。

（3） 创建带有 Windows NT 4.0 和 Windows XP 的多重启动系统

不建议将带有 Windows NT 4.0 和 Windows XP 的多重启动系统作为一种长期解决方案。因为 Windows NT 4.0 Service Pack 4 中的 NTFS 更新只是用来帮助用户评价并且升级到 Windows XP 的。在使用这一安装方案时，用户应在确认硬盘是以正确的文件系统格式化后，先安装 Windows NT 4.0，然后安装 Windows XP。

3. 在多个操作系统上安装程序

每个操作系统都是一个单独的实体，用户所使用的所有程序和驱动程序都必须安装在各自要使用的操作系统下。例如，如果要在同一台计算机的 Windows 98 和 Windows XP 下使用安装 Microsoft Word，就必须启动 Windows 98 并安装 Microsoft Word，然后重新启动计算机，进入 Windows XP，再次安装 Microsoft Word。

注意：

如果在电脑上有多个操作系统，可以将希望使用的操作系统设置为启动电脑时的默认操作系统。此外，当用户首次使用 Windows 95/98 时，可能会重新配置硬件设置。当启动 Windows XP 时，可能会引起配置问题。

6.6 系统备份与系统还原

使用系统备份工具可以帮助用户创建硬盘信息的副本。万一硬盘上的原始数据被意外删除或覆盖，或者由于硬盘故障而无法访问，可以使用副本恢复丢失或损坏的数据。例如，使用备份工具可以创建硬盘中数据的副本，然后将数据存储到其他存储设备。备份存储媒体可以是逻辑驱动器（如硬盘）、单独的存储设备（如可移动磁盘），或者是组织到媒体库并由自动变换器控制的整个磁盘库或磁带库。

6.6.1　Windows 中的备份工具

Windows 内置了数据备份工具，使用它来进行数据备份是最简单而且方便的方法。备份文件时间的长短要根据备份内容的多少而定，备份的内容越多，备份所需的时间就越长。

在“开始”菜单中选择“程序”→“附件”→“系统工具”→“备份”命令，打开如图 6-32 所示的“备份或还原向导”对话框，单击“下一步”按钮，切换到向导的“备份或还原”对话框，根据需要单击“备份文件和设置”或者“还原文件和设置”单选按钮，如图 6-33 所示。再单击“下一步”按钮，然后根据向导提示一步步进行操作，即可备份或者还原文件及其设置。

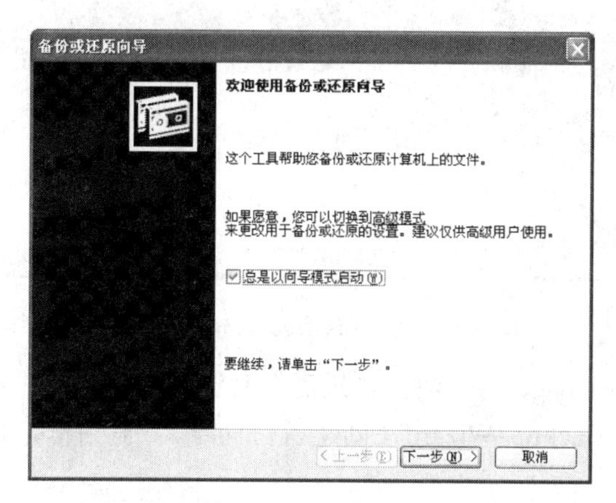

图 6-32　备份或还原向导

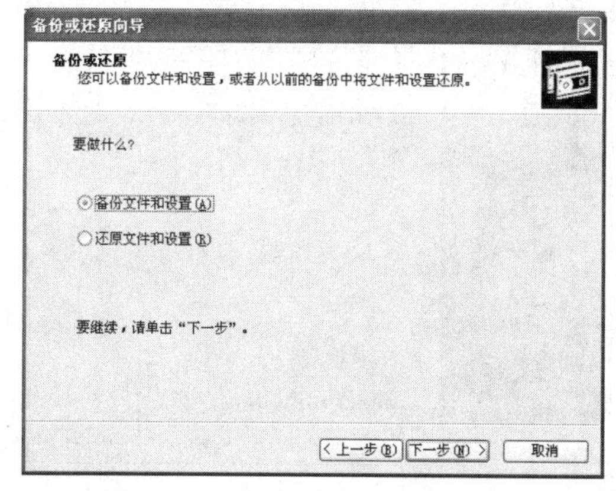

图 6-33　“备份或还原”对话框

6.6.2　备份工具 Acronis True Image

Acronis True Image 目前是唯一一款可以在 Windows 下使用全部功能的克隆与恢复软件，不但克隆与恢复的速度最快，而且操作简单。

安装 Acronis True Image 后，在“开始”菜单中选择“程序”→“Acronis”→“True Image”→“Acronis True Image”命令，或者双击桌面上的 Acronis True Image 快捷图标，即可启动 Acronis True Image，其程序主界面如图 6-34 所示。

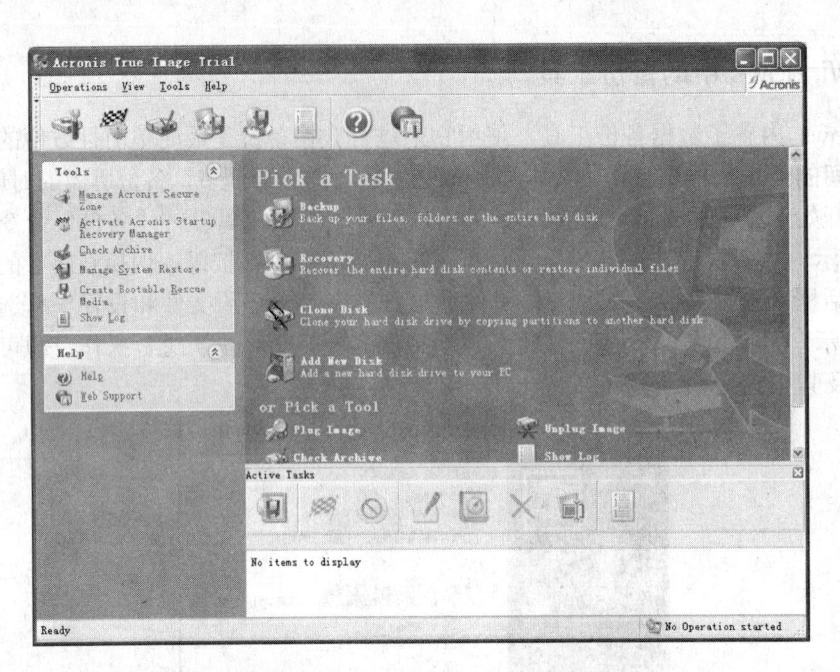

图 6-34 Acronis True Image 主界面

要使用 Acronis True Image 备份数据，只需在其窗口右侧单击“Backup”链接，打开如图 6-35 所示的“Create Backup Wizard（创建备份向导）”对话框，根据提示一步步进行操作即可完成备份。

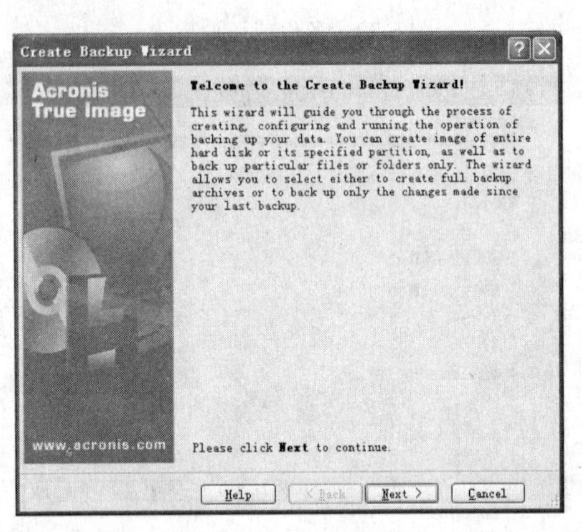

图 6-35 创建备份向导

此外，使用 Acronis True Image 还可以还原数据、克隆整个硬盘中的所有数据，以及添加新的硬盘。执行这些操作后，Acronis True Image 都会启动相应的向导，用户只需根据向导提示进行操作即可完成任务，非常方便。这几项任务的操作方法分别如下。

（1） 还原数据：单击“Recovery（还原）”链接。

（2） 克隆整个硬盘中的所有数据：单击“Clone Disk（克隆硬盘）”链接。

（3） 添加新硬盘：单击“Add New Disk（添加新硬盘）”链接。

第 7 章　Word 的应用与疑难排解

【本章导读】

Microsoft Office Word 是微软公司出品的一款功能强大的文字处理软件，是自动化办公中不可缺少的办公软件之一。使用该软件，可以轻松地完成各种日常的文字处理工作，如文档的编辑、排版、审阅、校对以及邮件合并等。本章介绍 Word 的最新版本——Word 2007 的应用技巧和在使用 Word 过程中所遇到的一些疑难问题的解决方法。

【内容提要】

λ　Word 2007 的基本应用。

λ　长文档处理技巧和疑难排解。

λ　排版技巧与疑难排解。

λ　表格操作技巧与疑难排解。

λ　绘图和打印技巧与疑难排解。

7.1 Word 的基本应用

目前办公常用的 Word 版本是 Word 2003 或者 Word 2007。Word 2007 的文档格式与旧版本的文档格式不同，可以使用 Word 2007 打开旧版本的 Word 文档，却不能用 2003 以下版本的 Word 程序打开 Word 2007 文档，如果要用 2003 以下版本的 Word 程序打开 Word 2007 文档，需要将文档保存为兼容模式。下面介绍 Word 2007 的基本应用方法。

7.1.1 文档的基本操作

要使用Word进行文字处理工作，首先需要创建一个新文档，然后在其中输入文本内容，并保存为所需的文档格式。

1. 创建和保存文档

Word 2007在程序窗口左上角提供了Office按钮，用户可通过单击Office按钮，从弹出的菜单中选择“新建”命令，打开“新建文档”对话框，从中选择要创建的新文档的类型，然后单击“创建”按钮来创建一个新文档，如图7-1所示。此外，也可以通过按Ctrl+N组合键快速创建一个空白文档。

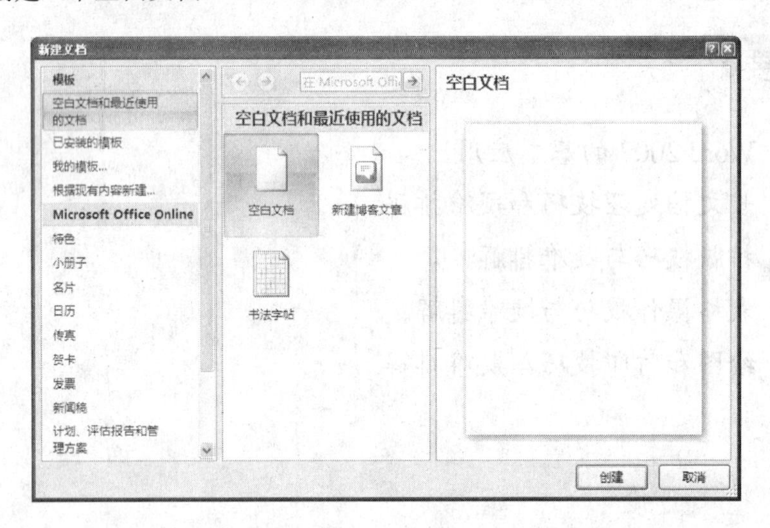

图 7-1 “新建文档”对话框

传统的Word文档格式是*.doc，而Word 2007则采用了新的文档格式*.docx，因此，Word 2003之前的版本不能打开.docx格式的文件，但Word 2007却可以向下兼容打开*.doc格式的文档。如果需要使用早期版本的Word程序打开用Word 2007编辑的文档，必须将其保存类型指定为“Word 97-2003文档”。

Word 2007在程序窗口左上方的快速工具栏中提供了“保存”按钮，单击此按钮即可按DOCX格式保存当前文档。对于尚未保存过的新文档，执行保存操作后将会打开“另存为”对话框，用户可在其中指定保存位置、文件名称、保存类型，然后单击“保存”按钮保存文档，如图7-2所示。

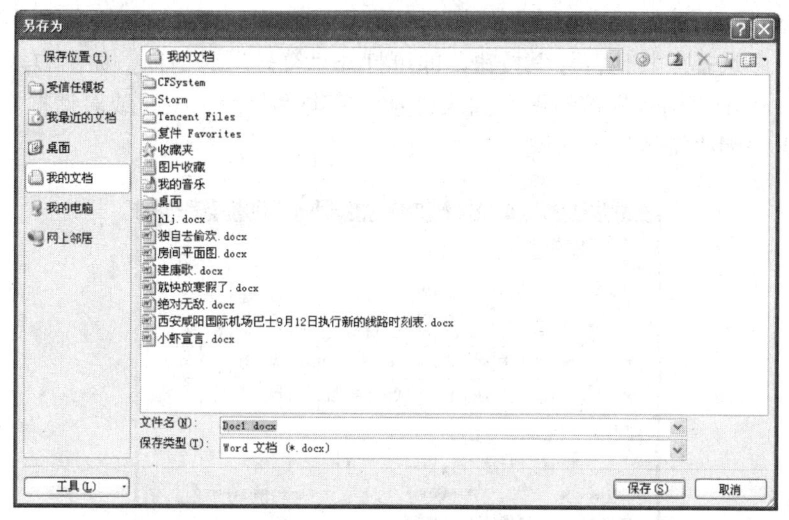

图 7-2　“另存为”对话框

如果要将文档保存为其他格式，可单击Office按钮，从弹出的菜单中选择“另存为”子菜单中的相关命令，如图7-3所示。选择“另存为”子菜单中的命令后，同样会打开“另存为”对话框，设置保存位置、文件名称等参数后，单击“保存”按钮即可完成保存操作。

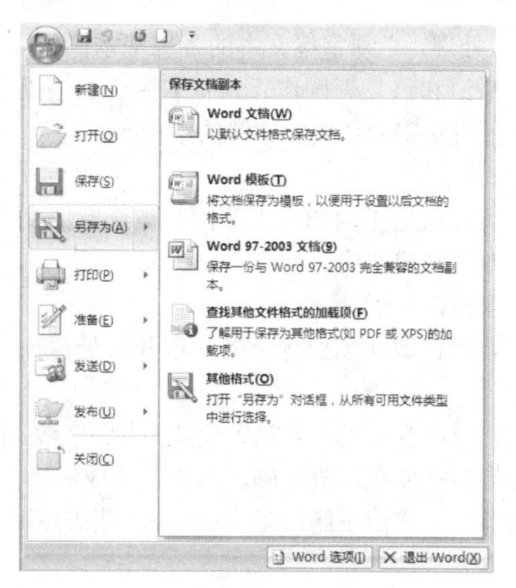

图 7-3　“另存为”子菜单

2.　输入文本和符号

创建新文档后，可在其中直接输入文档内容。用户可以选择自己熟悉的汉字输入法来进行文字输入。文档页面中的文字到达页面右端后会自动换行。如果要换段，按 Enter 键，即可建立一个新段落，该段落延续上一段落的格式。

使用键盘上的 Shift+数字键可以输入一些常用的符号，如@、&、* 等；通过切换软键盘，则可以输入更多的不同类型的符号。此外，在 Word 中，还可以通过“符号”对话框来插入各种各样的、不同类型的符号和特殊符号。

在 Word 2007 的功能区中切换到“插入”选项卡，单击“符号”组中的“符号”按钮，从弹出的菜单中选择“其他符号”按钮，即可打开“符号”对话框，如图 7-4 所示。选择所需的符号，单击“插入”按钮即可插入符号。单击“取消”按钮或对话框右上角的“关闭”按钮可关闭“符号”对话框。

图 7-4 “符号”对话框

3. 文本操作

要使用 Word 进行文字处理，必须掌握文本的各种基本操作，包括对文本进行选定、删除、改写、移动、复制、撤消和恢复等操作。只有掌握了这些操作技巧，才可以方便快捷地修改录入的文档，如改正错别字或者调整文档的结构等。

（1） 选定文本。

使用不同的操作方法可以选定不同的文本范围。被选定的文本内容用反色突出显示。下面介绍几种选定不同范围文本的方法。

- 选定一个单词：双击该单词。
- 选定部分文本：将指针放在想要选定的文本开头处，按下鼠标按键并拖动，到结尾处释放鼠标键。
- 选定一行：将指针放在行左侧，当指针变成右指的箭头时单击。
- 选定一个段落：将指针放在该段左侧，当指针变成右指的箭头时双击。
- 选定全部：将指针放在文档左侧，当指针变成右指的箭头时三击。

（2） 删除和改写文本。

Word 2007提供了“插入”和“改写”两种编辑模式，默认情况下在文档中输入文本时处于插入状态。在插入状态下，输入的文字出现在光标所在位置，而该位置原有的字符将依次向后移动。按Insert键或单击状态栏上的“插入”标签可以切换到改写状态，如图7-5所示。

图 7-5 状态栏上的“插入”标签

在改写状态下单击“插入”标签又可切换回插入状态。在改写状态下，输入的文字将依次替代其后面的字符，可实现边录入边对文档的修改，并且不会破坏文本的既定格式。

如果仅要删除文本，可按下面介绍的方法进行操作。

➢ 删除插入点（闪烁的光标）之前的一个字符：按 Back Space 键（退格键）。
➢ 删除插入点之后的一个字符：按 Delete 键（删除键）。
➢ 删除已选定的文本：按 Back Space 键或 Delete 键均可。

（3） 移动和复制文本。

在 Word 2007 中，可以使用以下任意一种方法来移动或者复制文本。

➢ 鼠标拖动：如果是在同一屏幕上进行文本的近距离移动或复制，可在选定所需文本后，按住鼠标左键拖动鼠标，此时会有一条虚线插入点指示目标位置，释放鼠标键后，被选定的文本即从原来的位置移动到新的位置。如果在拖动过程中同时按住 Ctrl 键，则将复制文本。
➢ 使用工具：选定所需文本，在功能区的“开始”选项卡中单击“剪贴板”组中的“剪切”按钮，然后把插入点移动到想粘贴的位置，单击“剪贴板”组中的“粘贴”按钮，可实现文本的移动。若单击“复制”和“粘贴”按钮，则可实现对文本的复制。
➢ 使用快捷键：选定所需文本，按 Ctrl+X 组合键将选定文本从原位置处删除，然后把插入点移动到目标位置，按 Ctrl+V 组合键粘贴剪切的文本，即可实现文本的移动。若按 Ctrl+C 组合键和 Ctrl+V 组合键，则可实现文本的复制。
➢ 撤消和恢复操作：Word 2007 在快速工具栏中提供了“撤消”和“重复”两个工具按钮，单击“撤消”按钮可以撤消上一步所做的任何操作，而单击“重复”按钮则可以恢复被撤消的上一步操作，或者多次重复上一个操作。

用户还可以一次性撤消或重复多步操作，方法是单击“撤消”或“重复”按钮右侧的向下箭头按钮，从弹出的下拉菜单中选择并单击要撤消或恢复到的步骤，这样所选步骤之后的所有操作都将被撤消或者恢复。

4. 查找与替换

使用 Word 的查找和替换功能，可以很方便地查找文档中特定的内容，并将相同的内容自动替换为另一指定内容。

（1） 查找指定内容。

当需要在文档中查找某个特殊的字符串或者某种格式的内容时，可在功能区的“开始”选项卡上单击“编辑”组中的“查找”按钮，或者单击垂直滚动条下方的“选择浏览对象”按钮，在弹出的列表中单击“查找”图标，打开“查找和替换”对话框，并显示“查找”选项卡，在“查找内容”文本框中输入要查找的内容，如图 7-6 所示。

然后，单击“查找下一处”按钮，Word 即开始查找指定内容。可重复单击该按钮，直至查找到当前文档中所有的指定内容。如果要指定更详细的搜索条件，可单击“更多”按钮，展开对话框设置更多的选项。

完成对文档的搜索后，Word 会打开一个完成搜索文档的提示对话框，单击其中的“确定”按钮即可结束搜索。

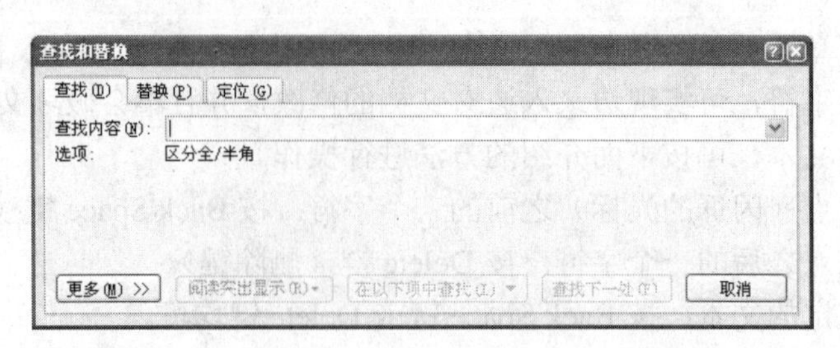

图 7-6 “查找和替换”对话框的“查找”选项卡

（2） 替换指定内容。

使用 Word 的替换功能可以将某些固定的内容替换为另外一些内容。在功能区的“开始”选项卡中单击“编辑”组中的“替换”按钮，可直接打开“查找或替换”对话框的“替换”选项卡，如图 7-7 所示。

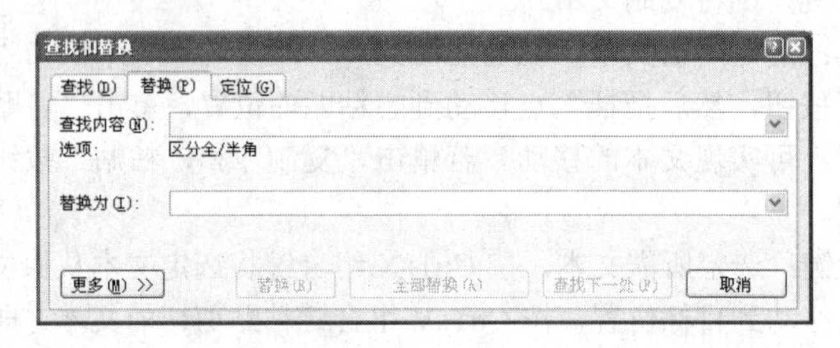

图 7-7 “查找和替换”对话框的“替换”选项卡

在“查找内容”文本框中输入要查找的内容，再在“替换为”文本框中输入替换后的新内容，然后单击“替换”按钮，即可将找到的内容替换为所需的内容。如果要删除查找的内容，可将“替换为”文本框留空；如果某一处的文本不需替换，可单击“查找下一处”按钮跳过当前内容。

完成替换操作后，Word 同样会打开一个完成操作的提示对话框，单击其中的“确定”按钮即可结束工作。

7.1.2 格式化文档

Word 2007 提供了功能强大的格式设置工具，可以非常容易地设置文档中的文字效果、段落格式等。Word 还提供了样式库和格式刷，使用它们可以快速为字符或段落应用已有的格式。

1. 设置文字效果

文字的效果包括文字的字体、字形、大小、颜色和字间距等属性。使用“开始”选项卡“字体”组中的工具，或者使用“字体”对话框都可以设置文字的效果。

（1） 设置文字的基本格式。

使用“开始”选项卡“字体”组中的工具可以满足基本的字符格式设置要求，这些格式包括文字的字体、字号、字样，以及底纹、边框等简单的文字效果。

（2） 设置文字的特殊效果。

如果要设置文字的一些特殊效果，如阳文、阴文、空心、阴影等，则需要在“字体”

对话框的“字体”选项卡中进行设置。在“开始”选项卡中单击“字体”组右下角的对话框启动器，即可打开“字体”对话框。在“字体”对话框的“字体”选项卡中，“中文字体”、“西文字体”、“字形”、“字号”、“字体颜色”以及“效果”选项组中的部分选项的功能与功能区“开始”选项卡“字体”组中的相应工具功能相同。除了这些选项之外，“字体”选项卡还提供了其他更为高级的字符设置选项，如图 7-8 所示。

（3）　设定字间距。

字间距是指两个汉字或字符之间的距离，其度量值是当前字宽的百分比或者标尺单位。在“字体”对话框中切换到“字符间距”选项卡，即可设置字符间距，并可以对字符进行缩放、指定字符的位置，以及指定文字的对齐选项等，如图 7-9 所示。

图 7-8　“字体”对话框的“字体”选项卡

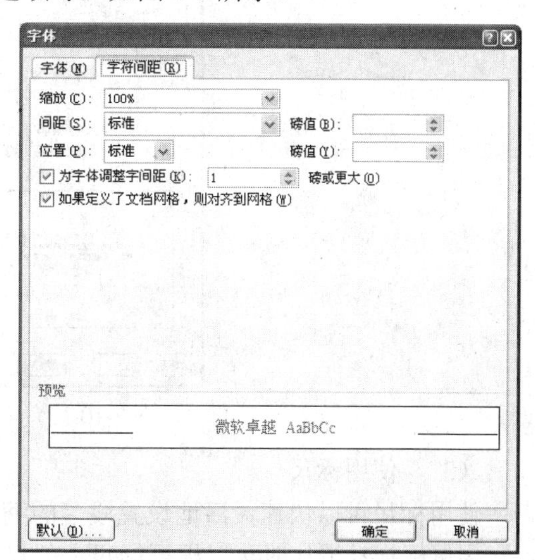

图 7-9　“字符间距”选项卡

2.　设置段落格式

对文档进行排版，不但包括设置文字的格式，还包括设置段落的格式。段落是具有自身格式特征的独立的信息单位。每个段落都跟有段落标记，它包括了上一段的全部格式。当按下 Enter 键结束一个段落并开始另一个段落时，新的段落具有与前一段落相同的特征。例如，要使文档中的所有段落都为居中对齐并使用楷体字，只需为第一段设置这些属性，然后按 Enter 键便可将此格式带到下一段。

要设置段落格式，可以使用功能区“开始”选项卡“段落”组中的工具，也可以使用“段落”对话框。如果只是简单地设置段落缩进，则使用标尺即可达到目的。

（1）　使用“段落”工具组。

使用“开始”选项卡“段落”组中的工具可以设置简单的段落格式，如项目符号、编号、分级列表、缩进量、中文版式、排序、显示/隐藏编辑标记、文本对齐方式、行距、底纹、框线等。在设置段落格式时，需选定段落或者将鼠标指针放置在段落中任意位置。

（2）　使用“段落”对话框。

在功能区“开始”选项卡上单击“段落”组右下角的对话框启动器，打开“段落”对话框，其中包含“缩进和间距”、“换行和分页”和“中文版式”3 个选项卡，如图 7-10

所示。其中“缩进和间距”选项卡用于设置段落的对齐方式、段落文本的大纲级别、段落的缩进方式及段落间距等选项；“换行和分页”选项卡用于设置段落在换行和分页时的状态；“中文版式”选项卡用于设置段落的中文版式，包括换行、字符间距、对齐方式等选项。

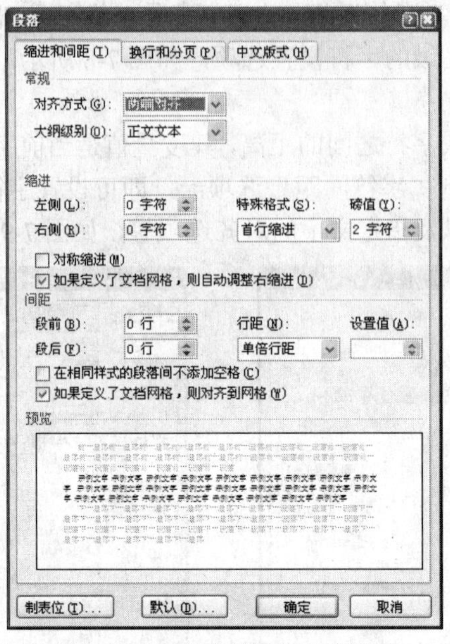

图 7-10 “缩进和间距”选项卡

（3） 使用标尺。

使用标尺可以快速灵活地设置段落的缩进，水平标尺上有 4 个缩进滑块，如图 7-11 所示。用鼠标拖动滑块时可以根据标尺上的尺寸确定缩进的位置。

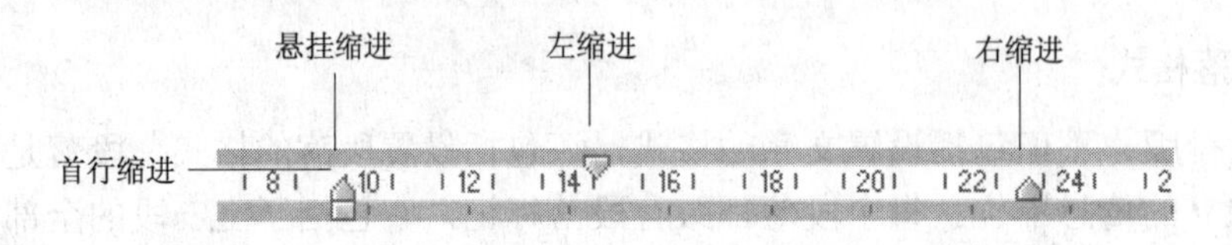

图 7-11 标尺上的缩进滑块

标尺上各滑块的功能如下。

- “首行缩进”：用于使段落的第一行缩进，其他部分不动。
- “悬挂缩进”：用于使段落除第一行外的各行缩进，第一行不动。
- “左缩进”：用于使整个段落的左部跟随滑块移动缩进。
- “右缩进”：用于使整个段落的右部跟随滑块移动缩进。

3. 使用样式与格式刷

样式是一些已定义好的格式，能够迅速改变文档中指定对象的外观。格式刷则是一种可以复制既定格式的工具，使用它可以将已设置的格式迅速应用到其他对象上。

（1） 使用样式。

在Word 2007中，可以使用功能区“开始”选项卡“样式”组中的工具来为文本应用、创建、修改、删除和查看样式。

“样式”组中包含样式列表框和“更改样式”按钮两个工具。选定文本后，在样式列表框中选择一种样式，即可迅速应用此样式。如果要更改所应用样式的细节，如文本样式集、颜色、字体等，可单击“更改样式”按钮，从弹出的菜单中选择其他的设置。

此外，用户也可单击“样式”组右下角的对话框启动器，打开“样式”任务窗格，选择已有样式、新建样式或者管理样式，如图7-12所示。

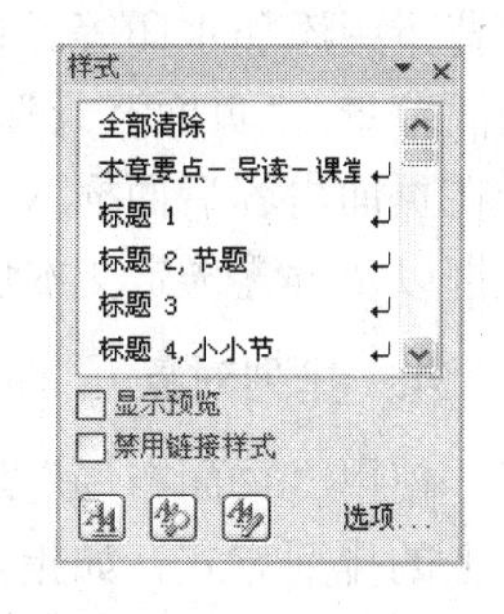

图 7-12　“样式”任务窗格

（2）　使用格式刷。

当文档中已经定义了某种文本格式后，若要使其他文本应用同样的格式，可先选择已设置格式的文本，然后在功能区“开始”选项卡中单击“剪贴板”组中的“格式刷”按钮，再在要应用格式的文本上拖过。双击“格式刷”按钮还可以将相应的格式应用到同一文档中的多个位置。

7.1.3　页面布局设置

Word 2007在建立新文档时，已经默认了纸张、纸的方向、页边距等选项，但是，由于要制作的文档类型不同，所需的页面参数设置也不一样。可以通过功能区的“页面布局”选项卡来设置文档的页面格式。

1.　应用主题

通过设置文档主题可以更改整个文档的总体设计，包括颜色、字体和效果。此功能只适用于.docx格式的Word文档，而对传统格式的文档不起作用。

可以使用“页面布局”选项卡“主题”组中的工具来设置文档的主题格式。“主题”组中包括“主题”、“颜色”、“字体”和“效果”4 种工具，可分别用来设计文档的整体外观以及更改当前主题的颜色、文本字体和特殊效果。

2.　设置页面格式

使用“页面布局”选项卡“页面设置”组中的工具可以设置页面的常规格式，包括页面中的文字方向、边距大小、布局的方向、页面大小、分栏样式、分页符/分节符/分栏符的使用、在行边距中添加行号，以及在单词音节间添加断字符等。

此外，在“页面设置”组的右下角单击对话框启动器还可以打开“页面设置”对话框，具体设置页边距、纸张、版式及文档网格参数，如图 7-13 所示。

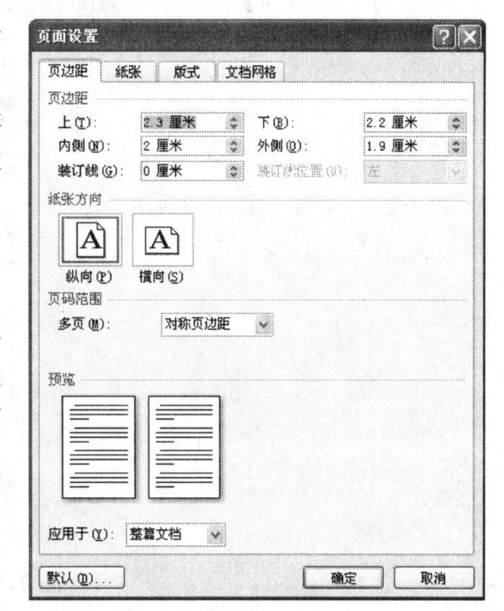

图 7-13　“页面设置”对话框

3.　设置页面背景

通过应用页面背景可以起到美化文档的效果并完成一些特殊的使命，例如在机密文件的背景中添加水印等。使用“页面布局”选项卡“页面背景”组中的工具即可为文档设置页面背景。“页面背景”组中包含“水印”、“页面颜色”和“页面边框”3种工具，分别用于在页面内容后面插入虚影文字，选择页面的背景颜色或图案效果，添加或更改页面周围边框以及设置选定文本块的周围边框和背景颜色。

4. 排列对象

使用“页面布局”选项卡“排列”组中的工具可以指定插入到文档中的各种对象在页面上的排列方式，如指定所选对象在页面上的位置，设置所选对象周围的文字环绕方式，指定多个对象的对齐方式，组合多个选定对象，以及旋转或翻转所选对象等。

7.1.4 图文混排

在文档中使用插图，不但可以使文档显得生动活泼，还可以起到说明作用。在Word文档中，既可以插入现有的图片，也可以绘制各种图形，而且编排图片在文档中的位置，使其与文字呈现不同的环绕方式。

1. 插入图片

在 Word 2007 中可以插入多种格式的图片，如*.bmp、*.pcx、*.tif、*.pic 等。此外，Word 2007 还提供了一个功能强大的剪辑管理器，其中收藏了系统自带的多种剪贴画。

（1） 插入剪贴画。

在功能区中切换到“插入”选项卡，在“插图”组中单击“剪贴画”按钮，打开“剪贴画”任务窗格，在“搜索文字”文本框中输入所需剪贴画的主题，并指定搜索范围和媒体类型后，单击“搜索”按钮，即可搜索所需的剪贴画，并将搜索结果显示在列表框中，如图 7-14 所示。将所需的剪贴画直接拖到文档页面中，即可插入该剪贴画。

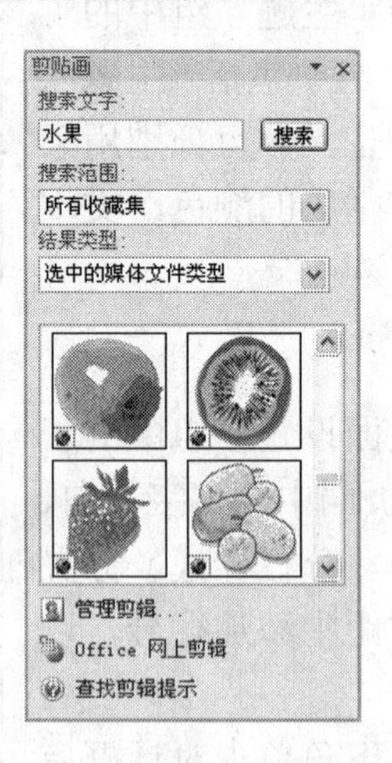

图 7-14 “剪贴画”任务窗格

（2） 插入外部图片。

在“插入”选项卡“插图”组中单击“图片”按钮，打开如图 7-15 所示的“插入图片”对话框，选择所需的图片后单击“插入”按钮，即可在文档中插入一幅外部图片。

图 7-15　“插入图片”对话框

（3） 设置图片格式。

当选择了插入的剪贴画或图片后，Word 2007 会在功能区中自动显示图片工具的“格式”选项卡，使用该选项卡中的工具可以对图片进行各种调整和编辑，如图 7-16 所示。

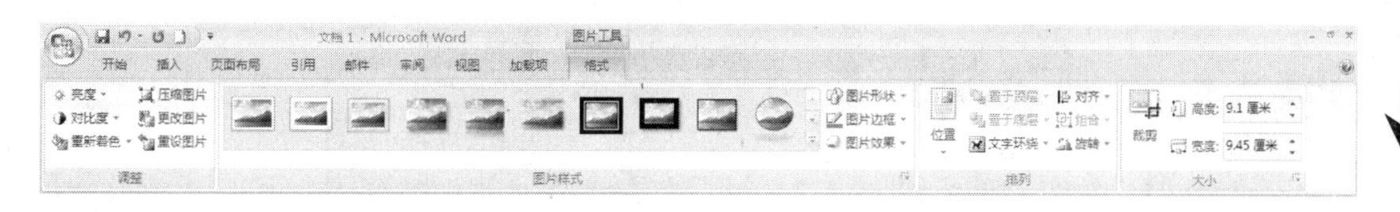

图 7-16　图片工具的“格式”选项卡

2. 编辑自选图形

在 Word 2007 中可以使用功能区“插入”选项卡“插图”组中的“形状”按钮来绘制各种图形。单击“形状”按钮，可弹出一个下拉菜单，其中列出了可绘制的各种形状，共分线条、基本形状、箭头总汇、流程图、标注和星与旗帜 6 类。

（1） 绘制图形。

切换到“插入”选项卡，在“插图”组中单击“形状”按钮，在弹出菜单中单击与所需形状相对应的图标按钮，然后在页面中单击或者拖动鼠标，即可绘出所需的图形。例如，单击“基本形状”栏下的“新月形”图标按钮，然后在页面中拖动鼠标，可绘出一个月牙形图案。

如果要在某一位置绘制多个图形，并需要统一处理它们（如移动、复制等），可在弹出菜单中选择“新建绘图画布”命令，在页面上插入一个绘图区域，然后再在其中绘制图形，如图 7-17 所示。

（2） 调整图形。

如果绘制出来的图形不满意，可以对图形做出调整，例如可以改变图形的大小，对图形进行旋转，改变图形形状等。

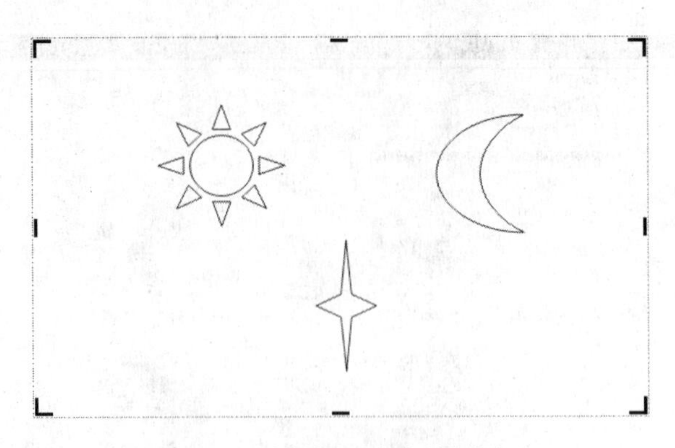

图 7-17　在绘图画布中绘制图形

➢　调整图形大小。

选中一个图形后，在图形四周会出现 8 个蓝色的尺寸控点，将指针移动到图形对象的某个控点上拖动鼠标，即可改变图形的大小。如果要按长宽比例改变图形大小，可以按住 Shift 键的同时拖动尺寸控点；如果要以图形对象中心为基点进行缩放，可以在按住 Ctrl 键的同时拖动尺寸控点。此外，右击图形，从弹出的快捷菜单中选择“设置自选图形格式”命令，打开“设置自选图形格式”对话框，切换到“大小”选项卡，在此可以精确地设置图形的尺寸，如图 7-18 所示。

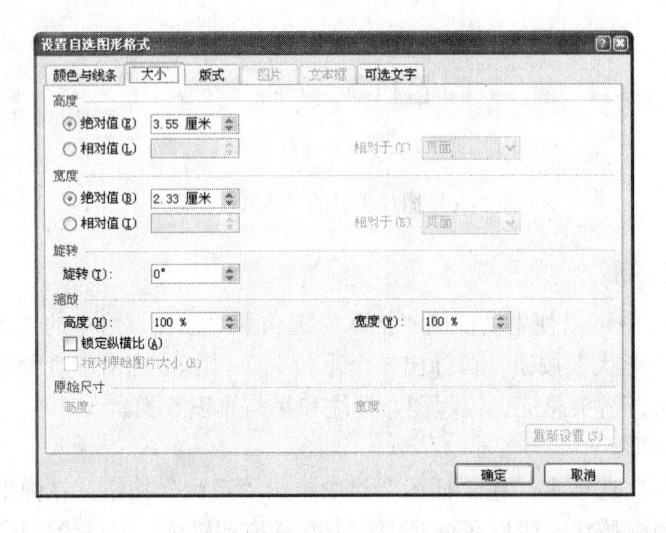

图 7-18　“设置自选图形格式”对话框的“大小”选项卡

➢　移动图形。

使用鼠标可以自由地移动图形的位置。将指针指向要移动的图形对象或组合对象，当指针变为 ✥ 状时按下鼠标左键，此时鼠标变为 ✥ 状，按住鼠标拖动对象到达目标位置后，松开鼠标键即可。如果需要图形对象沿直线横向或竖向移动，可在移动过程中按住 Shift 键。此外，还可以用微移功能来移动图形对象。选择要移动的图形对象或组合对象后，按住 Ctrl 键，同时按键盘上的方向键，即可对选定对象进行微移。

➢　旋转和翻转图形。

可以将在文档中绘制的图形向左或向右旋转任何角度，旋转对象可以是一个图形、一组图形或组合对象。一般情况下，在选中图形后，图形上会出现一个绿色的圆形控点，当把指针移到该控点上时鼠标变为状，此时按住鼠标左键不放指针即变为状，拖动鼠标可以将图形旋转至任意角度。此外，在图形的选择状态下，功能区中会出现一个绘图工具的“格式”选项卡，如图 7-19 所示。在此选项卡中单击“排列”组中的“旋转”按钮，从弹出菜单中选择“向右旋转 90º”或“向左旋转 90º”命令，可将所选图形向右旋转 90º或者向左旋转 90º。若选择“垂直翻转”或“水平翻转”命令，则可以将所选图形进行垂直或者水平翻转。

图 7-19　绘图工具的“格式”选项卡

➢　图形变形。

对于某些图形，在选中它们时在图形的周围会出现一个或多个黄色的菱形控点，拖动这些菱形控点可调节图形的形状，使其变形，如图 7-20 所示。

（3）　添加文字。

可以将文本添加到图形上，使其成为图形的一部分。当旋转或翻转该图形时，文本将与其一起旋转或翻转。

在各类自选图形中，除了直线、箭头等线条图形外，其他的所有图形都允许向其中添加文字。有的自选图形在绘制好后可以直接添加文字，如标注和组织结构图等；有些图形则不能直接添加文字，例如椭圆、心形等。对于后者，若要想向其中添加文字，可右击图形，从弹出的快捷菜单中选择“添加文字”命令，此时在图形的外部会出现一个编辑框，其中显示闪烁的插入点，在此编辑文字即可，如图 7-21 所示。

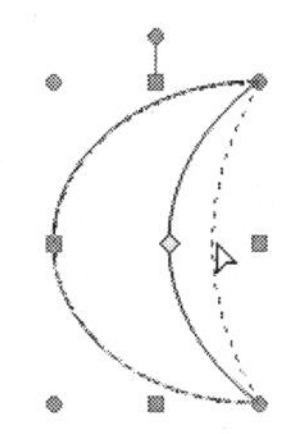

图 7-20　图形变形的过程

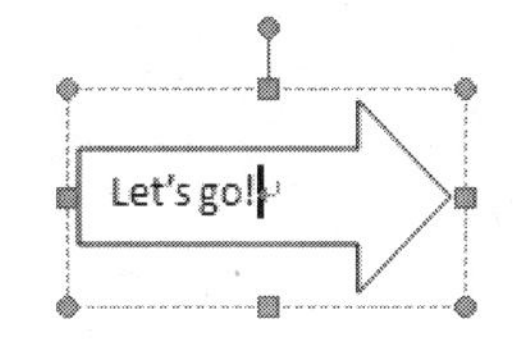

图 7-21　在图形中添加文字

（4）　设置图形的填充效果和线条颜色。

默认情况下，在 Word 中所绘制的图形对象是黑色轮廓无填充色的，用户可以为图形对象填充其他颜色或者实现颜色过渡、纹理等特殊效果，并可以更改轮廓的颜色与效果。

要改变图形的填充效果，可在选定图形后切换到“格式”选项卡，在“形状样式”组中单击“形状填充”按钮，从弹出菜单中选择所需的颜色，或者选择所需的命令指定其他填充效果；若要改变图形的轮廓效果，则可在“形状样式”组中单击“形状轮廓”按钮，从弹出菜单中选择所需的颜色，或者选择所需的命令指定其他线条效果。此外，用户也可以直接在“形状样式”组的样式库中选择 Word 2007 内置的图形填充和线条样式。

7.1.5 文档的打印与输出

打印文档是十分常见的操作。文档编辑完毕之后，就可以将它们打印到纸张上，加以保存或传达。将文档打印到纸上的前提是要为计算机连接打印机外设，如果当前计算机没有连接到打印机，则可以输出到文件，然后拿到其他连接有打印机的电脑上进行打印。

1. 打印预览

利用Word的打印预览功能可以在正式打印文档之前就看到文档被打印后的效果，以便及时对不满意的地方进行修改。打印预览视图是一个独立的视图窗口，与页面视图相比，可以更真实地表现文档外观。而且在打印预览视图中，可任意缩放页面的显示比例，也可同时显示多个页面。单击Office按钮，从弹出的菜单中选择“打印”→“打印预览”命令，即可切换到打印预览视图，如图7-22所示。

Word 2007在打印预览视图中提供了“打印预览”选项卡，使用其中的工具不但可以打印文档和设置打印选项，还可以设置页面的大小、方向、页边距等参数，调整文档的显示比例及控制预览方式。

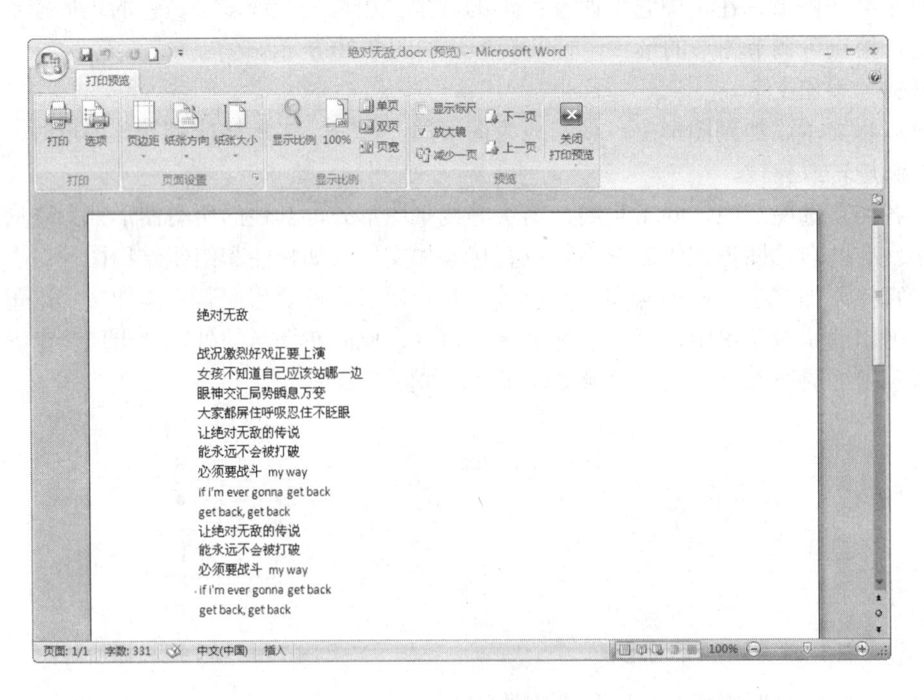

图 7-22 打印预览视图

2. 打印文档

当对文档的预览结果满意后，确定连接好并且开启了打印机，就可以进行打印了。在打印机中装好纸张，如果不再需要进行其他设置，只须单击Office按钮，从弹出的菜单中选择“打印”|“快速打印”命令，就可以打印文档了。否则可以在Office菜单中选择“打印”|“打印”命令，打开如图7-23所示的“打印”对话框，进行相关设置后单击“确定”按钮，即进入文档的打印状态。

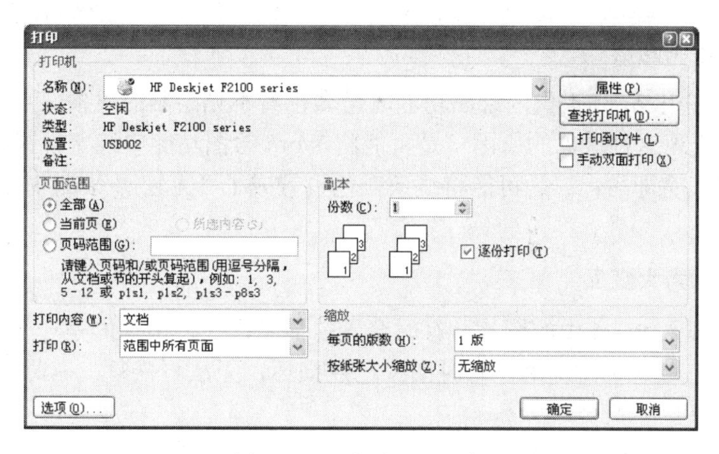

图 7-23 “打印”对话框

3. 输出文档

如果当前计算机没有连接打印机，用户可在“打印”对话框中选中“打印到文件”复选框，然后单击“确定”按钮，在弹出的“打印到文件”对话框中选择保存位置并指定文件名，再单击“确定”按钮，将其输出为打印机文件类型（后缀名为prn）。这样，就可以把该文档拿到其他配备打印机的电脑上，用这个打印机文件进行打印，即使那台电脑上没有安装Word也可以顺利完成打印工作。

7.1.6 疑难排解

虽然我们已经了解了Word的基本应用方法，但是在实际操作中可能还会遇到一些难题，这时就需要特殊问题特殊对待。下面介绍一些在使用Word进行基本的文档处理时可能遇到的一些常见问题的解决方法。

1. 禁止 Word 自动编号

疑难问题：在使用编号或项目符号时，许多段落都自动加上了编号或项目符号，但有时用户并不希望这样。

解决方法：出现这种情况是因为用户打开了“自动编号列表”或“自动项目符号列表”这一功能。按“Ctrl+Z”组合键可取消已经生成的多余的项目符号。也可以通过下述方法来取消编号或项目符号的自动列表功能：单击 Office 按钮，在弹出菜单中单击“Word 选项”按钮，打开“Word 选项”对话框，切换到“校对”选项卡，在“自动更正选项”栏下单击“自动更正选项”按钮，打开“自动更正”对话框，切换到“自动套用格式”选项卡，在“应用”选项组中取消“自动项目符号列表”和“列表样式”复选框，如图 7-24 所示。

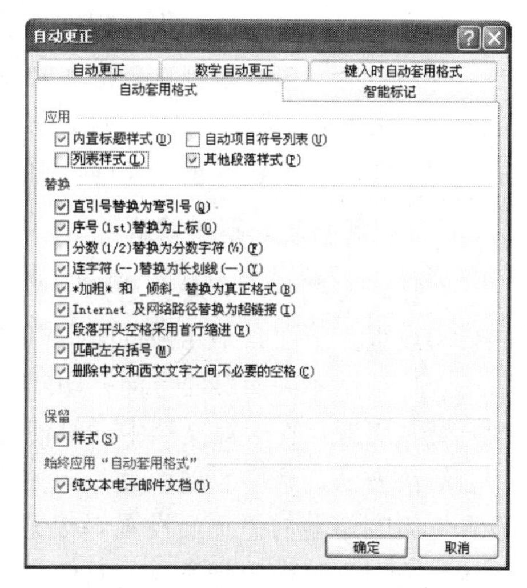

图 7-24 禁止 Word 自动编号

2. 看不到绘制图形

疑难问题：在用 Word 提供的绘图功能时怎么也看不见绘制的线条。

解决方法：出现这种现象的原因一是可能将 Word 绘图功能中线宽设置成了“0”，这时只要更改相应的线宽即可；二是可能将线条颜色设置成了“无轮廓”，这时需为图形指定轮廓颜色。

3. 图形显示为大红叉

疑难问题：插入 Word 中的图片，有时会无法显示，代之出现的是一个醒目的大红叉。

原因分析：出现这种情况时，有时图片已经损坏，无法再恢复，有时还可以恢复。出现大红叉的原因是：

（1） 资源或内存空间不够。

（2）有的图片是从 Internet 下载的 JPEG 或 GIF 格式，包含一些非常复杂的格式选项，如动画、声音等，而 Word 只能识别一些简单的格式。

（3） 系统设置的临时文件夹无效。

（4） 系统允许打开的文件数太少。

解决方法：下面的一些措施可以减少或避免 Word 图片中红叉的出现。

（1） 加大内存，最好不要少于 64 MB。

（2） 将插入图片的格式更改过来。

（3） 取消文档的快速保存功能。

（4） 最好采用“粘贴”命令插入图片，如果采用“链接”命令插入图片，当图片的位置发生变化时，DOC 文件会受到影响。

（5） 文档体积不能太大。

（6） 增加系统可以打开的临时文件数目。这是因为 Word 打开文档时，插入文档中的图形将作为一个临时文件打开，这些临时文件放在系统默认的 TEMP 目录下面。而系统可以打开临时文件的数量是有限制的，这个限制取决于 config.sys 中的语句 files 等于的数值，绝大多数的用户根本没有注意到这个问题，而直接使用系统设置的默认值。

（7） 对于那些含有复杂格式的图片，最好在放入 Word 之前将那些 Word 不能识别的复杂格式去掉。如对于 GIF 文件，将 GIF 89A 格式转存为 CIS GIF87 或 87A。对于 JPEG 格式的文件，取消它的重绘功能，存为更加简单的格式。

4. 打印技巧与疑难排解

在打印文档时，有时会遇到一些疑难问题，或者为了提高工作效率可以采用一些特殊的打印设置。下面介绍几种打印文档时的技巧与疑难问题处理方法。

（1） 用不同的页面方向打印同一文档。

疑难问题：在一篇文档中同时使用竖向和横向两种不同的页面方向。

解决方法：选中需要改变方向的文档内容，然后在“页面布局”选项卡中单击“页面设置”组右下角的“页面设置”按钮，打开“页面设置”对话框，在“页边距”选项卡的“纸张方向”栏中选择所需的页面方向，并在“应用于”下拉列表框中选择“所选文字”选项，如图 7-25 所示。

原理：其实 Word 是在所选内容的前后各插入一个分节符，并仅对这一节中的内容进行页面方向更改，从而实现了在同一文档中使用不同的页面方向。

（2）　避免打印出不必要的附加信息。

疑难问题：有时在打印一篇文档时，会莫名其妙地打印出一些附加信息，如批注、隐藏文字和域代码等。

解决方法：单击Office按钮，在弹出的菜单中单击“Word选项”按钮，打开“Word选项”对话框，切换到“显示”选项页，清除“打印选项”栏下的相应复选框，如图7-26所示。

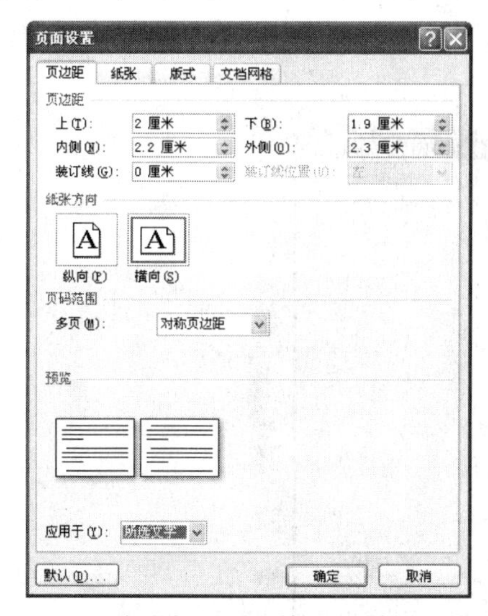

图 7-25　“页面设置”对话框“页边距”选项卡

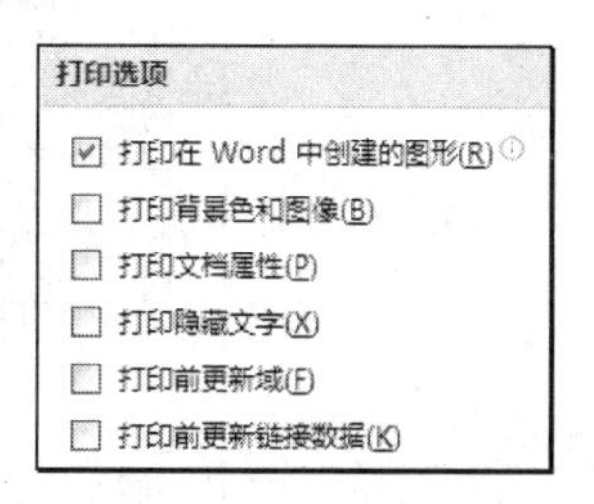

图 7-26　“Word 选项”对话框

（3）　在打印预览界面下编辑文档。

疑难问题：在打印预览视图下发现文档仍需修改，但在视图间来回切换又嫌麻烦。

解决方法：其实在打印预览视图中也是可以修改文档的，在“打印预览”选项卡的“预览”组中清除对“放大镜”复选框的选择，就可以在打印预览视图中直接编辑文档了。

5.　样式使用技巧与疑难排解

样式是一个快速格式化的工具，使用样式的过程中，也可能会碰到一些问题，下面列出一些常用问题的解决方法。

（1）　取消人工格式。

疑难问题：应用相同样式的段落看起来不相似。

原因分析：可能是某些段落使用 Word 的格式命令人工设置格式。

解决方法：取消人工格式。方法是：首先连同段落标记一起选定段落，然后按下 Ctrl+Shift+Z 组合键取消字符格式，按下 Ctrl+Q 组合键取消段落格式。

（2）　应用样式的顺序颠倒。

疑难问题：应用样式后，发现结果与实际要求适得其反，例如，当对包含加粗文字的段落应用包含加粗格式的样式时，原来加粗的字符反而变成不加粗。

原因分析：使用段落样式或字符样式应用的格式可能改变文本的现存字符格式。

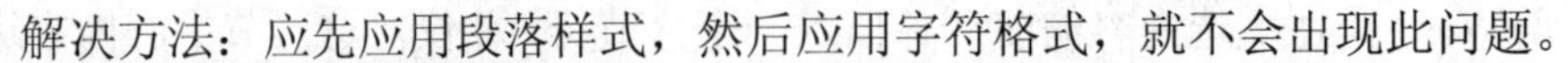

解决方法：应先应用段落样式，然后应用字符格式，就不会出现此问题。

（3） 样式发生意外变化。

疑难问题：应用样式后，发现结果与实际要求不符。

原因分析：Word 的自动更新功能会自动将用户所指定的样式更改为其他样式。

解决方法：检查是否打开此样式的自动更新功能。如果选用自动更新功能，则对样式进行修改时，该样式将自动更新，以使文档中应用此样式的文本前后一致。关闭此功能的方法是：单击 Office 按钮，在弹出的菜单中单击“Word 选项”按钮，打开“Word 选项”对话框，切换到“校对”选项卡，在“自动更正选项”栏下单击“自动更正选项”按钮，打开“自动更正”对话框，切换到“自动套用格式”选项卡，清除对自动套用格式的样式的应用即可，如图 7-27 所示。

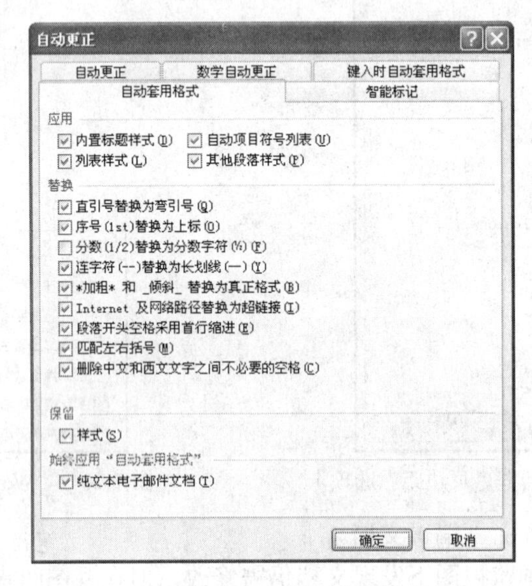

图 7-27 “自动套用格式”选项卡

7.2 长文档处理技巧与疑难排解

Word 是一款优秀的文字处理软件，尤其是在处理长文档时更能突出它的优点。对于长文档来说，尤其是一个包含多个章节的书稿，或者是包含多个部分的报告，要很好地组织和维护它们就成了一个重要的问题，尤其是在协作工作时，几个人共同编辑完成一部长文档，要将它们组织到一起，稍有不慎就会造成混乱。Word 提供了一系列编辑长文档的功能，正确地使用这些功能，组织和维护长文档就会变得得心应手。

7.2.1 添加页眉、页脚和页码

在图书、杂志或者其他较复杂的文档中使用页眉或页脚是很常见的。页眉页脚中通常包括文档名称、页码以及其他信息。在页面视图中用户可以很方便地为文档添加和编辑页眉、页脚。

1. 添加页眉和页脚

在页面视图中双击页面顶部的页眉区域或者页面底部的页脚区域，即可进入页眉或页脚的编辑状态，此时页面中的正文内容会变成灰色，同时还会在功能区中显示“页眉和页脚工具”，方便用户编辑和修改页眉或页脚，如图 7-28 所示。

图 7-28　页眉的编辑状态

在页眉和页脚中可以输入文字、插入图片，并且可以编辑文本和图片的格式，其操作方法和在页面上编辑普通文字的方法完全相同。在页眉和页脚工具的“设计”选项卡中单击“导航”组中的“转至页脚”或“转至页眉”按钮，可以在页眉和页脚之间切换。

Word 2007 提供了一系列预置的页眉、页脚方案，在页眉和页脚工具的“设计”选项卡中单击“页眉和页脚”组中的“页眉”或者“页脚”按钮，即可从弹出的菜单中选择预置方案。

2. 添加页码

除了可以在页眉或页脚中设置页码之外，也可以单独添加页码。例如，一些简单的文档可能只编排页码而不使用其他的元素。如果只添加页码，可在页眉和页脚工具的“设计”选项卡中单击“页眉和页脚”组中的“页码”按钮，从弹出的菜单中选择预置的页码样式。

用户也可以自定义页码的格式，方法是在“设计”选项卡中单击“页眉和页脚”组中的“页码”按钮，从弹出的菜单中选择“设置页码格式”命令，打开“页码格式”对话框，进行相关的设置，如图 7-29 所示。

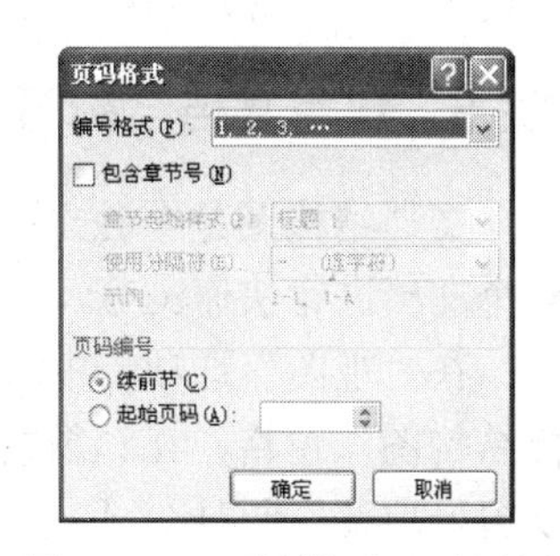

图 7-29　“页码格式”对话框

7.2.2 巧用大纲视图组织文档

Word 提供了多种视图，可以让用户在不同情况下有选择地进行工作。Word 最基本的视图方式有普通视图、页面视图、Web 版式视图、大纲视图和阅读版式视图，其中大纲视图以文档中标题的层次来显示文档，在此视图中用户可以折叠文档只查看主标题，或者展开文档查看整个文档内容，使用户可以十分方便地查看和修改文档的结构。

在功能区中切换到“视图”选项卡，单击“文档视图”组中的“大纲视图”按钮，即可切换到大纲视图中，如图 7-30 所示。双击标题前面的图标可以折叠该标题下的文本，再次双击图标则可重新展开文本。

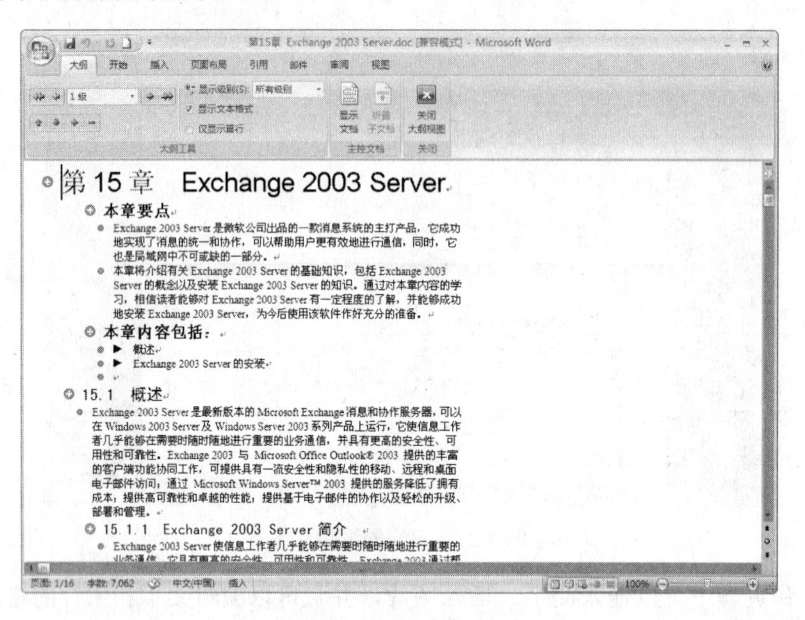

图 7-30　页眉的编辑状态

在大纲视图中，用户可以通过拖动标题来移动、复制和重新组织文本。例如，要想将某一标题下的文本移动到另一位置，只需选定该标题，然后将其拖动到新的位置，这标题下所属的所有文本即完成了移动。

切换到大纲视图中后，功能区中会自动显示“大纲”选项卡，用户可使用“大纲工具”组中的工具来提高或者降低文档内容的级别，例如，可以通过升级将正文提升为标题，或者通过降级将标题降级为下级标题或者正文文本。

7.2.3　利用文档结构图快速浏览文档

文档结构图是个独立的窗格，可以显示文档的标题列表。用户可以利用文档结构图对整个文档进行快速浏览，快速定位在文档中的位置。

在“视图”选项卡中选择“显示/隐藏”组中的“文档结构图”复选框，即可显示“文档结构图”窗格，在该窗格中单击文章标题，即可跳转到文档中的相应标题，并将其显示在窗口顶部，同时在“文档结构图”窗格中突出显示该标题，如图 7-31 所示。

此外，在文档结构图中也可以将无需显示的标题级别折叠起来，方法是单击上一级标题左侧的减号图标⊟。折叠标题后，该标题左侧的减号图标会变成加号，单击加号图标可重新展开其所属的下级标题。

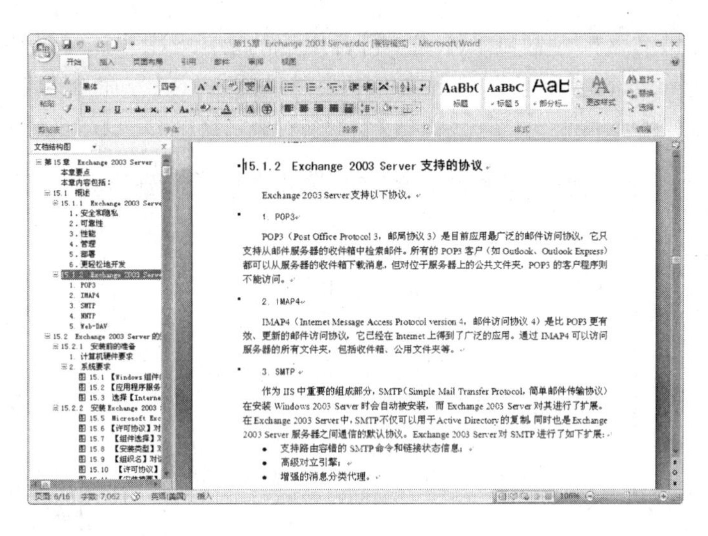

图 7-31　利用文档结构图在文档中快速跳转

7.2.4　编排目录

对于多章节的文档，为了查阅方便，通常要添加目录。要成功添加目录，应该正确采用带有级别的样式，如利用“开始”选项卡“样式”组中的样式库为段落设置的标题样式，或者在大纲视图中设置的标题样式。

1. 生成目录

Word 2007 提供了非常简便的生成目录的工具，切换到“引用”选项卡，在“目录”选项组中单击“目录”按钮，从弹出菜单中选择“自动目录 1”或“自动目录 2”选项，即可在文档前面自动生成目录。用户可在目录之后插入一个分页符，以便将目录和正文分隔开。如果既定标题不符合目录的需要，用户也可以在“目录”弹出菜单中选择“手动表格”选项，生成目录表格，然后手动在其中输入所需的目录文字，如图 7-32 所示。

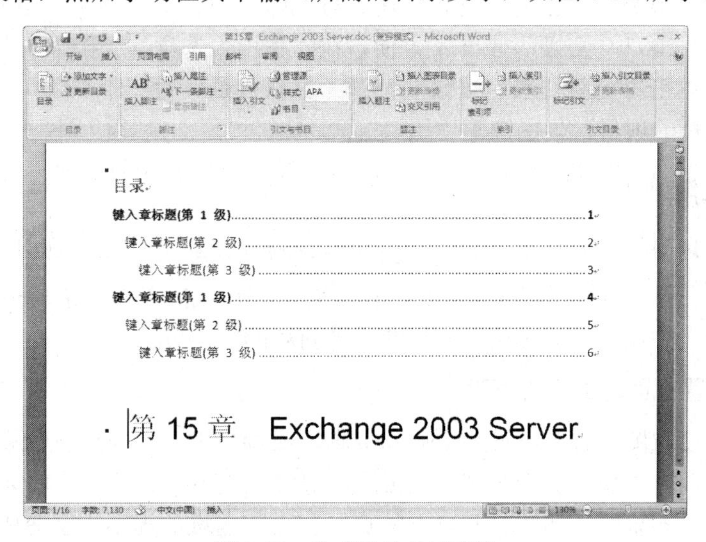

图 7-32　生成手动目录表格

如果 Word 提供的这样内置目录样式不符合用户的要求，用户还可以利用“目录”对话框来指定目录的格式。在“目录”弹出菜单中选择“插入目录”命令，即可打开“目录”对话框，如图 7-33 所示。

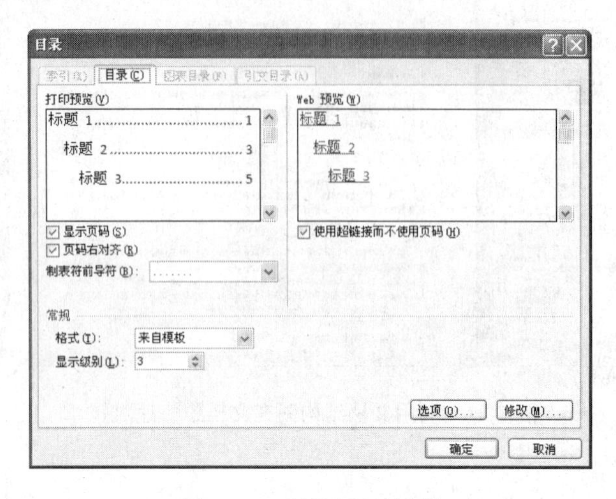

图 7-33 “目录”对话框

“目录”对话框中各选项说明如下。

- “显示页码”：用于在目录中的每个标题后面都显示页码。
- “页码右对齐”：用于让页码右对齐。
- “制表符前导符”：用于指定标题与页码之间的制表位分隔符。
- “格式”：用于选择目录的风格，选择的结果会显示在“打印预览”列表框中。
- “显示级别”：用于指定目录中显示的标题层次。一般显示 3 级目录比较合适。

2. 更新目录

Word 所创建的目录是以文档的内容为依据的，如果文档的内容发生了变化，那么目录也需要更新，使其与文档的内容保持一致。在 Word 2007 中更新目录非常方便，在“引用”选项卡“目录”组中单击“更新目录”按钮，打开“更新目录”对话框，选择要更新的项目，如图 7-34 所示。

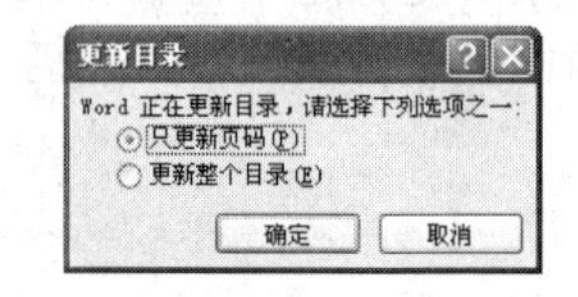

图 7-34 “更新目录”对话框

7.2.5 疑难排解

在处理长文档时，有时可能会对文档进行一些特殊的要求，或者碰到一些意想不到的困难，如特殊的页眉或页脚了，或者由于操作不到位而造成的工作结果与实际要求不符了，等等。下面介绍几种在处理长文档时常见的疑难问题的解决方法。

1. 单独设置首页的页眉或页脚

疑难问题：要求图书首页不设置页眉和页脚，或者与正文中的页眉/页脚内容不同。

解决方法：双击页眉或页脚区域，在页眉和页脚工具的“设计”选项卡中选中“选项”组的“首页不同”复选框，这时文档第1页的页眉和页脚区域的提示文字变成了“首页页眉”和“首页页脚”字样，在它里面编辑的内容将和其他的页眉页脚不一样。如果首页内不需要添加页眉页脚，则保留空白即可。

2. 在奇偶页中使用不同的页眉/页脚

疑难问题：在排书版的时候，要求奇偶页的页眉或页脚中使用不同的内容。

解决方法：双击页眉或页脚区域，在页眉和页脚工具的“设计”选项卡中选中“选项”组的“奇偶页不同”复选框，文档的页眉和页脚会自动分成奇数和偶数页眉页脚，分别设置就可以了。

3. 在各章节中使用不同的页眉/页脚

疑难问题：在多章节文档中，让文档中的每个章节拥有各自的页眉和页脚。

解决方法：将光标置于使用不同页眉页脚的章节之间，在“页面布局”选项卡“页面设置”组中单击“分隔符”按钮，从弹出菜单中选择“分节符”栏下所需的分节符类型命令，在各个章节之间都插入分节符，之后就可以为不同的章节指定不同的页眉页脚了。

4. 特殊的页码设置

疑难问题：在排多章节的书版的时候，章节首页通常不显示页码，即空出一个页码，如1、2、3、5……。

解决方法：在第3页的尾部插入一个分节符，方法是在“页面布局”选项卡中单击“页面设置”组的“分隔符”按钮，从弹出的菜单中选择“下一页”命令。然后在下一页重新编写页码。

5. 文档结构图显示不正确

疑难问题：文档结构图中显示的内容不正确。

解决方法：在使用文档结构图之前，用户需要先为文档定义标题。文档结构图中可显示两类格式的标题，一是内置标题样式，二是大纲级别段落格式。大纲级别段落格式要在大纲视图中进行设置，方法是在选择要设置为标题的段落后，在“大纲”选项卡“大纲工具”组中的“大纲级别”下拉列表框中选择标题级别。如果要设置内置标题样式，则可在选择要设置为标题的段落后，在“开始”选项卡“样式”选项组的样式库中选择标题样式。

6. 多文档的目录制作

疑难问题：一篇文章由多个文档组成，如何制作完整的目录？

解决方法：可以把创建的目录复制到一个新文档中，从而将几个文档的目录合成在一起。不过，这样完成的目录是一个独立的文档，不能自动更新。

7.3 表格操作技巧与疑难排解

使用表格可以有效地组织、归纳、总结和强调某些数据。在 Word 2007 中，用户可以通过运用现有的表格样式轻松地制作各种各样的表格，并且可以通过使用表格工具创建个性化的表格外观。

7.3.1 插入表格

在 Word 中用户可以使用插入表格命令来自动插入具有预置行列数的规则表格，也可以通过手动绘制各种不规则的或者复杂的表格。Word 2007 还预置了一些现成的表格样式，可以让用户插入带有预定格式的彩色表格。

1. 插入简单表格

如果只需要插入一个简单的表格，没有什么格式要求，那么只需将插入点定位在文档中要插入表格的位置，然后在“插入”选项卡的“表格”组中单击“表格”按钮，从弹出菜单上半部分的示例表格中拖动鼠标，示例表格的顶部就会显示相应的行列数，如图7-35所示。到所需的行列数时释放鼠标键，即可在文档中插入一个简单表格。

2. 插入具有特定格式的表格

在“表格”弹出菜单中选择“插入表格”命令，打开“插入表格”对话框，可预先指定表格的列数和行数，并进行其他参数设置，如图 7-36 所示。如果要将当前设置指定为对话框中的默认设置，可选中“为新表格记忆此尺寸”复选框。

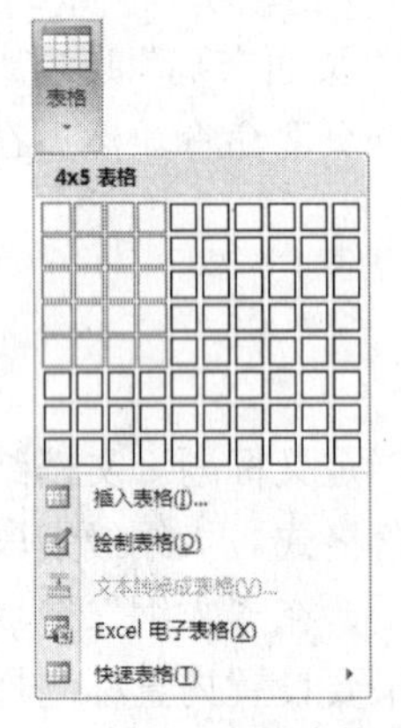

图 7-35 在示例表格中拖动鼠标

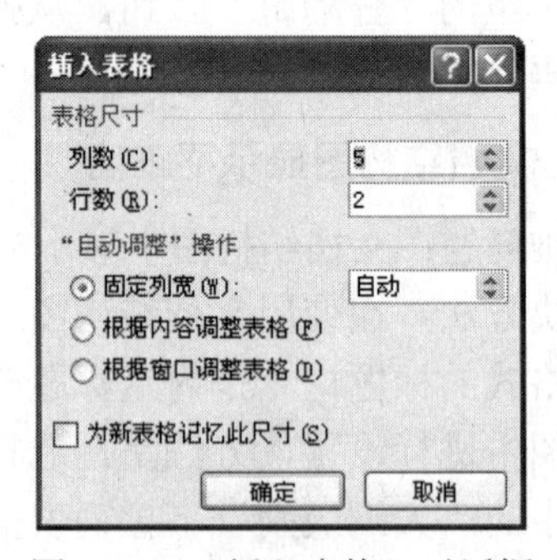

图 7-36 “插入表格”对话框

3. 插入带有内置样式的表格

在“表格”弹出菜单底部选择“快速表格”子菜单中的命令，可以插入具有内置样式的表格，其样式包括字体、颜色、边框等效果。例如，选择“快速表格”→“表格式列表”命令可插入如图 7-37 所示的表格。

4. 手工绘制表格

通过手绘表格可以制作出复杂的不规则表格。在“表格”弹出菜单中选择“绘制表格”命令，指针会变成笔状 ✎，在页面中拖动即可绘出表格的外部框线，如图 7-38 所示。在框线内部可根据需要任意绘制行列线。

表格绘制完成后，在功能区中会显示表格工具，其中包含“设计”和“布局”两个选项卡，如图 7-39 所示。切换到“设计”选项卡，在“绘图边框”组中单击“绘制表格”按钮即可结束表格的绘制。

项目	所需数目
图书	1
杂志	3
笔记本	1
便笺簿	1
钢笔	3
铅笔	2
荧光记号笔	2 色
剪刀	1 把

图 7-37　“表格式列表”样式

图 7-38　手绘表格边框

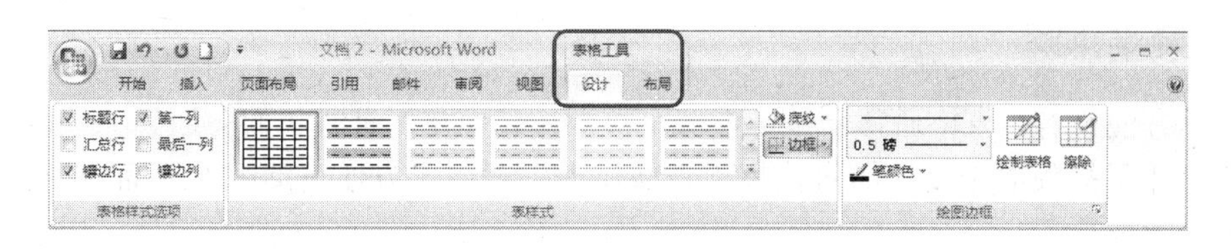

图 7-39　表格工具

7.3.2　修改表格

切换到表格工具的“布局”选项卡，使用其中的工具可以很轻松地进行表格的修改与调整操作，如图 7-40 所示。

图 7-40　表格工具的“布局”选项卡

“布局”选项卡中的工具分为6组，各组工具的功能说明如下。

（1）　“表”：用于选择表格或表格中的元素、显示或隐藏表格中的虚框、更改表格属性，以及绘制斜线表头。

（2）　“行和列”：用于插入或删除行或行。

（3）　“合并”：用于合并或拆分单元格或表格。

（4）　“单元格大小”：用于调整单元格的大小以及控制行、列及表格的总体大小。

（5）　“对齐方式”：用于选择单元格中的内容相对于单元格的对齐方式、文字方向及距离单元格边框的距离。

（6）　“数据”：用于设置单元格中数据的格式，包括数据排序、重复标题行、将表格转换为文本以及插入公式。

7.3.3　设置表格格式

要设置表格的格式，需要使用表格工具的“设计”选项卡中的工具。“设计”选项卡中的工具分为 3 组，各组工具的功能说明如下。

（1）　“表格样式选项”：当为表格应用了样式后，可用此组中的工具更改样式细节。

其中标题行指第一行，汇总行指最后一行，镶边行和镶边列是指使偶数行或列与奇数行或列的格式互不相同。

（2）“表样式”：用于选择表格的内置样式，并可使用“底纹”和“边框”两个按钮更改所选样式中的底纹颜色和边框样式。

（3）“绘图边框”：“笔样式”、“笔画粗细”和“笔颜色”3 种工具分别用于更改线条的样式、粗细、颜色；“擦除”按钮用于启用橡皮擦，拖动它可以擦除已绘制的表格边框线；“绘制表格”按钮用于开始或结束表格的绘制状态。

7.3.4 疑难排解

为了方便查看，表格通常会被排在一个页面中，但是，有时我们会遇到一些超长表格，这样就增加了排版的难度，如何使超长表格显得美观而又方便查阅呢？下面介绍一些处理超长表格的技巧。

1. 不允许跨页断行

疑难问题：如何避免同一个单元格中的内容被分隔到不同的页上？

解决方法：在表格工具的“布局”选项卡中单击“单元格大小”组右下角的“表格属性”按钮，打开“表格属性”对话框，切换到“行”选项卡，取消对“选项”栏下的“允许跨页断行”复选框的选择，如图 7-41 所示。

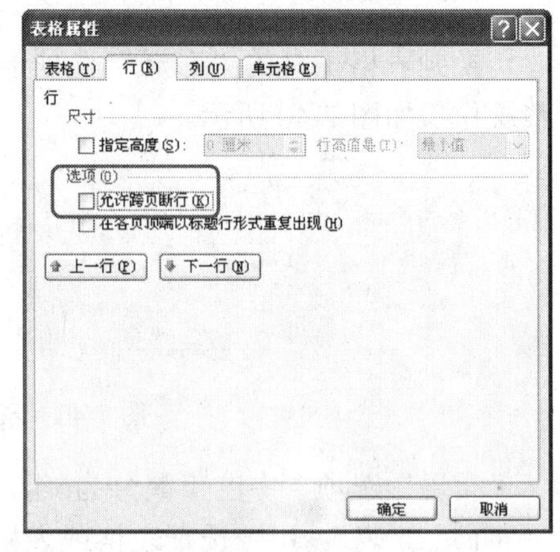

图 7-41 “表格属性”对话框的“行”选项卡

2. 段中不分页

疑难问题：表格太大，不得不跨页断行，如何使下一页中的表格也具有栏标题以便于查阅？

解决方法：打开“表格属性”对话框，切换到“行”选项卡，选中“选项”栏下的“在各页顶端以标题行形式重复出现”复选框。

3. 在 Word 中嵌入已有的 Excel 工作表

疑难问题：Word 和 Excel 是日常工作中经常使用的软件，在实际工作中可能需要将 Excel 表格内容应用到 Word 中，但在 Word 中重新制表显然很麻烦，如果能将二者配合起来使用，会取得事半功倍的效果。

解决方法：

（1）利用“复制、粘贴”命令来嵌入：打开 Excel 工作表，复制要嵌入的对象，然后将其粘贴到 Word 文档中。此种方法插入的表格内容将成为 Word 文档中的普通表格。

（2）利用“选择性粘贴”命令来嵌入：打开 Excel 工作表，复制要嵌入的对象，然后在 Word 文档中单击“开始”选项卡“剪贴板”组中“粘贴”按钮下方的三角符号，在弹出的菜单中选择“选择性粘贴”命令，打开“选择性粘贴”对话框，选中“粘贴”单选按钮，再在“形式”列表框中选中“Microsoft Office Excel 工作表对象”选项，如图 7-42 所示。利用此方法插入表格后，双击插入的表格可进入 Excel，并可以在其中进行编辑，但如果原 Excel 工作表中的数据有所改变，不会对 Word 中嵌入的表格产生影响。

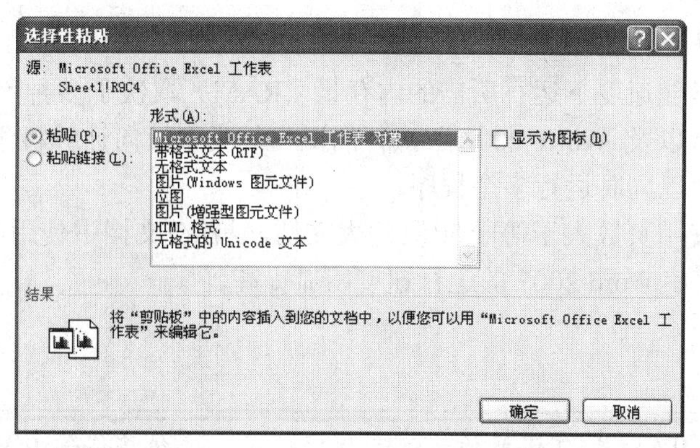

图 7-42　“选择性粘贴”对话框

（3） 利用插入对象的方法来嵌入表格：在 Word 中的“插入”选项卡“文本”组中单击“对象”按钮，打开“对象”对话框，切换到“由文件创建”选项卡，如图 7-43 所示。在“文件名”文本框中输入 Excel 工作表所在位置，或者单击“浏览”按钮选择所需的 Excel 工作表。选中“链接到文件”复选框可使插入内容随原 Excel 表格中的数据的改变而改变。用此种方法嵌入表格后，双击插入的内容可进入 Excel，并在其中编辑它。而且如果对原 Excel 工作表中的数据进行修改，Word 中嵌入的表格也随之改变。

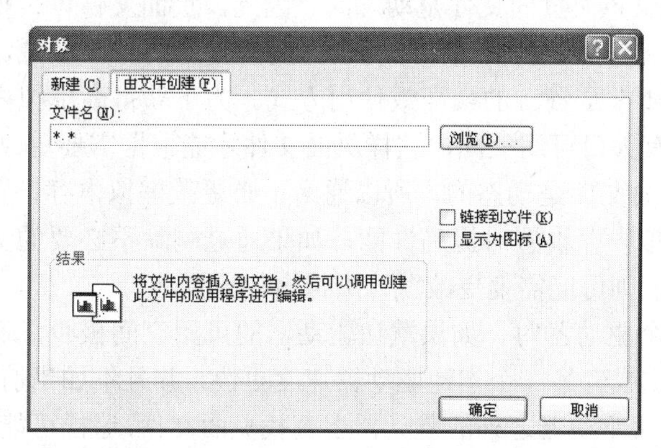

图 7-43　“对象”对话框

7.4　优化 Word

Word 是自动化办公的一个重要工具，因此，保证 Word 的性能稳定，可以有效地提高日常办公的工作效率。下面介绍一些优化 Word 2007 的性能的方法，以确保计算机满足 Word 2007 的最低要求。

7.4.1　优化内存空间

有时候在运行 Word 的时候会出现内存不足的提示信息，可见拥有足够的内存空间是保证 Word 能够顺利启动的前题。下面介绍几种优化内存空间的方法。

1. 向计算机添加内存（RAM）

Word 2007 在最佳速度下运行所需的内存量（RAM）取决于多种因素。这些因素包括同时运行的程序数量以及 Word 2007 所执行的操作的类型。向计算机添加 RAM 后不但可以提高性能，而且可以同时运行多个程序。

如果用户经常使用页数大于等于50页的大文档，或者在文档中使用图形或嵌入式对象，在添加 RAM 后可以使 Word 2007 的运行速度明显提高。

注意：

若要确保所有 RAM 都可供操作系统和程序使用，请勿将任何 RAM 用于 RAM 驱动器。

2. 优化虚拟内存使用

当某个程序使用虚拟内存时，Windows 会模拟一个较大的连续主存（RAM）块。Windows 使用由辅存（如硬盘）补充的较小主存块完成此操作。为了临时释放 RAM 中的空间，数据块（页）会在 RAM 和硬盘上的页面文件之间移动。

默认情况下，Windows 页面文件是动态的。因此，页面文件可根据可用磁盘空间和系统所执行的操作来更改大小。页面文件还可以占用硬盘上的零碎区域，而不造成重大性能损失。动态页面文件通常是资源的最高效使用方式。为了获得高虚拟内存性能，应确保包含页面文件的磁盘具有大量可用空间，这样页面文件才能根据需要更改大小。

因为 Windows 页面文件是动态的，所以通常不必更改虚拟内存设置。但是，在某些情况下，可以在调整虚拟内存设置时提高性能。如果通过删除不必要的文件来释放硬盘空间后仍然遇到性能问题，则可能需要更改默认虚拟内存设置。

当计算机上有多个驱动器时，如果默认驱动器的可用空间极少，而另一个本地驱动器具有较多的可用空间，或者另一个本地驱动器速度更快，并且不如当前驱动器使用频繁时，可指定 Windows 在默认驱动器之外的驱动器上查找页面文件，这样可能会获得更好的性能。如果为虚拟内存指定的最小可用磁盘空间至少是可用 RAM 的两倍以上，也可能获得更好的性能。例如，如果计算机拥有 64 MB 的 RAM，应指定至少 128 MB 的虚拟内存。

3. 整理硬盘碎片

磁盘碎片整理程序可以合并零碎的文件和文件夹，以使这些文件和文件夹在卷上占据相邻的空间，因此可以有效地提高计算机访问文件和文件夹的速度。Windows 操作系统本身就提供了整理硬盘碎片的实用工具：Windows 磁盘碎片整理程序。

在执行碎片整理操作前，应确保对重要文件创建备份副本。然后，可在“开始”菜单中选择“所有程序”→“附件”→“系统工具”→“磁盘碎片整理程序”命令，打开“磁盘碎片整理程序”对话框，选择要进行碎片整理的卷，然后单击“碎片整理”按钮开始磁盘碎片整理，如图 7-44 所示。完成碎片整理后，磁盘碎片整理程序在“碎片整理”显示区中显示结果。单击“查看报告”按钮可以查看进行碎片整理的卷的详细信息。

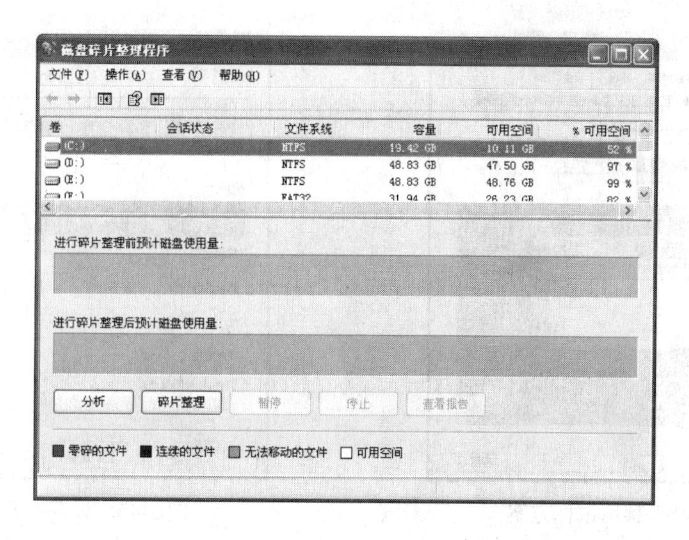

图 7-44　“磁盘碎片整理程序”对话框

7.4.2　系统设置

更改某些系统设置可能会提高计算机的性能，例如，可以适当地降低显示设置，以使屏幕能够快速刷新，或者使用简单的桌面主题来节省内存。

1.　使用较低的屏幕分辨率和颜色设置

配置显示设置可以使计算机用正确的视频驱动程序获得最快的屏幕显示。附加的颜色支持在滚动或更新图形时会显著降低屏幕更新的速度，而对于某些操作，如编写报告或使用电子表格，可能仅使用 256 色，因此完全不需要使用视频驱动程序所支持的最高屏幕分辨率或最高颜色设置，这时就可以将显示设置配置为使用较低的屏幕分辨率和颜色设置，以加快屏幕刷新速度。

如果在降低屏幕分辨率和颜色设置后，性能没有得到提高，或者需要附加的显示功能，则可以指定较高的分辨率和颜色设置。

2.　使用简单的 Windows 桌面主题

更改 Windows 桌面主题可能会提高某些计算机的性能。因此用户可以选择没有大量使用图形的主题，以使主题尽可能简单，从而得以节省内存。

在 Windows XP 操作系统下，用户可使用 Windows 经典桌面主题，设置方法是：右击桌面的空白区域，在弹出的快捷菜单中选择“属性”命令，打开“显示 属性”对话框，在“主题”选项卡的“主题”下拉列表框中选择“Windows 经典”选项，如图 7-45 所示。

7.4.3　禁用不必要的功能

Word 是一个功能强大的文字处理工具，但实际上在日常工作中很多功能根本用不到，禁用这些不必要的功能可以大大优化程序的性能。此外，用户还可以禁有一些可能影响 Word 运行的系统功能，如禁用鼠标方案。

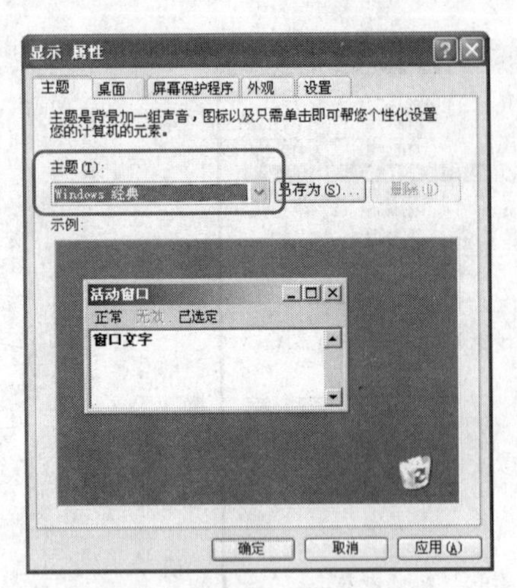

图 7-45　禁用鼠标方案

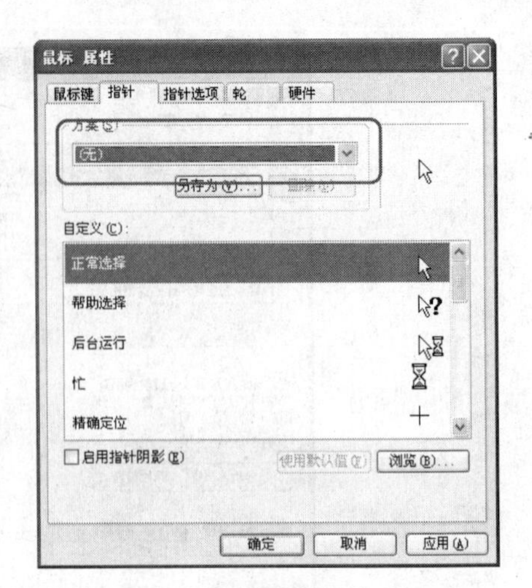

图 7-46　设置桌面主题

1. 禁用鼠标方案

禁用动画鼠标方案后，系统性能会提高。但是某些计算机的性能提高可能不明显。禁用鼠标方案的方法是：在“开始”菜单中选择“设置”→“控制面板”命令，打开“控制面板”窗口，依次选择“打印机和其他硬件”→“鼠标”选项，打开“鼠标 属性”对话框，切换到“指针”选项卡，在“方案”下拉列表框中选择“无”，如图 7-46 所示。

2. 禁用“打开时更新自动链接”选项

禁用“打开时更新自动链接”选项后，可以加快文档的打开速度，可以日后手动更新链接。禁用“打开时更新自动连接”选项的方法是：在 Office 菜单中单击“Word 选项”按钮，打开“Word 选项”对话框，切换到“高级”选项卡，在“常规”栏下清除“打开时更新自动链接”复选框，如图 4-47 所示。

3. 禁用“最近使用的文件列表”选项

禁用“最近使用的文件列表”选项的方法是：打开“Word 选项”对话框，切换到“高级”选项卡，在“显示”栏下的“显示此数目的‘最近使用的文档’”文本框中输入“0”，如图 7-48 所示。

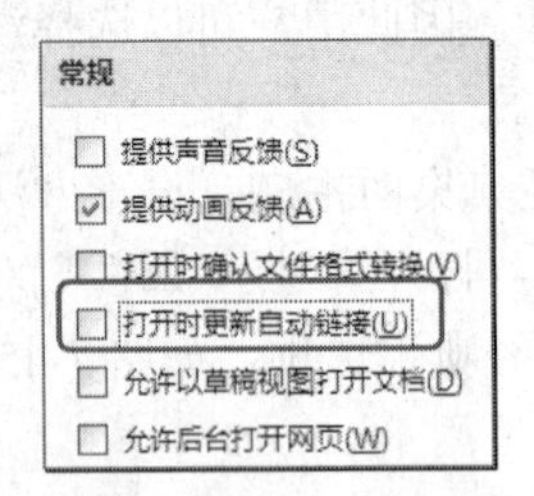

图 7-47　禁用“打开时更新自动链接”选项

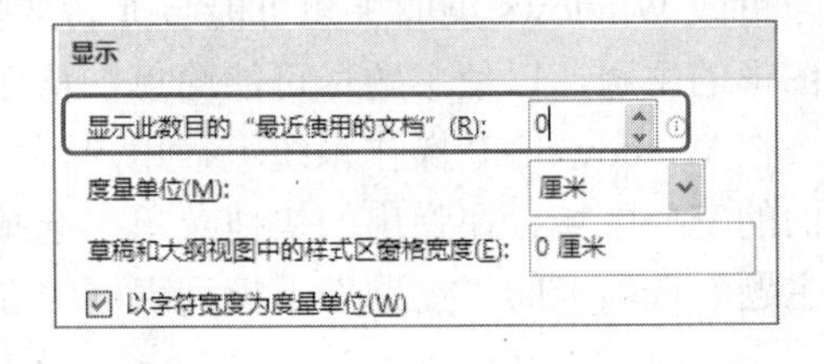

图 7-48　禁用“最近使用的文件列表”选项

4. 禁用剪切和粘贴选项

禁用“智能剪切和粘贴”选项和“显示粘贴选项按钮”选项可以让 Word 2007 更好地运行。更改这些选项的方法是：打开“Word 选项”对话框，切换到“高级”选项卡，在“显示”栏下的“剪切、复制和粘贴”栏下清除“显示粘贴选项按钮”复选框和“使用智能剪切和粘贴”复选框，如图 7-49 所示。

5. 禁用自动拼写和语法检查

默认情况下，Word 2007 会在用户键入时自动检查拼写和语法。拼写错误由红色波浪下画线标记，语法错误由绿色波浪下画线标记。在某些计算机上，这些选项可能会对性能产生不良的影响。禁用“自动拼写和语法检查”功能的方法是：打开“Word 选项”对话框，切换到“校对”选项卡，在“在 Word 中更正拼写和语法时”栏下清除对“随拼写检查语法”复选框的选择，如图 7-49 所示。

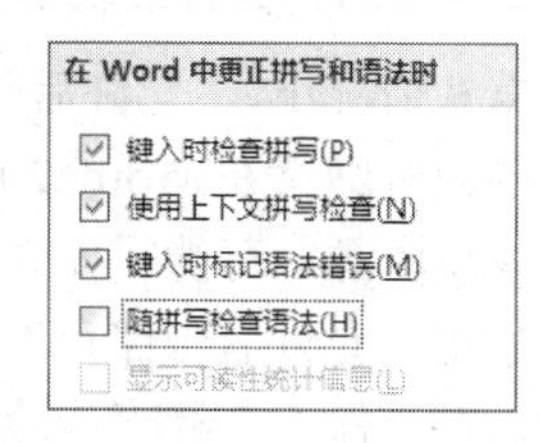

图 7-49 禁用自动拼写和语法检查

6. 禁用“用打印机度量标准设计文档版式”选项

使用在 Windows Microsoft Word 6.0 或 Windows 95 Microsoft Word 中创建的文档时，可禁用“用打印机度量标准设计文档版式”选项。进行此操作后，Word 2007 将不会检查打印机设置以计算格式和版式，从而提高屏幕的刷新速度。禁用“用打印机度量标准设计文档版式”选项的方法是：打开“Word 选项”对话框，切换到“高级”选项卡，在“兼容性选项”栏下展开“版式选项”列表，清除对“用打印机度量标准设计文档版式”复选框的选择。

注意：

默认情况下，在经过转换以便保留 Windows 95 Word 或 Windows Word 6.0 文档格式设置的文档中，该选项处于启用状态。禁用此选项后，可以使自动换行或文档分页的变化最小。

7.4.4 保存文档

保存文档是非常频繁的操作，但是如何最好保存文档，其中却有玄机在内。正确地保存文档可以提高 Word 的性能。

1. 将文档存储在未压缩的驱动器上

压缩硬盘可以创建更多的用于存储文件的可用空间，但是却会降低使用该压缩驱动器的程序的性能。使用磁盘压缩时，每在磁盘上进行一次读或写操作，则对数据解压缩或压缩一次。这种解压缩和压缩对计算机处理器有额外的要求，因此会降低性能（但对处理器速度较快的计算机来说可能不会出现性能降低）。

2. 将文档存储在本地硬盘上

从网络驱动器运行 Word 2007 时，可能比从存储在本地硬盘上的文件运行 Word 2007 时性能有所降低。此外，使用存储在软盘或网络驱动器上的文件时，可能比使用存储在本地硬盘上的文件时性能有所下降。

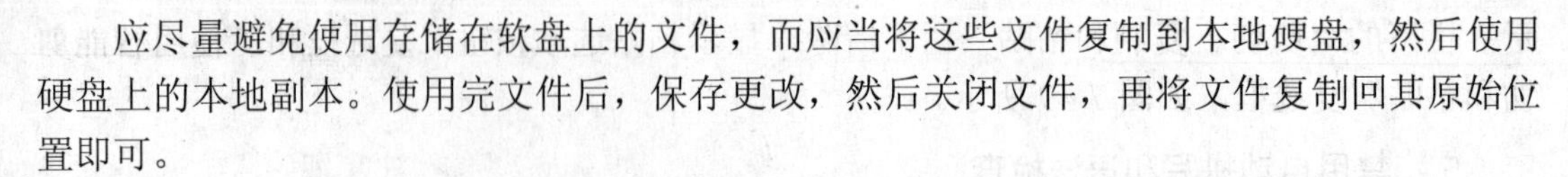

应尽量避免使用存储在软盘上的文件，而应当将这些文件复制到本地硬盘，然后使用硬盘上的本地副本。使用完文件后，保存更改，然后关闭文件，再将文件复制回其原始位置即可。

3. 禁用“允许后台保存”选项

默认情况下，“允许后台保存”选项处于启用状态。如果启用了该选项，则可以在保存文档的同时继续在 Word 2007 中操作。后台保存功能会使用额外的系统内存，因此如果要节省系统资源，可能需要禁用此选项。

禁用“允许后台保存”功能的方法是：打开“Word 选项”对话框，切换到“高级”选项卡，在“保存”栏下清除对“允许后台保存”复选框的选择，如图 7-50 所示。

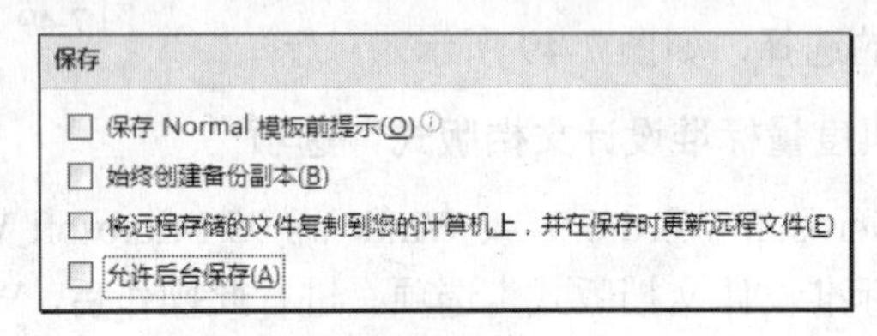

图 7-50 禁用后台保存功能

当 Word 2007 在后台保存文档时，状态栏上会显示状态指示条。如果程序无法在后台保存文档，则会在前台保存文档。例如，如果没有足够的可用磁盘空间或要将文档保存到软盘，可能会发生这种情况。

4. 以当前格式保存文档

打开以不同文件格式保存的文档时，转换引擎将运行。此过程会导致文档打开缓慢。若要提高性能，最好以当前格式保存文档。例如，在 Word 2007 中将文档保存为 Word 2007 文档（.docx）。

7.4.5 视图设置和字体设置

在文档中使用大量的图形、使用大量的字符格式，或者使用复杂的字体都可能影响 Word 的显示性能，因此，通过调整 Word 的视图设置或者减少字体的使用也可以改善 Word 2007 的性能。

1. 使用图片框

如果文档中包含大量图形，可使用“图片框”。图片框在文档中显示为一个对象，而不是各个图形。进行此操作后，能够以更快的速度滚动和显示包含大量图形的文档。

启用“图片框”功能的方法是：打开“Word 选项”对话框，切换到“高级”选项卡，在“显示文档内容”栏下选中“显示图片框”复选框，如图 7-51 所示。

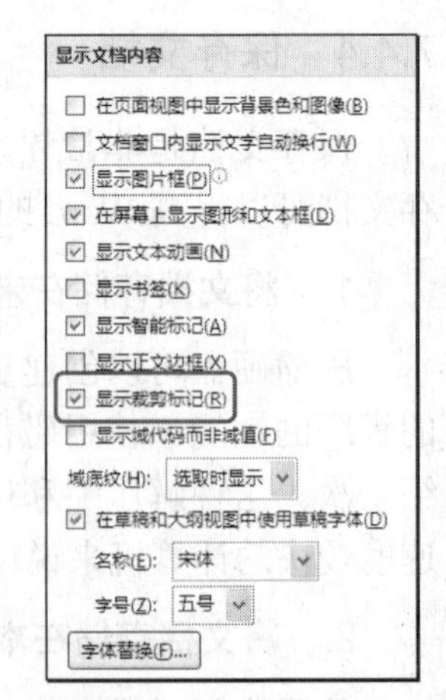

图 7-51 启用图片框功能

2. 使用草稿字体

使用草稿字体可以加快包含大量格式和图形的文档在屏幕上的显示速度。该选项将大多数字符格式设置显示为下画线和粗体，并将图形显示为空框。

可以在“草稿”和“大纲”视图中使用此选项。

使用草稿字体的方法是：打开“Word 选项”对话框，切换到“高级”选项卡，在“显示文档内容”栏下选中“在草稿和大纲视图中使用草稿字体”复选框。

3. 使用更少的字体

使用多种字体可能对性能产生影响，例如第一次打印或预览文档时。此外，首次查看对话框（如“字体”对话框或“符号”对话框）时，可能需要较长时间才能显示它们。这是因为在使用了多种字体的情况下，当 Word 2007 必须执行一些复杂的操作时，它可能要使用附加的内存和文件资源。因此减少字体的使用，也可以优化 Word 2007 的性能。

7.4.6 优化打印功能

设置合适的打印参数和使用正确的打印方式也有利于提高 Word 2007 的工作效率。下面介绍几种优化打印功能的方法。

1. 优化大型文档的打印

要优化大型文档的打印，应在打印作业过程中禁用任何屏幕保护程序，或者切换至空白屏幕保护程序，因为动画屏幕保护程序会占用计算机处理器的时间，并可能占用处理打印作业所需的时间。

2. 快速打印样章

启用“草稿输出”功能可以最少的格式打印文档，从而加快文档的打印速度。该选项非常适合于打印样张。启用“草稿输出”功能的方法是：打开“Word 选项”对话框，切换到“高级”选项卡，在“打印”栏下选中“使用草稿品质”复选框，如图 7-52 所示。

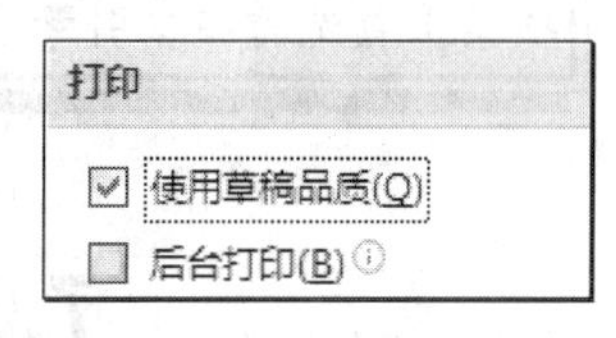

图 7-52　使用草稿品质

3. 使用最符合要求的后台打印选项

如果启用了后台打印，则可以在后台打印文档的同时继续在 Word 2007 中工作。由于后台打印使用额外的内存，因此文档打印速度要慢些，所以，想要提高文档的打印速度，可以禁用后台打印。禁用后台打印后，在打印作业结束前用户将无法在 Word 2007 中工作。

禁用后台打印的方法是：打开“Word 选项”对话框，切换到“高级”选项卡，在“打印”栏下清除对“后台打印”复选框的选择。

4. 更改打印机后台打印程序设置

可通过返回应用程序（RTA）速度和打印机出纸速度来测量打印机速度。RTA 定义为从单击“打印”到重新获得对程序的控制的时间。打印机出纸速度定义为从单击“打印”到完成打印作业的时间。可以通过更改打印机后台打印程序设置来修改 RTA 速度和打印机出纸速度。

在 Windows XP 中更改打印机后台打印程序设置的方法是：在“开始”菜单中选择“设置”→“打印机和传真”命令，打开“打印机和传真”窗口，右击要使用的打印机，在弹出的快捷菜单中选择“属性”命令，打开打印机的属性对话框，切换到“高级”选项卡，如图 7-53 所示。若要加快 RTA 速度，可选中“立即开始打印”单选按钮；若要加快出纸速度，则要选中“直接打印到打印机”单选按钮。

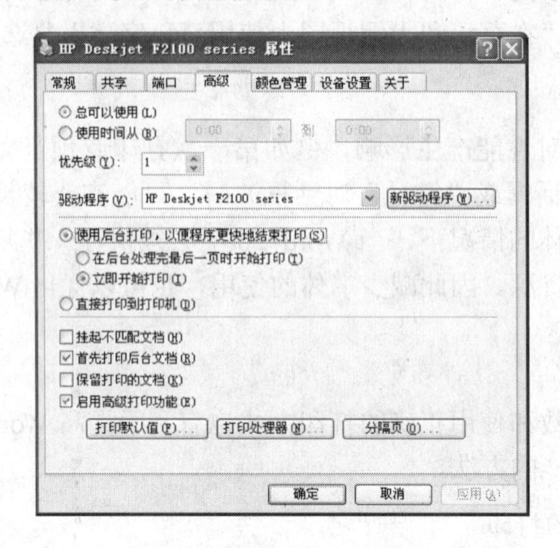

图 7-53　打印机属性对话框“高级”选项卡

注意：

如果打印机是共享的，“直接打印到打印机”选项将不可用。在某些情况下，此选项禁止激光打印机引擎在打印作业过程中打开或关闭。

7.5　Word 运行故障与处理

除了在使用 Word 的过程中可能出现种种故障外，有时用户可能还会遇上更大的麻烦，如 Word 无法正常运行，或者运行 Word 后不能正确处理文档等。下面介绍一些 Word 运行方面的故障与处理方法。

7.5.1　无法正常运行 Word

有时候在启动 Word 时会发现程序无法打开，或者能够在 Word 中打开文档，但在翻页、浏览时死机，这都属于 Word 的运行故障。

1.　程序启动失败

故障描述：打开 Word 后出现一个提示对话框，提示“正在处理的信息有可能丢失，Microsoft Office Word 可以尝试为您恢复”，并询问用户是否发送错误的报告，单击“不发送”按钮后，Word 开始恢复当前文档。恢复完毕后，程序询问用户“上次启动失败，是否以安全模式启动 Word”。在此单击“否”按钮，则 Word 又弹出提示对话框，陷入死循环；若单击“是”按钮，则 Word 将进入安全模式，在这种模式下，Word 将仅显示空白窗口。

解决方法：打开“我的电脑”，选择“工具”→“文件夹选项”命令，打开“文件夹选项”对话框，切换到“查看”选项卡，在“高级设置”列表框中选中“隐藏文件和文件夹”列表下的“显示所有文件夹和文件”单选按钮，单击“确定”按钮，如图 7-54 所示。在 C:\Documents and Settings\user\Application Data\Microsoft\Templates（users 为当前使用者的登陆用户名）文件夹中找到 Normal.dot 文件，将其删除，然后重新启动 Word 即可。

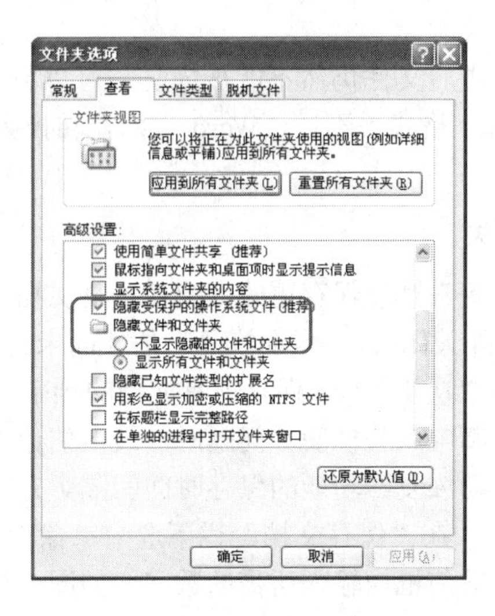

图 7-54　显示所有文件和文件夹

2. 长文档死机

故障描述：当处理长文档时，偶尔会有这样的情况，文档能够在 Word 中打开，但在翻页、浏览时死机。

解决方法：这一般是文档代码出现错误引起的。遇到这种情况时可用“Ctrl+Alt+Del”组合键关闭 Word，或者重新启动电脑，然后用 Word 重新打开这份文档。注意此时不要进行浏览等定位操作。选择“文件”→“另存为”命令，打开“另存为”对话框，在“保存类型”下拉列表框中选择“纯文本”选项，并单击“保存”按钮保存文档。另存文档后，文档就可以以纯文本的格式打开，原有的格式信息丢失，但大部分文本内容得以保留。

这时，用户可以关闭当前文档，打开刚保存的文档，利用样式和格式刷等工具重建文档格式。在处理中，可能会遇到一段乱码，这就是造成死机的“祸根”，一般是表格对象。这段乱码，用常规技术很难恢复，不妨删除重新安装。

7.5.2 不能正常打开和保存文档

在 Word 中不能正常打开和保存文档是常见的程序故障。不能正常打开 Word 文档是因为文档被损坏，下面介绍一种不能正常打开文档的解决方法，以及一些保存时所遇到的疑难问题及其解决方法。

1. 不能正常打开文档

故障现象：不能正常打开文档，提示文档被损坏。

故障分析：当 Word 文档被破坏时，就不能正常打开文档。

解决方法：这时用户可用替换格式法来解决问题。替换格式法是把被破坏的 Word 文档另存为另一种格式。操作方法是：打开被损坏的文档，选择“文件”→“另存为”命令，打开“另存为”对话框，在“保存类型”下拉列表框中选择“RTF 格式”，并单击“保存”按钮保存文档，之后退出 Word 程序。然后，打开刚才保存的 RTF 格式文件，再次使用“另存为”命令将文件重新保存为“Word 文档”。这样，打开新保存的 Word 文件，发现文件已恢复。

如果在转换成 RTF 格式后文件仍然不能被恢复，可以将文件再次转换为纯文本格式（*.txt），然后再转换回 Word 格式。不过，Word 文档在转换为 TXT 文件的时候，其中的图片等信息会丢失。

2. 保存文档后更改丢失

故障现象：用“自动恢复”功能保存更改，但在恢复文档中无法看到更改。

故障分析：当 Word 意外关闭时，“自动恢复”估计尚未将更改保存到恢复文档中。恢复文档中包含的新消息数量取决于 Word 保存恢复文档的频率。例如，假如每 15 分钟保存一次恢复文档，那么在除了断电或类似疑难问题时，最多估计丢失 15 分钟的工作。

解决方法：可改变“自动恢复”功能的保存时间间隔。方法是打开“Word 选项”对话框，切换到“保存”选项卡，在“保存文档”栏下选中“保存自动恢复信息时间间隔”复选框，并在其后的“分钟”数值框内输入所需的数字，如图 7-55 所示。

图 7-55　设置保存自动恢复信息时间间隔

3. 文档太大无法保存

故障现象：试图保存文档时，得到文档太大无法保存的提示消息。

故障分析：假如文档太大而无法保存，可将其拆分为几个小部分。

解决方法：将部分文档剪切下来，粘贴到新文档中，然后分别保存各个部分。若要顺序打印这一部分文档，可应用 Includetext 域连接文档。此外，也可以将文档转换为主控文档，然后将其组成部分保存为单独的子文档。

4. 只读文档

故障现象：试图保存对文档的更改时，得到文档为只读的消息。

故障分析：无法更改只读文档，要保存更改，只能将其另存为新的文档。

解决方法：用唯一的新名称另存该文档。如果将文档保存到其他文件夹，也可以用相同的文档名来保存文档。

5. RTF 文档位图图标丢失

故障现象：在以 RTF 格式保存文档时，位图图标丢失。

故障分析：假如将位图作为链接文档插入到 Word 文档中并呈现为图标，然后以 RTF 格式保存文档，则会呈现位图而非图标。若要确认位图在文档的 RTF 版本中呈现为图标，应确认进行了相应的设置。

解决方法：在“插入”选项卡中单击“文本”组中的“对象”按钮，打开“对象”对话框，切换到“由文件创建”选项卡，选中“显示为图标”复选框，并清除“链接到文件”复选框，如图 7-56 所示。

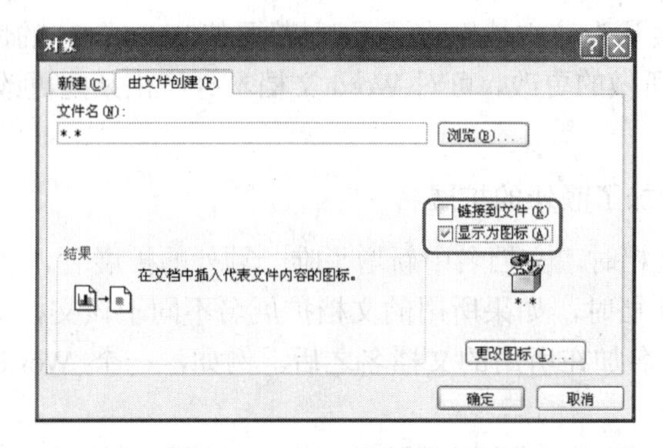

图 7-56 “对象”对话框中“由文件创建”选项卡

6. 无法保存或打开自动恢复文档

故障现象：丢失文档前打开了“自动恢复”功能，但是无法保存或打开恢复文档。

故障分析：可进入保存自动恢复文档的文件夹中，找到所需的自动恢复文档并保存它。

解决方法：启动 Word，在 Office 菜单中选择“打开”命令，打开“打开”对话框，找到包含自动恢复文档的文件夹（通常位于“Documents and Settings 用户名 Application DataMicrosoftWord” 文件夹），在“文档类别”下拉列表框中选择“所有文档”选项，可以看到每个恢复文档都命名为“‘自动恢复’保存文档名”，并以 .asd 作为其扩展名。找到所需的恢复文档，在“文档名”文本框中键入或选择现有文档的文档名，然后单击“保存”按钮。当提示消息询问也许覆盖现有文档时，单击“是”按钮。退出 Word 时，任何未保存的恢复文档都将被删除。

7. 无法打开恢复文档

故障现象：应用了“自动恢复”功能，但无法找到恢复文档。

故障分析和解决方法：无法找到恢复文档的原因有多种，下面是几种可能的原因以及解决方法。

（1） 需求自己打开恢复文档：打开“自动恢复”功能后，在除了断电或类似疑难问题后重新启动 Word 时，通常 Word 会打开恢复文档。假如由于某种原因 Word 未打开恢复文档，则需要用户自己打开文档。可到自动恢复文档保存的文件夹中找到该文档将其打开。

（2） Word 尚未创建恢复文档：默认情况下，打开文档后 10 分钟创建恢复文档。如果在创建恢复文档以前 Word 或电脑便停止了响应，就无法自动恢复用户所做的更改。若要使“自动恢复”功能更频繁地保存更改，可改变保存恢复文档的时间间隔。

（3） 在未停止保存的情况下关闭了恢复文档：如果未停止保存就关闭恢复文档，恢复文档将被删除。恢复文档关闭后便无法恢复未保存的更改。

（4） 删除了恢复文档：恢复文档的扩展名为“.asd”。如果删除了恢复文档，就无法自动恢复用户所做的更改。

（5） 文档是主控文档：Word 能够为单独的子文档创建恢复文档，但无法为主控文档创建恢复文档。

（6） 正在应用“Visual Basic 编辑器”编辑宏：“自动恢复”功能只为在当前对话期间改正的文档创建恢复文档。如果在 Word 中打开文档后，只在“Visual Basic 编辑器”中停止更改，则 Word 不会认为该文档停止了更改。若要使 Word 创建的恢复文档包含在“Visual Basic 编辑器”中对宏所做的更改，可对 Word 文档本身停止某些更改，如添加一个换行符，再将其删除。

8. 保存文档时增加了额外的扩展名

故障现象：保存文档时，文档名中新增了唯一额外的扩展名。

故障分析：保存文档时，如果所用的文档扩展名不同于该文档类别的默认扩展名，则 Word 会将默认的扩展名加在所用的文档名之后。例如，一个 Word 文档的文件名可能是“Budget.abc.doc”。

解决方法：要在保存文档时应用不同于该文档类别默认扩展名的更多有联系扩展名，必须将整个文档名用引号括起来，如“Buget.abc”。

9. 文档名中包含两个句号

故障现象：已保存文档的文档名中包含两个英文句号。

故障分析：扩展名对于标识文档类别并确定用哪个程式打开该文档是必不可少的，在用以句号结尾的文档名（例如“Sales.”）保存文档时，Word 会在该文档名后添加唯一句号和默认的文档扩展名。例如，一个 Word 文档的文件名可能是“Sales..doc”。

解决方法：要应用某文档类别的默认扩展名保存文档，不能在文档名后面键入句号，保存文档时操作系统会自动添加句号。

10. 重名错误

故障现象：保存文档时，呈现“重名”错误。

故障分析：出现这种现象的原因可能是 Word 正在执行自动后台保存。如果启动了后台保存功能，并在 Word 执行自动后台保存时试图保存唯一长文档，Word 会在两种保存操作中应用相同的文档名。

解决方法：完成后台保存后，再保存文档（当 Word 停止自动后台保存时，状态栏上会呈现闪动的磁盘图标）。

第 8 章　Excel 的应用与疑难排解

【本章导读】

Microsoft Office Excel 2007 是一个功能强大的电子表格编辑制作软件，可用于处理各种数据和绘制统计图表等，是自动化办公中必不可少的工具之一。如果 Excel 在使用时出现了问题，那么势必会影响日常工作，如报表的处理、数据的汇总等。本章即介绍 Excel 2007 的应用与疑难排解方法，通过本章的学习，读者可以掌握 Microsoft Office Excel 2007 中文版的基本使用方法及常见疑难问题的处理方法。

【内容提要】

- λ　Excel 2007 的基本应用。
- λ　工作簿应用技巧与疑难排解。
- λ　单元格格式设置技巧与疑难排解。
- λ　图表的设置和创建技巧与疑难排解。
- λ　常用函数的使用技巧与疑难排解。
- λ　数据筛选技巧与疑难排解。
- λ　Excel 运行故障与处理。

8.1 Excel 的基本应用

Excel 中的工作表是用于存储和处理数据的，由排列成行或列的单元格组成，也称为电子表格。工作簿则是包含一个或多个工作表的文件，可用来组织各种相关信息。在 Excel 中，处理数据的任务都是在工作簿、工作表和单元格中完成的。

8.1.1 创建空白工作簿

启动 Excel 后，会自动打开一个包含 3 张空白工作表的空白工作簿，其默认名称为 Book1，如图 8-1 所示。

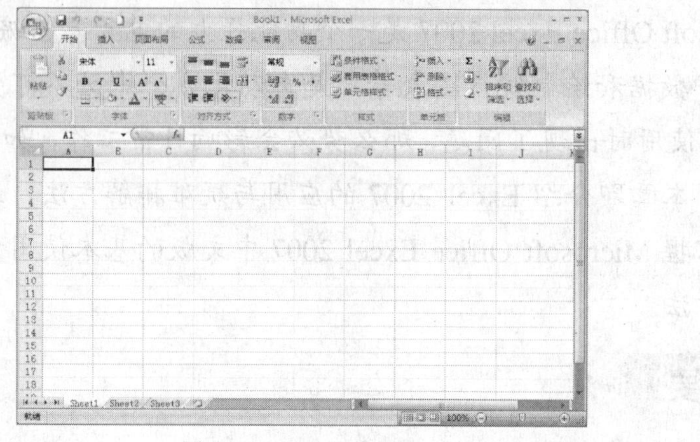

图 8-1　Excel 工作界面

要创建新工作簿，可单击 Office 按钮，从弹出菜单中选择“新建”命令，打开“新建工作簿”对话框，在“模板”列表框中选择模板类型，然后选择模板，如图 8-2 所示。单击“创建”按钮，即可创建一个具体预定格式和内容的工作簿。此外，按 Ctrl+N 组合键可快速创建一个空白工作簿。新工作簿的默认名称为 Book 2。

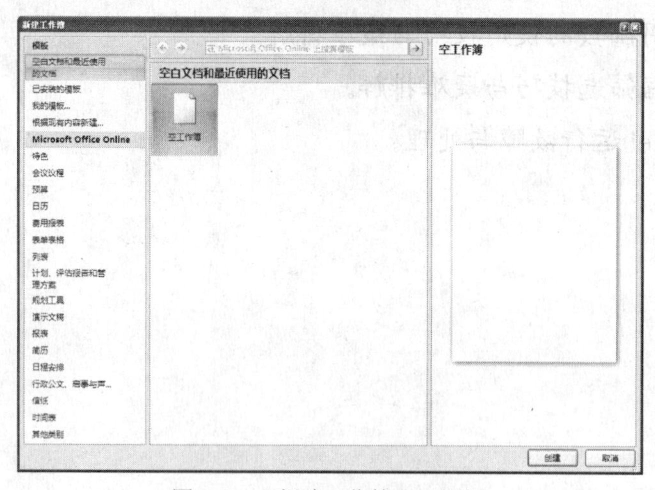

图 8-2　“新建工作簿”对话框

8.1.2 打开与保存工作簿

创建了新工作簿后，用户还需做一项重要的工作，就是保存工作簿。这样日后才能重新打开此工作簿进行修改和查看。

1. 打开工作簿

打开工作簿的方法有多种，下面介绍几种常用的方法。

（1） 双击要打开的Excel文件，启动程序的同时打开当前工作簿。

（2） 启动Excel，单击Office按钮，从弹出菜单中选择“打开”命令，打开“打开”对话框，选择要打开的工作簿，然后单击“打开”按钮。

（3） 启动Excel，单击Office按钮，从弹出菜单中的“最近使用的文档”列表中选择要打开的工作簿。

2. 保存工作簿

保存工作簿是非常重要的操作之一，用户可在工作过程中随时保存文件，以免因意外事故造成不必要的损失。工作簿中无法单独保存某个工作表，因此保存工作簿即是对所有工作表的保存。保存工作簿的方法主要有以下几种。

（1） 单击快速访问工具栏中的“保存”按钮。

（2） 按Ctrl+S组合键。

（3） 单击Office按钮，从弹出菜单中选择“保存”命令。

对于尚未保存过的工作簿，执行保存命令后，会打开“另存为”对话框，用户需在其中指定文件名称及保存文件的位置，然后单击“保存”按钮即可保存文件。对于已保存过的工作簿，将保存对工作簿所作的修改。

如果想要将一个已有工作簿的备份文件保存为其他格式，可在Office菜单中选择“另存为”子菜单中的命令。例如，选择“Excel97-2007工作簿”命令可以将工作簿保存为XLS格式，以确保在低版本的Excel程序中打开被保存的Excel 2007演示文稿。Excel 2007工作簿的默认保存格式为*.xlsx。

8.1.3 在工作簿中输入数据

在向工作表单元格中输入数据时，不同的数据类型有不同的输入方法。如果在多个单元格或多张工作表中需要输入相同的数据，可以一次完成而不必重复输入。

1. 输入数字、文字、日期和时间

单击所需的单元格，即可向其中输入数字、文字、日期、时间等类型的数据。按 Enter 键或 Tab 键，可以移动插入光标到下一行或同行的下一个单元格，继续输入数据。

在输入日期时，要用连字符分隔日期的年、月、日部分。例如，可以输入“2009-3-8”或“8-March-09”。

在输入时间数据时，如果按 12 小时制输入时间，应在时间数字后空一格，并键入字母 a（上午）或 p（下午），例如，9:00 p。否则，如果只输入时间数字，Excel 将按 AM（上午）处理；如果要输入当前的时间，则按 Ctrl+Shift+:（冒号）即可。

2. 输入具有自动设置小数点或尾随零的数字

当需要在单元格中填充小数或后面尾随多个 0 的数字时，可以在输入数字时直接键入小数点或 0。为了不至于出错，也可以让 Excel 自动设置小数点或尾随零的数字。

在功能区的“开始”选项卡“单元格”组中单击“格式”按钮，从弹出菜单中选择“设置单元格格式”命令，打开“设置单元格格式”对话框，切换到“数字”选项卡，在“分类”列表框中选择“数值”选项，然后在“小数位数”数字值中输入一个合适的数字，单击“确定”按钮，之后即可在单元格中键入具有自动设置小数点或尾随零的数字，如图 8-3 所示。

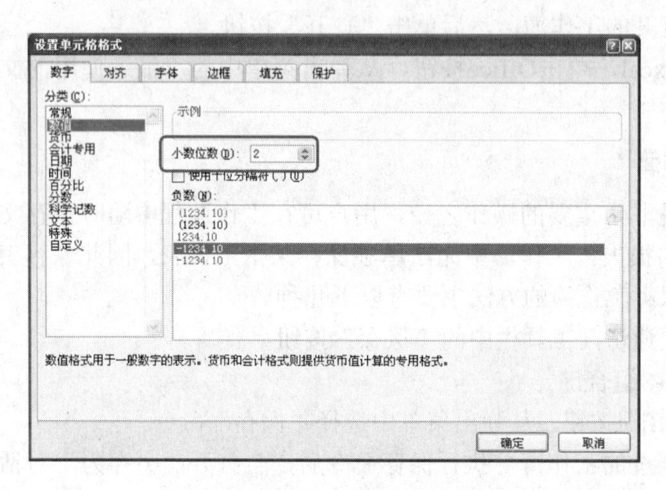

图 8-3　设置小数或尾随零的位数

在指定位数时，若要设置小数点右边的位数，应输入一个正数；反之，若要设置小数点左边的位数，则应输入一个负数。例如：如果在“位数”微调框中输入“3”，然后在单元格中输入“2834”，则其值为“2.834”；而如果在“位数”微调框中输入“-3”，然后在单元格中输入“283”，则其值为“283000”。

此外，用户也可单击 Office 按钮，从弹出菜单中单击“Excel 选项”按钮，打开“Excel 选项”对话框，在左窗格中选择“高级”选项，然后在“编辑选项”选项组中选中“自动插入小数点”复选框，并在下方的“位数”数值框中指定小数位数或尾随零的数字，如图 8-4 所示。使用这种方法启用自动设置小数点功能后，在选择“自动设置小数点”选项之前输入的数字不受影响。

3. 同时在多个单元格中输入相同数据

要在多个单元格中同时输入相同的数据，必须先选定所需的单元格，这些单元格不必相邻。选择单元格和单元格区域的方法如下。

（1） 选择单个单元格：单击相应的单元格。

（2） 选择单元格区域：单击区域的第 1 个单元格，再拖动鼠标到最后一个单元格。

（3） 选择较大的单元格区域：单击区域中的第 1 个单元格，再按住 Shift 键，单击区域中的最后一个单元格。可以先滚动到最后一个单元格所在的位置。

（4） 选择工作表中所有单元格：单击工作表左上角的“全选”按钮。

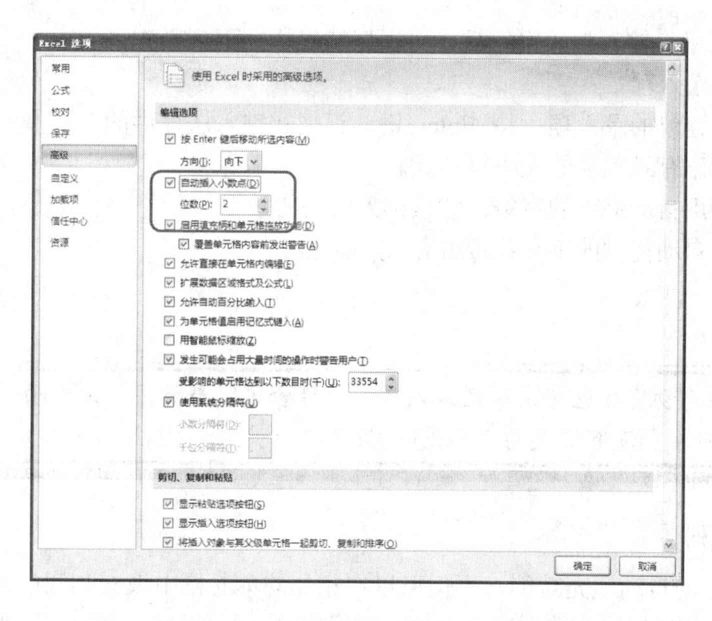

图 8-4　启用自动设置小数点功能

（5）　选择不相邻的单元格或单元格区域：先选中第 1 个单元格或单元格区域，再按住 Ctrl 键选中其他的单元格或单元格区域。

（6）　选择整行或整列：单击行标题或列标题。

（7）　选择相邻的行或列：在行标题或列标题中拖动鼠标。或者先选中第 1 行或第 1 列，再按住 Shift 键选中最后一行或最后 1 列。

（8）　选择不相邻的行或列：先选中第 1 行或第 1 列，再按住 Ctrl 键选中其他的行或列。

选定需要输入数据的单元格后，输入相应数据，然后按 Ctrl+Enter 组合键即可在选定的多个单元格中同时输入相同的数据。

在起始单元格内输入第 1 个数据后，选中此单元格，将指针移动到该单元格的右下角的黑色矩形状的填充柄上，当指针变为+状时按住鼠标左键向上、下、左或右拖动，即可在矩形包围的单元格中添加相同的数据。

4.　同时在多张工作表中输入或编辑相同的数据

选定一组工作表后，在其中一张工作表中输入数据，那么在所有工作表中的相应单元格中都会被输入相同的数据。同样地，在多张选定的工作表中编辑其中一张的数据时，其他工作表也会被修改。

选定要输入数据的工作表后，再选定需要输入数据的单元格或单元格区域，然后在第 1 张工作表的选定单元格中键入或编辑相应的数据，按 Enter 键或 Tab 键，即可在其他工作表中输入或修改数据。

5.　自动填充数据

在向表格中填充数据时，可以使用记忆式键入法在同一数据列中自动填写重复录入项。如果在单元格中键入的起始字符与该列已有的录入项相符，Excel 可以自动填写其余的字

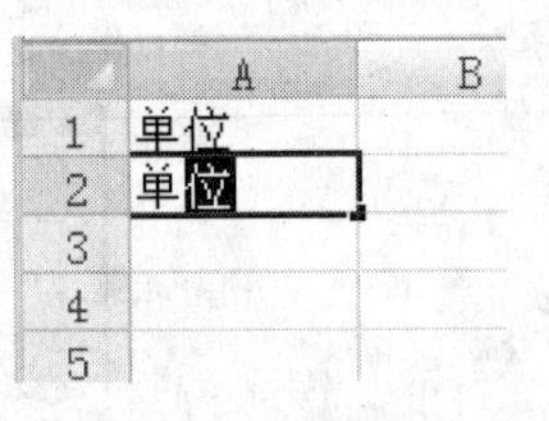

图 8-5　自动填充字符

符，如图 8-5 所示。输入起始字符后，可根据情况执行下列操作，接受或拒绝自动录入项。

（1） 接受建议的录入项：按 Enter 键。记忆式键入法提供的录入项完全采用已有录入项的大小写格式。

（2） 不采用自动提供的字符：继续键入所需的数据。

（3） 删除自动提供的字符：按 Bock Space 键。

注意：

Excel 只能自动完成包含文字的录入项，或包含文字与数字的录入项，即自动录入项中只能包含数字和没有格式的日期或时间。

6. 填充序列

利用 Excel 的自动填充功能，不但可以在相邻的单元格中填充相同的数据，还可以快速输入具有某种具体规律的数据序列，如可扩展序列、等差序列、等比序列等。

当需要在表格中填充一系列数字、日期或其他项目时，可在需要填充的单元格区域中选择第 1 个单元格，为此序列输入初始值，并在下一个单元格中输入值以创建模式。然后选定包含初始值的单元格，将填充柄（选择框右下角的黑点）拖动到待填充区域上（若要按升序排列，从上到下或从左到右填充；若要按降序排列，则从下到上或从右到左填充）。此时，Excel 将在选定填充区域中复制序列初始值，并在区域右下角显示一个“自动填充”按钮；单击此按钮，可弹出一个下拉菜单，如图 8-6 所示。单击所需的单选按钮，即可按序列填充一系列指定项目。

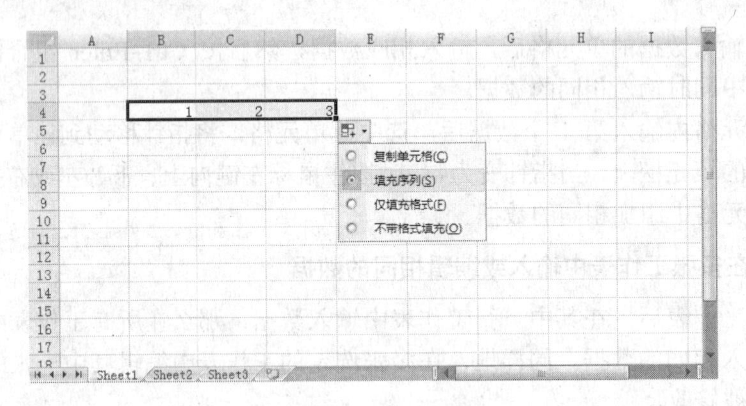

图 8-6　填充序列数据

在输入序列模式时，应遵循以下原则。

（1） 序列为 2、3、4、5、…时，在前两个单元格中分别输入 2 和 3；序列为 2、4、6、8、…时，在前两个单元格中分别输入 2 和 4；序列为 2、2、2、2、…时，则将第 2 个单元格保留为空白。

（2） 若要指定序列类型，应按住鼠标右键拖动填充柄，在到达填充区域之上时，选择快捷菜单中的相应命令。例如，如果序列的初始值为 JAN-02，选中“以月填充”单选按钮，可生成序列 FEB-02、MAR-02 等；选中“以年填充”单选按钮，则生成序列 JAN-03、JAN-04 等。

8.1.4 设置工作簿单元格格式

通过设置工作表的格式不但可以合理化布局工作表元素，还可以起到美化工作表的作用，例如，可以更改行高、列宽，为单元格添加边框、底纹等，此外还可以为工作表或者单元格自动套用已经设计好的样式。

1. 设置单元格格式

要设置单元格的边框和底纹，最便捷的方法是使用“开始”选项卡“字体”组中的“边框”和“填充效果”工具。选择了单元格或者单元格区域后，单击“边框”按钮右侧的箭头按钮，在弹出菜单中选择框线的位置和样式，即可为选定单元格或单元格区域应用边框效果。单击“填充颜色”按钮右侧的箭头按钮，则可以从弹出的菜单中选择填充颜色或者底纹效果。此外，用户还可在“设置单元格格式”对话框的“边框”和“图案”选项卡中分别设置单元格的边框和底纹格式。

（1） 通过“设置单元格格式”对话框设置单元格边框。

在“开始”选项卡“单元格”组中单击“格式”按钮，从弹出菜单中选择“设置单元格格式”命令，打开“设置单元格格式”对话框，切换到“边框”选项卡，即可设置单元格的格式，如边框线条、删除边框或更改边框线条样式等，如图 8-7 所示。

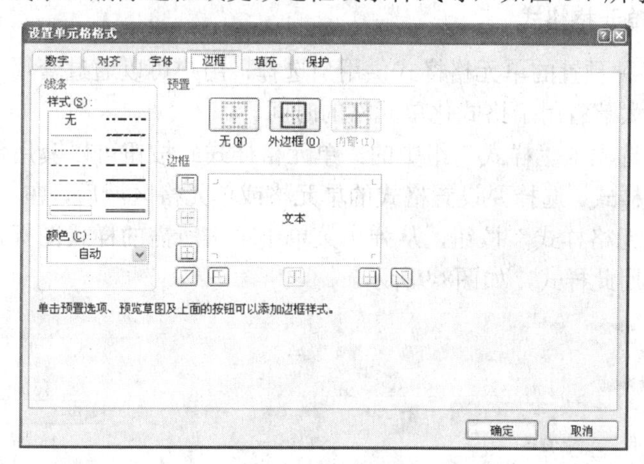

图 8-7 “设置单元格格式”对话框的“边框”选项卡

提示：

在斜线表头的单元格中输入数据的方法是：双击此单元格，在其中键入全部所需数据，然后将插入点置于要分隔数据的位置，按 Alt + Enter 组合键，使输入的数据分行，再调整数据的位置即可。

（2） 通过“设置单元格格式”对话框设置单元格底纹。

在设置“单元格格式”对话框中切换到“填充”选项卡，可以设置单元格的背景颜色，如图 8-8 所示。在“背景色”框中选择一种背景颜色，然后在“图案颜色”下拉列表框中选择一种不同的颜色，再在“图案样式”下拉列表框中选择一种图案，即可为所选单元格设置彩色图案。单击“填充效果”按钮可设置渐变纹理，单击“其他颜色”按钮则可从更多的颜色中选择或者自行调配色彩。

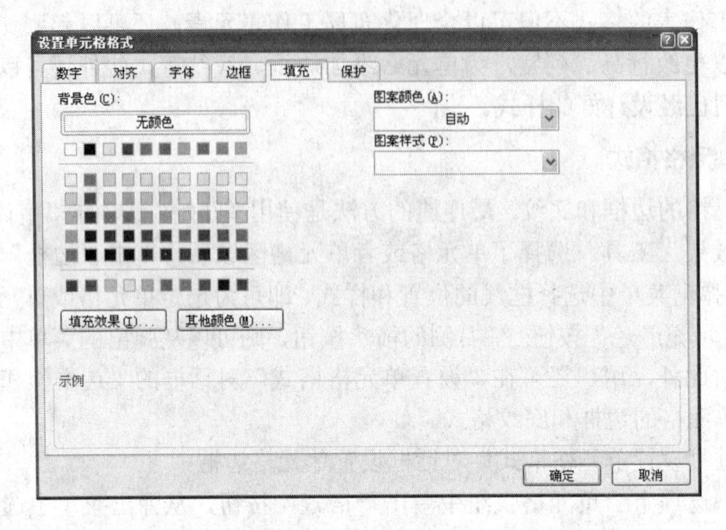

图 8-8　“设置单元格格式”对话框的“图案”选项卡

2. 自动套用单元格格式

Excel提供了多种预置的单元格格式供用户选择，用户可以通过套用这些格式对工作表进行设置，从而大大节省用于格式化单元格的时间。

使用“开始”选项卡“样式”组中的“单元格样式”按钮可以套用现成的单元格样式或者自定义单元格样式。选择要设置格式的单元格或单元格区域后，在“开始”选项卡“样式”组中单击“单元格样式”按钮，从弹出菜单中单击所需的样式图标，即可为选定单元格或单元格区域应用此样式，如图8-9所示。

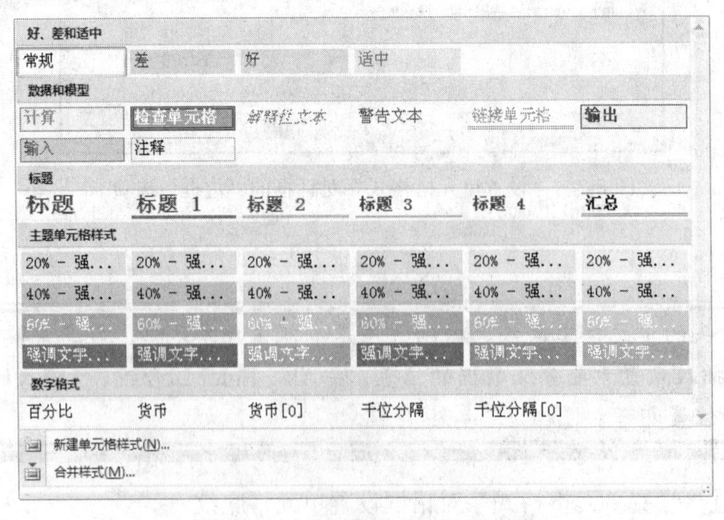

图 8-9　“单元格样式”弹出菜单

8.1.5 插入或删除工作表、行、列和单元格

一个大型的工作簿中通常会包含多个工作表，而默认的工作簿中通常只有3张工作表，这样就需要经常进行插入工作表的工作。而在编辑工作表的过程中，也可能会对工作表中的数据进行调整，如插入或删除工作表中的行、列、单元格等。在插入工作表、行、列或单元格之前，需要先选择其相邻的相同元素。

1. 选择工作表元素

无论要对工作表进行何种操作，都需要事先选中相应的工作表元素。选择工作表元素的方法是如下。

（1） 选择工作表：单击工作簿左下角的工作表标签。

（2） 选择工作表行：单击相应的行号。若要选择相邻的多行，可在行号列表中上下拖动，直至选择了所需的所有行；若要选择不相邻的多行，则可按住Ctrl键，分别单击要选择的行。

（3） 选择工作表列：单击相应的列号。若要选择相邻的多列，可在列号列表中左右拖动，直至选择了所需的所有列；若要选择不相邻的多列，则可按住Ctrl键，分别单击要选择的列。

（4） 选择单元格：在所需单元格中单击即可选择当前单元格。若要选择一个单元格区域，可用鼠标拖动进行选择；若要选择多个不相邻的单元格区域，则可按Ctrl键，分别拖出所需的区域。

2. 插入和删除工作表

在工作簿中插入工作表的方法是：选择要在其之前插入工作表的工作表（例如：要在工作表1之前插入一个工作表4，则选择工作表1），然后，在“开始”菜单中单击“单元格”组中的“插入”按钮，从弹出菜单中选择“插入工作表”命令，即可插入一个新工作表。

如果要删除工作表，则右击该工作表的标签，然后在弹出的快捷菜单中选择“删除”命令即可。

3. 插入和删除行

要在工作表插入新行，可选择与插入新行之后相同的行数（例如，要在工作表顶端插入两个新行，则选择第1、2行），然后在“开始”菜单中单击“单元格”组中的“插入”按钮，从弹出菜单中选择“插入工作表行”命令即可。

若要删除工作表行，则选择要删除的行后，在“开始”菜单中单击“单元格”组中的“删除”按钮即可。

4. 插入和删除列

要在工作表中插入新列，可选择与插入新行之后相同的列数（例如，要在列A和列B之间插入一个新列，则选择列B），然后在“开始”菜单中单击“单元格”组中的“插入”按钮，从弹出菜单中选择“插入工作表列”命令即可。

若要删除工作表列，则选择要删除的列后，在“开始”菜单中单击“单元格”组中的“删除”按钮即可。

5. 插入和删除单元格

要在工作表中插入新单元格，可选择与插入单元格相同的单元格数，然后在“开始”菜单中单击“单元格”组中的“插入”按钮，从弹出菜单中选择“插入单元格”命令，打开“插入”对话框，选择要插入的位置，然后单击“确定”按钮即可，如图8-10所示。

若要删除单元格或单元格区域，则选择相应的元素，在“开始”菜单中单击“单元格”组中的“删除”按钮。

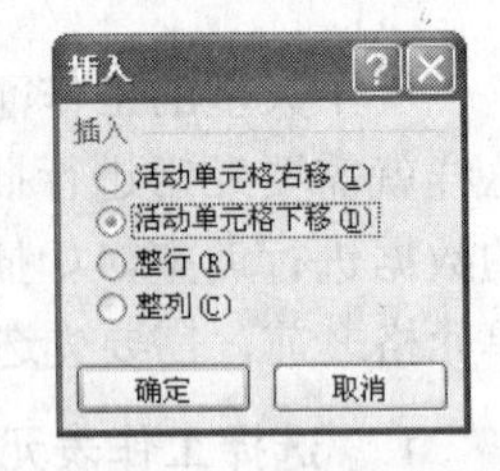

图 8-10 “插入”对话框

8.1.6 数据统计与计算

表格的计算功能是 Excel 的基本功能之一。通过数据计算功能，可以方便地对表格中的数据进行求和、求平均数等运算操作。此外，还可以使用公式和函数进行计算。

1. 简单计算

利用“开始”选项卡“编辑”组中的“自动求和”按钮及其弹出菜单，可以直接计算选定单元格中数据的总和、平均值，并可以进行计数、统计最大值和最小值等运算。

选择要参加计算的单元格区域，然后在“开始”选项卡“编辑”组中单击“自动求和”按钮右侧的向下箭头，从弹出的菜单中选择所需的计算方式，即可进行简单计算，如图 8-11 所示。计算结果将显示在单元格区域的最后一个单元格中。

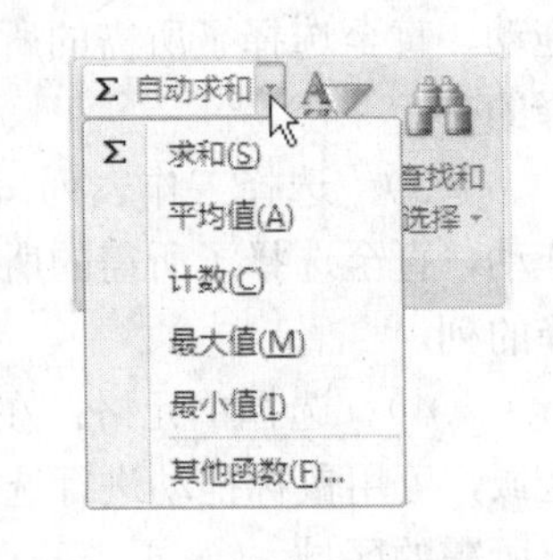

图 8-11 【自动求和】弹出菜单

2. 使用公式

公式是工作表中的数值进行计算的等式。公式要以等号（=）开始。例如，在公式“=5+2*3”中，结果等于 2 乘 3 再加 5。公式也可以包括下列所有内容或其中之一：函数、引用、运算符和常量。公式计算功能在 Excel 中是应用最广泛的，适合对大量的数据进行计算分析。

要进行公式计算，首先理清要计算的源数据所在的单元格地址及运算方式；然后，选择要建立公式的单元格，输入“=”，再输入源数据单元格的地址名称和运算符号，按 Enter 键即得出计算结果。

在 Excel 中，除了简单的运算公式外，还可以创建包含引用的公式，或者包含函数的公式。常用的公式有条件函数公式、日期和时间函数公式、财务函数公式、数学函数公式以及文本函数公式等。

（1） 创建简单公式。

创建一个简单的公式是比较容易的，例如，表示 128 加上 345 的公式“=128+345”和表示 5 的平方的公式“=5^2”就是包括运算符和常量的两个简单公式。要创建诸如此类的简单公式，单击需输入公式的单元格，然后键入“=（等号）”，再键入公式内容，按 Enter 键即可得出答案，如图 8-12 所示。

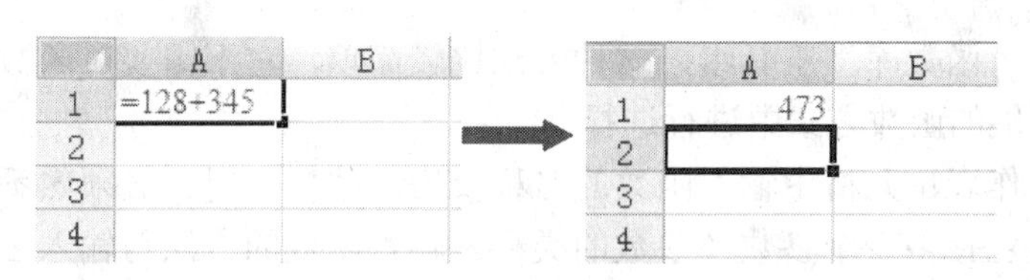

图 8-12　简单的公式计算

如果要在一个单元格区域内的所有单元格中输入同一公式，可选定该区域，再键入公式，然后按 Ctrl+Enter 组合键即可。

不同的运算符号具有不同的优先级别。如果要更改求值的顺序，可以将公式中要先计算的部分用括号括起来。例如，公式“=10+5*8”的结果是“50”，因为Excel先进行乘法运算后再进行加法运算。先将“5”与“8”相乘，然后再加上“10”，即得到结果。如果使用括号改变语法“=（10+5）*8”，则Excel先用“10”加上“5”，再用结果乘以“8”，得到结果“120”。

（2） 创建包含引用的公式。

包含引用的公式是指，在公式中包含对其他单元格的相对引用，以及这些单元格的名称，如“=C2”表示使用单元格 C2 中的值；“=Sheet2!B2”表示使用 Sheet2 上单元格 B2 中的值；“=资产－债务”表示名为“资产”的单元格减去名为“债务”的单元格等。包含公式的单元格称为从属单元格，因为其结果值将依赖于其他单元格的值。例如，如果单元格 B2 包含公式=C2，则单元格 B2 就是从属单元格。

要创建一个包含引用的公式，单击需输入公式的单元格后，在“编辑栏”中键入“=（等号）”，再选择一个单元格、单元格区域、另一个工作表或工作簿中的位置，然后拖动所选单元格的边框来移动单元格，或拖动边框上的角来扩展所选单元格区域以创建引用，如图 8-13 所示。公式输入完成后，按 Enter 键结束。

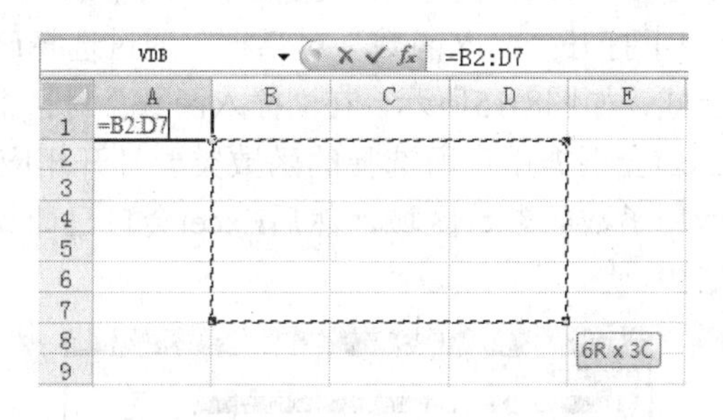

图 8-13　扩展所选单元格区域以创建引用

（3） 使用函数。

Excel 2007中的函数其实是一些预定义的公式，它们使用特定的参数，按照特定的顺序或结构进行计算。函数由3部分组成，即函数名称、括号和参数。函数的结构为：以等号“=”开始，后面紧跟函数名称和左括号，然后以逗号分隔输入参数，最后是右括号。其语法结构为：函数名称（参数1，参数2，……参数N）。

在Excel 2007中有两种创建函数的方法：一种是直接在单元格中输入函数内容，这种方法要求用户对函数有足够的了解，熟悉掌握函数的语法及参数意义；另一种方法是利用“公式”选项卡中的“函数库”工具组，这种方法比较简单，它不需要对函数进行全部了解，用户可以在所提供的函数方式中进行选择。

要直接在工作表单元格中输入函数的名称及语法结构，用户必须熟悉所使用的函数，并且了解此函数包括多少个参数及参数的类型。输入函数的方法与输入公式相似，即在要输入函数公式的单元格中先输入“=”号，然后按照函数的语法直接输入函数名称及各参数，完成输入后，按Enter键，或单击“编辑栏”中的“输入”按钮✓即可得出结果。

由于Excel中的函数数量巨大，不便记忆，而且很多函数的名称仅仅只相差一两个字符，因此用户在输入函数时为了防止出错，可利用Excel 2007提供的函数跟随功能来进行输入。当用户在单元格或编辑栏中输入公式前的“=”以及函数名称前面的部分字符时，Excel 2007会自动弹出包含这些字符的函数列表及提示信息，选择所需的函数即可，如图8-14所示。

图 8-14　自动跟随的函数列表及提示信息

如果用户对函数的类型和名称完全不在行，也可以使用“公式”选项卡“函数库”组中的工具来插入函数。当用户用鼠标指针指向某个函数时，Excel 2007会自动弹出屏幕提示，显示有关该函数的提示信息。“公式”选项卡“函数库”组中的各工具说明如下。

- “插入函数”：用于打开“插入函数”对话框，通过选择函数和编辑参数来编辑当前单元格中的公式，如图8-15所示。在“插入函数”对话框中选择函数并单击“确定”按钮后，Excel会根据用户所选择的函数类型打开相应的“函数参数”对话框，使用户选择要应用函数的参数区域，然后Excel会自己计算出结果，并将该结果显示在指定单元格中。

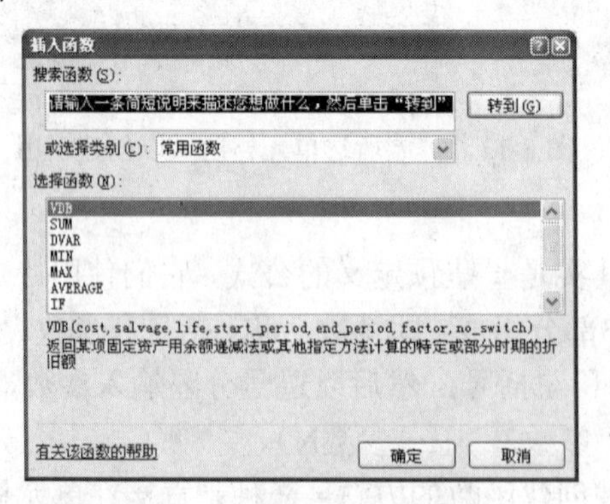

图 8-15　“插入函数”对话框

- “自动求和”：用于在紧接所选单元格之后单元格中显示所选单元格的求和值。

- “最近使用的函数”：用于列出最近用过的函数，使用户可以从中选择所需的函数。
- “财务”、“逻辑”、“文本”、“日期和时间”、“查找与引用”、“数学和三角函数”：分别用于选择财务类、逻辑类、文本类、日期和时间类、查找与引用类以及数学和三角函数类的函数。
- “其他函数”：用于选择统计、工程、多维数据集和信息函数类的函数。

4. 合并计算

所有源区域中的数据按同样的顺序和位置排列时，可通过位置进行合并计算，从而将多张表格中的数据自动计算后合并到一张表格中。

要自动合并表格，首先要选择一个空白工作表，然后切换到“数据”选项卡，在“数据工具”组中单击“合并计算”按钮，打开如图 8-16 所示的“合并计算”对话框，选择函数和引用位置等选项后，单击“确定”按钮，即可在空白工作表中显示合并后的结果。

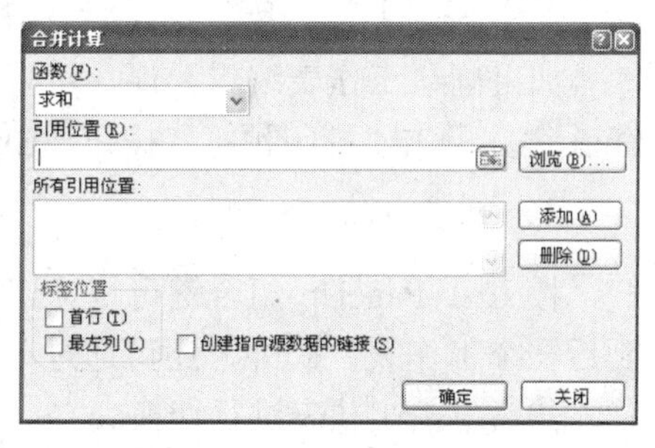

图 8-16 “合并计算”对话框

8.2 工作簿应用技巧与疑难排解

Excel 是日常办公中常用的电子表格软件，在使用工作簿的过程中，难免会碰到一些这样那样的难题，因此掌握一些工作簿疑难问题的排解方法十分有必要。此外，用户还可以了解一些工作簿的应用技巧，从而有效地提高工作效率。

8.2.1 工作簿应用技巧

Excel 是日常办公中常用的电子表格软件，适当地掌握一些工作簿的应用技巧可以有效地提高工作效率。

1. 快速启动 Excel

如果日常工作中要经常使用 Excel，可以设置在启动 Windows 时启动它，这样可以节省工作时间。在启动 Windows 时启动 Excel 的方法是：打开“我的电脑”，进入 Windows 目录，依照路径“Start MenuPrograms 启动”来打开“启动”文件夹。然后，打开 Excel 所在的文件夹，用鼠标将 Excel 图标拖到“启动”文件夹中，这时 Excel 的快捷方式就被复制到“启动”文件夹中，下次启动 Windows 就可快速启动 Excel 了。

如果已经启动了 Windows，用户还可以用以下两种方法之一来快速启动 Excel。

（1） 在“开始”→“文档”菜单中选择 Excel 工作簿命令。

（2） 在桌面上创建 Excel 程序的快捷方式，启动时只需双击其快捷方式即可。

2. 快速获取帮助

对于工具栏或屏幕区，只需按组合键 Shift+F1，然后用鼠标单击工具栏按钮或屏幕区，就会弹出一个帮助窗口，其中包含该元素的详细帮助信息。

3. 快速移动或复制单元格

先选定单元格，然后移动鼠标指针到单元格边框上，按下鼠标左键并拖动到新位置，然后释放按键即可移动。若要复制单元格，则在释放鼠标之前按下 Ctrl 键即可。

4. 快速打印工作表

如果确认工作表编辑无误，可直接单击快速启动工具栏上的“打印”按钮，或者按下 Shift 键并单击“打印预览”按钮，Excel 将使用“选定工作表”选项打印。

5. 快速切换工作表

按 Ctrl+PageUp 组合键可快速切换到前一个工作表，按 Ctrl+PageDown 组合键可切换到后一个工作表。此外，还可通过单击工作表底部的标签滚动按钮快速地移动工作表的名称，然后单击工作表进行切换。

6. 快速插入 Word 表格

Excel 可以处理 Word 表格中列出的数据。在 Excel 中快速插入 Word 表格的方法是：打开 Word 表格所在的文件，并打开要处理 Word 表格的 Excel 文件，调整好两窗口的位置，以便能看见表格和要插入表格的区域。然后，选中 Word 中的表格；按住鼠标左键，将表格拖到 Excel 窗口中，松开鼠标左键将表格放在需要的位置即可。

7. 快速链接网上的数据

可以用以下方法快速建立与网上工作簿中数据的链接：打开 Internet 上含有需要链接数据的工作簿，在工作簿中选定并复制数据，再打开需要创建链接的 Excel 工作簿，在需要显示链接数据的区域中，单击左上角单元格。然后，在“开始”选项卡“剪贴板”组中单击“粘贴”按钮下方的下三角按钮，从弹出菜单中选择“选择性粘贴”命令，打开“选择性粘贴”对话框，选中“粘贴链接”单选框，如图 8-17 所示。如果想在创建链接时不打开 Internet 工作簿，可单击需要链接处的单元格，然后键入（=）和 URL 地址及工作簿位置，如：=http://www.Js.com/[filel.xls]。

8. 自定义快速访问工具栏

用户可以根据需要快速创建个性化的快速访问工具栏，从而快捷地访问常用的命令或自定义的宏。

自定义快速访问工具栏的方法是：单击 Office 按钮，在弹出菜单中单击“Word 选项”按钮，打开“Word 选项”对话框，切换到“自定义”选项卡，在“从下列位置选择命令”下拉列表框中选择命令类型，再在其下方的列表框中选择要添加到快速访问工具栏中的命令，然后单击“添加”按钮将其添加到快速访问工具栏上，如图 8-17 所示。单击“确定”按钮后，就可以在快速访问工具栏上看到并使用新添加的工具按钮了。

图 8-17　“Excel 选项”对话框的“自定义”选项卡

9. 利用 Excel 做成绩快速统计

成绩处理是学校中经常要做的一项工作，使用 Excel 的“分类汇总”功能不但可以对全年级的成绩进行总分、平均分、最高分、最低分等各项目的统计，还可同时完成各班各学科的同种项目的统计，并且要“详”要“略”随心所欲。

例如，有一个年级成绩表，要以班别为依据进行排序，可单击数据区域中任一单元格，然后在“数据”选项卡“排序和筛选”组中单击“排序”按钮，打开“排序”对话框，在“主要关键字”下拉列表框中选中“班别”选项，单击“确定”按钮即可，如图 8-18 所示。

若要统计各班学科平均分，可单击数据区域中任一单元格，在“数据”选项卡“分级显示”组中单击“分类汇总”按钮，打开“分类汇总”对话框，如图 8-19 所示。在“分类字段”下拉列表框中选中“班别”项，在“汇总方式”下拉列表框中选中“均值”项，在“选定汇总项（可多个）”下拉列表框中选中“语文”、“数学”、“英语”、“物理”、“化学”等项，单击“确定”按钮，即可得到各班各学科和全年级各学科的平均分。

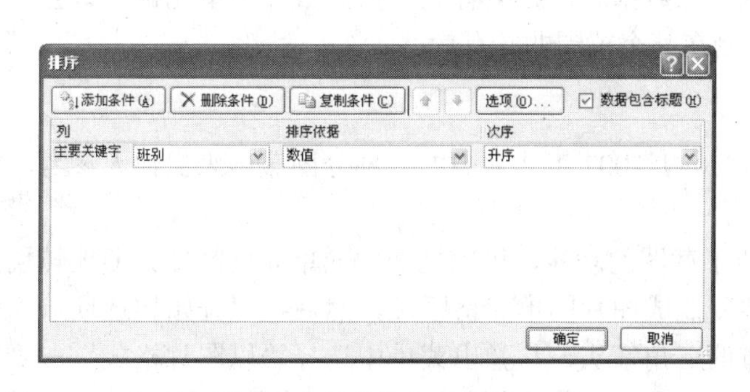

图 8-18　“排序”对话框

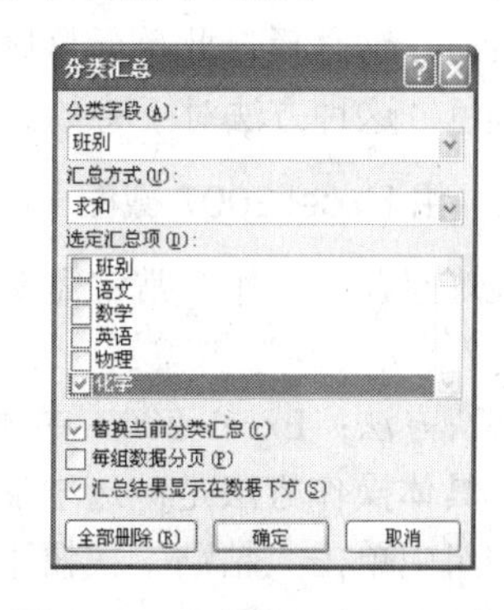

图 8-19　“分类汇总”对话框

使用分类汇总得到的是一个明细表，如果只想显示各班的总体数据，只需分别单击“行号”左边部分的“隐藏明细数据”按钮[-]，即可得到各班各科平均分的直观对比图。单击“显示明细数据”[+]按钮则可重新显示详细数据。

若要恢复统计之前的数据显示状态，只需在“分类汇总”对话框中单击“全部删除”按钮即可。至于统计各班各科总分、最大值、最小值，只需在“分类汇总”对话框中的“汇总方式”下拉列表框中分别选中“求和”、“最大值”、“最小值”即可，其他操作步骤同上。

8.2.2 疑难排解

在工作中遇到一些疑难问题是很正常的事，使用 Excel 进行表格处理时也不例外。本节介绍一些在使用 Excel 2007 工作簿时可能遇到的一些疑难问题及其解决方法。

1. 数据输入不间断

疑难问题：在 Excel 2007 中输入数据时，通常会用右键头或回车键进行单元格切换，当输入到行或列的末尾，就需要用鼠标来定位到下一行或下一列的首单元格，这些操作虽然不是很麻烦，但在数据量巨大的时候，时不时要去动下鼠标，无法不间断输入数据，总觉得有点不方便。

解决方法：如果按行进行输入，可用 Tab 键向右切换单元格，输入到行末尾的单元格时，直接按回车键，可立即切换到下一行的行首单元格；如果按列进行输入，可先将数据录入区域选中，再从第一个单元格开始输入，每一个单元格完成后按回车键，当输入到列末尾单元格时，依旧按回车键，光标将自动转到第二列的列首。

2. 利用条件格式确保数据输入

疑难问题：在用 Excel 2007 进行数据录入时，为了确保单元格数据输入正确，可以利用数据有效性等格式来限制数据范围，也可以用条件格式来达到提醒的目的。例如：单元格内的数值超过上限时，该单元格就自动添加颜色显示，如一个单元格的数值上限设置为 5，当输入 6 时，该单元格就变成红色，从而起到比较醒目的警示作用。

解决方法：拖动鼠标选中待输入数据单元格，在“开始”选项卡“样式”组中单击“条件格式”按钮，从弹出菜单中选择需要设置的条件格式。例如，选择“突出显示单元格规则”→“大于”命令，打开如图 8-20 所示的“大于”对话框，在“为大于以下值的单元格设置格式”文本框中输入数值上限值，在“设置为”下拉列表框中选择颜色，然后单击“确定”按钮，这之后在此单元格区域输入数据时，如果有大于指定数值的单元格，即会自动填充颜色。这种方法对于将数据限制在某个范围非常有效。

3. 用 Excel 2007 截图

疑难问题：工作中常常需要将 Excel 2007 工作簿中的一部分图截出来供他人参考，如何实现？

解决方法：Excel 2007 中集成了截图的功能，可以把选定的单元格区域方便地转换为图片。具体操作方法是：选中需要复制成图片的单元格区域，然后在“开始”选项卡“剪贴板”组中单击“粘贴”按钮下方的三角箭头，从弹出菜单中选择“以图片格式”→“复制为图片”命令，打开“复制图片”对话框，选择“格式”选项组中的“图片”单选按钮，如图 8-21 所示。单击“确定”按钮，选定的表格区域即被复制成图片，将这张图片粘贴到需要使用的地方即可。

图 8-20　“大于”对话框

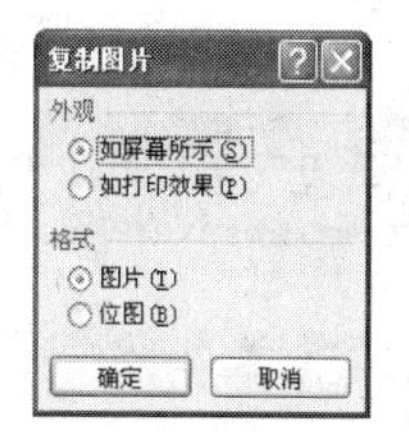

图 8-21　“复制图片”对话框

4. 重复标题行和标题列

疑难问题：一个超出一页范围的大型数据表，如何在每一页上都显示设定的标题行或标题列?

解决方法：在 Excel 中可以实现重复标题行或重复标题列，具体操作方法为：在 Excel 2007 中制好工作表后，在顶端行中或者左端列中输入需要作为每页页首标题行或标题列的内容，然后在“页面布局”选项卡“页面设置”组右下角的对话框启动器，打开“页面设置”对话框，切换到“工作表”选项卡，如图 8-22 所示。单击“顶端标题行”或“左端标题列”文本框右侧的折叠按钮，折叠对话框。例如单击“顶端标题行”文本框右侧的折叠按钮后，对话框会变成如图 8-23 所示的形状。选择需要重复的顶端标题行或者左端标题列中的内容，然后单击折叠后对话框中的折叠按钮，展开对话框，单击“确定”按钮即可。

图 8-22　“页面设置”对话框

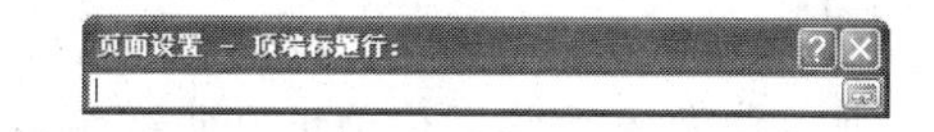

图 8-23　折叠后的“页面设置”对话框

5. 数据的拆分

疑难问题：在记录客户的通信地址和邮政编码时，将它们放在一个单元格中，只是在通信地址和邮政编码之间加了一个空格，现在由于工作需要，必须将通信地址和邮政编码拆分开来。

解决方法：通过使用 Excel 的数据拆分功能即可快速完成通信地址和邮政编码的拆分工作。由于数据量较大，可通过单击列号将整列全部选中，然后在“数据”选项卡“数据工具”组中单击“分列”按钮，打开“文本分列向导 - 步骤之 1”对话框，在“请选择最合适的文件类型”选项组中选中“分隔符号”单选按钮，如图 8-24 所示。单击“下一步”

按钮，切换到“文本分列向导 - 步骤之 2”对话框，在“分隔符号”选项组中选中“空格”复选框，这时会在“数据预览”框中看到分列的预览，如图 8-25 所示。

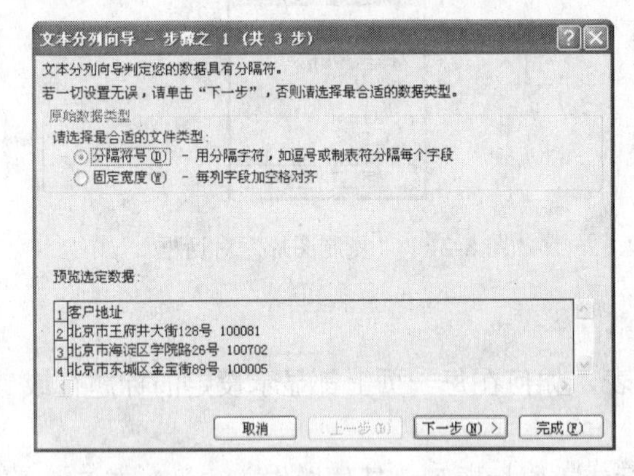

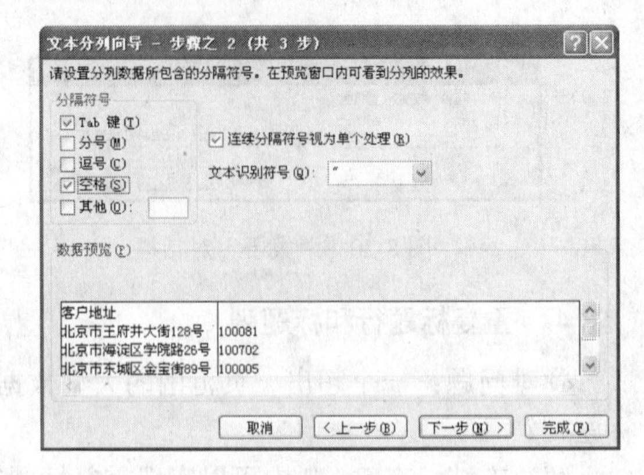

图 8-24 “文本分列向导 - 步骤之 1”对话框　　图 8-25 “文本分列向导 - 步骤之 2”对话框

单击“下一步”按钮，切换到“文本分列向导 - 步骤之 3”对话框，选择列数据格式，如图 8-26 所示。设置完毕，单击“完成”按钮，即可完成数据的拆分。

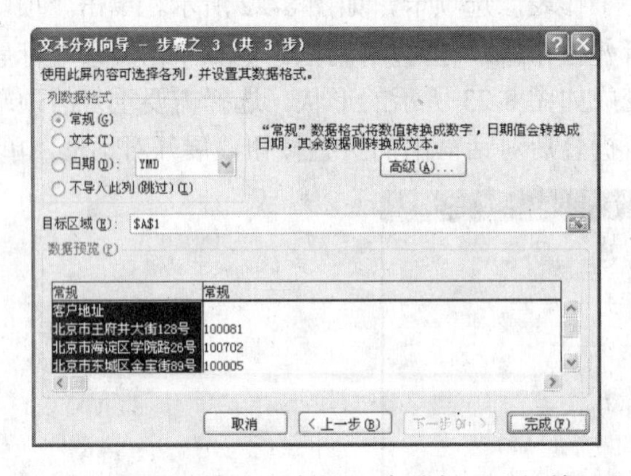

图 8-26 “文本分列向导 - 步骤之 3”对话框

6. 数据的提取

疑难问题：在记录客户的通信地址和邮政编码时，将它们放在了一个单元格中，如图 8-27 所示。现在要将通信地址和邮政编码拆分开来，但在通信地址和邮政编码之间没有空格，因此不能利用“分列”命令来拆分数据。

解决方法；在这种情况下，可以使用 Excel 的文本提取函数功能来进行数据拆分。在 Excel 中文本提取函数常用的有 3 种：“LEFT”、“RIGHT”和“MID”，可以分别从“左”、“右”和“中间”提取单元格中的文本字符。

在本例中，先提取右侧的“邮政编码”数据，方法是：将光标定位在 B2 单元格中，输入公式“=RIGHT（A2，6）”，按回车键后，就能自动提取出数据源 A2 单元格右侧第 6 位文本字符，也就是邮政编码数据信息。向下拖动选择框右下角的填充柄，Excel 就能自动计算出下方地址中所有右侧的 6 位邮政编码信息，如图 8-28 所示。

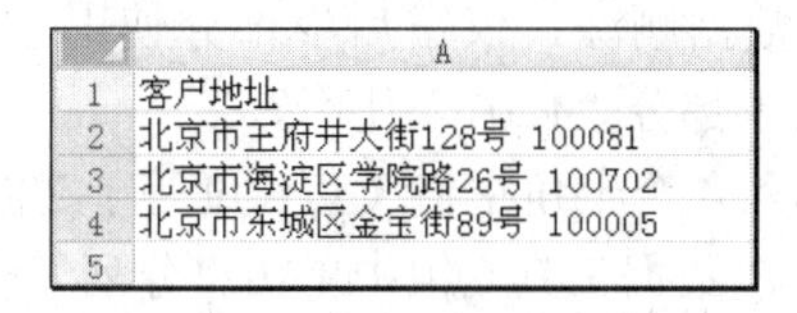

	A
1	客户地址
2	北京市王府井大街128号 100081
3	北京市海淀区学院路26号 100702
4	北京市东城区金宝街89号 100005
5	

图 8-27　客户地址列表

	A	B
1	客户地址	
2	北京市王府井大街128号 100081	100081
3	北京市海淀区学院路26号 100702	100702
4	北京市东城区金宝街89号 100005	100005
5		

图 8-28　提取邮政编码

提取了邮政编码后，再进行左侧“客户地址”数据的提取。方法是：将光标定位在第 1 个客户地址单元格后面 C2 单元格中，然后在单元格中输入公式“=LEFT（A2，LEN（A2）-6）”。按回车键，再利用填充柄向下自动填充所有客户地址信息，如图 8-29 所示。

	A	B	C
1	客户地址		
2	北京市王府井大街128号 100081	100081	北京市王府井大街128号
3	北京市海淀区学院路26号 100702	100702	北京市海淀区学院路26号
4	北京市东城区金宝街89号 100005	100005	北京市东城区金宝街89号
5			

图 8-29　提取客户地址

提示：

由于左侧的文本字符长度不一致，所以要在“LEFT 函数”的第 2 个参数中嵌套一个“LEN 函数”。“LEN 函数”的作用是计算出 A2 单元格的总字符个数，然后用总的字符数减去 6 位邮政编码，计算出地址的文本字符数。

7. 数据的合并

疑难问题：客户所在的“城市”和“街道”信息分别记录在两个单元格中，如图 8-30 所示。现在需要将它们合并到一起，生成一个“通信地址”，如何实现？

解决方法：将光标定在 C2 单元格中，在其中输入公式“=A2&"市"&B2”（这个公式说明有 3 个文本相加，即城市名称+“市”字符+客户地址信息）。按回车键后，城市和街道信息就合并到了一起。然后，将 C2 单元格选择框的填充柄向下拖动，Excel 即可自动填充下方各通信地址，如图 8-31 所示。

	A	B
1	城市	街道
2	北京	王府井大街128号
3	北京	海淀区学院路26号
4	北京	东城区金宝街89号
5		

图 8-30　提取客户地址

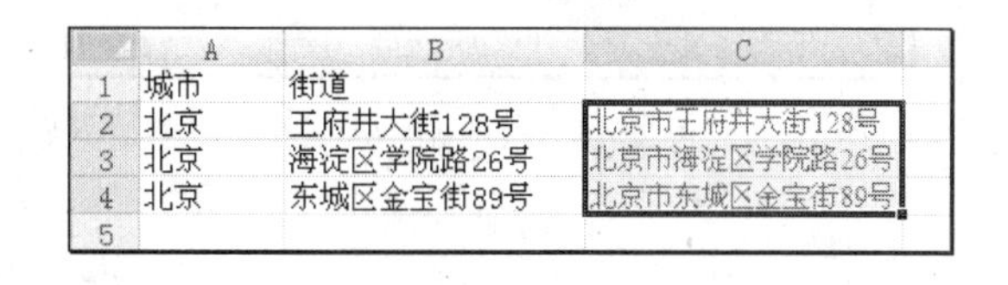

	A	B	C
1	城市	街道	
2	北京	王府井大街128号	北京市王府井大街128号
3	北京	海淀区学院路26号	北京市海淀区学院路26号
4	北京	东城区金宝街89号	北京市东城区金宝街89号
5			

图 8-31　合并数据

此外，用户也可以使用“CONCATENATE 函数”，在 C2 单元格中输入“=CONCATENATE（A2，"市"，B2）”，这样也可以把多个文本进行合并。

8. 快速删除多余数据

疑难问题：在使用 Excel 时需要删除一些多余的数据，例如，在处理学生学籍数据时，在学生“学籍号”一列数据中，如何将其前半部分数据删除，仅留后半部分使用，如将“20091201”中的前半部分“2009”删除，而仅留后半部分“1201”使用？

解决方法：在“学籍号”单元格中的文字前面加入4个半角空格（其长度等于2009的长度），然后选中“学籍号”列，再在“数据”选项卡“数据工具”组中单击“分列”按钮，打开“文本分列向导 - 步骤之 1”对话框，在“请选择最合适的文件类型”选项组中选中“固定宽度 - 每列字段加空格对齐”单选框，如图8-32所示。单击“下一步”按钮，切换到“文本分列向导 - 步骤之2”对话框，将分列线的位置移到9和1之间，如图8-33所示。

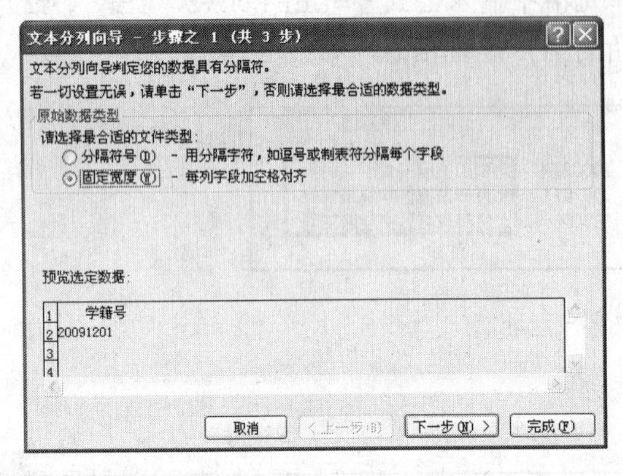

图8-32　指定列宽度

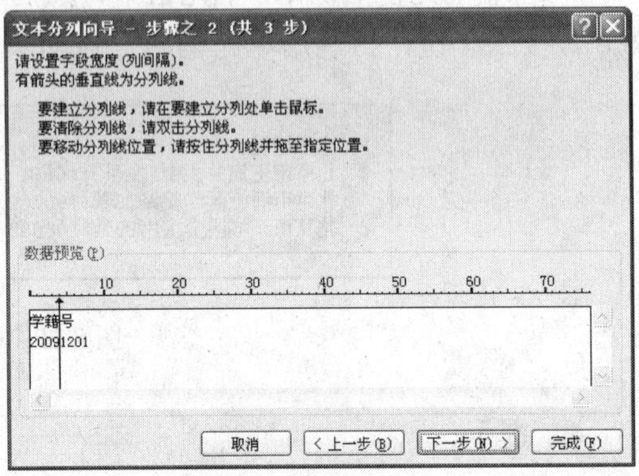

图8-33　移动分列线

单击“下一步”按钮，切换到“文本分列向导 - 步骤之3”对话框，在“列数据格式”选项组中选中“不导入此列（跳过）”单选按钮，如图8-34所示。单击“完成”按钮，即可删除被忽略的列数据，如图8-35所示。

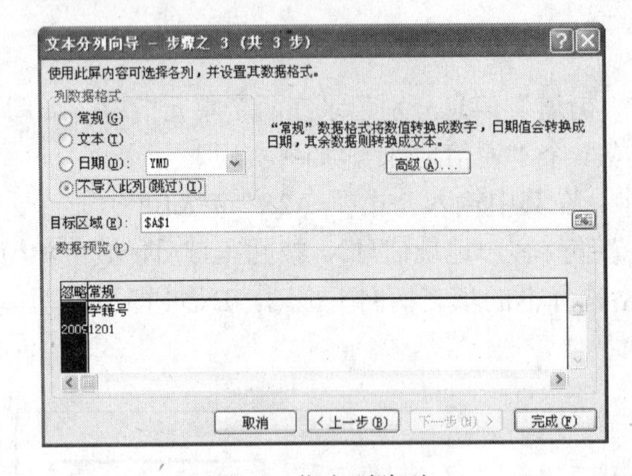

图8-34　指定删除列

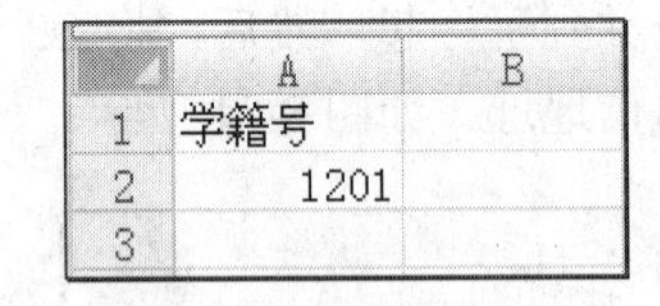

图8-35　删除多余数据

8.3　单元格格式设置技巧与疑难排解

设置单元格格式不但可以美化工作表，还可以突出显示某些含有特殊数据的单元格，下面介绍一些单元格格式的设置技巧以及疑难问题的排解方法。

8.3.1 巧用快捷键设置单元格格式

在应用程序中使用快捷键可以避免在键盘与鼠标之间来回切换，从而节省大量时间，显著提高工作效率。下面介绍一些用于在 Excel 中设置单元格格式的快捷键。

（1） Ctrl + Shift + ~：用于应用“常规”数字格式。

（2） Ctrl + Shift + $：用于应用带两个小数位的“货币”数字格式。

（3） {ad}Ctrl + Shift + %：用于应用不带小数位的“百分比”格式。

（4） Ctrl + Shift + ^：用于应用带两位小数位的“科学记数”数字格式。

（5） Ctrl + Shift + !：用于应用带两位小数位、使用千位分隔符且负数用负号（-）表示的“数字”格式。

（6） Ctrl + Shift + &：用于对选定单元格应用外边框。

（7） Ctrl + Shift + _：用于取消选定单元格的外边框。

（8） Ctrl + B：用于应用或取消加粗格式。

（9） Ctrl + I：用于应用或取消字体倾斜格式。

（10） Ctrl + U：用于应用或取消下画线。

（11） Ctrl + 5：用于应用或取消删除线。

（12） Ctrl + 1：用于显示“单元格格式”对话框。

（13） Ctrl + 0：用于隐藏单元格所在列。

（14） Ctrl + 9：用于隐藏单元格所在行。

（15） Ctrl + -：用于删除选定的单元格。

8.3.2 在同一单元格中设置不同的文本格式

在设置单元格中的文本格式时，通常一个单元格中的内容都使用相同的格式，但是，偶尔也会碰到这样的情况：要求在同一单元格中的内容设置成不同的格式，以满足外观上的需要。

Excel 2007 提供了设置单元格内部分文本的功能，但只对单元格存储的是文本型内容时有效。要在同一单元格中设置不同的文本格式，应选定单元格后在编辑栏中选定需要设置格式的部分内容，或双击该单元格，再选择需要设置的内容，然后，可通过使用工具栏上的各个格式按钮来改变选定文本的格式，如加粗、倾斜、改变颜色、字体等。此外，也可以在选定单元格中部分内容后，按 Ctrl+l 组合键，打开“单元格格式”对话框进行设置。此时的“单元格格式”对话框只有“字体”一个选项卡可用。在此可以全面对选定的内容进行设置。

8.3.3 单元格内容换行

如果在单元格里面输入很多字符，Excel 会因为单元格的宽度不够而没有在工作表上显示多出的部分。如果长文本单元格的右侧是空单元格，Excel 会继续显示文本的其他内容，直到全部内容都被显示或者遇到一个非空单元格而不再显示。此外，在文本格式的单元格中最多可以输入 255 个字符，如果字符数超过 255 个，则单元格的内容可以在编辑栏中正常显示，但在工作表中只显示为一长串的“#”。

很多时候用户因为受到工作表布局的限制，而无法加宽长文本单元格到足够的宽度，但又希望能够完整地显示所有文本内容，这个问题可通过两种方法来解决：自动换行和强制换行。

1. 自动换行

要在单元格中使长文本按照单元格宽度自动换行，可选定长文本单元格，再按 Ctrl+1 组合键，打开“设置单元格格式”对话框，切换到“对齐”选项卡，选中“文本控制”选项组中的“自动换行”复选框，如图 8-36 所示。如果设置后，Excel 即会增加单元格高度，让长文本在单元格中自动换行，以便完整显示。

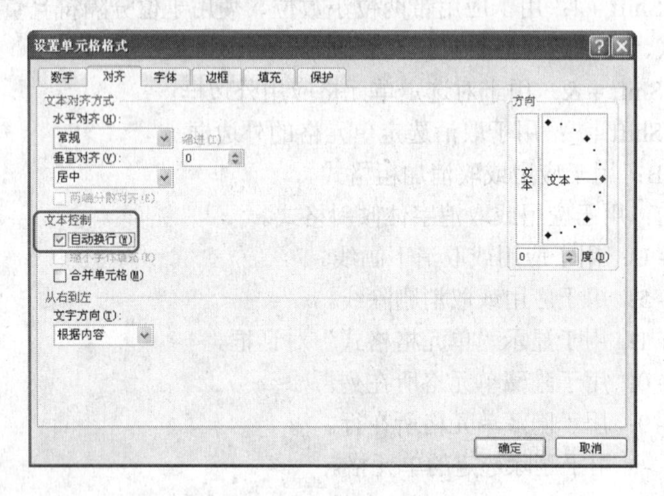

图 8-36　单元格内容自动换行

2. 强制换行

自动换行能够满足用户在显示方面的基本要求，但是它不允许用户按照自己希望的方式进行换行。如果要自定义换行，可在编辑栏中用软回车强制单元格中的内容按指定的方式换行。强制换行的方法是：选定单元格后，把光标定位在要换行的位置，按 Alt+Enter 组合键。

3. 设置行间距

默认情况下，Excel 没有提供设置行间距的功能。如果用户希望在多行显示时设置行间距，可通过调整单元格的高度来达到目的，具体操作方法是：选定长文本单元格，按 Ctrl+1 组合键，打开“单元格格式”对话框，切换到“对齐”选项卡中，在“垂直对齐”下拉列表框中选择“两端对齐”选项，并单击“确定”按钮。然后，适当调整单元格的高度，就可以得到不同的行间距。

8.3.4 制作斜线表头

使用带有斜线表头的表格是中国人特有的习惯，但 Excel 并没有直接提供良好的制作斜线表头的功能。下面将介绍一些方法，尽可能完美地解决这个问题。

1. 单斜线表头

如果表头中只需要一条斜线，可以利用 Excel 的边框设置功能来画斜线，然后填入文字内容。方法是：选定单元格，按 Ctrl+1 组合键，打开“设置单元格格式”对话框，切换到“边框”选项卡，在“边框”选项组中单击斜线按钮，如图 8-37 所示。

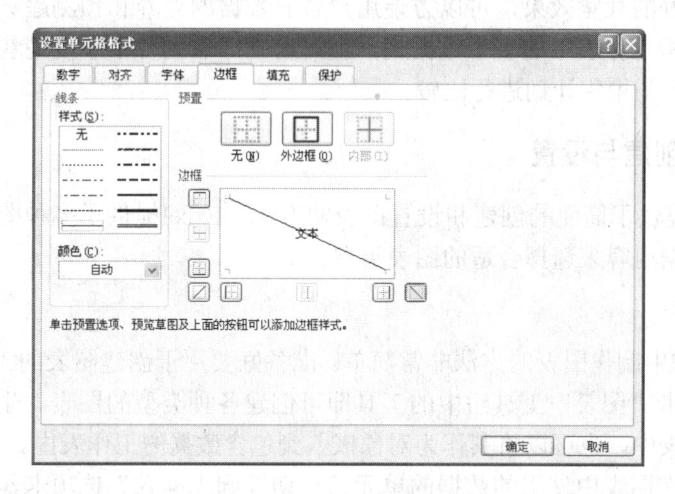

图 8-37　在单元格内画斜线

画好斜线后，用户可在其中直接输入文字，在不同部分之间通过强行分段来分隔文本，然后在第一行文字前添加空格使其右移至斜线右边。完成后的效果如图 8-38 所示。

此外，用户还可以利用文本框在斜线表头中输入文字，方法是：在“插入”选项卡“文本”组中单击“文本框”按钮右侧的向下箭头，在弹出菜单中选择“横排文本框”（或者“竖排文本框”，视情况而定）命令，在单元格内连续插入两个文本框。分别编辑两个文本框中的相关文字，并调整文本框大小和文字字号以相互适应。然后，选定文本框，在绘图工具的“格式”选项卡“形状样式”组中单击“形状填充”按钮，从弹出菜单中选择“无填充颜色”命令，再单击“形状轮廓”按钮，从弹出菜单中选择“无轮廓”命令。设置完毕，将两个文本框分别移动到画有斜线的单元格的合适位置即可。

2. 多斜线表头

如果表头中需要画多条斜线，可借助自选图形来进行制作，方法是：先为要设置多斜线表头的单元格设置好足够的长度和高度，然后在“插入”选项卡“插图”组中单击“形状”按钮，从弹出菜单中选择“直线”工具，绘制两条或多条直线到单元格中。绘制完毕，使用插入文本框的方式逐个添加表头项目即可。完成后的效果如图 8-39 所示。

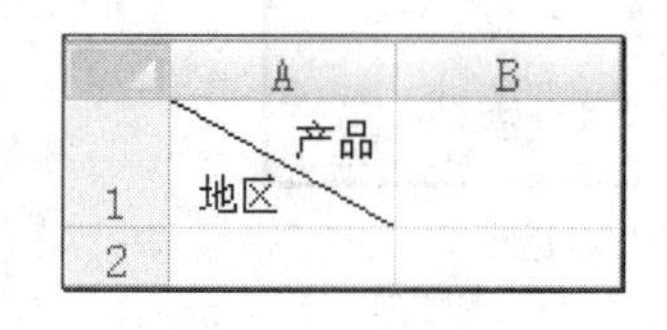

图 8-38　单斜线表头

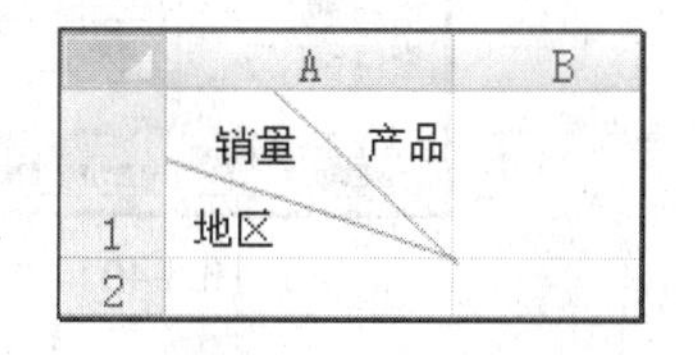

图 8-39　多斜线表头

8.4 图表的设置和创建技巧与疑难排解

图表具有较好的视觉效果，可以方便用户查看数据的差异和预测趋势。例如，通过使用图表，不必分析工作表中的多个数据列，就可以立即看到各个季度销售额的升降，很方便地对实际销售额与销售计划进行比较。

8.4.1 图表的创建与设置

Excel 2007提供了简便的创建和设置图表的方法。Excel提供了多种图表类型，用户应根据要表达的数据内容来选择合适的图表类型。

1. 创建图表

在Excel 2007中制作图表的方法非常简单。准备好要用于创建图表的工作表数据后，使用“插入”选项卡“图表”工具组中的工具即可创建各种类型的图表。生成的图表可以单独位于一张工作表中，也可以将其作为对象嵌入到包含数据的工作表内。

选择含有要在图表中使用的数据的单元格，切换到“插入”选项卡，在“图表”组中单击与所需类型相对应的图表按钮，然后在下拉菜单中选择所需的子类型命令，即可快速创建图表，并且自动在功能区中显示图表工具，以便用户设置图表格式。

2. 更改图表的类型

图表被创建之后仍可更改图表的类型。在Excel 2007中更改图表类型非常简单，只需选择图表，再在“插入”选项卡“图表”组中选择其他图表类型即可。

如果当前显示的是图表工具的“设计”选项卡，也不用切换回“插入”选项卡，而只需单击“类型”组中的“更改图表类型”按钮，打开“更改图表类型”对话框，从中选择所需的图表类型即可，如图8-40所示。

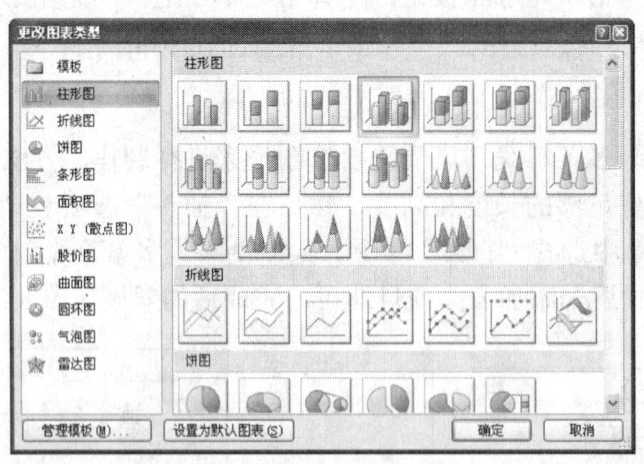

图 8-40 “更改图表类型”对话框

3. 设置图表格式

使用图表工具“设计”选项卡中的“图表布局”和“图标样式”两个工具组可更改图

表的整体布局和快速为图表应用内置样式，而使用“格式”选项卡则可以设置整个图表区及其中各元素的详细格式。

Excel 2007在“设计”选项卡上的“图表布局”和“图标样式”工具组中各提供了一个样式库，用于设置图表的整个布局和更改图表的整体外观样式，如图8-41所示。单击样式库右下角的展开按钮可展开样式列表，单击其中的某一图标即可为选定图表应用相应样式。

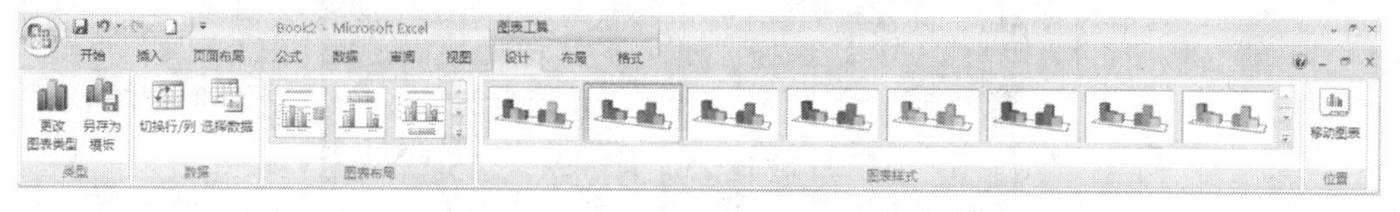

图 8-41　图表工具的“设计”选项卡

图表工具的“格式”选项卡中包括5个工具组，可用于设置图表及图表元素的格式，如图8-42所示。

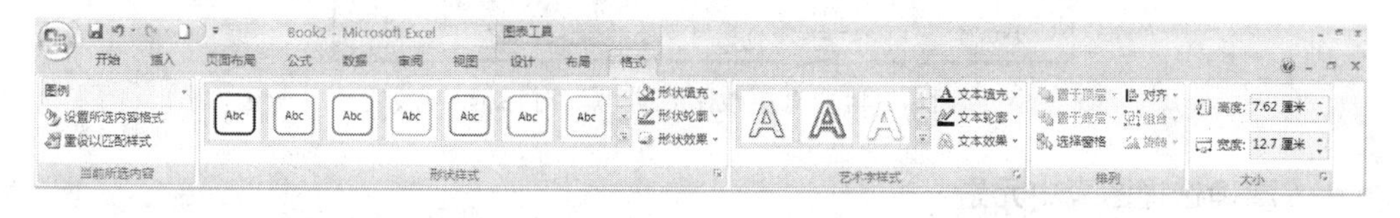

图 8-42　图表工具的“格式”选项卡

4.　更改数据系列产生的方式

图表中的数据系列既可以按行产生，也可以按列产生，此外还可以对图表系列的产生方式进行更改。

要更改数据系列产生的方式，选择要更改数据系列的图表后，在图表工具的“设计”选项卡“数据”组中单击“切换行/列”按钮，即可交换坐标轴上的数据，如图8-43所示。

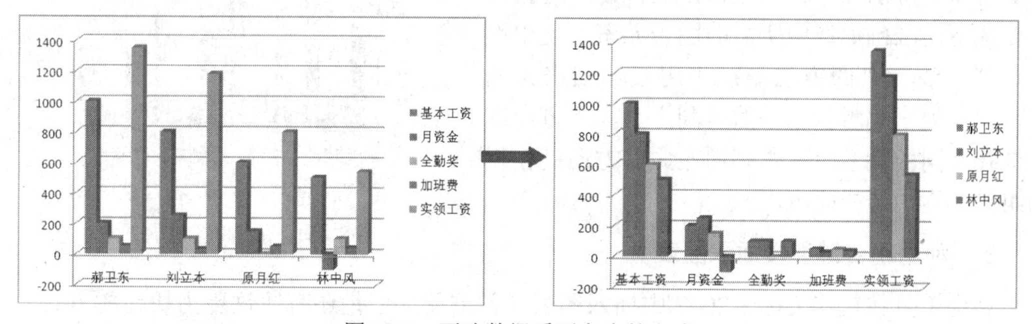

图 8-43　更改数据系列产生的方式

8.4.2　图表应用技巧

在创建和设置图表的过程中，可以利用一些小技巧简化操作，从而有效地提高工作效率。本节介绍一些图表的应用技巧。

1.　重新设置系统默认的图表

当用组合键创建图表时，系统总是给出一个相同类型的图表，如果用户经常需要创建某种类型的图表，可以将该类型设置为系统默认的图表类型。

要修改系统的这种默认图表的类型，可先选择一个创建好的图表，然后单击鼠标右键，从弹出的菜单中选择“更改图表类型”选项，打开“更改图表类型”对话框，在其中选择一种希望的图表类型，然后单击“设置为默认图表”按钮，如图 8-44 所示。

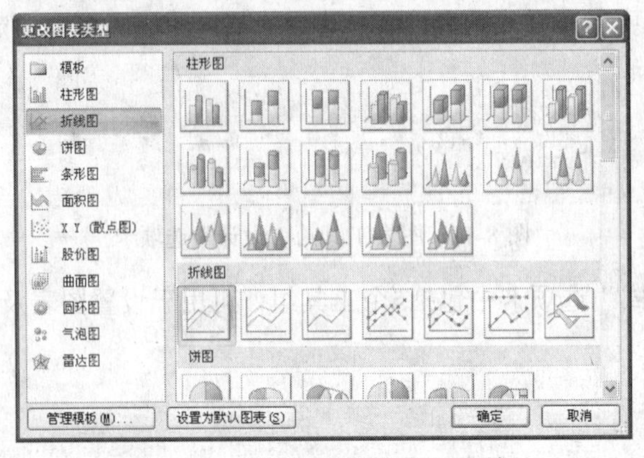

图 8-44 “更改图表类型”对话框

2. 准确选择图表中元素

在对图表或图表中的元素进行编辑时，必须先选择相应的对象。使用鼠标可以快捷地选择图表元素：若要选择整个图表，在图表中的空白处单击即可；若要选择图表中的元素，则单击该元素。选中的图表或图表元素外侧将出现选择框，如图8-45所示。

但是，图表中的元素是很多的，而且它们的位置常常连接紧密，元素的覆盖范围又小，因此有时用鼠标直接单击选取很不容易选中，是否还有更容易的方法呢？答案是肯定的，使用键盘就可以快捷而准确地选中所需的图表元素。使用键盘选择图表元素的方法是：先用鼠标双击该图表，使其处于编辑状态，然后利用上、下方向键来选择不同的元素组，再利用左、右方向键在相同组的元素中选择即可。

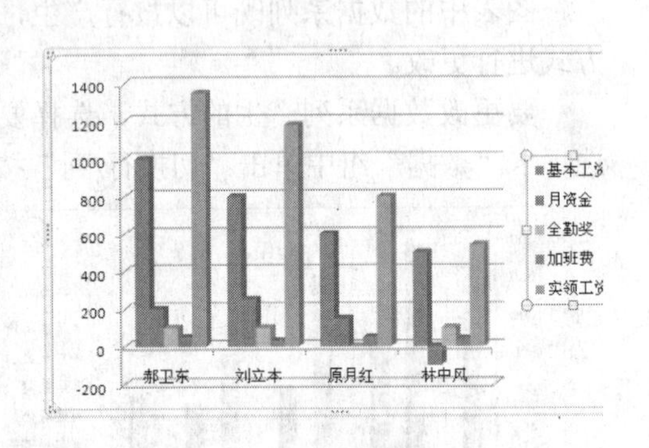

图 8-45 图表和图例的选中状态

3. 利用组合键直接插入图表

利用工具按钮在 Excel 2007 中插入图表非常方便，但是还有比这更为快捷的方式，就是利用键盘组合键来插入图表。

先选择好要创建图表的单元格，然后按下“F11”键或按下“Alt＋F1”组合键，都可以快速建立一个图表。用这种方式创建的图表会保存为一个以“chart＋数字”形式命名的工作表文件，可以在编辑区的左下角找到并打开它。

4. 为图表添加文字说明

为了更好地让别人理解所建立的图表，需要对图表进行一些必要的说明。在图表中添加文字说明的方法是：选中该图表，然后在“编辑栏”中直接输入需要添加的文字说明，完成后按下“Enter”键即可。此时在图表中会自动生成一个文本框来显示刚才输入的文字。同时还可以通过拖动操作来改变其在图表中的位置，并且可以自由地调整文本框的大小。

8.4.3　疑难排解

在实际工作中，用户可能会遇到各种各样的疑难问题，下面介绍一些常见的关于 Excel 图表的疑难问题的解决方法。

1.　为图表设立次坐标轴

疑难问题：由于数据之间的差值太大，有时在建立好的图表中几乎无法看清楚数据太小的项目。有什么办法可以让各个项目都清晰可见，而且又不会影响图表的结构吗？

解决方法：这主要是由于坐标轴设置引起的问题，可以通过为图表建立次坐标轴的方法来解决。在原图表中选择并右击该数据系列，从弹出的快捷菜单中选择“设置数据系列格式”命令，打开“设置数据系列格式”对话框，在“系列选项”选项卡中选中“系列绘制在”选项组中的“次坐标轴”单选按钮，如图 8-46 所示。这时即可在图表右边添加一个新的坐标轴。该数据系列会以该坐标轴的比例来显示，为了以示区别，该系列数据会比其他数据系列粗一些。

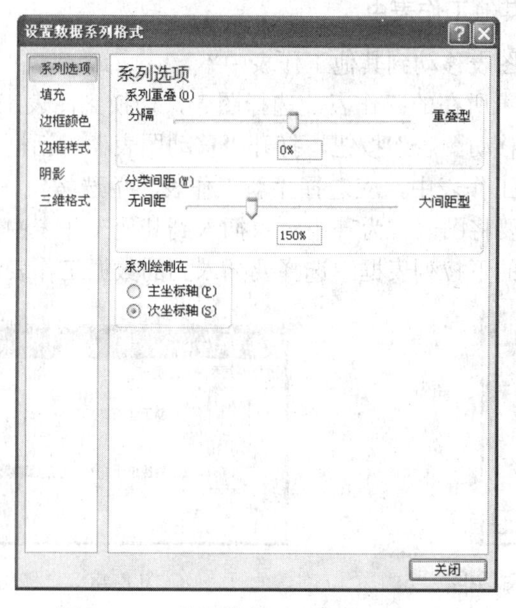

图 8-46　“设置数据系列格式”对话框

2.　将单元格中的文本链接到图表文本框

疑难问题：希望系统在图表文本框中显示某个单元格中的内容，同时还要保证它们的修改保持同步，如何实现？

解决方法：只要将该单元格与图表文本框建立链接关系就行。具体操作方法为：先单击选中该图表，然后在系统的编辑栏中输入一个“＝”符号。再单击选中需要链接的单元格，最后按下“Enter”键即可完成。此时在图表中会自动生成一个文本框，内容就是刚才选中的单元格中的内容。如果下次要修改该单元格的内容时，图表中文本框的内容也会相应地被修改。

3. 为图表之间建立关联

疑难问题：由于实际需要，希望将工作表中的多个图表建立一种连线，用以表示它们之间的关系，有什么办法可以实现？

解决方法：在“插入”选项卡“插图”组中单击“形状”按钮，从弹出菜单中的“线条”栏下选择一种连接符类型。然后，移动鼠标至要建立连接的图表区的任意一个图表边界上单击，即建立了起始连接点。再移动鼠标至另一图表，单击该图表中的任意一个小点，这样就为两个图表建立了连接。重复以上操作可建立其他连接。

4. 直接为图表增加新的数据系列

疑难问题：如何为一个图表添加新的单元格数据系列？

解决方法：可利用“选择性粘贴”功能来实现。方法是：先选择要增加为新数据系列的单元格，复制其中的数据，再选择该图表，单击“开始”选项卡“剪贴板”组中的“粘贴”按钮，从弹出菜单中选择“选择性粘贴”命令，打开“选择性粘贴”对话框，选择“新建系列”单选按钮，同时设置好数据轴，如图 8-47 所示。

5. 将图表移动到其他工作表中

疑难问题：如何将图表移动到其他工作表中？

解决方法：打开图表所在的工作表，选择图表，切换到图表工具的“设计”选项卡，单击“位置”组中的“移动图表”按钮，打开“移动图表”对话框，如图 8-48 所示。如果要将图表移动到一个新工作表中，应选择“新工作表”单选按钮，然后在其后的文本框中输入工作表名称；如果要将图表作为一个对象插入到其他工作表中，则应选择“对象位于”单选按钮，然后在其后的下拉列表框中选择要插入到的数据工作表名称。

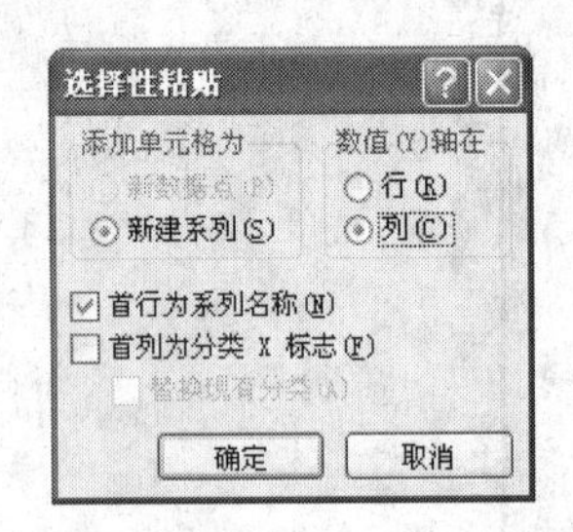

图 8-47 “选择性粘贴”对话框

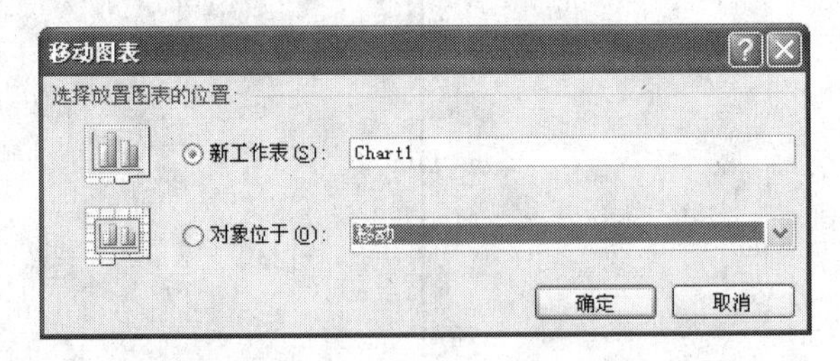

图 8-48 “移动图表”对话框

8.5 常用函数的使用技巧与疑难排解

Excel 2007中的函数其实是一些预定义的公式，它们使用特定的参数，按照特定的顺序或结构进行计算。函数由3部分组成，即函数名称、括号和参数。函数的结构为：以等号“=”开始，后面紧跟函数名称和左括号，然后以逗号分隔输入参数，最后是右括号。其语法结构为：函数名称（参数1，参数2，……参数N）。

8.5.1 创建函数

在Excel 2007中有两种创建函数的方法：一种是直接在单元格中输入函数内容，这种方法要求用户对函数有足够的了解，熟悉掌握函数的语法及参数意义；另一种方法是利用“公式”选项卡中的“函数库”工具组，这种方法比较简单，它不需要对函数进行全部了解，用户可以在所提供的函数方式中进行选择。

1. 直接输入函数

要直接在工作表单元格中输入函数的名称及语法结构，用户必须熟悉所使用的函数，并且了解此函数包括多少个参数及参数的类型。输入函数的方法与输入公式相似，即在要输入函数公式的单元格中先输入“=”号，然后按照函数的语法直接输入函数名称及各参数，完成输入后，按Enter键，或单击“编辑栏”中的“输入”按钮✓即可得出结果。

由于Excel中的函数数量巨大，不便记忆，而且很多函数的名称仅仅只相差一两个字符，因此用户在输入函数时为了防止出错，可利用Excel 2007提供的函数跟随功能来进行输入。当用户在单元格或编辑栏中输入公式前的“=”以及函数名称前面的部分字符时，Excel 2007会自动弹出包含这些字符的函数列表及提示信息，选择所需的函数即可，如图8-49所示。

图 8-49 自动跟随的函数列表及提示信息

2. 通过函数库插入函数

如果用户对函数的类型和名称完全不在行，也可以使用“公式”选项卡“函数库”组中的工具来插入函数。当用户用鼠标指针指向某个函数时，Excel 2007会自动弹出屏幕提示，显示有关该函数的提示信息，如图8-50所示。

“公式”选项卡“函数库”组中的各工具说明如下。

- “插入函数”：用于打开“插入函数”对话框，通过选择函数和编辑参数来编辑当前单元格中的公式，如图8-51所示。在“插入函数”对话框中选择函数并单击“确定”按钮后，Excel会根据用户所选择的函数类型打开相应的“函数参数”对话框，使用户选择要应用函数的参数区域，然后Excel会自己计算出结果，并将该结果显示在指定单元格中。
- “自动求和”：用于在紧接所选单元格之后单元格中显示所选单元格的求和值。
- “最近使用的函数”：用于列出最近用过的函数，使用户可以从中选择所需的函数。

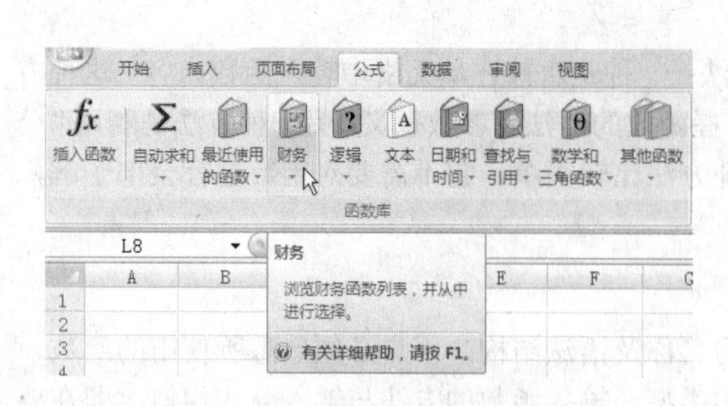

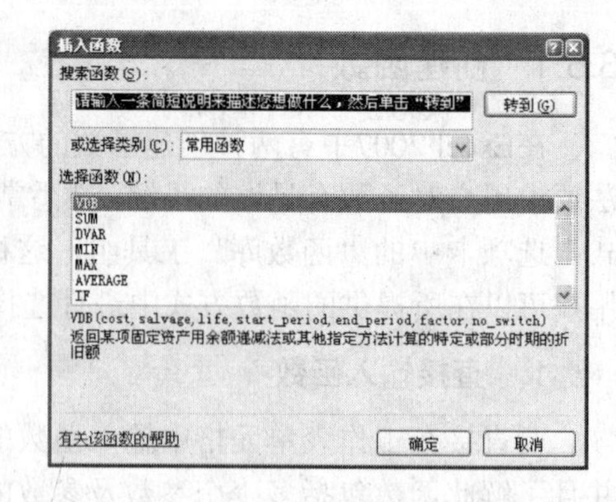

图 8-50　指向函数时弹出屏幕提示　　　图 8-51　“插入函数”对话框

➢ “财务”、“逻辑”、“文本”、“日期和时间”、“查找与引用”、“数学和三角函数”：分别用于选择财务类、逻辑类、文本类、日期和时间类、查找与引用类以及数学和三角函数类的函数。

➢ “其他函数”：用于选择统计、工程、多维数据集和信息函数类的函数。

8.5.2　函数使用技巧

8.5.1 节介绍了创建 Excel 函数的两种方法，本节介绍一些在 Excel 2007 中使用函数的技巧。

1.　在公式中引用其他工作表单元格数据

公式中一般可以用单元格符号来引用单元格的内容，但都是在同一个工作表中操作的。如果要在当前工作表公式中引用别的工作表中的单元格，则要使用以下格式来表示：工作表名称+“!”+单元格名称。如果要将Sheet1工作表中的A1单元格的数据和Sheet2工作表中的B1单元格的数据相加，可以表示为：“Sheet1!A1+Sheet2!B1”。

2.　同时对多个单元格执行相同运算

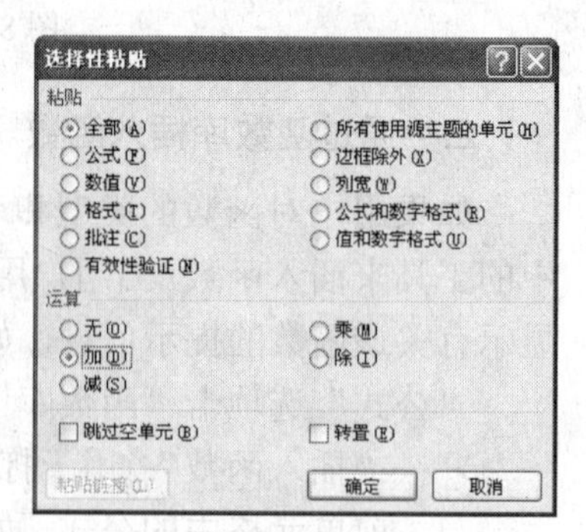

图 8-52　“选择性粘贴”对话框

在Excel中可以一步完成对多个单元格数据执行同样的运算。例如，要对多个单元格执行全部加“1”的相同操作，应先在空白单元格中输入要执行运算的操作数“1”，再利用“开始”选项卡“剪贴板”组中的“复制”按钮将其添加到剪贴板，然后选择所有要进行运算的单元格，再在“开始”选项卡“剪贴板”组中单击“粘贴”按钮，从弹出菜单中选择“选择性粘贴”命令，打开“选择性粘贴”对话框，选择“运算”选项组的“加”单选按钮，如图8-52所示。最后单击“确定”按钮完成。

3.　利用单步执行检查公式错误

Excel中提供的函数是十分丰富的。但是在使用一些比较复杂的嵌套函数时，一旦出现错误，要找到错误原因是比较困难的。有一种好的方法可以准确地查找公式函数中的错误，方法是利用“公式求值”功能来一步一步执行函数。由于“公式求值”不是系统默认的按钮，所以需要先将其添加到工具栏。单击“工具”菜单中的“自定义”命令，在弹出的对话框中选择“命令”选项卡。再在“类别”列表中选择“工具”项，在“命令”列表中选择“公式求值”项，最后将其拖到工具栏上。接下来选择包含函数的单元格，然后单击“公式求值”按钮。在弹出的对话框中，会用下划线表示公式中的执行步骤，通过“求值”按钮，可以一步步地执行公式，同时观察下划线表达式的运算结果是否正确，从而找出公式的错误之处。

4. 快捷输入函数参数

系统提供的函数一般都有很多不同的参数，如果想在输入函数时能快速地查阅该函数的各个参数功能，可以利用组合键来实现：先在编辑栏中输入函数，完成后按下“Ctrl+A”组合键，系统就会自动弹出该函数的参数输入选择框，可以直接利用鼠标单击来选择各个参数。

5. 快速引用单元格

在使用函数时，常常需要用单元格名称来引用该单元格的数据。如果要引用的单元格太多，可通过利用鼠标直接选取引用的单元格来实现。以SUM函数为例，在公式编辑栏中直接输入“＝SUM()”，再将光标定位至小括号内，然后按住Ctrl键在工作表中利用鼠标选择所有参与运算的单元格，所有被选择的单元格即会自动填入函数中，并用“,”自动分隔开。输入完成后按“Enter”键结束即可。

6. 快速隐藏单元格中的公式

使用快捷键可以快速隐藏单元格中的公式。选择要隐藏公式的单元格，然后按下“Ctrl+`”(数字“1”键左边)组合键即可。若要再次显示隐藏的公式，只需再按一次“Ctrl+`”组合键即可重新恢复显示。

7. 快速找到所需要的函数

函数应用是Excel中经常要使用的，如果对系统提供的函数不是很熟悉，那么使用函数就是一个比较头痛的问题。在这种情况下，用户可以使用下述方法非常容易地找到需要的函数：如果需要利用函数对工作表数据进行排序操作，可以先在“公式”选项卡“函数库”组中单击“插入函数”按钮，打开“插入函数”对话框，在“搜索函数”文本框中直接输入所要的函数功能，如直接输入“排序”两个字，然后单击“转到”按钮，在“选择函数”列表框中就会列出用于排序的函数，如图8-53所示。单击某个函数，在对话框下方就会显示该函数的具体功能，如果觉得还不够详细，可单击“有关该函数的帮助”链接来查看更详细的描述。

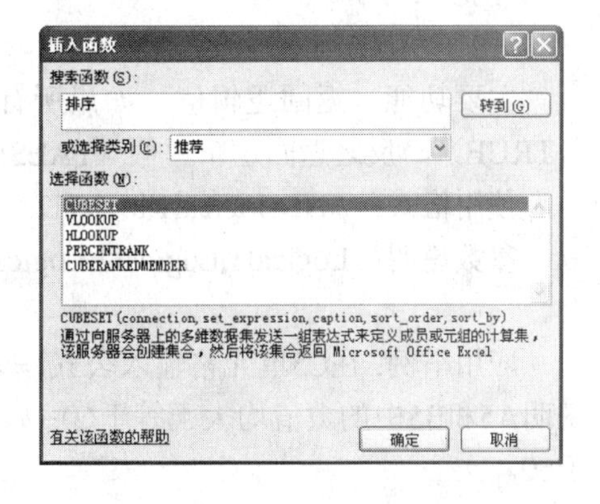

图 8-53 “插入函数”对话框

8. 矩阵型数据区域求和的快速实现

有时在一个比较大的工作表中，需要对输入的数据进行横向和纵向的求和。对于这种矩阵形状的数据进行行和列的求和，可以使用以下快捷方法：如要对数据矩阵进行横向求和，首先用鼠标拖动操作选择整个数据矩阵，同时还要多选择一空白列。然后单击“公式”选项卡“函数库”组中的“自动求和”按钮，多选择的空白列中即会自动填入对应行求和结果。同样，如果要按列方向求和，则只要多选择一行；如果要同时对行和列进行求和，就多选择一行和一列，最后单击“自动求和”按钮即可。

在使用这种方法来求和时，必须保证所有的单元格都是直接输入的数据，不能是通过函数式计算得到的数据。否则在该单元格前的所有单元格数据都不会参与求和。

8.5.3 疑难排解

Excel是一个功能强大的电子表格制作软件，除了制作表格之外，还能进行各种复杂的函数计算。本节介绍一些常用函数的疑难问题排解方法。

1. Excel 常用函数简介与实例

在实际工作中我们可能会遇到一些复杂的计算问题，但面对Excel提供的庞大的函数库，如何能够正确地选择和运用它们呢？本节就来归纳一些工作中常用的函数的简介，并举例说明。

（1） ABS函数

主要功能：求出相应数字的绝对值。

使用格式：ABS(number)。

参数说明：number代表需要求绝对值的数值或引用的单元格。

应用举例：如果在B2单元格中输入公式：=ABS(A2)，则在A2单元格中无论输入正数（如100）还是负数（如-100），B2中均显示出正数（如100）。

提示：如果number参数不是数值，而是一些字符（如A等），则B2中返回错误值“#VALUE！”。

（2） AND函数

主要功能：返回逻辑值。如果所有参数值均为逻辑“真（TRUE）”，则返回逻辑“真（TRUE）”，反之返回逻辑“假（FALSE）”。

使用格式：AND(logical1,logical2, ...)。

参数说明：Logical1,Logical2,Logical3……：表示待测试的条件值或表达式，最多这30个。

应用举例：在C5单元格输入公式：=AND(A5>=60,B5>=60)，确认。如果C5中返回TRUE，说明A5和B5中的数值均大于等于60；如果返回FALSE，说明A5和B5中的数值至少有一个小于60。

提示：如果指定的逻辑条件参数中包含非逻辑值时，则函数返回错误值“#VALUE!”或“#NAME”。

（3） AVERAGE函数

主要功能：求出所有参数的算术平均值。

使用格式：AVERAGE(number1,number2,……)。

参数说明：number1,number2,……：需要求平均值的数值或引用单元格（区域），参数不超过30个。

应用举例：在B8单元格中输入公式：=AVERAGE(B7:D7,F7:H7,7,8)，确认后，即可求出B7至D7区域、F7至H7区域中的数值和7、8的平均值。

提示：如果引用区域中包含“0”值单元格，则计算在内；如果引用区域中包含空白或字符单元格，则不计算在内。

（4） COLUMN 函数

主要功能：显示所引用单元格的列标号值。

使用格式：COLUMN(reference)。

参数说明：reference为引用的单元格。

应用举例：在C11单元格中输入公式：=COLUMN(B11)，确认后显示为2（即B列）。

提示：如果在B11单元格中输入公式：=COLUMN()，也显示出2；与之相对应的还有一个返回行标号值的函数——ROW(reference)。

（5） CONCATENATE函数

主要功能：将多个字符文本或单元格中的数据连接在一起，显示在一个单元格中。

使用格式：CONCATENATE(Text1，Text……)。

参数说明：Text1、Text2……为需要连接的字符文本或引用的单元格。

应用举例：在C14单元格中输入公式：=CONCATENATE(A14,"@",B14,".com")，确认后，即可将A14单元格中字符、@、B14单元格中的字符和.com连接成一个整体，显示在C14单元格中。

提示：如果参数不是引用的单元格，且为文本格式的，应给参数加上英文状态下的双引号；如果将上述公式改为：=A14&"@"&B14&".com"，也能达到相同的目的。

（6） COUNTIF函数

主要功能：统计某个单元格区域中符合指定条件的单元格数目。

使用格式：COUNTIF(Range,Criteria)。

参数说明：Range代表要统计的单元格区域；Criteria表示指定的条件表达式。

应用举例：在C17单元格中输入公式：=COUNTIF(B1:B13,">=80")，确认后，即可统计出B1至B13单元格区域中，数值大于等于80的单元格数目。

提示：允许引用的单元格区域中有空白单元格出现。

（7） DATE函数

主要功能：给出指定数值的日期。

使用格式：DATE(year,month,day)。

参数说明：year为指定的年份数值（小于9999）；month为指定的月份数值（可以大于12）；day为指定的天数。

应用举例：在C20单元格中输入公式：=DATE(2003,13,35)，确认后，显示出2010-2-4。

提示：由于上述公式中，月份为13，多了一个月，顺延至2010年1月；天数为35，比2010年1月的实际天数又多了4天，故又顺延至2010年2月4日。

（7） DATEDIF函数

主要功能：计算返回两个日期参数的差值。

使用格式：=DATEDIF(date1,date2,"y")、=DATEDIF(date1,date2,"m")、=DATEDIF(date1,date2,"d")。

参数说明：date1代表前面一个日期，date2代表后面一个日期；y（m、d）要求返回两个日期相差的年（月、天）数。

应用举例：在C23单元格中输入公式：=DATEDIF(A23,TODAY(),"y")，确认后返回系统当前日期[用TODAY()表示）与A23单元格中日期的差值，并返回相差的年数。

提示：这是Excel中的一个隐藏函数，在函数向导中是找不到的，可以直接输入使用，对于计算年龄、工龄等非常有效。

（8） DAY函数

主要功能：求出指定日期或引用单元格中日期的天数。

使用格式：DAY(serial_number)。

参数说明：serial_number代表指定的日期或引用的单元格。

应用举例：输入公式：=DAY("2003-12-18")，确认后，显示出18。

提示：如果是给定的日期，应包含在英文双引号中。

（9） DCOUNT函数

主要功能：返回数据库或列表的列中满足指定条件并且包含数字的单元格数目。

使用格式：DCOUNT(database,field,criteria)。

参数说明：Database表示需要统计的单元格区域；Field表示函数所使用的数据列（在第一行必须要有标志项）；Criteria包含条件的单元格区域。

应用举例：如图1所示，在F4单元格中输入公式：=DCOUNT(A1:D11,"语文",F1:G2)，确认后即可求出“语文”列中，成绩大于等于70，而小于80的数值单元格数目（相当于分数段人数）。

提示：如果将上述公式修改为：=DCOUNT(A1:D11,,F1:G2)，也可以达到相同目的。

（10） FREQUENCY函数

主要功能：以一列垂直数组返回某个区域中数据的频率分布。

使用格式：FREQUENCY(data_array,bins_array)。

参数说明：Data_array表示用来计算频率的一组数据或单元格区域；Bins_array表示为前面数组进行分隔一列数值。

应用举例：如图2所示，同时选中B32至B36单元格区域，输入公式：=FREQUENCY(B2:B31,D2:D36)，输入完成后按下Ctrl+Shift+Enter组合键进行确认，即可求出B2至B31区域中，按D2至D36区域进行分隔的各段数值的出现频率数目（相当于统计各分数段人数）。

提示：上述输入的是一个数组公式，输入完成后，需要通过按Ctrl+Shift+Enter组合键进行确认，确认后公式两端出现一对大括号（{}），此大括号不能直接输入。

（11） IF函数

主要功能：根据对指定条件的逻辑判断的真假结果，返回相对应的内容。

使用格式：=IF(Logical,Value_if_true,Value_if_false)。

参数说明：Logical代表逻辑判断表达式；Value_if_true表示当判断条件为逻辑“真（TRUE）”时的显示内容，如果忽略返回“TRUE”；Value_if_false表示当判断条件为逻辑“假（FALSE）”时的显示内容，如果忽略返回“FALSE”。

应用举例：在C29单元格中输入公式：=IF(C26>=18,"符合要求","不符合要求")，确认以后，如果C26单元格中的数值大于或等于18，则C29单元格显示“符合要求”字样，反之显示“不符合要求”字样。

（12） INDEX函数

主要功能：返回列表或数组中的元素值，此元素由行序号和列序号的索引值进行确定。

使用格式：INDEX(array,row_num,column_num)。

参数说明：Array代表单元格区域或数组常量；Row_num表示指定的行序号（如果省略row_num，则必须有 column_num）；Column_num表示指定的列序号（如果省略column_num，则必须有 row_num）。

应用举例：如图3所示，在F8单元格中输入公式：=INDEX(A1:D11,4,3)，确认后则显示出A1至D11单元格区域中，第4行和第3列交叉处的单元格（即C4）中的内容。

提示：此处的行序号参数（row_num）和列序号参数（column_num）是相对于所引用的单元格区域而言的，不是Excel工作表中的行或列序号。

（13） INT函数

主要功能：将数值向下取整为最接近的整数。

使用格式：INT(number)。

参数说明：number表示需要取整的数值或包含数值的引用单元格。

应用举例：输入公式：=INT(18.89)，确认后显示出18。

提示：在取整时，不进行四舍五入；如果输入的公式为=INT(-18.89)，则返回结果为-19。

（14） ISERROR函数

主要功能：用于测试函数式返回的数值是否有错。如果有错，该函数返回TRUE，反之返回FALSE。

使用格式：ISERROR(value)。

参数说明：Value表示需要测试的值或表达式。

应用举例：输入公式：=ISERROR(A35/B35)，确认以后，如果B35单元格为空或“0”，则A35/B35出现错误，此时前述函数返回TRUE结果，反之返回FALSE。

提示：此函数通常与IF函数配套使用，将上述公式修改为：=IF(ISERROR(A35/B35),"",A35/B35)，如果B35为空或“0”，则相应的单元格显示为空，反之显示A35/B35的结果。

（15） LEFT函数

主要功能：从一个文本字符串的第一个字符开始，截取指定数目的字符。

使用格式：LEFT(text,num_chars)。

参数说明：text代表要截字符的字符串；num_chars代表给定的截取数目。

应用举例：假定A38单元格中保存了“我喜欢新浪网”的字符串，我们在C38单元格中输入公式：=LEFT(A38,3)，确认后即显示出“我喜欢”的字符。

特别提醒：此函数名的英文意思为“左”，即从左边截取，Excel很多函数都取其英文的意思。

（16） LEN函数

主要功能：统计文本字符串中字符数目。

使用格式：LEN(text)。

参数说明：text表示要统计的文本字符串。

应用举例：假定A41单元格中保存了“我今年18岁”的字符串，在C40单元格中输入公式：=LEN(A40)，确认后即显示出统计结果“6”。

提示：LEN要统计时，无论是全角字符，还是半角字符，每个字符均计为“1”；与之相对应的一个函数“LENB”，在统计时半角字符计为“1”，全角字符计为“2”。

（17） MATCH函数

主要功能：返回在指定方式下与指定数值匹配的数组中元素的相应位置。

使用格式：MATCH(lookup_value,lookup_array,match_type)。

参数说明：

Lookup_value代表需要在数据表中查找的数值；

Lookup_array表示可能包含所要查找的数值的连续单元格区域；

Match_type表示查找方式的值（-1、0或1）。

如果match_type为-1，查找大于或等于 lookup_value的最小数值，Lookup_array 必须按降序排列；

如果match_type为1，查找小于或等于 lookup_value 的最大数值，Lookup_array 必须按升序排列；

如果match_type为0，查找等于lookup_value 的第一个数值，Lookup_array 可以按任何顺序排列；如果省略match_type，则默认为1。

应用举例：在F2单元格中输入公式：=MATCH(E2,B1:B11,0)，确认后则返回查找的结果“9”。

提示：Lookup_array只能为一列或一行。

（18） MAX函数

主要功能：求出一组数中的最大值。

使用格式：MAX(number1,number2……)。

参数说明：number1,number2……代表需要求最大值的数值或引用单元格（区域），参数不超过30个。

应用举例：输入公式：=MAX(E44:J44,7,8,9,10)，确认后即可显示出E44至J44单元与区域和数值7，8，9，10中的最大值。

提示：如果参数中有文本或逻辑值，则忽略。

（19） MID函数

主要功能：从一个文本字符串的指定位置开始，截取指定数目的字符。

使用格式：MID(text,start_num,num_chars)。

参数说明：text代表一个文本字符串；start_num表示指定的起始位置；num_chars表示要截取的数目。

应用举例：假定A47单元格中保存了“我喜欢新浪网”的字符串，我们在C47单元格中输入公式：=MID(A47,4,3)，确认后即显示出“新浪网”的字符。

提示：公式中各参数间，要用英文状态下的逗号“,”隔开。

（20） MIN函数

主要功能：求出一组数中的最小值。

使用格式：MIN(number1,number2……)。

参数说明：number1,number2……代表需要求最小值的数值或引用单元格（区域），参数不超过30个。

应用举例：输入公式：=MIN(E44:J44,7,8,9,10)，确认后即可显示出E44至J44单元和区域和数值7，8，9，10中的最小值。

提示：如果参数中有文本或逻辑值，则忽略。

（21） MOD函数

主要功能：求出两数相除的余数。

使用格式：MOD(number,divisor)。

参数说明：number代表被除数；divisor代表除数。

应用举例：输入公式：=MOD(13,4)，确认后显示出结果“1”。

提示：如果divisor参数为零，则显示错误值“#DIV/0!”；MOD函数可以借用函数INT来表示：上述公式可以修改为：=13-4*INT(13/4)。

（22） MONTH函数

主要功能：求出指定日期或引用单元格中的日期的月份。

使用格式：MONTH(serial_number)。

参数说明：serial_number代表指定的日期或引用的单元格。

应用举例：输入公式：=MONTH("2009-12-18")，确认后，显示出12。

提示：如果是给定的日期，请包含在英文双引号中；如果将上述公式修改为：=YEAR("2009-12-18")，则返回年份对应的值“2009”。

（23） NOW函数

主要功能：给出当前系统日期和时间。

使用格式：NOW()。

参数说明：该函数不需要参数。

应用举例：输入公式：=NOW()，确认后即显示出当前系统日期和时间。如果系统日期和时间发生了改变，只要按一下F9键，即可让其随之改变。

提示：显示出来的日期和时间格式，可以通过单元格格式进行重新设置。

（24） OR函数

主要功能：返回逻辑值，仅当所有参数值均为逻辑“假（FALSE）”时返回函数结果逻辑“假（FALSE）”，否则都返回逻辑“真（TRUE）”。

使用格式：OR(logical1,logical2, ...)。

参数说明：Logical1,Logical2,Logical3……：表示待测试的条件值或表达式，最多这30个。

应用举例：在C62单元格输入公式：=OR(A62>=60,B62>=60)，确认。如果C62中返回TRUE，说明A62和B62中的数值至少有一个大于或等于60；如果返回FALSE，说明A62和B62中的数值都小于60。

提示：如果指定的逻辑条件参数中包含非逻辑值时，则函数返回错误值“#VALUE!”或“#NAME”。

（25） RANK函数

主要功能：返回某一数值在一列数值中的相对于其他数值的排位。

使用格式：RANK（Number,ref,order）。

参数说明：Number代表需要排序的数值；ref代表排序数值所处的单元格区域；order代表排序方式参数（如果为“0”或者忽略，则按降序排名，即数值越大，排名结果数值越小；如果为非“0”值，则按升序排名，即数值越大，排名结果数值越大）。

应用举例：如在C2单元格中输入公式：=RANK(B2,$B$2:$B$31,0)，确认后可得出丁1同学的语文成绩在全班成绩中的排名结果。

提示：在上述公式中，我们让Number参数采取了相对引用形式，而让ref参数采取了绝对引用形式（增加了一个“$”符号），这样设置后，选中C2单元格，将鼠标移至该单元格右下角，成细十字线状时（通常称之为“填充柄”），按住左键向下拖拉，即可将上述公式快速复制到C列下面的单元格中，完成其他同学语文成绩的排名统计。

（26） RIGHT函数

主要功能：从一个文本字符串的最后一个字符开始，截取指定数目的字符。

使用格式：RIGHT(text,num_chars)。

参数说明：text代表要截字符的字符串；num_chars代表给定的截取数目。

应用举例：假定A65单元格中保存了“我喜欢新浪网”的字符串，在C65单元格中输入公式：=RIGHT(A65,3)，确认后即显示出“新浪网”的字符。

提示：Num_chars参数必须大于或等于0，如果忽略，则默认其为1；如果num_chars参数大于文本长度，则函数返回整个文本。

（27） SUBTOTAL函数

主要功能：返回列表或数据库中的分类汇总。

使用格式：SUBTOTAL(function_num, ref1, ref2, ...)。

参数说明：Function_num为1到11（包含隐藏值）或101到111（忽略隐藏值）之间的数字，用来指定使用什么函数在列表中进行分类汇总计算（如图6）；ref1, ref2,……代表要进行分类汇总区域或引用，不超过29个。

应用举例：在B64和C64单元格中分别输入公式：=SUBTOTAL(3,C2:C63)和=SUBTOTAL103,C2:C63)，并且将61行隐藏起来，确认后，前者显示为62（包括隐藏的行），后者显示为61，不包括隐藏的行。

提示：如果采取自动筛选，无论function_num参数选用什么类型，SUBTOTAL函数忽略任何不包括在筛选结果中的行；SUBTOTAL函数适用于数据列或垂直区域，不适用于数据行或水平区域。

（28） SUM函数

主要功能：计算所有参数数值的和。

使用格式：SUM（Number1,Number2……）。

参数说明：Number1、Number2……代表需要计算的值，可以是具体的数值、引用的单元格（区域）、逻辑值等。

应用举例：在D64单元格中输入公式：=SUM(D2:D63)，确认后即可求出语文的总分。

提示：如果参数为数组或引用，只有其中的数字将被计算。数组或引用中的空白单元格、逻辑值、文本或错误值将被忽略；如果将上述公式修改为：=SUM(LARGE(D2:D63,{1,2,3,4,5}))，则可以求出前5名成绩的和。

（29） SUMIF函数

主要功能：计算符合指定条件的单元格区域内的数值和。

使用格式：SUMIF（Range,Criteria,Sum_Range）。

参数说明：Range代表条件判断的单元格区域；Criteria为指定条件表达式；Sum_Range代表需要计算的数值所在的单元格区域。

应用举例：在D64单元格中输入公式：=SUMIF(C2:C63,"男",D2:D63)，确认后即可求出男生的语文成绩和。

提示：如果把上述公式修改为：=SUMIF(C2:C63,"女",D2:D63)，即可求出女生的语文成绩和；其中“男”和“女”由于是文本型的，需要放在英文状态下的双引号（"男"、"女"）中。

（30） TEXT函数

主要功能：根据指定的数值格式将相应的数字转换为文本形式。

使用格式：TEXT(value,format_text)。

参数说明：value代表需要转换的数值或引用的单元格；format_text为指定文字形式的数字格式。

应用举例：如果B68单元格中保存有数值1280.45，在C68单元格中输入公式：=TEXT(B68,"$0.00")，确认后显示为“$1280.45”。

提示：format_text参数可以根据“单元格格式”对话框“数字”选项卡中指定的类型进行确定。

（31） TODAY函数

主要功能：给出系统日期。

使用格式：TODAY()。

参数说明：该函数不需要参数。

应用举例：输入公式：=TODAY()，确认后即刻显示出系统日期和时间。如果系统日期和时间发生了改变，只要按一下F9键，即可让其随之改变。

提示：显示出来的日期格式，可以通过单元格格式进行重新设置。

（32） VALUE函数

主要功能：将一个代表数值的文本型字符串转换为数值型。

使用格式：VALUE(text)。

参数说明：text代表需要转换文本型字符串数值。

应用举例：如果B74单元格中是通过LEFT等函数截取的文本型字符串，在C74单元格中输入公式：=VALUE(B74)，确认后，即可将其转换为数值型。

提示：如果文本型数值不经过上述转换，在用函数处理这些数值时，常常返回错误。

（33） VLOOKUP函数

主要功能：在数据表的首列查找指定的数值，并由此返回数据表当前行中指定列处的数值。

使用格式：VLOOKUP(lookup_value,table_array,col_index_num,range_lookup)。

参数说明：

Lookup_value代表需要查找的数值；

Table_array代表需要在其中查找数据的单元格区域；

Col_index_num为在table_array区域中待返回的匹配值的列序号（当Col_index_num为2时，返回table_array第2列中的数值，为3时，返回第3列的值……）；

Range_lookup为一逻辑值，如果为TRUE或省略，则返回近似匹配值，也就是说，如果找不到精确匹配值，则返回小于lookup_value的最大数值；如果为FALSE，则返回精确匹配值；如果找不到，则返回错误值#N/A。

应用举例：在D65单元格中输入公式：=VLOOKUP(B65,B2:D63,3,FALSE)，确认后，只要在B65单元格中输入一个学生的姓名（如丁48），D65单元格中即刻显示出该学生的语言成绩。

提示：Lookup_value参见必须在Table_array区域的首列中；如果忽略Range_lookup参数，则Table_array的首列必须进行排序；在此函数的向导中，有关Range_lookup参数的用法是错误的。

（34） WEEKDAY函数

主要功能：给出指定日期的对应的星期数。

使用格式：WEEKDAY(serial_number,return_type)。

参数说明：

serial_number代表指定的日期或引用含有日期的单元格；

return_type代表星期的表示方式[当Sunday（星期日）为1、Saturday（星期六）为7时，该参数为1；当Monday（星期一）为1、Sunday（星期日）为7时，该参数为2（这种情况符合中国人的习惯）；当Monday（星期一）为0、Sunday（星期日）为6时，该参数为3。

应用举例：输入公式：=WEEKDAY(TODAY(),2)，确认后即给出系统日期的星期数。

提示：如果是指定的日期，应放在英文状态下的双引号中，如=WEEKDAY("2003-12-18",2)。

2. 函数的四舍五入

在实际工作的数学运算中，特别是财务计算中常常遇到四舍五入的问题。虽然Excel的单元格格式中允许定义小数位数，但是在实际操作中发现其实数字本身并没有真正的四舍五入，只是显示结果似乎四舍五入了。如果采用这种四舍五入方法的话，在财务运算中常常会出现几分钱的误差，而这是财务运算不允许的。那么如何来实现真正的四舍五入呢？其实Excel提供了这方面的函数，即ROUND函数，它可以返回某个数字按指定位数进入四舍五入。

在Excel的“数学与三角函数”类别中提供了一个名为ROUND(number,num_digits)的函数，它的功能就是根据指定的位数将数字四舍五入。这个函数有两个参数，分别是number

和num_digits。其中number就是将要进行四舍五入的数字；num_digits则是希望得到的数字的小数点后的位数。

例如：单元格A1中为初始数据0.12345678，要对它进行四舍五入，可在单元格B1中输入“=ROUND(A1,2)”，小数点后保留两位有效数字，得到0.12。在单元格C1中输入“=ROUND(A1,4)”，则小数点保留四位有效数字，得到0.1235。

对于数字进行四舍五入，还可以使用INT（取整函数），但由于这个函数的定义是返回实数舍入后的整数值，因此用INT函数进行四舍五入还是需要一些技巧的，也就是要加上0.5才能达到取整的目的。例如，要为单元格A1中的数据0.12345678用INT函数进行四舍五入，则B2公式应写成：“=INT(A1*100+0.5)/100”。

8.6　数据筛选技巧与疑难排解

筛选是指在工作表中只显示满足给定条件的数据，而不显示不满足条件的数据。因此，筛选是一种用于查找数据清单中满足给定条件的快速方法。为了获得最佳效果，请不要在同一列中使用混合的存储格式（如：文本和数字，或数字和日期），因为每一列只有一种类型的筛选命令可用。如果使用了混合的存储格式，则显示的命令将是出现次数最多的存储格式。例如，如果该列包含作为数字存储的3个值和作为文本存储的4个值，则显示的筛选命令是“文本筛选”。

8.6.1　数据筛选的方法与技巧

Excel提供了自动筛选和高级筛选两种筛选类型。使用自动筛选可以创建3种筛选类型：按列表值、按格式或按条件。对于每个单元格区域或列表来说，这3种筛选类型是互斥的。例如，不能既按单元格颜色又按数字列表进行筛选，只能在两者中任选其一；不能既按图标又按自定义筛选进行筛选，只能在两者中任选其一。

1.　按列表值筛选

按列表值筛选是指按数据清单中的特定数据值来进行筛选的方法。在数据清单中单击，然后切换到“数据”选项卡，单击“排序和筛选”组中的“筛选”按钮，即可在每个字段的右边都将出现一个下拉按钮▾。单击要进行筛选的字段名右侧的下拉按钮，可弹出一个下拉菜单，其中除了筛选命令外，还有一个列表框，其中列出该字段中的数据项，如图8-54所示。

数据项列表框中最多可以列出10 000条数据，单击并拖动右下角的尺寸控制柄可以放大自动筛选菜单。在列表框中选择符合条件的项，即可在数据清单中只显示符合条件的记录。如果列表很大，可先清除顶部的“（全选）”复选框，然后选择要作为筛选依据的特定数据值。

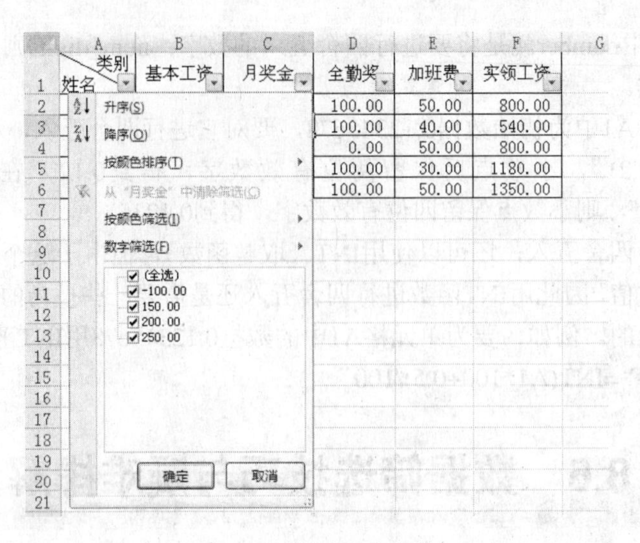

图 8-54　自动筛选菜单

2. 按颜色筛选

有时，为了突出某一类型的数据，用户可能会给某些单元格或者其中的数据设置颜色。在Excel 2007中当需要将设置了相同颜色的单元格或者数据筛选出来的时候，只需单击要进行筛选的字段名右侧的下拉按钮，从弹出菜单中选择“按颜色筛选”子菜单中的所需颜色，即可得出相应的筛选结果。

3. 按指定条件筛选

按列表值或按颜色筛选数据时虽然方便快捷，但只能用于简单的筛选，而在实际操作中，常常涉及到更复杂的筛选条件，利用这些筛选功能已无法完成，这时就需要指定筛选条件进行更高级的筛选。

不同类型的数据可设置的条件也不一样，对于文本数据，可指定“等于”、“不等于”、“开头是”、“结尾是”、“包含”、“不包含”等条件；对于数字数据，可指定“等于”、“不等于”、“大于”、“大于或等于”、“小于”、“小于或等于”、“介于”、“10 个最大的值”、“高于平均值”、“低于平均值”等条件；而对于时间和日期数据，则可以指定“等于”、“之前”、“之后”、“介于”、“明天”、“今天”、“昨天”、“下周”、“本周”、“上周”、“下月”、“本月”、“上月”、“下季度”、“本季度”、“上季度”、“明年”、“今年”、“去年”、“本年度截止到现在”以及某一段时间期间所有日期等条件。此外，每种类型的数据都可以自定义筛选条件。

根据所选的数据类型，在筛选菜单中选择“数字筛选”、“文本筛选”或者“日期筛选”子菜单中的所需条件命令，可打开相应的对话框，指定所需的条件，然后单击“确定”按钮，即可按指定条件筛选出所需数据。

4. 高级筛选

前面 3 种筛选方法虽然形式不同，但都属于自动筛选。使用自动筛选功能查找符合条件的记录虽然方便快捷，但用该命令时设置的查找条件不能太复杂。而在实际操作中，常常涉及到更复杂的筛选条件，利用自动筛选已无法完成，这时需要使用高级筛选使用多个条件进行筛选，甚至计算结果也可以用做筛选条件。

使用高级筛选时，必须先建立一个条件区域，并在此区域中输入筛选数据要满足的条件（在条件区域中不一定要包含工作表中的所有字段，但其中的字段必须是工作表中的字段），在字段下面输入筛选条件，例如，在一个工资表中，要对工资表中的“实领工资”字段进行高级筛选，使数据清单中只显示实领工资大于 1000 元的人员名单，应先在数据区域上方插入 3 个空行，然后在“实领工资”字段上方的第 1 个空单元格中输入列标志“实领工资”，再按 Enter 键将插入点移到下一行的空单元格中，输入筛选条件“>1000”，如图 8-55 所示。

然后，切换到“数据”选项卡，单击“排序和筛选”组中的“高级”按钮，打开如图 8-56 所示的“高级筛选”对话框，设置所需条件，即可进行高级筛选。

	A	B	C	D	E	F	G
1						单位：元	
2						实领工资	
3						>1000	
4							
5	类别 姓名	基本工资	月资金	全勤奖	加班费	实领工资	
6	林中风	500.00	-100.00	100.00	40.00	540.00	
7	原月红	600.00	150.00	0.00	50.00	800.00	
8	郝思佳	400.00	250.00	100.00	50.00	800.00	
9	刘立本	800.00	250.00	100.00	30.00	1180.00	
10	郝卫东	1000.00	200.00	100.00	50.00	1350.00	
11	合计						

图 8-55　设置高级筛选条件

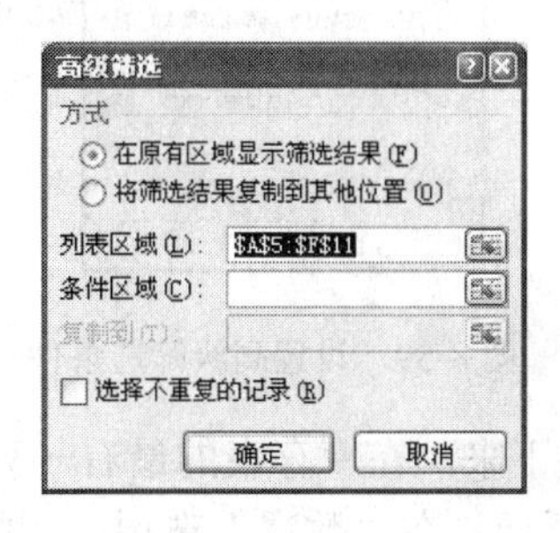

图 8-56　“高级筛选”对话框

8.6.2　疑难排解

在工作中可能会经常遇到一些需要用到数据筛选功能的疑难问题，本节介绍两个例子，并给出它们的解决方法。

1.　在同列中筛选重复数据

疑难问题：在 Excel 工作表的同一列中选出不重复的数据，重复的不要。如图 8-57 所示的列数据中让筛选结果只剩下 2000 和 4000。

解决方法：在 A1 单元格上方插入一行，写上标题“数据”，这样原来的数据将从 A2 开始。在 B2 单元格中输入=COUNTIF(A:A,A2)=1，再将光标定位在 A 列，在“数据”选项卡“排序和筛选”组中单击“高级”按钮，打开“高级筛选”对话框，在“列表区域”框中引用 A 列，在“条件区域”框中引用 B1:B2，然后单击“确定”按钮。

	A
1	1000
2	1000
3	2000
4	3000
5	3000
6	5000
7	5000
8	4000
9	

图 8-57　自动筛选菜单

2.　比较数据表的异同

疑难问题：工作中经常会遇到这种情况，有两个数据表，想要知道两个表的公共部分和独有部分。例如，如图 8-58 所示，左面是库房存货，右面是今天销售的货号，要求出两者的公共部分，即哪些是库房里还有的，哪些是库房里没有的。

解决方法：把光标放在左面数据表的任意单元格，在“数据”选项卡“排序和筛选”组中单击“高级”按钮，打开“高级筛选”对话框，在“列表区域”框中引用 A1:E7，在

“条件区域”框中引用 H1:H5，如图 8-59 所示。单击“确定”按钮，得到图 8-60 所示的结果。

	A	B	C	D	E	F	G	H
1	代号	名称	型号	价格	产地			代号
2	A001	男鞋	42	150	广州			A003
3	A002	女鞋	38	140	上海			A005
4	A003	男衣	176	280	北京			A006
5	A004	女衣	165	290	广州			A007
6	A005	男裤	180	190	上海			
7	A006	女裤	170	150	北京			
8								

图 8-58　数据表示例

图 8-59　设置高级筛选条件

	A	B	C	D	E	F	G	H
1	代号	名称	型号	价格	产地			代号
4	A003	男衣	176	280	北京			A006
6	A005	男裤	180	190	上海			
7	A006	女裤	170	150	北京			
8								

图 8-60　筛选结果

接下来，在库存表的最右一列里输入“1”，并把“1”复制到整个表的最右一列，如图 8-61 所示。在“数据”选项卡“排序和筛选”组中单击“清除”按钮，使筛选后隐藏的内容显示出来，如图 8-62 所示。标有“1”的数据行就是两个表的公共部分，没有标“1”的行就是独有部分。

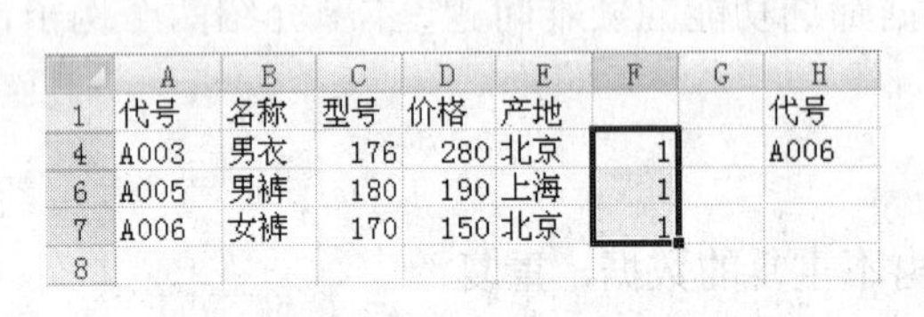

	A	B	C	D	E	F	G	H
1	代号	名称	型号	价格	产地			代号
4	A003	男衣	176	280	北京	1		A006
6	A005	男裤	180	190	上海	1		
7	A006	女裤	170	150	北京	1		
8								

图 8-61　输入数据 1

	A	B	C	D	E	F	G	H
1	代号	名称	型号	价格	产地			代号
2	A001	男鞋	42	150	广州			A003
3	A002	女鞋	38	140	上海			A005
4	A003	男衣	176	280	北京	1		A006
5	A004	女衣	165	290	广州			A007
6	A005	男裤	180	190	上海	1		
7	A006	女裤	170	150	北京	1		
8								

图 8-62　对比结果

技巧：

（1） 要用于筛选的两个列的标题行内容必需一致，如本例中 A 列和 H 列的标题都是“代号”，并且在填写条件时的“数据区域”和“条件区域”里的内容要包含有标题，如本例是“$H$1：$H$5”，而不是“$H$2：$H$5”。

（2） 由于筛选实际上是隐藏不符合条件的行，而在隐藏状态下，许多操作都不可行，所以要取消隐藏，而取消隐藏后，就看不到结果了，要在隐藏状态下给符合条件的行最后加上一个标记“1”以示区别，这样当取消隐藏后仍能根据是否有“1”这个标记而看到结果。

（3） 用于筛选的两列里不能有空白单元格，如本例里的两个“代号”列要连续，不能有空白单元格。

（4） 结果显示出来后，隐藏的是整行，所以在看左面的数据结果时会发现右边的数据表也少了行数。

第 9 章 PowerPoint 的应用与疑难排解

【本章导读】

Microsoft Office PowerPoint 2007 是一个专业的演示文稿制作软件，以幻灯片做为主体，可在其中使用文字、图片和表格等各种信息表达方式，并且可以链接 Excel 工作表、声音和视频等多种多媒体技术。演示文稿可用于会议、企业介绍和产品展示等各种场合，是自动化办公的得力工具之一。本章即介绍 PowerPoint 2007 的应用与疑难排解方法。

【内容提要】

λ PowerPoint 2007 的基本应用。

λ 对象与多媒体应用技巧与疑难排解。

λ 图表应用技巧与疑难排解。

λ 版式和设计技巧与疑难排解。

λ 动画设置和播放技巧与疑难排解。

λ 输出和文件安全技巧与疑难排解。

9.1 PowerPoint 的基本应用

一份完整的电子演示文稿是由具有相关内容的多张幻灯片构成的，为了充分表达出设计者的意图，还可以辅以备注、讲义和大纲等说明性文字。演示文稿的主体是幻灯片，也就是说，演示文稿的创建主要就是对幻灯片的设计与制作。

9.1.1 创建演示文稿

在 PowerPoint 2007 程序窗口中单击 Office 按钮，从弹出菜单中选择“新建”命令，打开如图 9-1 所示的“新建演示文稿”对话框，在其中选择要使用的模板，然后单击“创建”按钮，即可基于模板创建一个新演示文稿。此外，按 Ctrl+N 组合键，可创建一个空白演示文稿。

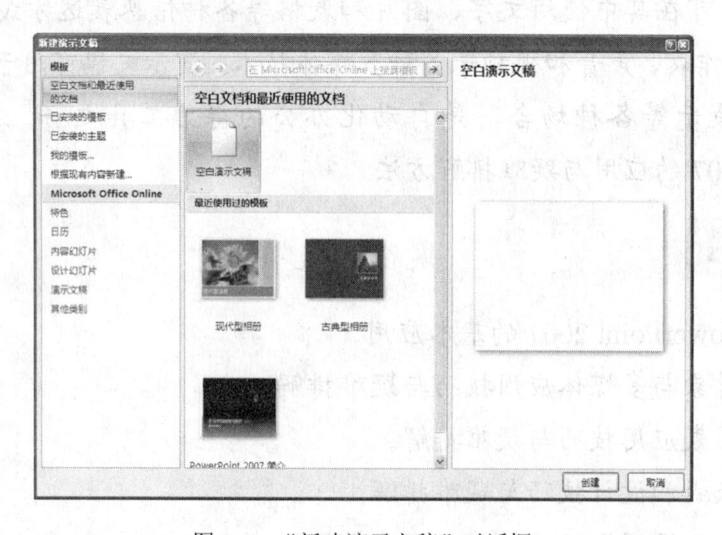

图 9-1 “新建演示文稿”对话框

新建演示文稿后，用户应注意随时保存文件，以免由于断电等意外事故而造成成果的丢失。单击快速工具栏上的“保存”按钮，或者在Office菜单中选择“保存”命令，都可以保存当前演示文稿。如果演示文稿是第一次被保存，将会打开“另存为”对话框，在其中指定保存位置和文件名，然后单击“保存”按钮，即可保存新演示文稿。此后，每一次保存操作都将保存对演示文稿的更改。PowerPoint 2007演示文稿的默认保存格式为.pptx。

如果要将一个已有演示文稿的备份文件保存为其他格式，可在“Office菜单”中选择“另存为”子菜单中的命令。例如，选择“PowerPoint 97-2007演示文稿”命令可以确保在低版本的PowerPoint程序中打开被保存的PowerPoint 2007演示文稿。

9.1.2 编辑幻灯片

演示文稿的主体是幻灯片，因此对演示文稿的编辑主要就是对幻灯片的编辑。演示文稿通常是由多张幻灯片组成的，因此在编辑演示文稿的过程中，随着内容的不断增加，常常需要插入新的幻灯片。用户可以插入新幻灯片并向其中添加内容，也可以直接将其他演示文稿中现成的幻灯片直接导入到当前演示文稿中。

1. 插入和删除幻灯片

在功能区中的“开始”选项卡“幻灯片”组中单击“新建幻灯片”按钮，即可插入一张“标题和内容”版式的新幻灯片，如图9-2所示。

如果要插入其他版式的幻灯片，则用户可单击“新建幻灯片”按钮下方的向下箭头，在弹出菜单中单击所需版式的图标，如图9-3所示。若要插入一张与上一张幻灯片版式相同的幻灯片，可在“新建幻灯片”弹出菜单中选择“复制所选幻灯片”命令。

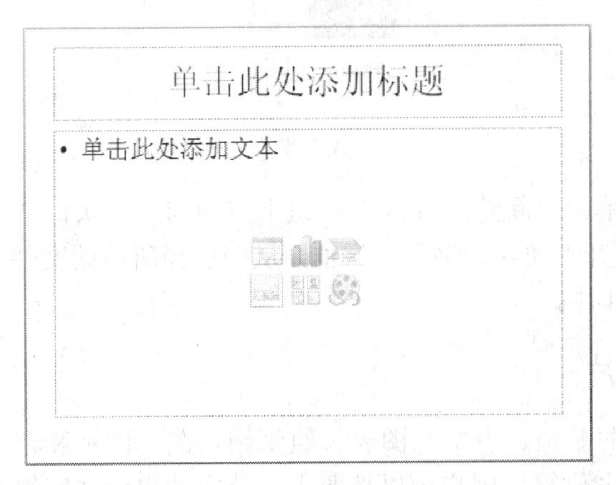

图 9-2　“标题和内容”版式的幻灯片

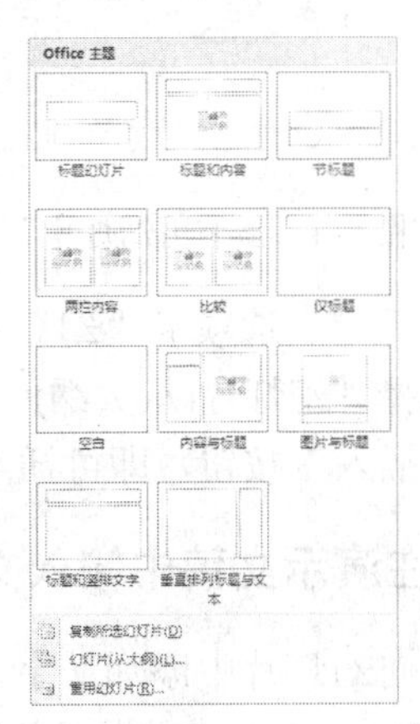

图 9-3　“新建幻灯片”弹出菜单

在“开始”选项卡“幻灯片”组中单击“删除幻灯片”按钮，可以删除当前选定的幻灯片。

2. 重用幻灯片

在PowerPoint 2007中，用户可以将已创建的幻灯片存放在幻灯片库中，以便可以重复使用。也可以重用其他演示文稿中的幻灯片。在“开始”选项卡“幻灯片”组中单击“新建幻灯片”按钮下方的向下箭头，从弹出菜单中选择“重用幻灯片”命令，会在程序窗口右侧显示一个“重用幻灯片”任务窗格，如图9-4所示。

在“重用幻灯片”任务窗格中单击“浏览”按钮，从弹出菜单中选择“浏览幻灯片库”命令，打开“我的幻灯片库”对话框，选择幻灯片库中的幻灯片；或者选择“浏览文件”命令，打开“浏览”对话框，选择保存在计算机中的已有演示文稿。单击“打开”按钮后，所选幻灯片即会显示在出现在“重用幻灯片”任务窗格中的列表框中，如图9-5所示。

将鼠标指针放在导入的某张幻灯片缩略图上，此幻灯片即被放大显示。单击所需幻灯片，即可在当前演示文稿中插入此幻灯片。如果选中“保留源格式”复选框，还可以使插入的幻灯片保持它原来的已设定格式。

3. 插入大纲幻灯片

可以将其他文档中的文本作为幻灯片的大纲来插入到PowerPoint中，原来文档中的每一个段落会各自成为一张新幻灯片的标题文字。

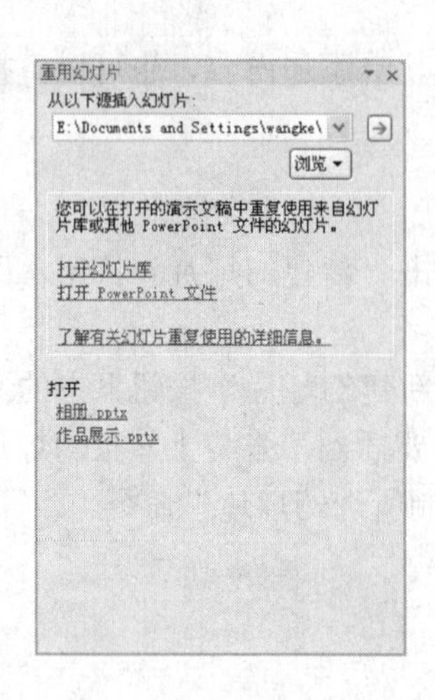

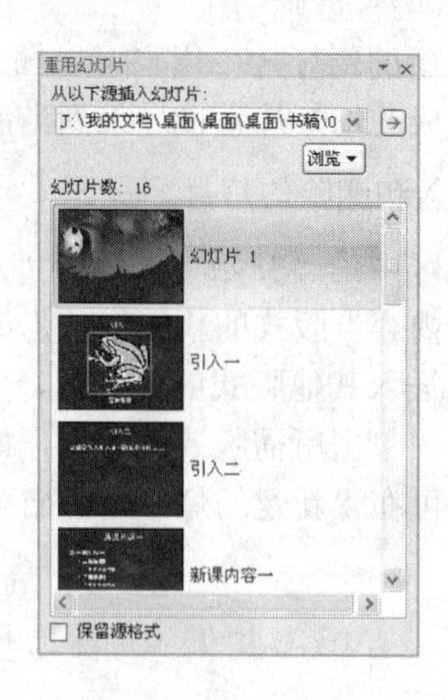

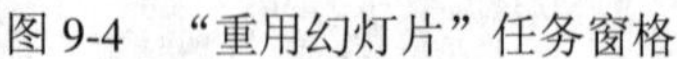
图 9-4 “重用幻灯片”任务窗格　　　　图 9-5 插入幻灯片

在“开始”选项卡“幻灯片”组中单击“新建幻灯片”按钮下方的向下箭头，从弹出菜单中选择“幻灯片(从大纲)”命令，打开“插入大纲”对话框，从中选择所需的文件，然后单击“插入”按钮，即可插入大纲幻灯片。

9.1.3 在演示文稿中输入文字和图片

可以向幻灯片中添加文字、图片、剪贴画、表格、图表、组织结构图、图示和艺术字等内容。PowerPoint 提供了各种对象的占位符，用户可以按照占位符中的提示文字很容易地插入相应的对象。当然，也可以使用工具栏中的相应工具向幻灯片中添加所需的对象，如用文本框添加文字，用“插入”工具添加图片或者其他对象等。

1. 添加文字

在 PowerPoint 中，文本位于文本占位符或文本框中，这样有利于调整文本在幻灯片中的位置。不同的文本占位符用于放置不同类型的文本内容，例如，标题占位符用于放置标题文本，正文占位符则用于放置正文文本等。有 3 种方法可以向幻灯片中添加文字：一是直接在幻灯片的内容占位符中键入文字；二是在“大纲”选项卡中键入文字；三是在幻灯片中插入文本框，然后在文本框中键入文字。

（1） 在内容占位符中键入文字。

要在内容占位符中键入文字，只需在内容占位符中单击鼠标，然后键入或粘贴文本即可。默认情况下，内容占位符中的文本带有项目符号，按 Bock Space 键即可取消当前行的项目符号。按 Shift+Enter 组合键可以在段落中换行，按 Enter 键直接换段。

在内容占位符中键入文本时，如果键入的文本超出了占位符的大小，PowerPoint 会逐渐减小键入的字号和行间距，以使文本大小与占位符相适应。

（2） 在“大纲”选项卡中键入文字。

在 PowerPoint 程序窗口左侧的“幻灯片/大纲”窗格中单击“大纲”标签，切换到“大纲”选项卡，将插入点放置在要添加文字的幻灯片图标后面，然后键入所需的文字，此文字即成为该幻灯片的标题文字。按 Enter 键，再按 Tab 键，然后键入文字，此文字即为下一级大纲文字，依此类推，如图 9-6 所示。包括标题在内一共可以使用 10 级大纲文字。

在“大纲”选项卡中，将光标置于上一张幻灯片的标题文字之后，按 Enter 键可在当前幻灯片下方插入一张新幻灯片，再按 Tab 键即可取消新幻灯片，以键入下一级大纲文字。

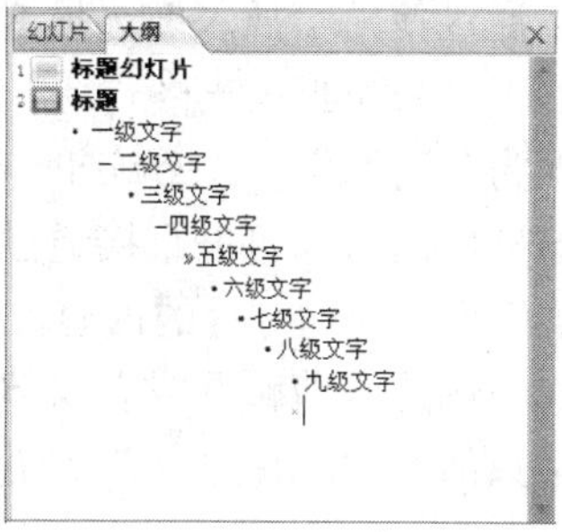

（3） 在幻灯片中插入文本框。

使用文本框可以将文本放置到幻灯片的任何位置，而不必拘泥于文本占位符之中。例如，可以利用文本框将文字放置在图片附近以成为图片的说明文字，或者为“空白”版式的幻灯片添加文字。

图 9-6　在“大纲”选项卡中键入文字

文本框内的文本有横排和竖排两种排列方式，并且可以为文本框本身设置各种特殊效果。在文本框中可以直接键入文字，也可以复制粘贴外部文本。

在程序窗口左侧的“幻灯片/大纲”窗格中选择要在其中插入文本框的幻灯片，使其显示在幻灯片窗格中，在功能区中切换到“插入”选项卡，在“文本”组中单击“文本框”按钮下方的向下箭头，在弹出的菜单中选择“横排文本框”命令，然后在幻灯片中单击，或者拖动鼠标，即可插入一个横排文本框。用单击方式插入的文本框可键入单行文本，而用拖动方式插入的文本框则可以键入换行文本。

如果要插入一个竖排文本框，则用户可以从“文本框”弹出菜单中选择“竖排文本框”命令，然后在幻灯片中单击或者拖动鼠标插入文本框。

2. 添加艺术字

艺术字是将文字经过伸长、倾斜、弯曲、旋转或设计成阴影、三维等特殊效果的文本。在 PowerPoint 2007 中可以直接将普通文字转换为艺术字，也可以直接插入艺术字。

在幻灯片中选择所需文字后，功能区中会自动出现一个“绘图工具”的“格式”选项卡，如图 9-7 所示。在该选项卡的“艺术字样式”组中选择快速样式，或者根据需要自行设置，即可将普通文字转换为艺术字。

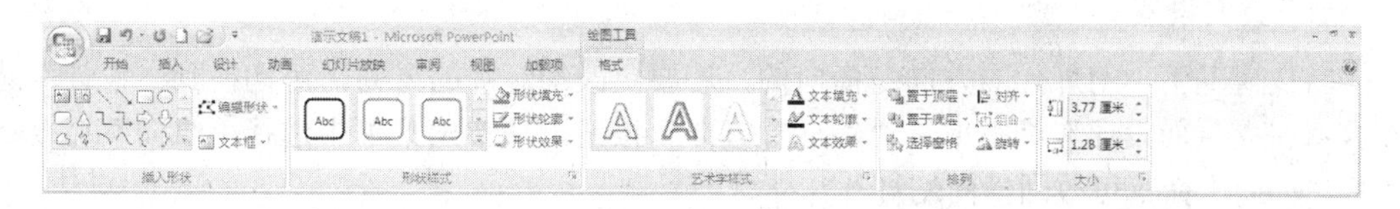

图 9-7　“绘图工具”的“格式”选项卡

如果要直接插入艺术字，则用户可以在功能区中切换到“插入”选项卡，在“文本”组中单击“艺术字”按钮，从弹出菜单中选择艺术字样式，向幻灯片中插入一个艺术字占位符，如图9-8所示。然后，在艺术字占位符中键入所需内容替换提示文字即可。直接插入的艺术字也可以使用绘图工具“格式”选项卡中的工具设置其格式。

3. 添加其他对象

用PowerPoint 2007创建演示文稿时，可以向幻灯片中添加各种对象，如各种形状、剪贴画、图片、表格、图表、SmartArt图形、媒体剪辑等。和在Word中的操作一样，它们都可以通过使用“插入”选项卡“插图”组中的工具来进行插入，然后使用“格式”选项卡中的工具来为其设置格式。

为了简便操作，PowerPoint还专门提供了包含各种对象占位符的幻灯片版式，当用户选择这些版式后，可以直接通过单击占位符中的图标来插入相应的对象。例如，在“标题和内容”版式的幻灯片的内容占位符中，既可以添加文本，也可以插入表格、图表、SmartArt图形、图片、剪贴画或者媒体剪辑对象。此外，还有一种“图片与标题”幻灯片版式，在其中只能插入图片内容，如图9-9所示。

图 9-8　在幻灯片中插入艺术字占位符

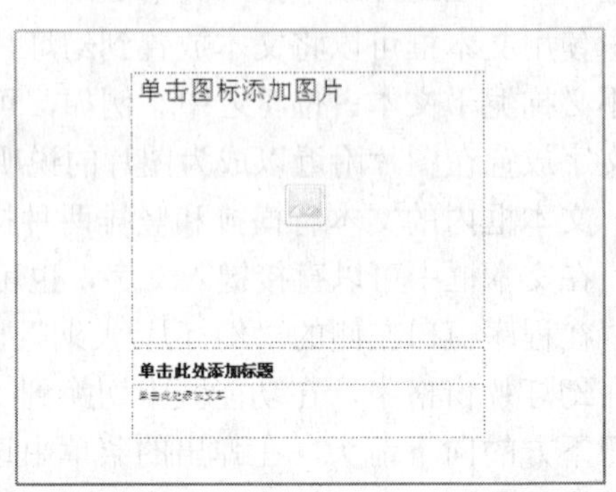

图 9-9　“图片与标题”版式

使用内容占位符来插入对象十分方便，只需在占位符中单击与要插入的对象所对应的图标按钮，打开相应的对话框，选择或者设置所需的对象即可。

9.1.4　设置演示文稿的主题和样式

一份好的演示文稿不但要有充实的内容，还要有和谐统一的格式。由于幻灯片是演示文稿的主体，因此对演示文稿风格的设计主要就是对幻灯片格式的设置。在 PowerPoint 2007 中控制幻灯片外观的方法有 3 种：主题、母版和幻灯片版式。此外，用户还应预先指定幻灯片的大小、方向等参数。

1.　页面设置

默认情况下，幻灯片的方向是横向的，若要更改幻灯片的方向，可切换到“设计”选项卡，在“页面设计”组中单击“幻灯片方向”按钮，从弹出菜单中选择“纵向”命令。选择“横向”命令可改回横向幻灯片。

若要设置幻灯片的大小及更多的页面选项，可在“设计”选项卡“页面设置”组中单击“页面设置”按钮，打开“页面设置”对话框，在其中进行所需的设置，如图 9-10 所示。

2.　使用主题

通过应用主题，用户可以快速而轻松地设置整个演示文稿的格式，包括主题颜色、主题字体（包括标题字体和正文字体）和主题效果（包括线条和填充效果）。使用“设计”选项卡“主题”组的工具可以选择主题或更改主题设计。

切换到“设计”选项卡，在“主题”组中单击样式库内的某一主题样式图标，即可将该主题应用到当前演示文稿中，单击“颜色”、“字体”和“效果”按钮还可更改所用主题的细节。右击所需样式的图标，从弹出的快捷菜单中可选择应用主题的幻灯片范围，或者是否将当前主题设置为默认主题，以应用到以后创建的演示文稿中，如图 9-11 所示。

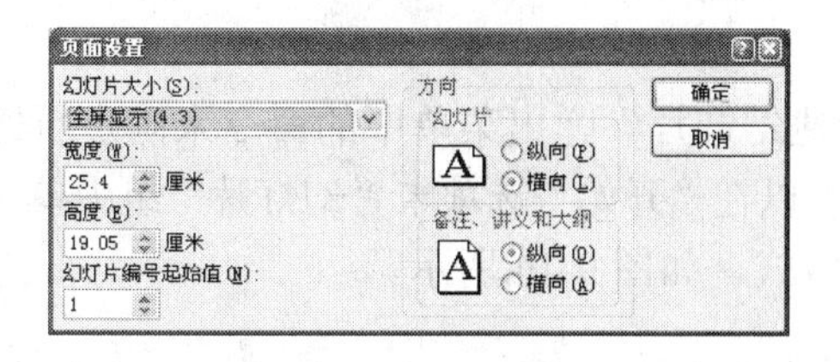

图 9-10　“页面设置”对话框

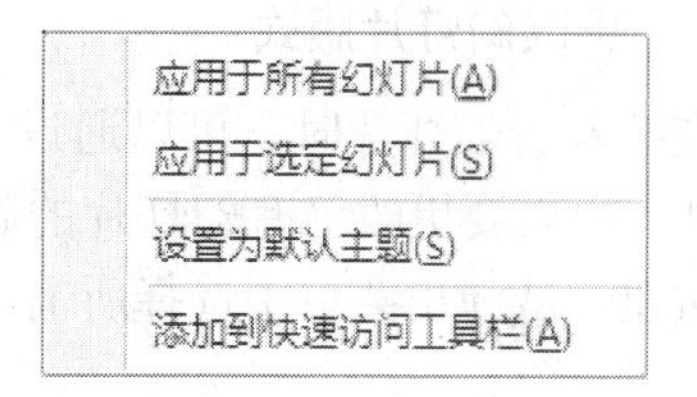

图 9-11　样式图标的右键快捷菜单

3. 修改母版

幻灯片母版是指存储有关所应用的设计模板信息的幻灯片，包括字形、占位符大小或位置、背景设计和色彩方案。幻灯片母版控制幻灯片上所键入的标题和文本的格式与类型。对幻灯片母版的修改会反映在每张幻灯片上。如果要使个别幻灯片的外观与母版不同，应直接修改该幻灯片而不是修改母版。

切换到“视图”选项卡，在“演示文稿视图”组中单击“幻灯片母版”按钮，即可切换到幻灯片母版视图，并显示“幻灯片母版”选项卡，如图 9-12 所示。

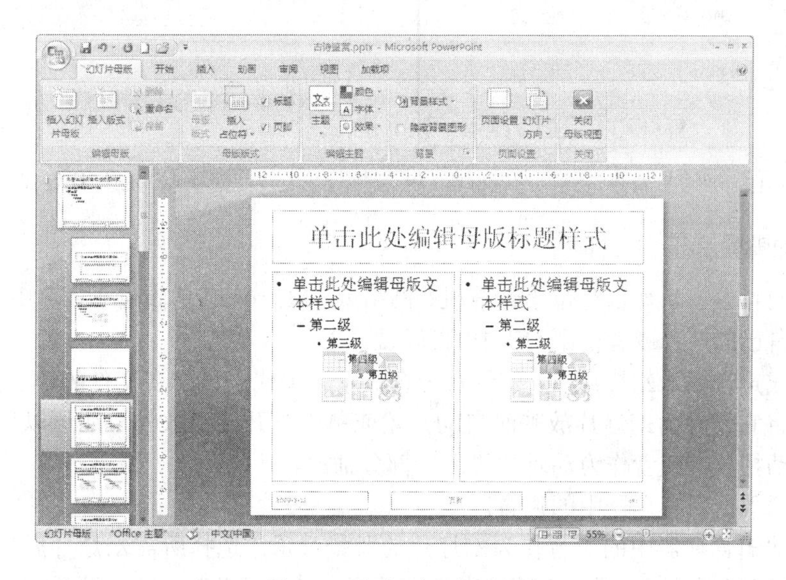

图 9-12　幻灯片母版视图

根据提示修改母版上的各个元素，即可更改每张幻灯片中的相应格式。修改完毕，在“幻灯片母版”选项卡“关闭”组中单击“关闭母版视图”按钮，即可关闭母版视图，切换回原来的视图中。

4. 设置幻灯片背景

可以利用背景工具来更改幻灯片的背景。切换到“设计”选项卡，在“背景”组中单击“背景样式”按钮，从弹出菜单中可选择PowerPoint预设的背景颜色。

如果要为幻灯片应用其他背景，如纯色填充、渐变填充、纹理或图案等，可在弹出菜单中选择“设置背景格式”命令，打开“设置背景格式”对话框，选择所需的背景类型，然后进行相应的设置，如图9-13所示。

5. 更改幻灯片版式

在插入新幻灯片时，可以通过选择“新建幻灯片”弹出菜单中的命令来确定新幻灯片的版式。如果要更改已有幻灯片的版式，则可以在“开始”选项卡“幻灯片”组中单击“版式”按钮，从弹出菜单中选择所需的幻灯片版式，如图 9-14 所示。

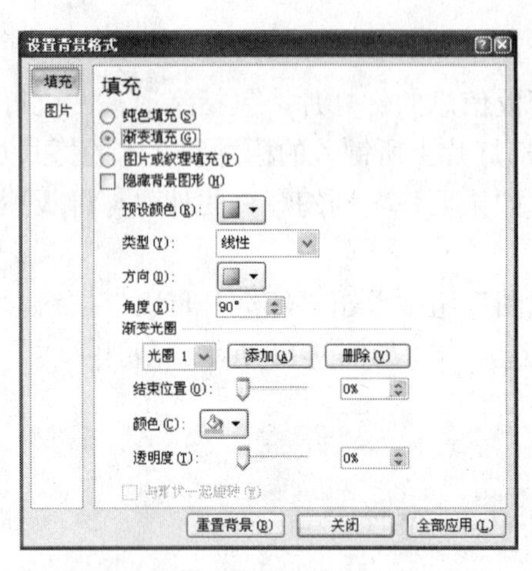

图 9-13 “设置背景格式”对话框

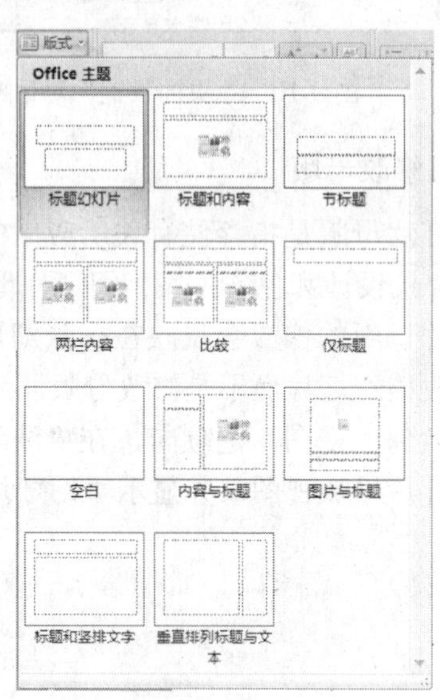

图 9-14 幻灯片版式

6. 添加背景音乐

幻灯片的背景音乐可以是位于计算机、网络或“Microsoft 剪辑管理器”中的音乐文件，也可以录制自己的声音或者使用 CD 中的音乐。

将音乐或声音插入幻灯片后，幻灯片上会显示一个代表该声音文件的声音图标 。用户除了可以将它设置为幻灯片放映时自动开始或单击时开始播放外，还可以设置为带有时间延迟的自动播放，或者作为动画片段的一部分播放。

（1） 插入剪辑管理器中的声音。

要使用剪辑管理器中的声音作为幻灯片的背景音乐，选择所需幻灯片后，可在功能区中切换到“插入”选项卡，在“媒体剪辑”组中单击“声音”按钮，从弹出菜单中选择“剪辑管理器中的声音”命令，打开“剪贴画”任务窗格，此时列表框中显示的是剪辑库中保存的声音文件，如图 9-15 所示。单击所需的剪辑，会打开一个如图 9-16 所示的提示对话框，根据需要单击“自动”或“在单击时”按钮即可。添加背景音乐后，在幻灯片中会出现声音图标。若要删除背景音乐，只需选择声音图标，按 Delete 键将其删除即可。

（2） 插入文件中的声音。

要在幻灯片中插入计算机中已保存的声音，应在选择所需的幻灯片后，在“插入”选项卡“媒体剪辑”组中单击“声音”按钮，从弹出菜单中选择“文件中的声音”命令，打开“插入声音”对话框，选择所需的文件，然后在打开的提示对话框中根据需要单击“自动”或“在单击时”按钮即可。

图 9-15　选择声音文件

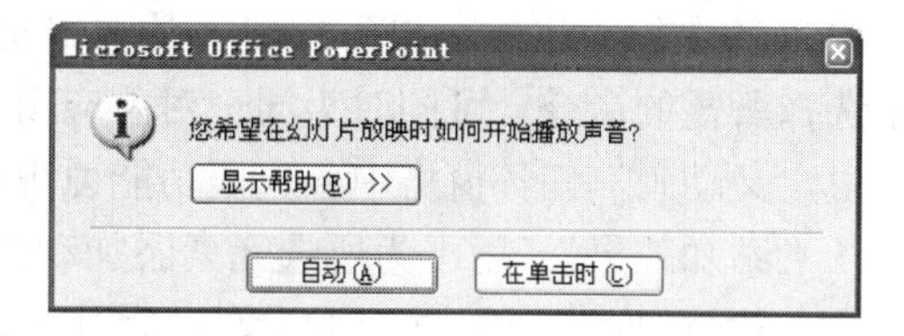

图 9-16　提示对话框

（3）　插入 CD 音乐。

通过播放 CD 向演示文稿中添加音乐时音乐文件不会添加到幻灯片中。在“插入”选项卡“媒体剪辑”组中单击“声音”按钮，从弹出菜单中选择“播放 CD 乐曲”命令，打开“插入 CD 乐曲”对话框，即可创建 CD 的设置，如图 9-17 所示。

（4）　录制声音。

PowerPoint 还提供了录音功能，以供用户自行录制声音文件。在“插入”选项卡“媒体剪辑”组中单击“声音”按钮，从弹出菜单中选择“录制声音”命令，打开如图 9-18 所示的“录音”对话框，在“名称”对话框中键入声音文件的名称，然后单击录音按钮●即开始录制声音。单击停止按钮■可停止声音的录制，单击播放按钮▶可播放录制的声音。

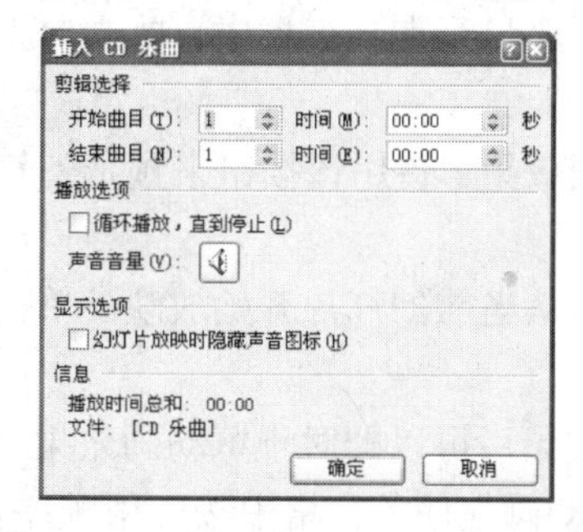

图 9-17　“插入 CD 乐曲”对话框

图 9-18　“录音”对话框

9.1.5　设置自定义动画和放映方式

可以为幻灯片中的文本或对象添加动画效果，使演示文稿更加生动活泼。可以为对象应用程序中预设动画方案，也可以自定义动画效果。并且可以为同一文本或对象应用多种动画效果。

1.　应用预设动画方案

可使用“动画”选项卡“动画”组中的工具来为幻灯片中的元素设置效果。选定某个幻灯片元素，并在功能区中切换到“动画”选项卡后，若要为其应用预设的动画方案，可在“动画”组中打开“动画”下拉列表框，从中选择一种动画效果。PowerPoint 2007 提供了“淡出”、“擦除”和“飞入”3 种预定义的动画方案。

2. 应用自定义动画

若要为幻灯片中的元素应用自定义动画方案，选定所需元素后，应在“动画”选项卡“动画”组中单击“自定义动画”按钮，显示如图 9-19 所示的“自定义动画”任务窗格，单击其中的“添加效果”按钮，从弹出菜单及其子菜单中选择所需的命令。可同时为同一对象应用多种效果。

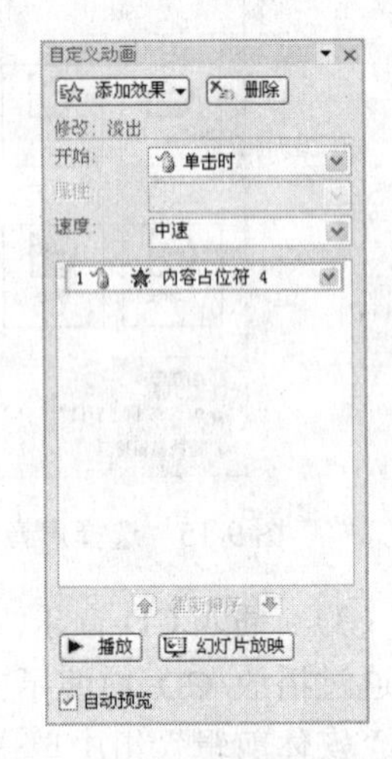

图 9-19 “自定义动画”任务窗格

“自定义动画”任务窗格中各选项功能说明如下。

- “添加效果”：用于为所选元素添加动画效果。单击此按钮可弹出一个下拉菜单，其中包含 4 种效果类型，分别用于为所选对象设置以某种效果进入幻灯片放映演示文稿的动画效果，自身变换的动画效果，在某一时刻离开幻灯片的动画效果，以及按照指定的模式移动的动画效果。
- “删除”：用于删除自定义动画效果。
- “开始”：用于设置动画开始的时间。“单击时”表示在单击鼠标时开始动画；“之后”表示在上一动画结束后自动开始此动画；“之前”表示在下一动画开始之前自动开始此动画。
- “属性”：用于设置动画的属性。不同动画效果的属性表达可能有些不同。
- “速度”：用于选择动画的速度。
- “重新排序”：已设置的自定义动画项目均按顺序显示在列表框中，单击向上箭头或向下箭头按钮可调整动画项目的顺序。
- “播放”：用于播放当前幻灯片中所应用的动画效果。使用该按钮来预览幻灯片的动画效果时，不需要通过单击触发动画序列。
- “幻灯片放映”：用于切换到幻灯片放映视图，从当前幻灯片开始放映。单击该按钮可预览触发的动画如何运作。
- “自动预览”：用于使用户在为元素设置动画效果后可以即时预览动画效果。

为对象应用了动画效果后，这些效果会在“自定义动画”任务窗格中按应用顺序显示。播放动画的项目会在幻灯片上标注非打印编号标记，该标记对应于列表中的效果。

3. 调整声音文件设置

利用“自定义动画”任务窗格还可以调整声音文件停止的时间。选择插入到幻灯片中的声音图标后，在“自定义动画”任务窗格的列表框中单击该项目右侧的下拉按钮，将会弹出一个下拉菜单，如图 9-20 所示。从弹出菜单中选择“效果选项”命令，打开“播放 声音”对话框，切换到“效果”选项卡，即可调整所选声音文件的设置，如图 9-21 所示。在此选项卡中，“开始播放”选项组用于指定开始播放声音文件的时间；“停止播放”选项组用于指定停止播放声音文件的时间。

图 9-20　声音元素的弹出菜单

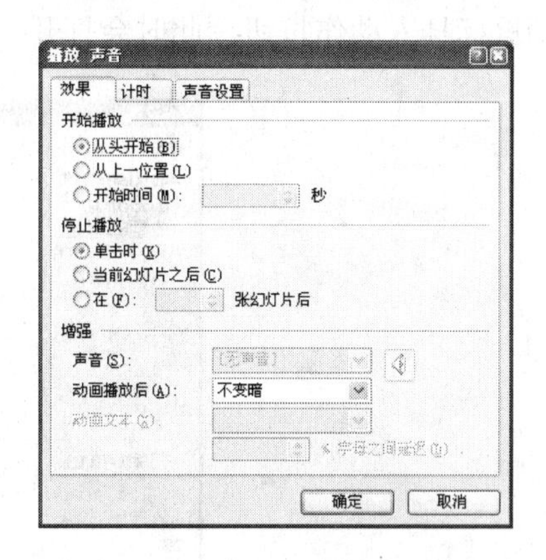

图 9-21　“播放 声音”对话框的“效果”选项卡

9.1.6　为演示文稿添加交互式功能

通过创建指向自定义放映或当前演示文稿中某个位置的超链接，可以使观众在观看演示文稿时进行交互，即单击代表超链接的文本或对象时，即可转到相应的链接位置。

1. 创建超链接

要创建幻灯片之间的链接，首先选择要用于代表超链接的文本或对象，然后切换到“插入”选项卡，在“链接”组中单击“超链接”按钮，打开“插入超链接”对话框，在“链接到”选项组中单击“本文档中的位置”按钮，然后在“请选择文档中的位置”列表框中选择要跳转到的幻灯片，如图 9-22 所示。

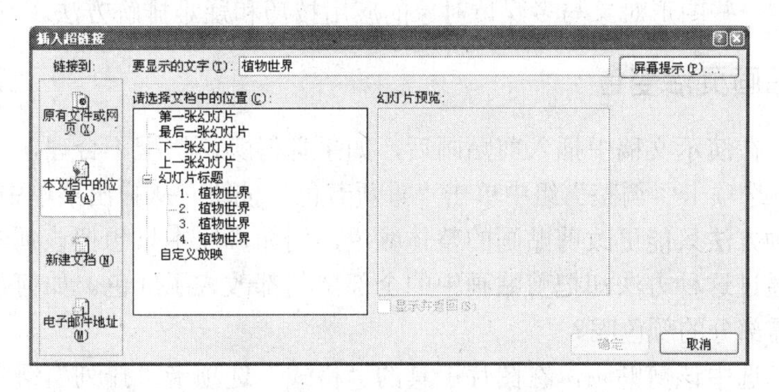

图 9-22　“插入超链接”对话框

若要链接到自定义放映，可在“请选择文档中的位置”列表框中选择所需的自定义放映设置，并选中“显示并返回”复选框。

2. 使用动作按钮

PowerPoint 提供了一组动作按钮图形，利用它们可以在幻灯片中添加动作按钮。在添加动作按钮的同时，用户需要为其指定触发该按钮的动作，以及该按钮所指向的目标。

在功能区中切换到“插入”选项卡，在“插图”组中单击“形状”按钮，可以看到弹出菜单底部包含一排“动作按钮”图标。单击所需的动作按钮图标，然后在幻灯片中单击

或者拖动鼠标插入动作按钮，此时会打开一个“动作设置”对话框，如图 9-23 所示。

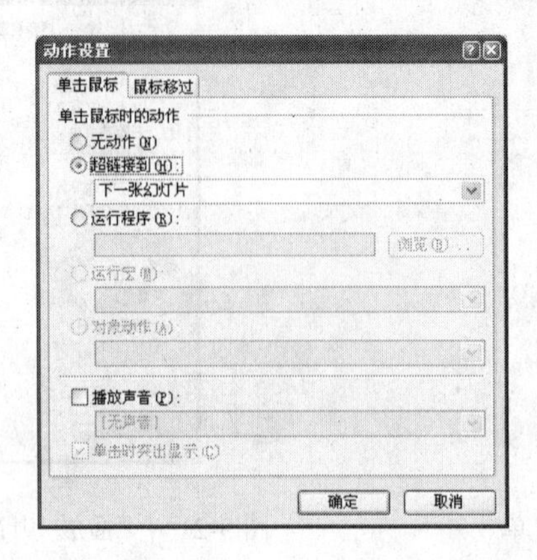

图 9-23 “动作设置”对话框

若要选择动作按钮在被单击时的行为，可在“单击鼠标”选项卡中进行所需的设置；若要选择鼠标移过时动作按钮的行为，则要切换到“鼠标移过”选项卡，进行所需的设置。两个选项卡中可设置的选项是相同的。

9.2 图形对象与多媒体应用技巧与疑难排解

在幻灯片中使用图形或者其他多媒体对象可以增加演示文稿的可看性，并加深观众的印象。本节介绍一些图形对象与多媒体对象的应用技巧和疑难排解方法。

9.2.1 使剪贴画灵活变色

疑难问题：在演示文稿中插入剪贴画后，如果觉得颜色搭配不合理，一般都会在图片工具的“格式”选项卡“调整”组中单击“重新着色”按钮，从弹出菜单中选择颜色效果。但是，使用这种方法只能更改剪贴画的整体颜色，例如，原本只想把该画中的一部分黑色改成红色，但通过这种方法却把剪贴画中的全部黑色都改成了红色。如何使剪贴画灵活变色，只更改所需部分的颜色呢？

解决方法：选中该剪贴画，在图片工具的“格式”选项卡“排列”组中单击“组合”按钮，从弹出菜单中选择“取消组合”命令。这时会打开一个如图 9-24 所示的提示对话框，单击其中的“是”按钮，即可将该剪贴画转换为多个图形对象，单击选择框外的空白处，取消对图形对象的选择，然后选择要改变颜色的那部分图形对象（有些可能需要进行多重分解），再单击“格式”选项卡“形状样式”组中的“形状填充”按钮，从弹出菜单中选择所需的颜色，即可更改所选部分图形对象的颜色。色彩编辑完毕，如果需要，可在“格式”选项卡“排列”组中单击“组合”按钮，从弹出菜单中选择“组合”或者“重新组合”命令，将剪贴画的各部分重新组合到一起。

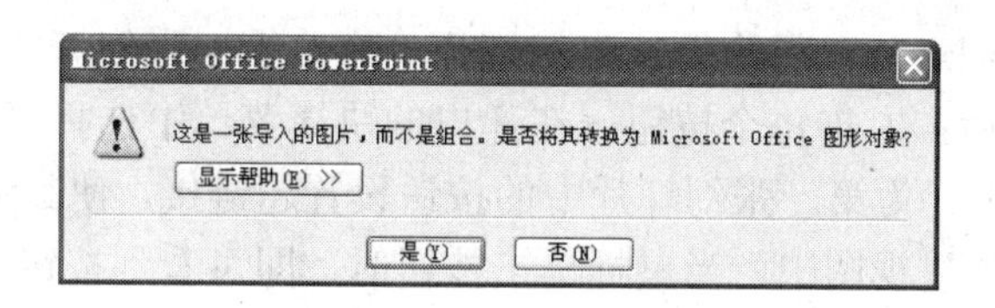

图 9-24　分解剪贴画时打开的提示对话框

9.2.2　让剪贴画旋转或翻转

在演示文稿中插入剪贴画后，有时用户可能需要对剪贴画的某一部分进行旋转或翻转，这时也可以通过使用“取消组合”功能将剪贴画进行分解，然后选择需要旋转或者翻转的部分图形对象，再在图片工具的“设计”选项卡“排列”组中单击“旋转”按钮，从弹出菜单中选择所需的命令。完成旋转或翻转操作后，再将剪贴画各部分重新组合到一起即可。

9.2.3　插入 mp3 音乐

在 PowerPoint 2007 中，可以使用“插入”选项卡“媒体剪辑”组中的“声音”按钮来插入文件中的声音、剪辑管理器中的声音或者自己录制的声音，此外还可以同步播放 CD 中的音乐。但是，如果想要将一首 mp3 音乐插入到幻灯片中，就不能用这种方法了。

如果要在幻灯片中插入 mp3 音乐，必须保证系统中有 mp3 播放器，并且将 mp3 音乐作为对象来插入。方法是：在“插入”选项卡“文本”组中单击“对象”按钮，打开“插入对象”对话框，选择“由文件创建”单选按钮，如图 9-25 所示。然后单击“浏览”按钮，从打开的对话框中选择要插入的 mp3 文件，单击“确定”按钮。将 mp3 插入到幻灯片中后，在“动画”选项卡“动画”组中单击“自定义动画”按钮，打开“自定义动画”任务窗格，单击“添加效果”按钮，从弹出菜单中选择“对象动作”→“激活内容”命令即可。

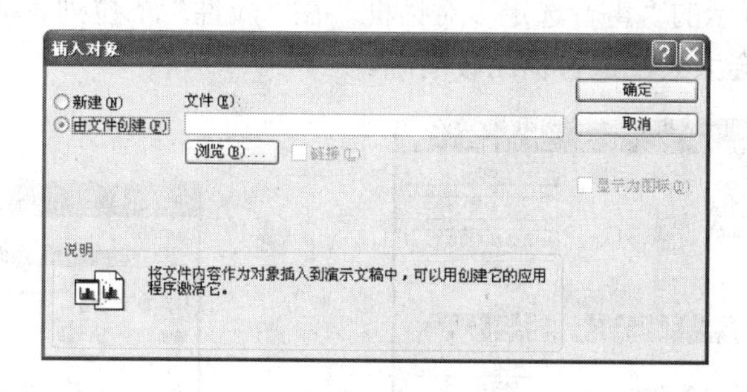

图 9-25　“插入对象”对话框的“由文件创建”选项

9.2.4　制作动态按钮

使用 PowerPoint 制作课件时，可能会觉得导航按钮的效果没有 Flash 按钮那么动感十足，能否让 PowerPoint 里的按钮也能动起来呢？答案是肯定的。用户可通过以下方法来达到制作动态按钮的目的。

用绘图工具在幻灯片中绘制一个形状，然后为其填色，并利用格式工具对其进行修饰，使其具有立体效果。设置完毕，在图形中输入按钮名称，如“播放”、“下一页”、“上一页”

等。接下来，复制该幻灯片，得到第二张幻灯片。修改第二张幻灯片的按钮图案，使按钮呈现另一种状态。然后，右击每个按钮，在弹出的快捷菜单中选择“超链接”命令，打开“插入超链接”对话框，为第一张幻灯片中的按钮设置超链接，使其链接到第二张幻灯片。这样，在“幻灯片放映”视图中，当鼠标单击按钮时，即可看到按钮外观的变化，像 Flash 按钮一样动感十足。

9.2.5 转换声音格式

在工作中有时候可能会遇到这种情况：在演示文稿中需要用到某段声音资料，但是播放器不支持，或者该声音文件格式很大，不便于传输，因此需要更改声音的文件格式。使用专业的音频处理软件可以很轻松地解决这个问题，但是还有更简单的方法，即使用 PowerPoint 自带的声音录制功能来完成这个任务。

在 PowerPoint 中，可通过“录制旁白”功能在幻灯片放映状态下录音，也可以通过“录制声音”功能在演示文稿的编辑状态下录音。

1. 录制旁白

要录制旁白，首先用户要选择录制设备。由于声音的来源不同，所使用的录制设备也不一样。用话筒录音时要选择“麦克风”，用专用的音频连接线通过声卡的线路输入端口录制录音机、录像机等设备输出的声音要选择“线路输入”，用“内录”的方式录制声卡自身输出的声音要选择“立体声混音器”。此外，用一根音频线将麦克风和音箱两个插口短接再录音，可以防止音质下降夹杂杂音。

下面以“内录”方式为例，要录制旁白，可在“幻灯片放映”选项卡“设置”组中单击“录制旁白”按钮，打开“录制旁白”对话框，选中“链接旁白”复选框，录制的声音就可以直接以 WAV 格式保存在硬盘上指定的位置，如图 9-26 所示。单击“更改质量”按钮，打开如图 9-27 所示的“声音选定”对话框，在“属性”下拉列表框中将音质设置为 10 KB/秒，这样文件不会太大，声音也比较清晰。

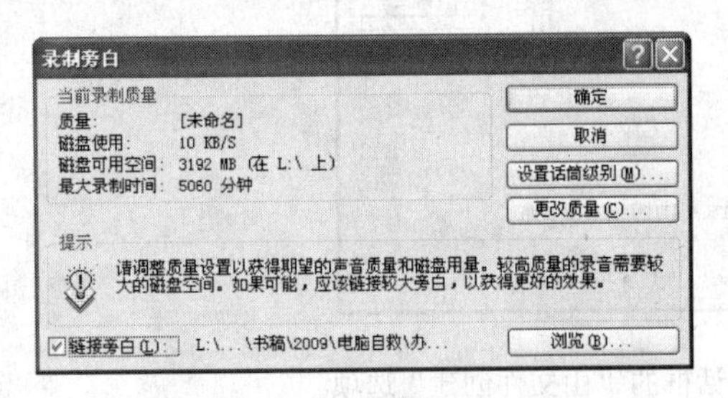

图 9-26 “录制旁白”对话框

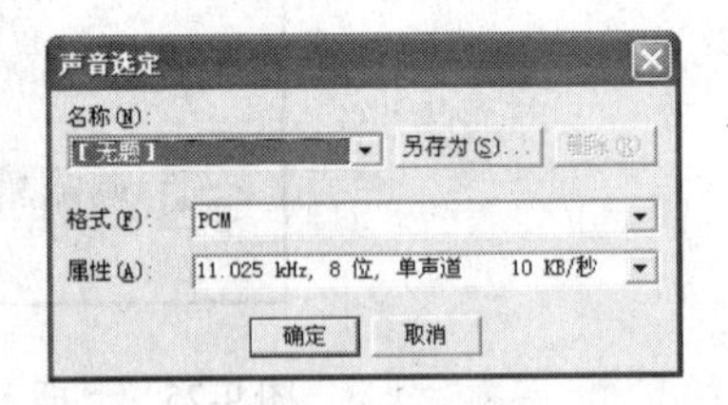

图 9-27 “声音选定”对话框

设置完毕，打开现有的任意一款播放器播放音频或视频文件，PowerPoint 即会播放该声音。录制好后，右击幻灯片，从弹出菜单中选择“下一张”命令，参照上述方法录制下一张幻灯片上要使用的声音文件。所有幻灯片中的声音文件都录好后，从右键快捷菜单中选择“结束放映”命令，如果保存每张幻灯片的排练时间（播放时间），就会自动切换到带时间的大纲视图，幻灯片下面显示了时间，放映的时候 PPT 会严格按照这个时间自动播放。

2. 录制声音

要录制声音，只需在“插入”选项卡“媒体剪辑”组中单击“声音”按钮右侧的向下箭头，从弹出的菜单中选择“录制声音”命令，打开如图 9-28 所示的“录音”对话框，按下红色的录音按钮，就可以录音了。录制完毕，按下停止按钮（带矩形的）即可停止录音，按下播放按钮（带三角形的）则可以回放刚才录下的声音。

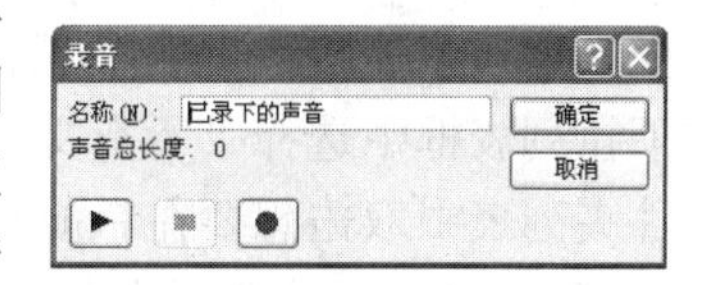

图 9-28 “录音”对话框

9.3 版式和设计技巧与疑难排解

在使用 PowerPoint 2007 进行日常工作时，可利用一些小技巧来减少工作量，提高工作效率。下面介绍一些实用的 PowerPoint 2007 应用技巧。此外，本节还将介绍一些在设计幻灯片时所遇到的一些常见问题的疑难排解方法。

9.3.1 应用多个模板

在制作演示文稿时，可能会在同一个演示文稿中应用第二个模板来引入一个新的话题或者引起观众的注意。要在同一个演示文稿中应用多个模板，可在普通视图中显示该演示文稿，并在程序窗口左侧的“幻灯片”选项卡中单击想要应用模板的一个或多个幻灯片缩略图，然后在“设计”选项卡“主题”组的样式库中右击所需的样式图标，从弹出的快捷菜单中选择“应用于选定幻灯片”命令，如图 9-29 所示。

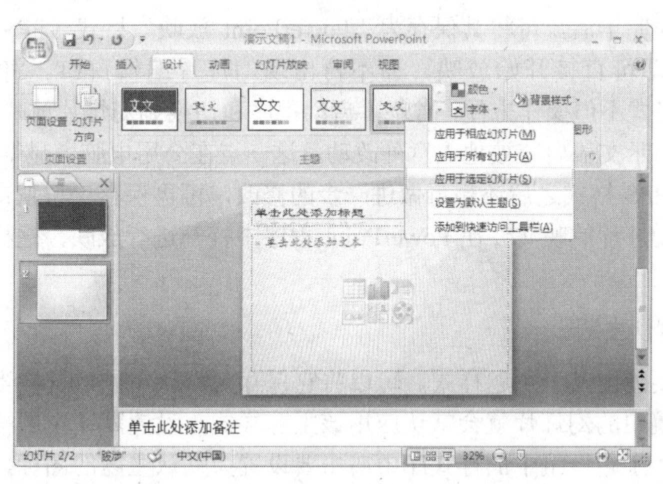

图 9-29 将所选样式应用于所选幻灯片

9.3.2 导入文档

如果想在演示文稿中输入的文字已经存在于 Word 文件中，可以直接在 PowerPiont 中打开该 Word 文件直接导入到文档中，而不用再手工输入一遍。导入文档之后，用户只需对其中的文字进行所需的格式设置即可。

在 PowerPoint 中单击 Office 按钮，从弹出菜单中选择“打开”命令，打开“打开”对话框，在“文件类型”下拉列表框中选择“所有文件”选项，然后在文件和文件夹列表中双击想要在 PowerPoint 中打开的 Word 文档，即可将该 Word 文档导入到 PowerPoint 中，并作为一个新演示文稿被打开。

9.3.3 使用“自动调整”功能

如果在一张幻灯片中出现了太多的文字，可以用“自动调整”功能将文字分割到两张幻灯片上。点击文字区域就能够看到区域左侧的“自动调整”按钮，单击该按钮，从弹出菜单中选择“将文本拆分到两个幻灯片”命令，如图 9-30 所示。

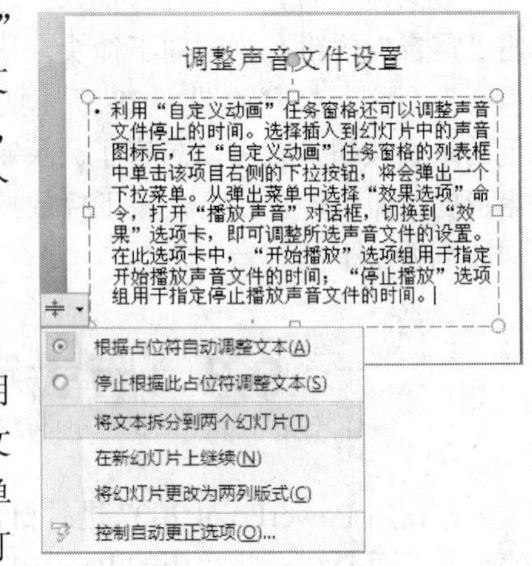

图 9-30 “自动调整”弹出菜单

9.3.4 巧用多种保存格式

在 PowerPiont 2003 之前的版本中，文件的默认保存格式是 PPT 格式，而到了 PowerPoint 2007，文件默认的保存格式为 PPTX。通常演示文稿制作完成之后都习惯将其保存为默认的格式，其实还有很多保存格式可供选择，如果将它们巧加利用，就能满足我们的一些特殊需要。

1. 保存为放映格式

演示文稿制作完毕后，可将其保存为“PowerPoint 放映”格式（PPS），这样使用时只需双击文件图标即可直接开始放映，而不再出现幻灯片编辑窗口。将演示文稿保存为 PowerPoint 放映格式不但操作方便，省略了启动程序和切换到幻灯片放映视图的繁琐步骤，而且还可以避免演示文稿内容被他人意外改动，这一点在公用电脑上显得尤其重要。

如果在保存 PPS 格式之后还想再做进一步的修改，可再保存一份默认格式的演示文稿作为副本，并将幻灯片放映文件在 PowerPoint 程序中打开进行放映，这样就可以做到一举两得。

2. 保存为默认主题

如果经常需要使用某个主题样式，可以将它保存为默认主题，这样当用户新建演示文稿时，新演示文稿中的幻灯片就会默认应用该主题样式。设置默认主题样式的方法是：在“设计”选项卡“主题”组中的样式库中右击要设置为默认主题的图标，从弹出的快捷菜单中选择“设置为默认主题”命令。

3. 保存为大纲/RTF 文件

如果只想把演示文稿中的文本部分保存下来，可以把演示文稿保存为大纲/RTF 文件。RTF 格式的文件可以用 Word 等应用程序打开，使用非常方便。不过用这种方法只能保存添加在文本占位符中的文本，而文本框中的文本以及艺术字等无法保存。将演示文稿保存为大纲/RTF 文件的方法是在 Office 菜单中选择“另存为”→“其他格式”命令，打开“另存为”对话框，从“保存类型”下拉列表框中选择“大纲/RTF 文件”选项，然后单击“保存”按钮。

4. 保存为 Word 文档

如果需要将演示文稿作为讲义或者宣传页，可以通过它保存为 Word 文档来达到目的。把演示文稿保存为 Word 文档后，演示文稿中每张幻灯片的图像都会显示在 Word 中。

在 Office 菜单中选择“发布”→“使用 Microsoft Office Word 创建讲义”命令，打开如图 9-31 所示的“发送到 Microsoft Office Word”对话框，选择需要的版式及粘贴方式，然后单击“确定”按钮，即可将每张幻灯片的图片及其备注发送到 Word 文档中。如果选择的版式是“仅使用大纲”，文件会直接保存为 RTF 格式，幻灯片图像不会被保存；而如果选择的是其他版式，则可以直接在 Word 文档中看到每张幻灯片的图像。发送到 Word 文档中的幻灯片以图片对象的形式嵌入在页面中，无法对其内容再做编辑。

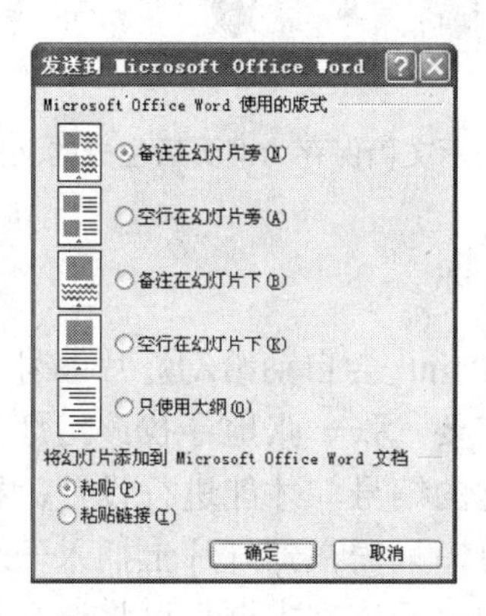

图 9-31 “发送到 Microsoft Office Word”对话框

5. 保存为图片

PowerPoint 提供了将幻灯片保存为图片格式文件的功能，可以将幻灯片保存为 GIF、JPEG、BMP、PNG 等多种格式，并且可以选择是输出全部幻灯片还是只输出当前幻灯片。如果是输出全部幻灯片，保存后的图片会统一放在同一个文件夹中。将幻灯片保存为图片的方法是：在 Office 菜单中选择“另存为”→“其他格式”命令，打开“另存为”对话框，从“保存类型”下拉列表框中选择要保存为的图片格式，然后单击“保存”按钮即可。

6. 保存为 Web 页

通过将演示文稿保存为 Web 页，可以将演示文稿中包含的图片、音乐、视频等元素提取出来，生成一个个单独的文件。如果用户遇到包含自己想要的元素的演示文稿时，即可通过这种方式来得到其中的素材。

在 Office 菜单中选择“另存为”→“其他格式”命令，打开“另存为”对话框，从“保存类型”下拉列表框中选择“网页（*.htm;*.html）”选项，然后单击“保存”按钮，即可生成一个网页文件及一个同名文件夹。打开文件夹，可以看到幻灯片中的所有元素都作为一个个单独的文件包含在其中，如图 9-32 所示。

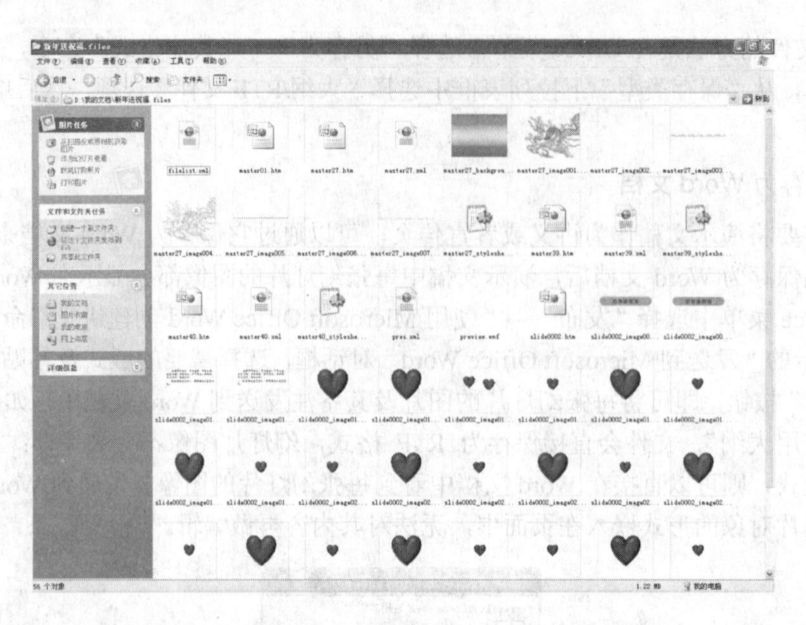

图 9-32　将演示文稿保存为网页后生成的文件夹中的内容

9.3.5　给每张幻灯片加上名称

在制作演示文稿时，PowerPoint 会自动给幻灯片编号，但是，当幻灯片很多的时候，如果需要修改某张幻灯片，就需要一张一张地寻找该幻灯片，如果需要设置超链接，也必须先把目标幻灯片找到，记住它的编号，才能进行设置，很不方便。其实用户可以为幻灯片添加各自的名称，方法很简单，只需在幻灯片上插入一个文本框，在其中输入幻灯片的名称即可。如果不想在幻灯片中显示该文本框，可将该文本框放置在幻灯片之外的灰色区域，这样，既能为幻灯片添加单独的名称，也不会在幻灯片中显示该文本框。

9.3.6　文字超链接的设置

利用文字的超链接设置，可以建立漂亮的目录。设置超链接时，建议不要设置字体的动作，而要设置文字所在的边框的动作。这样既可以避免使字带有下画线，又可以使文字的颜色不受母板影响。具体操作方法是：选择文字所在的边框，单击右键，从弹出的快捷菜单中选择“超链接”命令，打开“插入超链接”对话框，指定链接到所要跳转的页面即可。

9.3.7　演示文稿中的菜单问题

为了让演示文稿的界面不是那么单调，有的用户会在 PowerPoint 中通过设置超链接来打造菜单，可是很多时候制作的菜单都会遇到以下的问题：制作的菜单在幻灯片播放过程中，如果点击相应链接可以实现菜单功能，但如果无意中点击链接以外的区域时，则会自动播放下一张幻灯片，使得精心设计的菜单形同虚设。

造成这种情况的原因很简单，PowerPoint 在默认情况下的幻灯片切换方式是单击鼠标时换页，因此，当用户单击链接之外的幻灯片区域时，并没有触发超链接，而是触发了播放下一张幻灯片的动作。

解决这个问题的方法是：在编辑状态下单击菜单所在的幻灯片，然后在“动画”选项卡“切换到此幻灯片”组中清除对“单击鼠标时”复选框的选择即可。这样，这张幻灯片即会在单击菜单栏相应的链接时才会切换。“返回”按钮所在的幻灯片也应采用相同的设置，以避免单击“返回”按钮以外的区域时不能返回到主菜单。

9.4 动画设置和播放技巧与疑难排解

采用带有动画效果的幻灯片对象可以让演示文稿更加生动活泼，还可以控制信息演示流程并重点突出最关键的数据。可以对整个幻灯片应用动画效果，也可以只对某个幻灯片对象（包括文本框、图表、艺术字和图画等）应用动画效果。在设置动画效果的时候，应该注意一个原则，就是动画效果不能用得太多，因为太多的运动画面会让观众注意力分散甚至感到烦躁，因此，适当地运用动画效果，起到画龙点睛的作用就可以了。

通过设置播放选项可以获得更好的播放效果。例如，可以设置幻灯片放映方式、幻灯片的切换效果，或者自定义幻灯片的播放顺序等。

9.4.1 设置演示方式

设置演示文稿的演示方式是很关键的步骤，在此步骤中可以指定演示类型、演示范围、换片方式以及是否播放旁白、是否播放动画效果等选项。

要设置放映方式，应在“幻灯片放映”选项卡“设置”组中单击“设置幻灯片放映”按钮，打开“设置放映方式”对话框，在此进行所需的设置，如图 9-33 所示。

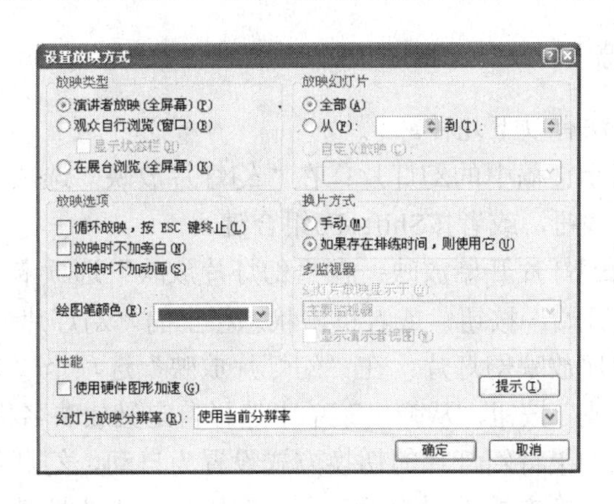

图 9-33 “设置放映方式”对话框

9.4.2 自定义幻灯片的播放顺序

在默认情况下播放演示文稿时，幻灯片是按照在演示文稿中的先后顺序从前到后进行播放的。如果需要给特定的观众放映演示文稿的特定部分，可以自己定义幻灯片的播放顺序和播放范围，将演示文稿中的幻灯片按组放映。

要自定义幻灯片的播放顺序，应在“幻灯片放映”选项卡“开始放映幻灯片”组中单击“自定义幻灯片放映”命令，从弹出菜单中选择“自定义放映”命令，打开如图 9-34 所示的“自定义放映”对话框，单击其中的“新建”按钮，打开如图 9-35 所示的“定义自定义放映”对话框，选择自定义放映时将要使用的幻灯片并调整其顺序。设置完毕后，单击“确定”按钮返回到“自定义放映”对话框，单击“关闭”按钮可关闭对话框，单击“放映”按钮则开始播放演示文稿。

图 9-34 “自定义放映”对话框

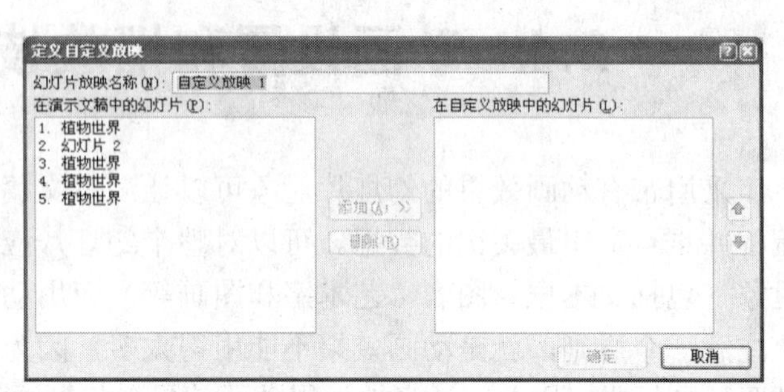

图 9-35 “定义自定义放映”对话框

9.4.3 设置换片方式

通过为幻灯片设置切换方式，可以在播放演示文稿时使幻灯片具有动画换片效果。为幻灯片添加切换效果最好在幻灯片浏览视图中进行，因为在该视图中用户可以看到演示文稿中所有的幻灯片，并且可以非常方便地选择要添加切换效果的幻灯片。

要设置幻灯片的切换方式，应使用“动画”选项卡“切换到此幻灯片”组中的工具来进行操作，在此可以指定幻灯片切换的效果、声音、速度及换片方式等。

9.4.4 播放演示文稿

放映演示文稿的方法有以下几种。

（1） 从头放映演示文稿中的幻灯片：在“幻灯片放映”选项卡“开始放映幻灯片”组中单击“从头开始”按钮，或者按Shift+F5组合键。

（2） 从前显示的幻灯片开始放映：在“幻灯片放映”选项卡“开始放映幻灯片”组中单击“从当前幻灯片开始”按钮，或者单击状态栏上的“幻灯片放映”按钮。

（3） 按自定义顺序放映幻灯片：在“幻灯片放映”选项卡“开始放映幻灯片”组中单击“自定义幻灯片放映”按钮，从弹出菜单中选择自定义放映名称。

在放映幻灯片时，如果将幻灯片的切换方式设置为自动，幻灯片会按照事先设置好的自动顺序切换；如果将切换方式设置为手动，则需用户单击或按键盘上的按钮才会切换到下一张幻灯片。

在放映幻灯片的过程中，右击幻灯片会弹出一个快捷菜单，通过执行其中的命令可以控制幻灯片的切换、查看演讲者备注、进行会议记录、设置指针选项和退出演示等操作，如图9-36所示。

此外，在幻灯片放映视图中移动鼠标指针，还会在屏幕的左下角出现一个幻灯片放映工具栏，如图9-37所示。幻灯片放映工具栏中包含4个按钮，分别是：“向前”按钮，用于切换到上一张幻灯片；“笔形”按钮，用于设置指针选项；“放映选项”按钮，用于设置放映选项；“向后”按钮，用于切换到下一张幻灯片。当指向某按钮时，该按钮会突出显示。

幻灯片放映结束后，将会出现黑屏，并提示“放映结束，单击鼠标结束”，单击鼠标即可退出播放状态。如果要在幻灯片放映的过程中即停止放映，可按 Esc 键。

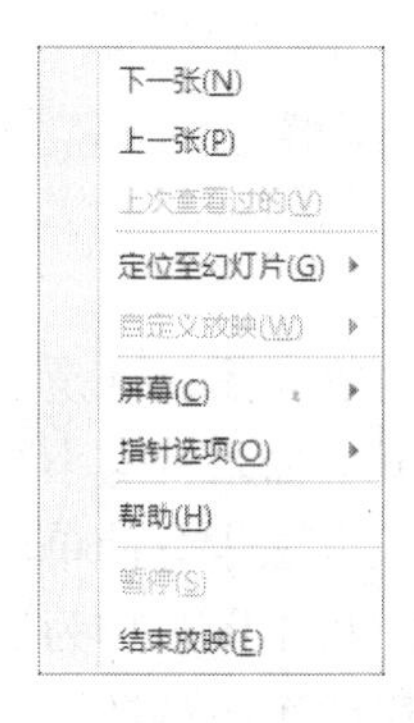

图 9-36 幻灯片放映快捷菜单

图 9-37 幻灯片放映工具栏

9.4.5 使两幅图片同时动作

PowerPoint 的动画效果比较丰富，但局限于动画顺序，插入的图片只能一幅一幅地动作，但是如果有两幅图片需要同时动作该怎么办呢？其实办法还是有的，此时可按下述方法进行操作：首先，安排好两幅图片的最终位置，并按住 Shift 键同时选中两幅图片，在绘图工具的“格式”选项卡“排列”组中单击“组合”按钮，从弹出菜单中选择“组合”命令，使其成为一个组合对象。然后，再为该组合对象添加动画效果即可。

9.4.6 绘制路径

在 PowerPoint 中除了可以使用各种预定义的动画效果外，还可以让用户在一幅幻灯片中为某个对象指定一条移动路线，即“动作路径”。使用“动作路径”能够为演示文稿增加非常有趣的效果，例如，可以让一个幻灯片元素跳动着把观众的眼光引向所要突出的重点。

为了方便用户进行设计，PowerPoint 中包含了相当多的预定义动作路径。如果想要指定一条动作路径，可选中所需的对象，然后从“动画”选项卡“动画”组中单击“自定义动画”按钮，打开“自定义动画”任务窗格，再单击“添加效果”按钮，从弹出的下拉菜单中选择“动作路径”子菜单中列出的预定义的动作路径，或者选择“其他动作路径”命令，打开“添加动作路径”对话框进行更多的选择。

PowerPoint 还允许用户自行设计动作路径，方法是在“添加效果”→“动作路径”→“绘制自定义路径”菜单中选择一种绘制方式，然后用鼠标准确地绘制出移动的路线。

在添加一条动作路径之后，对象旁边会出现用来显示其动画顺序的数字标记和用来指示动作路径的开端和结束的箭头（分别用绿色和红色表示）。用户还可以在动画列表中选择该对象，然后在“自定义动画”任务窗格中设置“开始”、“路径”和“速度”等选项。

9.4.7 幻灯片的跳转

在幻灯片放映状态下有时需要退回某一张幻灯片，常见的方法是右击屏幕，从弹出的

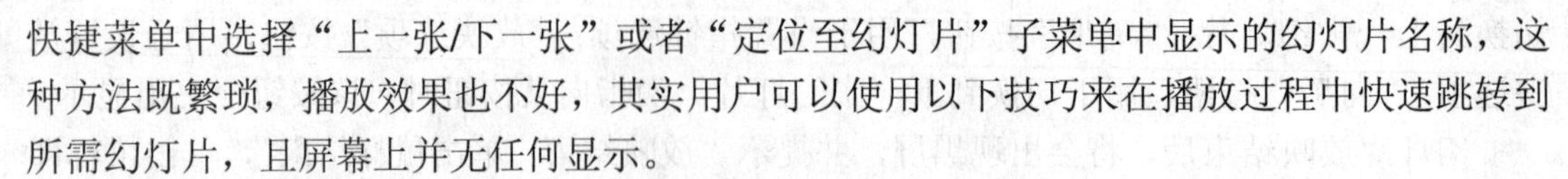

快捷菜单中选择“上一张/下一张”或者“定位至幻灯片”子菜单中显示的幻灯片名称，这种方法既繁琐，播放效果也不好，其实用户可以使用以下技巧来在播放过程中快速跳转到所需幻灯片，且屏幕上并无任何显示。

（1） 跳转到上一张幻灯片：按 PageUp 键。

（2） 跳转到下一张幻灯片：按 PageDown 键。

（3） 跳转到指定幻灯片：键入幻灯片的序号，然后按回车键。

9.4.8 在播放过程中放大图片

在网络上浏览图片时，只需单击小图片就可看到该图片的放大图，这是因为在主网页中插入的许多小图片都与一个相关联的网页相链接，而该网页中插入有与小图片相对应的放大图片。其实在 PowerPoint 中也可以实现类似的效果，而且方法十分简单，只需在幻灯片中插入 PowerPoint 演示文稿对象就可以了。其设计原理是：将小图片作为演示文稿对象插入到幻灯片中，然后为其采用默认的单击鼠标时放映幻灯片动作，这样在播放演示文稿时，单击小图片就等于对插入的演示文稿对象进行播放，而演示文稿对象在播放时会自动以全屏幕显示，因此观众看到的图片就好像被放大了一样。当单击放大图片时，由于该演示文稿对象只有一张，因此该演示文稿对象实际上已被播放完了，就会自动退出，回到主幻灯片中显示原来的小图片。下面介绍一下该效果的具体操作方法。

建立一张新幻灯片后，在“插入”选项卡“文本”组中单击“对象”按钮，打开“插入对象”对话框，在“新建”列表框中选择“Microsoft Office PowerPoint 演示文稿”选项（或者兼容模式的演示文稿），然后单击“确定”按钮。此时就会在当前幻灯片中插入一个编辑区域，如图 9-38 所示。

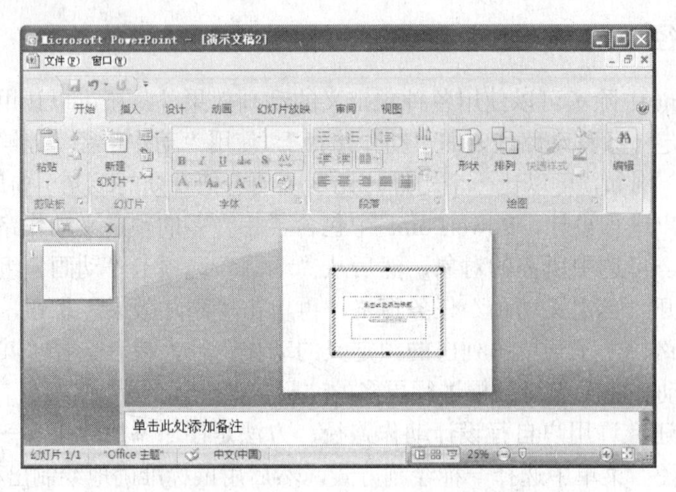

图 9-38 演示文稿的编辑区域

在此编辑区域中可以对插入的演示文稿对象进行编辑，编辑方法与 PowerPoint 演示文稿的编辑方法一样。如果觉得编辑窗口太小，可以将插入的演示文稿对象以单独的窗口打开，方法是右击插入的演示文稿对象，从弹出的快捷菜单中选择“演示文稿对象”→“打开”命令。

在插入的演示文稿对象中只建一张幻灯片，插入所需的图片，可将图片设置为与幻灯片相同大小。退出编辑后，就可发现图片被以缩小方式显示了，这是因为插入的演示文稿对象被局限于对象编辑框之内。

如果需要插入多张图片，可将已插入的演示文稿对象进行复制，然后对图片进行替换。设计完成后，切换到幻灯片放映视图中进行演示，就会发现单击小图片时图片即会放大，再单击放大的图片，则又会返回到浏览小图片的幻灯片中了。

9.4.9 隐藏声音图标

在幻灯片中插入声音之后，会在幻灯片中自动加上一个小喇叭的图标。虽然这可以提醒我们该幻灯片中有声音文件，但在一定程度上影响了美观。

如果不想在幻灯片上出现声音图标，可以将声音文件链接到幻灯片中。此外也可以选定小喇叭图标，然后在“动画”选项卡“动画”组中单击“自定义动画”按钮，打开“自定义动画”窗格，在动画效果列表框中选中音乐名称，这时其右侧会显示一个下拉箭头，单击该箭头，从弹出的下拉列表框中选择“效果选项”命令，打开“播放 声音”对话框，切换到“声音设置”选项卡，选中“显示选项”组中的“幻灯片放映时隐藏声音图标”复选框，如图 9-39 所示。单击“确定”按钮后，在放映幻灯片时就看不到小喇叭图标了。

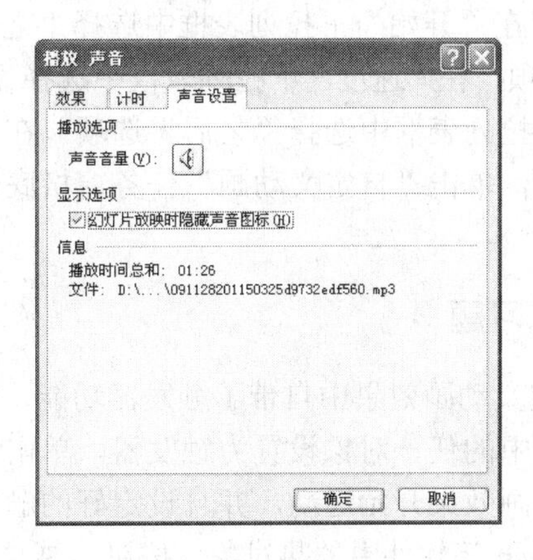

图 9-39 设置隐藏声音图标

9.4.10 制作特效字幕

很多电影中都在屏幕下方使用了动态字幕，文字从屏幕的下方出现，然后缓缓移动到屏幕上再到消失。在 PowerPoint 中，也可以利用其强大的演示功能来制作出这样的效果。下面介绍一个使文字从屏幕底部缓缓上移，然后慢慢淡出的特效字幕效果。

新建一个“空白”格式的幻灯片，在其中插入背景图片并调整好图片的大小。在幻灯片底部插入一个文本框，设置其边框和底纹都为无色，并在其中输入所需的文本。然后选择该文本框，在“动画”选项卡“动画”组中选择“动画”下拉列表框中的“飞入”→“整批发送”命令，设置第一种动画效果。接着，再单击“动画”选项卡“动画”组中的“自定义动画”按钮，打开“自定义动画”任务窗格，单击“添加效果”按钮，从弹出菜单中选择“退出”→“其他效果”命令，打开“更改退出效果”对话框，选择“细微型”栏下的“淡出”效果，如图 9-40 所示。设置完毕，可以看到“自定义动画”任务窗格的列表框有两条关于文本框对象的动画效果，如图 9-41 所示。

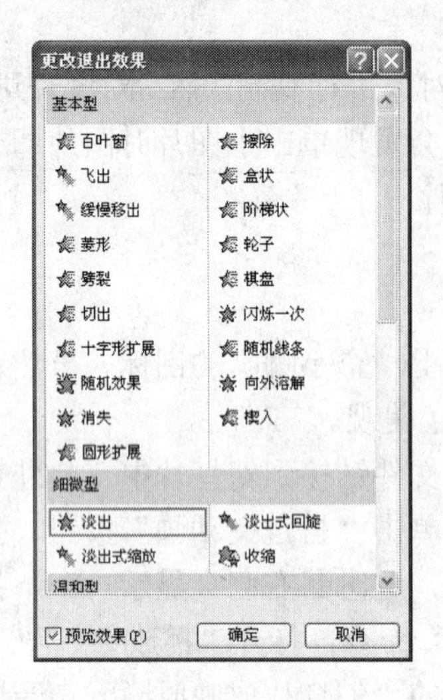

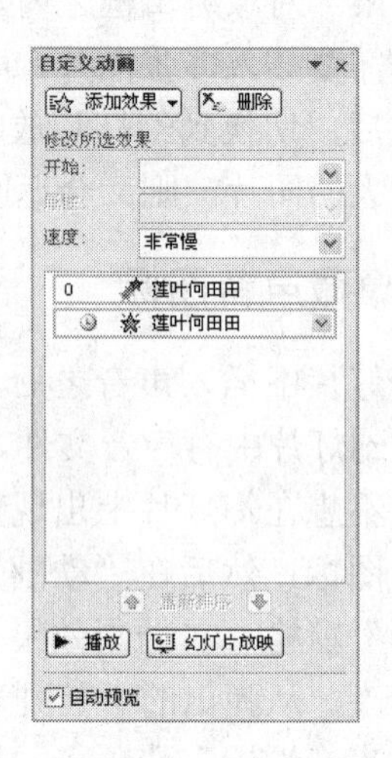

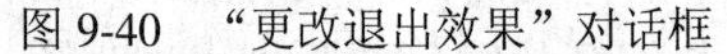
图 9-40 “更改退出效果”对话框　　图 9-41 “自定义动画”任务窗格

选择第 1 种动画效果，在“开始”下拉列表框中选择“之后”选项，在“方向”下拉列表框中选择“自底部”选项，在“速度”下拉列表框中选择“非常慢”选项。再选择第 2 种动画效果，在“开始”下拉列表框中选择“之后”选项，在“速度”下拉列表框中选择“非常慢”选项。设置完毕，单击“自定义动画”任务窗格底部的“播放”按钮，即可预览刚才设置的动画效果。

9.4.11 巧用触发器制作习题

PowerPoint 2007 的自定义动画效果中自带了触发器功能，利用该功能可以轻松地制作出交互练习题。可以将画面中的任一对象设置为触发器，单击该触发器后，其涵盖的所有对象就能根据预先设定的动画效果开始运动，并且设定好的触发器可以多次重复使用，其功能类似于 Authorware、Flash 等软件中的热对象、按钮、热文字等，单击后会引发一个或者一系列的动作。下面通过制作一个选择题实例来说明使用触发器的方法。

首先，在幻灯片中插入多个文本框，并输入相应的文字内容。在这里要注意应把题目、多个选择题的选项和对错分别放在不同的文本框中，以制作成不同的文本对象，如图 9-42 所示。

触发器是在自定义动画中的，所以在设置触发器之前还必须设置选择题的 4 个对错判断文本框的自定义动画效果。这里简单地将这 4 个文本框的动画效果设置为从右侧飞入。然后，在自定义动画列表中单击第 1 个动画效果，在其右侧显示下拉按钮，单击该按钮，从弹出的下拉菜单中选择“效果选项”命令，打开“飞入”对话框，切换到“计时”选项卡，单击“触发器”按钮，然后选择“单击下列对象时启动效果”单选按钮，并在下拉框中选择“TextBox 4：A. 孟子”选项（即答案 A），如图 9-43 所示。

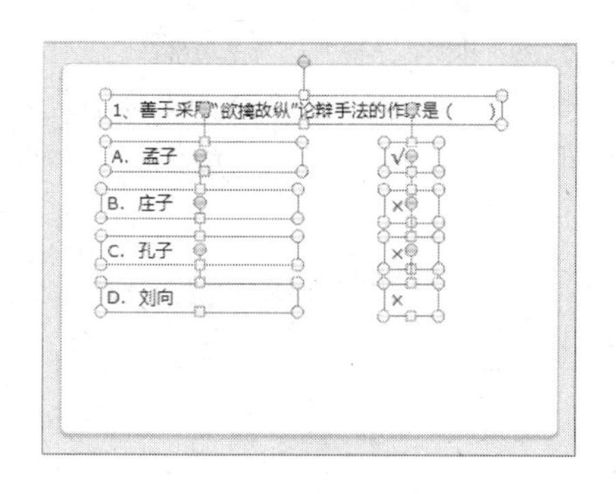

图 9-42　设置隐藏声音图标

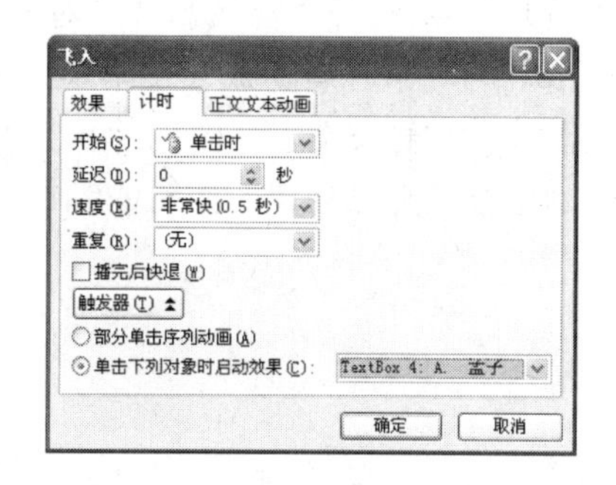

图 9-43　设置触发器

依次为其他 3 个答案设置相应的触发器，设置完成后的幻灯片效果如图 9-44 所示。切换到幻灯片放映视图播放该幻灯片，单击答案“A. 孟子”，即会从幻灯片右侧飞入对号“√”，单击答案“B. 庄子”、“C. 孔子”、“D. 刘向”，则会从幻灯片右侧飞入错号“×”。

利用类似的方法，还可以通过设置触发器制作判断题，或者其他人机交互的练习题。

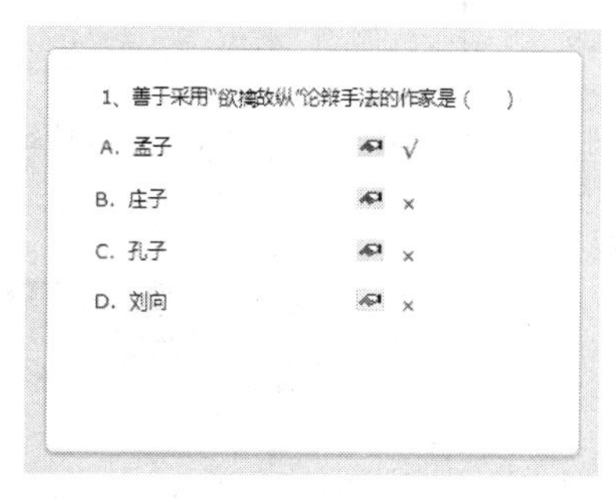

图 9-44　设置触发器后的幻灯片

9.4.12　制作多媒体视频

在演示文稿中加入视频可以增强作品的表现力。插入视频的方法很简单，除了可以利用对象占位符中的“媒体剪辑”图标来插入视频文件外，还可以在“插入”选项卡“媒体剪辑”组中单击“影片”按钮，打开“插入影片”对话框，找到所需的视频文件，双击即可。对于长影片来说，可能还需要对视频的播放加以控制，如播放、暂停等，这也可以使用 PowerPoint 中的触发器来实现。

在幻灯片中插入视频文件后，会打开一个提示对话框，询问“您希望在幻灯片放映时如何开始播放影片？”，如图 9-45 所示。单击“在单击时”按钮，然后在幻灯片中将视频对象调整至合适大小。

在“插入”选项卡“插图”组中单击“形状”按钮，从弹出菜单中选择一种形状（如圆角矩形），然后在幻灯片中绘制一个相应的形状，并在该形状上右击，从弹出的快捷菜单中选择“添加文本”命令，再在形状中输入“播放”二字，以将其作为控制视频播放的命令按钮。调整好该按钮和其中文本的大小、颜色等，然后复制两个按钮，将其中的文字分别改为“暂停”和“停止”。

选择视频对象，在“动画”选项卡“动画”组中单击“自定义动画”按钮，打开“自定义动画”任务窗格，在列表框中选择其中显示的动画效果，显示右侧的下拉按钮，单击该按钮，从弹出菜单中选择“计时”命令，打开“暂停 影片”对话框，切换到“计时”选项卡，单击“触发器”按钮，然后选中其下方的“单击下列对象时启动效果”单选按钮，再在其右的下拉列表框中选择“暂停”选项，如图 9-46 所示。

再次选择视频对象，在“自定义动画”任务窗格中单击“添加效果”按钮，从弹出菜单中选择“影片操作”→“播放”命令，添加一个“播放”动画效果（带有向右三角箭头的列表项)，然后打开“播放影片”对话框的“计时”选项卡，单击“触发器”按钮，再选中“单击下列对象时启动效果”单选按钮，并在其右侧的下拉列表中选择“播放”选项，以设置播放视频触发器。这样，当单击“播放”按钮时，即会开始视频播放的效果。“停止”按钮的制作方法与“播放”按钮的制作方法相同。

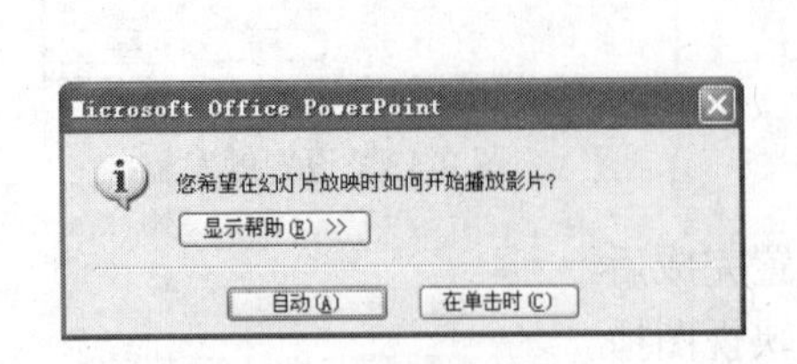

图 9-45　提示对话框

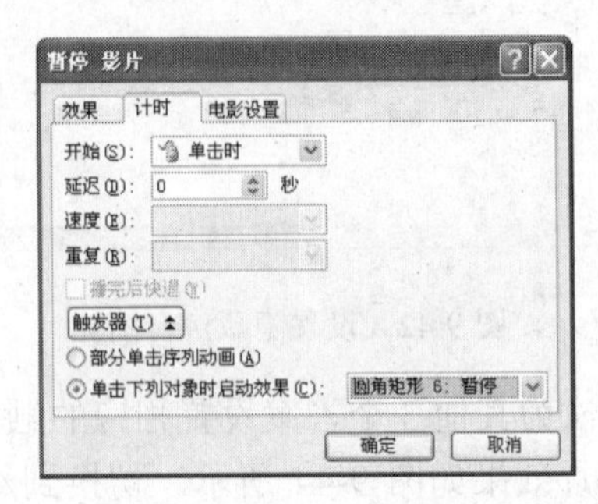

图 9-46　“暂停 影片”对话框

9.5　输出和文件安全技巧与疑难排解

演示文稿制作完毕，可以将其打印到纸上作为讲义分发，也可以将其打包，拿到其他电脑上进行播放，还可以将幻灯片导出为图片格式。下面介绍演示文稿的不同输出方式。

9.5.1　打印演示文稿

要打印演示文稿，首先要进行打印设置，并选择合适的打印格式。在 PowerPoint 中，可以打印幻灯片，也可以打印大纲或者备注页等。

1.　设置打印页面

设置打印页面是在打印演示文稿之前必须要做的一项工作，因为这决定着打印效果，包括纸张的大小、方向等。

打开相应的演示文稿，在“设计”选项卡“页面设置”组中单击“页面设置”按钮，打开“页面设置”对话框，即可进行相关的打印设置，如图 9-47 所示。

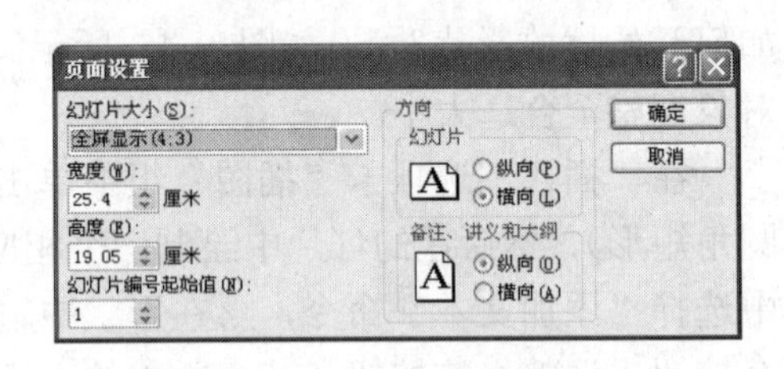

图 9-47　“页面设置”对话框

2.　打印幻灯片

打印幻灯片通常有两种方法：使用默认方式快速打印和设置打印选项后打印。在打印幻灯片之前，用户可先在 Office 菜单中选择“打印”→“打印预览”命令，切换到打印预览视图预览一下打印效果，以便发现问题及时修正。

（1）　快速打印。

如果用户对演示文稿没有什么特殊要求，使用快速打印法即可。快速打印法的操作方法是：打开要打印的演示文稿，从 Office 菜单中选择“打印”→“快速打印”命令，即可按默认设置打印幻灯片。

（2） 设置打印选项。

如果要选择打印范围，或者打印多份演示文稿时，需要打开“打印”对话框进行所需设置后再进行打印。

在 Office 菜单中选择“打印”→“打印”命令，打开“打印”对话框，在此可以选择要使用的打印机、指定打印范围、打印份数和打印内容，并且可以设置幻灯片的打印效果等，如图 9-48 所示。设置完毕，单击“预览”按钮可切换到打印预览视图预览打印效果，单击“确定”按钮则开始进行打印。

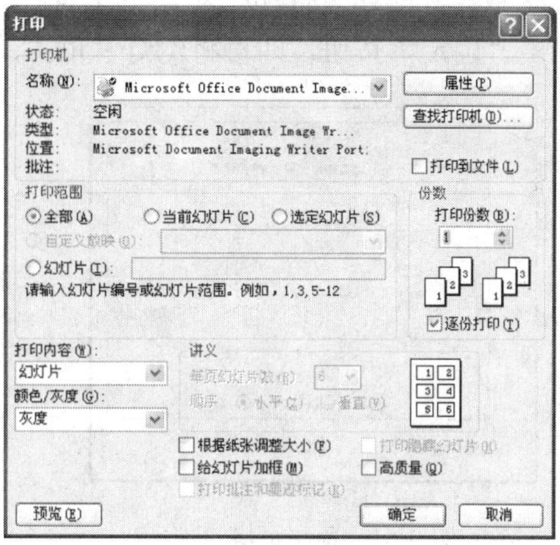

图 9-48 “打印”对话框

3. 打印讲义格式

在讲义格式中，可以将多个幻灯片放置在一个页面中，如图 9-49 所示。要打印讲义，用户可在 Office 菜单中选择“打印”→“打印”命令，打开“打印”对话框，从“打印内容”下拉列表框中选择“讲义”选项，并在“讲义”选项组中的“每页幻灯片数”下拉列表框中选择每页要打印的幻灯片数量，如图 9-49 所示。然后，单击“确定”按钮，即可在一张纸上打印出指定数量的幻灯片。

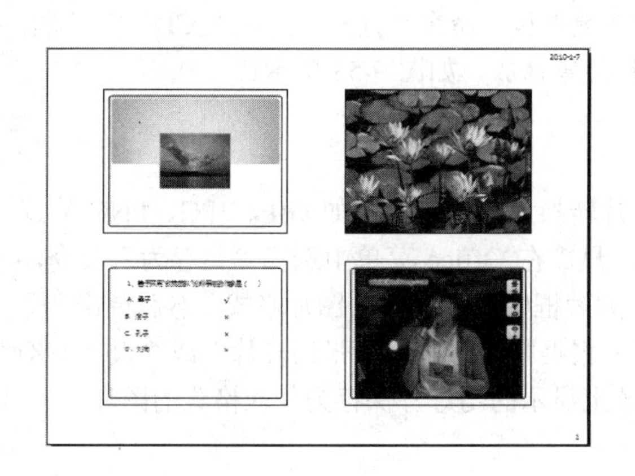

图 9-49 讲义格式

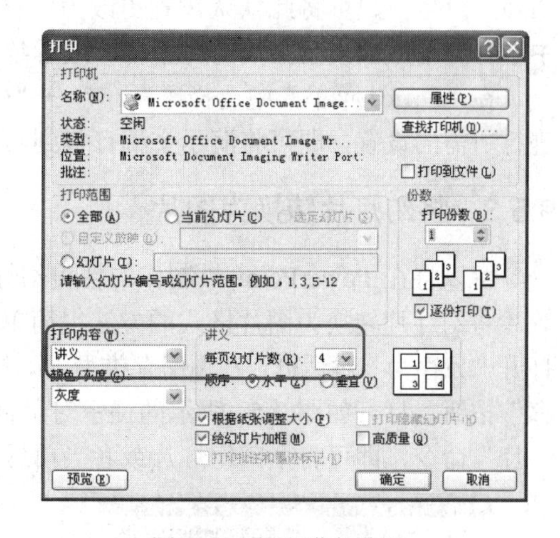

图 9-50 打印讲义设置

4. 打印备注页格式

在备注页格式的打印方式中，纸张上方打印幻灯片，下方打印备注内容，如图 9-51 所示。要打印备注页，应在“打印”对话框中的“打印内容”下拉列表框中选择“备注页”选项，然后单击“确定”按钮进行打印。

5. 打印大纲格式

在大纲格式中只打印大纲内容，而不打印具体的幻灯片内容，如图 9-52 所示。要打印大纲格式，应在“打印”对话框中选择“打印内容”下拉列表框中的“大纲视图”选项，单击“确定”按钮，即可将幻灯片的大纲内容打印出来。

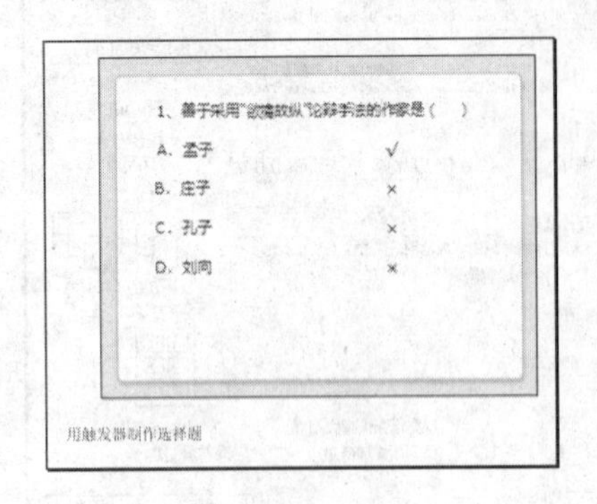

图 9-51　备注页格式

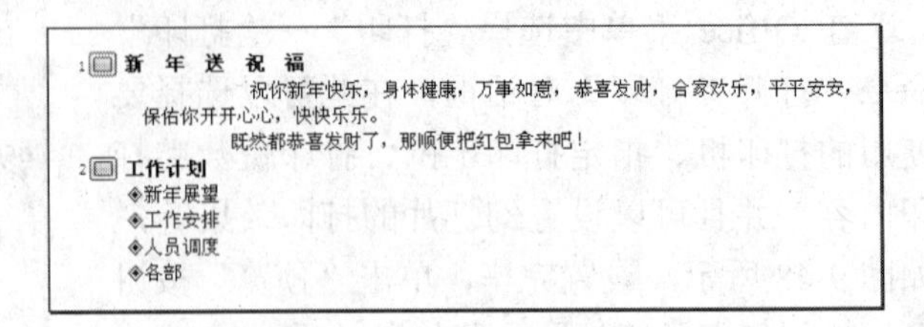

图 9-52　大纲格式

9.5.2　打包演示文稿

在 Windows XP 或更高版本中，可以使用 PowerPoint“打包成 CD”功能将一个或多个演示文稿随同支持文件复制到 CD 中，同时，Microsoft Office PowerPoint 播放器也被一同打包到 CD 上，从而可以在没有安装 PowerPoint 的计算机上也能运行打包的演示文稿。

默认情况下，CD 被设置为自动按照所指定的顺序播放所有演示文稿（也称为自动播放 CD），但是用户可将此默认设置更改为仅自动播放第一个演示文稿、自动显示用户可在其中选择要播放的演示文稿的对话框，或者禁用自动功能，并且需要用户手工启动 CD。

在“Office 菜单”中选择“发布”→“CD 数据包”命令，打开“打包成 CD”对话框，进行所需的设置，即可将演示文稿打包到其他位置播放，如图 9-53 所示。

9.5.3　将幻灯片转换为图片

可以将在 PowerPoint 中制作的精美幻灯片转换为图片格式，如 GIF、JPG、PNG 格式等。将幻灯片转换为图片格式的方法很简单，只需在 Office 菜单中选择“另存为”命令，打开“另存为”对话框，在“保存类型”下拉列表框中选择所需的图片格式，然后单击“保存”按钮，打开如图 9-54 所示的提示对话框，根据需要单击“每张幻灯片”或“仅当前幻灯片”命令，即可将全部幻灯片或者当前屏幕上显示的幻灯片保存为相应格式的图片。

图 9-53　“打包成 CD”对话框

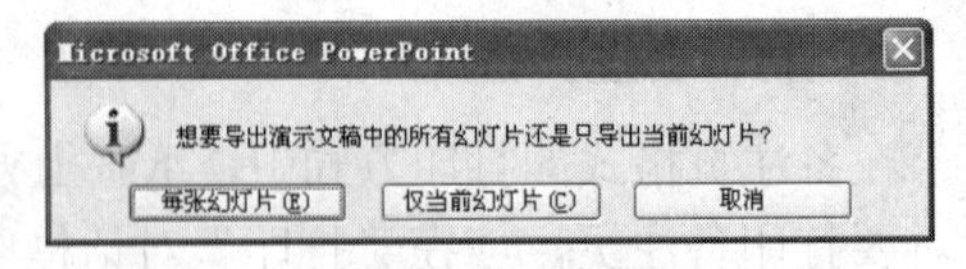

图 9-54　提示对话框

此外，用户还可以使用以下技巧快速将 PowerPoint 幻灯片转换为图片，并且直接将其添加到图形编辑软件中去进行再编辑。

（1） 通过备注页视图。

在编辑窗口中显示要转换的幻灯片，然后切换到备注页视图，右击该幻灯片的缩略图，从弹出的快捷菜单中选择“复制”命令，然后打开图形编辑软件粘贴该图片即可。

（2） 通过幻灯片浏览视图。

如果要转换多幅幻灯片，可以通过幻灯片浏览视图来转换。在幻灯片浏览视图中分别选中一个个需要转换的幻灯片的缩略图，进行复制后粘贴到图形编辑软件中即可。

9.6　演示文稿被破坏后的挽救措施

任何文件都可能因各种原因遭到破坏，PowerPoint 演示文稿也不例外。演示文稿被破坏的情况分为两种，一种是根本打不开演示文稿，一种是可以打开演示文稿但其中某些内容可能出错。下面分别介绍一下在这两种情况下如何挽救被损坏的演示文稿。

9.6.1　无法打开演示文稿

演示文稿被破坏后，用户可在 Windows 资源管理器中双击该 PowerPoint 演示文稿，尝试打开该文件，如果仍然无法打开演示文稿，可采取下面一些挽救措施。

1. 将演示文稿拖动到 PowerPoint 程序文件中

确定 PowerPoint 程序在计算机上的位置，然后将损坏的 PowerPoint 演示文稿拖到 PowerPoint 程序图标上。

2. 尝试将幻灯片插入空演示文稿中

新建一个空白演示文稿，然后删除默认创建的幻灯片，再在“开始”选项卡“幻灯片”组中单击“新建幻灯片”按钮下方的三角箭头，从弹出菜单中选择“重用幻灯片”命令，打开“重用幻灯片”任务窗格，单击“浏览”按钮，然后从弹出菜单中选择“浏览文件”命令，打开“浏览”对话框，选择损坏的演示文稿，并单击“打开”按钮，在“重用幻灯片”中显示幻灯片缩略图，如图 9-55 所示。选中“保留源格式”复选框，然后分别单击每张幻灯片，将它们全部插入到当前演示文稿中。

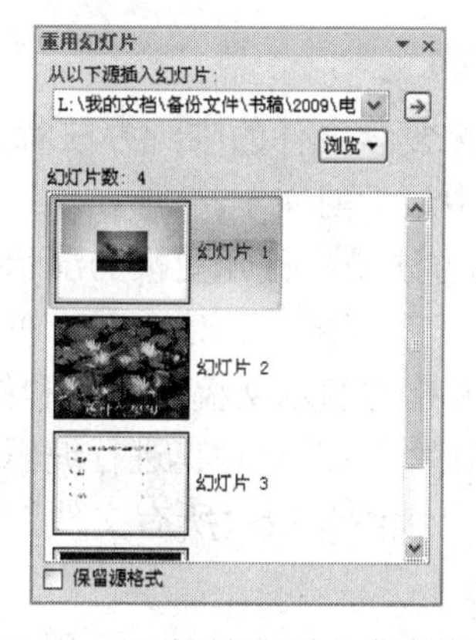

图 9-55　“重用幻灯片”任务窗格

3. 尝试在 PowerPoint 播放器中打开演示文稿

如果可以在 PowerPoint 播放器中打开演示文稿，表明用户的 PowerPoint 安装可能损坏，或者演示文稿中可能包含损坏的对象。这时需要重新安装 PowerPoint 程序，或者修复损坏的对象。

4. 将文件移至另一台计算机

某些情况下，将 PowerPoint 文件复制到另一台计算机上就能够将其打开。如果能够打开文件，则用户可查看每张幻灯片中是否有空对象占位符。如果有则将其删除，然后重新保存演示文稿，再将它复制回原计算机上。

5. 将文件移至另一个磁盘

Windows 可能无法从该文件当前的存储位置读取文件，这时可以将文件复制到另一个磁盘上，然后尝试打开。如果不能从保存该文件的磁盘上复制文件，说明该文件可能包含与其他文件或文件夹的交叉链接，或者可能位于损坏的磁盘扇区上，这时用户可运行磁盘扫描工具来修复驱动器上的所有错误。使用磁盘扫描工具可以修复所有交叉链接的文件，并将丢失的片断转换到文件中。即便磁盘扫描工具可以确定文件包含交叉链接并对其进行修复，也不能保证 PowerPoint 一定能读取该文件。

9.6.2 可以打开损坏的演示文稿

如果可以打开损坏的演示文稿，则用户可尝试以下几种方法来挽救文档。

1. 将损坏的文件中的幻灯片粘贴到一个新文件中

打开损坏的演示文稿，切换到幻灯片浏览视图。如果在切换视图时出现错误提示，则可尝试切换到大纲视图。然后，按住 Shift 键单击要复制的每张幻灯片，将其全部选定，按 Ctrl+C 组合键复制所有幻灯片。切换到新演示文稿，在幻灯片浏览视图中按 Ctrl+V 组合键粘贴幻灯片即可。

在某些情况下，一张损坏的幻灯片可能会导致整个演示文稿出现问题。如果在将某张幻灯片复制到新演示文稿后出现了奇怪的现象，则表明该幻灯片可能被破坏了。这时应重新创建该幻灯片，或者将该幻灯片的一部分内容复制到一张新幻灯片上并加以编辑完善。

2. 以 RTF 格式保存演示文稿

如果整个演示文稿损坏，则恢复该文件的唯一办法就是将其保存为 RTF 格式。不过使用此方法将只恢复“大纲”视图中显示的文本。

以 RTF 格式保存演示文稿的方法是：打开受损的演示文稿，从 Office 菜单中选择“另存为”→“其他格式”命令，打开“另存为”对话框，在“保存类型”下拉列表框中选择“大纲/RTF 文件(*.rtf)”选项，并指定演示文稿的名称和保存位置，单击“保存”按钮。

将演示文稿保存为 RTF 格式后，如果要对其进行编辑，可在“打开”对话框中的“文件类型”下拉列表框中选择“所有大纲”或“所有文件”选项；如果选择演示文稿选项，将不显示 RTF 文件。

第 10 章　网络常见故障诊断与排解

【本章导读】

现在，网络办公成为一种必不可少的办公方式，除了利用 Internet，很多单位都建立起了自己的局域网，人们可以利用各种工具进行即时沟通、交换资料等，因而滋生了很多新的工作方式，人们不必都挤在同一间办公室中就可以协同工作，实现了在家办公或者异地办公等，工作任务的下达或成果的交流可以完全依靠网络来实现。然而，也正因为是这样，一旦网络出现了问题，就意味着工作将受到不可预知的损失。因此，掌握一些网络维护和故障排解方法，保证网路的畅通，是非常必要的。本章即介绍常见的网络故障的诊断与排解方法，如局域网连接故障、网络资源共享中出现的问题与故障、无线网络的常见问题与故障，以及网络安全的常见问题与故障排除等。

【内容提要】

- λ　局域网连接故障排除。
- λ　局域网资源共享故障排除。
- λ　Internet 连接共享故障排除。
- λ　无线网络故障排除。
- λ　网络安全故障排除。

10.1 局域网故障简要分析

局域网（Local Area Network，LAN）是指在某一区域内由多台计算机互联而成的计算机组，一般在方圆几千米的范围之内。局域网可以实现文件管理、应用软件共享、打印机共享、工作组内的日程安排、电子邮件和传真通信服务等功能。局域网是封闭型的，可以由办公室内的两台计算机组成，也可以由一个公司内的上千台计算机组成。

10.1.1 局域网可能出现的故障现象

局域网出现问题，有硬件的原因，也有软件的原因。用户应根据所出现的故障现象来判断可能是哪里出现了问题。一般情况下，局域网出现问题后可能会表现为以下一些故障现象。

（1） 网卡不工作，指示灯状态不正确。

（2） 网络连不通或只有几台机器不能上网、能 Ping 通但不能连网、网络传输速度慢。

（3） 数据传输错误、网络应用出错或死机等。

（4） 网络工作正常，但某一应用下不能使用网络。

（5） 只能看见自己或个别计算机。

（6） 无盘站不能上网或启动报错。

（7） 网络设备安装异常。

（8） 网络时通时不通。

10.1.2 局域网故障的诊断

在局域网中需要用到一些必备的硬件设置，如网卡、交换机、网线、主板、硬盘、电源等，这些设备一旦出现故障，就会影响整个网络的运行。其中网线是最常见的造成故障的原因，因此在诊断和维修局域网之前，用户最好准备一些可用的网线以备测试调换。常用的网线有直连线和普通网线两种，线序要符合国际标准。如果有条件，还可带上网线连接检查器。

1. 电源连接检查

需进行以下几项检查：

（1） 检查市电的接线是否正确。

（2） 检查是否有地线。

（3） 检查网络上的各设备（如 HUB、交换机等）是否均已上电工作。

2. 网线连接检查

需进行以下几项检查：

（1） 检查网线连接线序是否与网络连接的要求匹配（如直连和普通网线）。

（2） 检查网线的连通性是否正常，查看网线有无破损、过度扭曲。

（3） 检查网线长度是否过长，例如 5 类双绞线长度是否超过技术规格要求的 100 m。

（4）检查网线接头（即水晶头）是否完好、是否氧化。

（5）检查网卡接口是否完好，可重新插拔网线检查网线与网卡连接是否松动。

（6）根据电缆要求检查是否有终结器，终结器是否正常。

3. 网络设备外观及周边检查

需进行以下几项检查：

（1）加电启动后，检查网卡指示灯是否亮。

（2）HUB 等设备的网线接口在与终端或服务器连接后，如果终端或服务器启动及配置正常，其指示灯会亮；如果指示灯不亮，说明设备有故障，此外还要注意指示灯颜色是否正常。

（3）检查网卡是否接插到位无翘起，网卡上金手指是否被氧化。

（4）检查网线或交换机等设备周围是否有干扰。

4. 主机外观检查

需进行以下几项检查：

（1）检查机箱内是否有异物造成短路。

（2）检查机箱内的灰尘是否过多，如果是，应清理灰尘。

（3）检查主板与网卡上元器件是否有变形、变色现象。

（4）加电后注意硬件、元器件及其他设备是否有异味、温度异常等现象发生。

5. 网络环境检查

需进行以下几项检查：

（1）对于掉线、丢包等故障，要注意检查网卡与交换机间的兼容性。

（2）如果网络连接正常，但不能进行域登录，要从检查指明的域名是否存在或已工作，是否已按服务器、操作系统的要求设置终端允许登录到域中，计算机名是否已注册到域中，并检查使用的协议是否正确以及检查是否安装了防火墙，是否被授权访问。

（3）在必要时，可使用直连线只连接两台机器在对等网环境下检查是否可连网，以排除网络上诸环境因素的影响。

6. 网络适配器驱动与属性检查

需进行以下几项检查：

（1）检查驱动程序是否正确、合适。

（2）检查网卡在网络环境下工作是否正常。

（3）检查网络通信方式，如是否为全双工等。

7. 网络协议检查

需进行以下几项检查：

（1）检查网络中的协议等项设置是否正确，网络中是否有重名的计算机名。

（2）如果不能看到自己或其他计算机，可先通过按 F5 键多刷新几次来检查，然后检查是否安装并启用了文件和打印共享服务、是否添加了 NETBEUI 协议。

（3）如能 ping 通网络，但不能在网上邻居中访问其他终端或服务器，可用 ipconfig /all

（在命令行方式）、netstat 等命令查看具体信息，检查网络属性的设置，如域、工作组等，并进行相应的更改。

（4） TCP/IP 协议的实用程序 ping 命令，可用来检查网络的工作情况。

（5） 如果 ping 不通，可尝试在网络属性中把所有的适配器和协议删除，重启后重新安装。

（6） 通过执行 tracert<目标 IP 地址>命令，检查 IP 包在哪个网段出错。

8. 系统设置与应用检查

需进行以下几项检查：

（1）检查电脑自检完成后，所列的资源清单中网卡是否被列其中（非 PNP 网卡除外），其所用资源与其他设备有无共享。

（2） 检查系统中是否有与网卡所用资源相冲突的其他设备，如果有，可通过更换设备间的安装位置或手动操作来更改冲突的资源。对于 ISA 总线的网卡，可能需要在 CMOS 中关掉其所占中断的 PnP 属性，且其所用的资源一般不宜与其他设备共享。较老的 PCI 设备也不宜与其他设备共享资源。

（3） 检查系统中是否存在病毒。

（4） 如果某一特定的应用在使用网络时工作不正常，应检查 CMOS 设置是否正确，重点检查网卡的驱动程序是否与其匹配，必要时可关闭其他正在运行的应用程序，启动中加载的程序看是否能正常工作，或者与能够正常运行该应用的机器进行比较，检查在配置方面有何不同。

（5） 通过重新安装系统，检查是否由于系统原因而导致网络工作不正常。

9. 硬件检查

可用网卡自带的程序和网卡短路环检测网卡是否完好。如果更换网卡后仍不正常，可更换主板，更换主板仍不能解决时，可考虑更换其他型号的网卡。

10. 无盘站的检查

需进行以下几项检查：

（1） 检查 BIOS 中是否允许从网络启动。

（2） 对于 ISA 网卡，其 BIOS 的设置应使 BOOT ROM 默认的起始地址为 D800H 或 C800H，I/O 为 300H。

（3） 在以上操作无效时，对有些主板应屏蔽板载声卡，再根据需要进行相应的修改。

（4） 检查工作站的协议是否与服务器协议一致。

（5） 有多台服务器时，必须指定第一响应服务器。

11. 无线网络的检查

需进行以下几项检查：

（1） 检查两台终端间的有效距离是否过大，中间是否有隔离物。

（2） 对等网络下，所使用的频率通道是否一致。

（3） 在用 AP 的环境下，终端的网络 ESSID 必须与 AP 一致。

（4） 检查网卡和 AP 的密钥是否相符。

10.2　局域网连接故障

在使用小型局域网访问 Internet，或是局域网内用户互相访问时，总会出现这样或那样的故障。网络出现问题首先应考虑网络连接性，如网卡、网线、路由器、Modem 等设备和通信介质等，以上任何一个设备损坏，都会导致网络连接的中断。

10.2.1　局域网连接故障的常见现象

连通性故障通常表现为以下几种情况。

（1）电脑无法登录到服务器。

（2）电脑无法通过局域网接入 Internet。

（3）电脑在“网上邻居”中只能看到自己，而看不到接入局域网中的其他电脑，无法使用其他电脑上的共享资源及共享设备（如打印机）。

（4）网络中的部分电脑运行速度异常的缓慢。

10.2.2　局域网出现连接故障的原因

导致连通性故障的原因有以下几种情况。

（1）网卡未安装，或未安装正确，或与其他设备有冲突。

（2）网卡硬件故障。

（3）网络协议未安装，或设置不正确。

（4）网线、跳线或信息插座故障。

（5）路由器电源未打开，路由器硬件故障，或路由器端口硬件故障。

10.2.3　局域网连接故障的排除

连通性通常可采用软件和硬件工具进行测试验证，如查看网上邻居、试着发送邮件、ping 局域网中的其他电脑等。下面介绍排除连接性故障的方法。

（1）　确认连通性故障。

如果局域网中的某台电脑出现网络应用故障，如无法接入 Internet 时，应先尝试局域网中的其他电脑是否有相同的故障。如果局域网中的其他电脑没有相同的故障，然后再查看故障电脑中其他网络应用是否可正常使用，例如通过“网上邻居”查找其他电脑，或是在局域网中使用 ping 命令检测网络状况。如果其他网络应用均无法实现，继续以下操作。

（2）　查看 LED 灯判断网卡的故障。

正常情况下，在不传送数据时，网卡的指示灯闪烁较慢，传送数据时，闪烁较快。无论是不亮，还是长亮不灭，都表明有故障存在。如果网卡的指示灯不正常，需关掉电脑更换网卡。对于路由器的指示灯，凡是插有网线的端口，指示灯都亮。由于是路由器，所以，指示灯的作用只能指示该端口是否连接有终端设备，不能显示通信状态。

（3）　用 ping 命令排除网卡故障。

使用 ping 命令 ping 本地的 IP 地址或电脑名，例如 ping mybookworld，如图 10-1 所示，

检查网卡和 IP 网络协议是否安装完好。如果能 ping 通，说明该电脑的网卡和网络协议设置都没有问题。问题出在电脑与网络的连接上，应检查网线和路由器及路由器的接口状态。

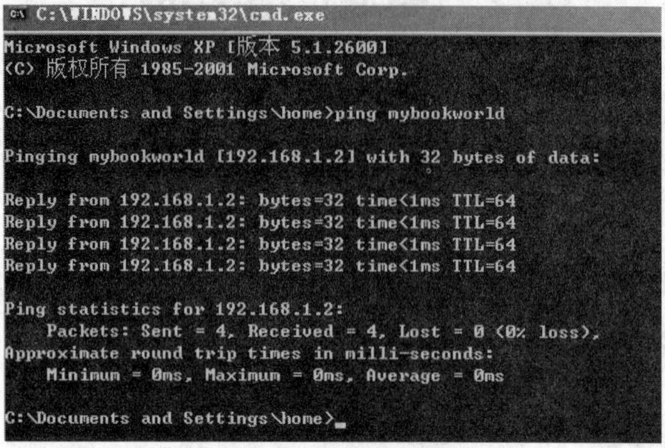

```
C:\WINDOWS\system32\cmd.exe

Microsoft Windows XP [版本 5.1.2600]
(C) 版权所有 1985-2001 Microsoft Corp.

C:\Documents and Settings\home>ping mybookworld

Pinging mybookworld [192.168.1.2] with 32 bytes of data:

Reply from 192.168.1.2: bytes=32 time<1ms TTL=64
Reply from 192.168.1.2: bytes=32 time<1ms TTL=64
Reply from 192.168.1.2: bytes=32 time<1ms TTL=64
Reply from 192.168.1.2: bytes=32 time<1ms TTL=64

Ping statistics for 192.168.1.2:
    Packets: Sent = 4, Received = 4, Lost = 0 (0% loss),
Approximate round trip times in milli-seconds:
    Minimum = 0ms, Maximum = 0ms, Average = 0ms

C:\Documents and Settings\home>_
```

图 10-1　ping 用户名

如果无法 ping 通，只能说明 TCP/IP 协议有问题。可进入“控制面板”双击“系统”图标，打开“系统属性”对话框，在“硬件”的“设备管理器”中查看网卡是否已经安装及安装是否正确。如果在系统中的硬件列表中没有发现网络适配器，或网络适配器前方有一个黄色的“!”，说明网卡未正确安装。应右击未知设备或带有黄色的“!”网络适配器，从弹出的快捷菜单中选择“卸载”命令，先将其删除。刷新后，重新安装网卡。

为安装的网卡设置网络协议，并进行应用测试。如果网卡无法正确安装，说明网卡本身存在故障，可更换一块网卡重试；如果网卡可安装正确，则故障原因为协议未安装。

（4） 检查设备及其接口。

如果确定网卡和协议都正确的情况下，网络还是不通，可将焦点锁定在路由器和双绞线上。为了进一步确认故障，可更换双绞线将其连接至故障电脑，然后进行上述操作，如果电脑与本机连接正常，则故障一定是出在先前的那台电脑和路由器的接口上。

（5） 检查路由器。

如果确定路由器有故障，应首先查看路由器的指示灯是否正常。一般情况下，路由器的指示灯亮表明端口插有网线，指示灯不能用于显示通信状态。如果出现故障的电脑与路由器连接时接口灯不亮，说明路由器的接口有故障。

（6） 检查双绞线。

如果路由器没有问题，则检查电脑到路由器的那一段双绞线和所安装的网卡是否有故障。判断双绞线是否有问题可以通过“双绞线测试仪”测试，主要测试双绞线的 1、2 和 3、6 四条线，其中 1、2 线用于发送，3、6 线用于接收。如果发现有一根不通就要重新制作。

10.2.4　故障实例

了解了局域网连接性故障的一般故障诊断和排除方法后，下面再举几个在实际工作中所常见的具体实例，分别对其进行故障分析和故障排除。

1.　连接指示灯不亮

故障现象：网卡后侧 RJ45 一边有两个指示灯，分别为连接状态指示灯和信号传输指示灯，其中正常状态下连接状态指示灯呈绿色并且长亮，信号指示灯呈红色，正常应该不停地闪烁。但是现在发现连接指示灯即绿灯不亮。

故障分析：连接指示灯不亮，表示网卡连接到 HUB 或交换机之间的连接有故障。

解决方法：可以使用测试仪进行分段排除，如果从交换机到网卡之间是通过多个模块互连的，那么可以使用二分法进行快速定位。而一般情况下这种故障发生多半是网线没有接牢、使用了劣质水晶头等原因，而且故障点大多是连接的两端有问题，例如交换机的端口处和连接计算机的网卡处的接头，借助测试仪即可找出故障进行解决。

2. 信号指示灯不亮

故障现象：网卡后侧的红色信号指示灯不亮。

故障分析：如果信号指示灯不亮，说明没有信号进行传输，但可以肯定的是线路之间是正常的。可以使用替换法将连接计算机的网线换到另外一台计算机上试试，或者使用测试仪检查是否有信号传送，如果有信号传送，说明是本地网卡的问题。

解决方法：网卡导致没有信息传送是比较普遍的故障，可以首先检查一下网卡安装是否正常、IP 设置是否错误，然后尝试 Ping 一下本机的 IP 地址，如果能够 Ping 通，则说明网卡没有太大问题；如果不通，则可尝试重新安装网卡驱动来解决。此外，对于一些使用了集成网卡或质量不高的网卡，容易出现不稳定的现象，即所有设置都正确，但网络却不通。在这种情况下，可以先将网卡禁用，然后再重新启用网卡，有时即会解决问题。

3. 降速使用

故障现象：网卡降速使用。

故障分析：很多网卡都是使用 10 MB/100 MB 自适应网卡，虽然网卡的默认设置是“自适应”，但是受交换机速度或网线的制作方法影响，可能会出现一些不匹配的情况。

解决方法：可将网卡速度直接设为 10 MB。方法是在“开始”菜单中选择“网络连接”命令，打开“网络连接”窗口，右击“本地连接”图标，从弹出的快捷菜单中选择“属性”命令，打开“本地连接属性”对话框，在“常规”选项卡中单击“配置”按钮，打开当前网卡的属性窗口，切换到“高级”选项卡，在“属性”列表中选中“连接速度和双工模式”选项，并在右侧的“值”下拉列表框中选择“10 Mbps 全双工”选项，如图 10-2 所示。设置完毕，在打开的各对话框中依次单击“确定”按钮保存设置即可。

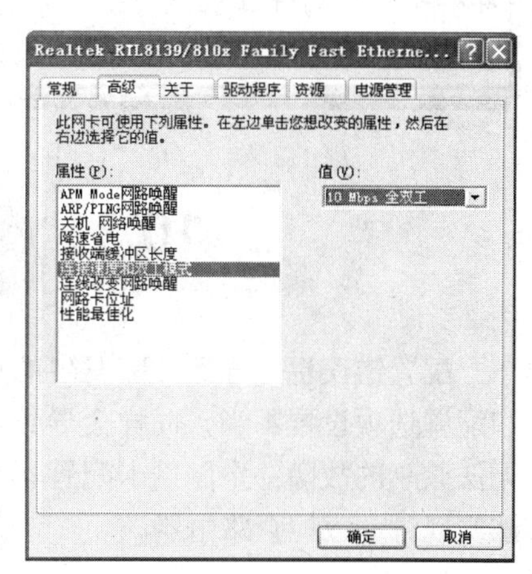

图 10-2　网卡的属性对话框

4. 防火墙导致网络不通

故障现象：发生 Ping 不通但是却可以访问对方的计算机、不能够上网却可以使用 QQ 等诸如此类的一些奇怪现象。

故障分析：在局域网中为了保障安全，很多人都安装了一些防火墙，这就很容易造成一些“假”故障，发生上述一些奇怪现象。判断是否是防火墙导致的故障很简单，只需将防火墙暂时关闭，然后再检查故障是否依然存在。出现这种故障的原因很简单，例如用户初次使用 IE 访问某个网站时，防火墙会询问是否允许该程序访问网络，如果不小心选择了不允许，以后就都会延用这样的设置，导致网络不通。

解决办法：在防火墙中去除不允许程序访问网络的限制。

5. 整个网络奇怪的不通

故障现象：所有的现象看起来都正常，指示灯和网络配置经过检查没有任何问题，但网络就是不通，但在不通的过程中偶尔还能有一两台计算机能够间隙性的访问。

故障分析：这是典型的网络风暴现象，多发生在一些大中型网络中。网络中存在着很多病毒，然后彼此之间进行流窜相互感染，由于网络中的计算机比较多，这样数据的传输量很大，直接就占领了端口，使正常的数据也无法传输。

解决方法：对于这种由病毒引发的网络风暴，解决的最直接的办法就是找出风暴的源头，这时只需在网络中的一台计算机上安装一个防火墙，启用防火墙后就会发现防火墙不停地报警。打开防火墙可以在“安全状态”选项卡的安全日志中看到防火墙拦截来自同一个 IP 地址的病毒攻击。这时即可根据 IP 地址找出是哪一台计算机，将其与网络断开，然后进行病毒查杀，一般即可解决问题。

注意：

避免网络风暴最佳的办法是划分子网和安装网络版杀毒软件。划分子网后，由于每个子网内的计算机比较少，病毒即使相互传播，产生的数据量也不大，不会危及整个网络，而安装网络版杀毒软件则可以坚持整个网络高速畅通地运转。

10.3 配置文件和选项故障

配置错误也是导致故障发生的重要原因之一，服务器、电脑都有配置选项，配置文件和配置选项设置不当，同样会导致网络故障。例如，服务器权限的设置不当，会导致资源无法共享的故障；电脑网卡配置不当，会导致无法连接的故障。当网络内所有的服务都无法实现时，应检查路由器。

10.3.1 故障表现及分析

配置故障更多的时候是表现在不能实现网络所提供的各种服务上，如不能访问某一台电脑等。因此，在修改配置前，必须做好原有配置的记录，并最好进行备份。配置故障通常表现为两种：一是电脑只能与某些电脑而不是全部电脑进行通信；二是电脑无法访问任何其他设备。

10.3.2　配置故障的排除

如果要排除配置故障，首先应检查发生故障电脑的相关配置。如果发现错误，修改后，再测试相应的网络服务能否实现。如果没有发现错误，或相应的网络服务不能实现，应测试系统内的其他电脑是否有类似的故障，如果有同样的故障，说明问题出在网络设备上，如路由器。反之，检查被访问电脑对该访问电脑所提供的服务作认真的检查。

10.3.3　故障实例

在实际工作中，我们可能遇到各种各样的实际问题，如由服务器配置故障造成的资源无法共享现象，由网卡配置故障造成的网络不通现象，等等。本节分类介绍一些由于配置文件和选项错误造成的网络故障实例。

1. 网卡配置故障

故障现象：网络不通。

故障分析：网卡是重要的网络连通设备，在局域网中出现网络不通的现象时，首先应该认真检查各连接网络的电脑中的网卡设置是否正常。

解决方法：右击“我的电脑”图标，从弹出的快捷菜单中选择“属性”命令，打开“系统属性”对话框，切换到“硬件”选项卡，单击“设备管理器”按钮，打开“设备管理器”窗口，展开“网络适配器”列表，检查一下有无中断号及 I/O 地址冲突，直到网络适配器的属性对话框中出现“这个设备运转正常”（如图 10-3 所示），并且在“网上邻居”窗口中看到本地连接图标和至少能找到自己，就说明网卡的配置没有问题。

图 10-3　网卡属性对话框

2. 服务器配置故障

服务器配置不当可能会导致页面无法访问、客户端下载出错等故障现象。下面介绍几例由服务器配置错误造成的故障现象。

（1）　未启用父路径。

故障现象：

```
Server.MapPath()错误 ASP 0175:80004005
```

不允许的 Path 字符

```
/0709/dqyllhsub/news/OpenDatabase.asp，行 4
```

在 MapPath 的 Path 参数中不允许字符…。

故障分析：许多 Web 页面里要用到诸如…/格式的语句（即回到上一层的页面，也就是父路径），而 IIS6.0 出于安全考虑，这一选项默认是关闭的。

解决方法：在 IIS 中的“属性”对话框中依次选择“主目录”→“配置”→“选项”，在打开的对话框中选中“启用父路径”复选框，单击“确定”按钮。

（2） IUSR 账号被禁用。

故障现象：HTTP 错误 401.1-未经授权，访问由于凭据无效被拒绝。

故障分析：由于用户匿名访问使用的账号是 IUSR_机器名，因此如果此账号被禁用，将造成用户无法访问。

解决办法：在“控制面板”窗口中依次双击“管理工具”→“计算机管理”图标，打开“计算机管理”窗口，在“本地用户和组”列表中将 IUSR_机器名账号启用。

（3） NTFS 权限设置不当。

故障现象：HTTP 错误 401.3-未经授权：访问由于 ACL 对所请求资源的设置被拒绝。

故障分析：Web 客户端的用户隶属于 user 组，因此，如果该文件的 NTFS 权限不足（例如没有读权限），则会导致页面无法访问。

解决办法：进入该文件夹的安全选项卡，配置 user 的权限，至少要给读权限。

3. 防火墙配置故障

故障现象：无法通过 DameWare 与 Winodws XP SP2 工作站创建远程连接。

故障分析： DameWare 这款远程控制软件服务端监听时所用的是 6129 端口，如果在主控工作站与被控工作站中开启了防火墙，而防火墙对 6129 端口的对外通信不予放行，就无法通过该控制软件与 Winodws XP SP2 工作站创建远程连接。

解决方法：在默认状态下，Windows 系统自带的防火墙并不允许 6129 端口对外通信，因此必须对防火墙进行合适的端口配置，以便让防火墙允许该端口对外进行通信。在配置防火墙时，可打开“控制面板”窗口，双击“Windows 防火墙”图标，打开防火墙属性对话框，切换到“例外”选项卡，单击“添加端口”按钮，打开“添加端口”对话框，在“名称”文本框中输入端口名称，如“远程控制专用端口”，在“端口号”文本框中输入“6129”，同时选中该对话框下面的“TCP”，如图 10-4 所示。单击“确定”按钮完成端口的添加，以后防火墙就能允许 DameWare 工具通过本地系统的“6129”端口来与局域网中的其他工作站建立远程连接了。

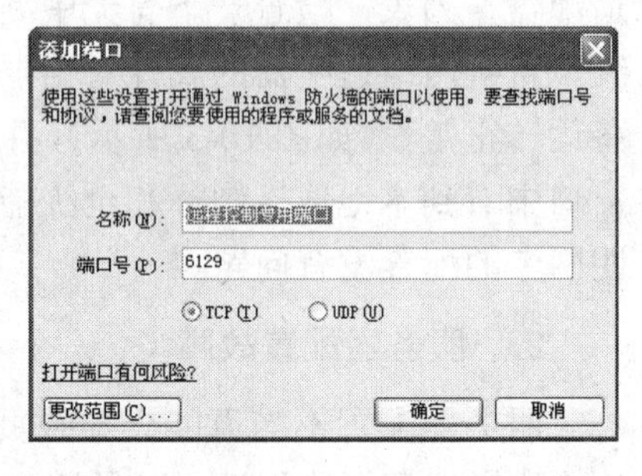

图 10-4 “添加端口”对话框

4. 组策略配置故障

故障现象：Winodws XP SP2 工作站不允许被其他工作站进行远程管理。

故障分析：要让 Winodws XP SP2 工作站允许被其他工作站进行远程管理，需在被控工作站中配置系统的组策略。

解决方法：在配置系统的组策略时，应先以特权账号登录进 SP2 工作站系统中，并在“开始”菜单中选择“运行”命令，打开“运行”对话框，输入字符串命令“gpedit.msc”，单击“确定”按钮，打开系统的“组策略”窗口，在窗口左侧依次展开“计算机配置”→“管理模板”→“网络”→“网络连接”→“Windows 防火墙”分级列表项；会看到“标准配置文件”和“域配置文件”这两个选项，如图 10-5 所示。这些选项的使用需要依照实际网络的具体情况而定，例如在启用了域管理方式的局域网中，必须选用“域配置文件”选项，而在普通的工作组网络中只要选用“标准配置文件”选项就可以了。

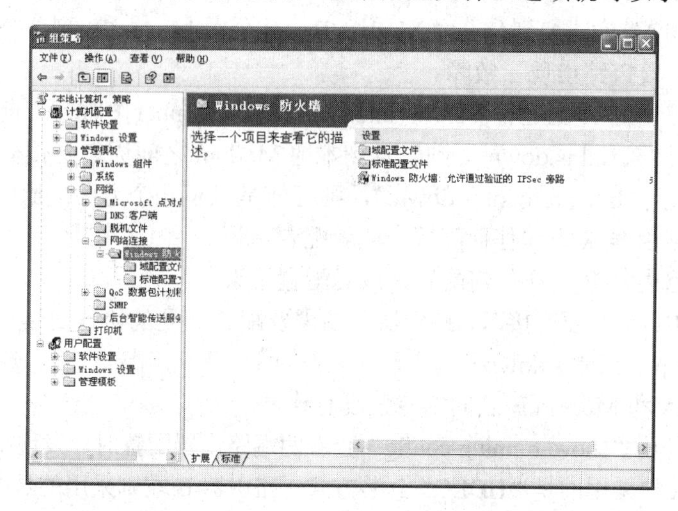

图 10-5　“组策略”窗口

选中了合适的配置文件项目后，双击对应项目下面的“Windows 防火墙：允许远程管理例外”策略，在打开的目标策略属性对话框中选择“已启用”选项，再单击“确定”按钮结束系统组策略的编辑操作即可。

5. 路由器配置故障

使用路由器和使用交换机一样，都需要进行合理的配置，这些配置不但要符合路由器自身的功能特点，而且还要符合所在网络的具体要求。下面介绍几例由路由器配置错误出现的故障现象。

（1） 突然断电后 Cisco 3640 通信失败。

故障现象：网络中心机房 UPS 电源因故障而突然断电，重新加电后发现 Cisco 3640 虽然已经重新启动，各种 LED 指示灯也表现正常，但整个网络却不能接入 Internet。

故障分析：路由器加电后已经正确重新启动，却无法连接到 Internet，首先应当检查每个端口的工作状态是否正常。当检查 Cisco 3660 各个物理接口的状态和所用的动态路由协议时，反馈如下信息：

```
IOS Ver:12.0
Dynamic Routing Protocol: OSPF ver 2
```

且路由器物理接口处于“administratively down”状态。

解决方法：进入路由器端口配置模式，使用“no shutdown”命令重新激活该物理端口，故障随即解决。执行“copy running-config startup-config”命令，将当前配置文件保存至 NVRAM，并作为系统初始配置文件。

（2） 路由器封装错误。

故障现象：由于公司业务需要，现将工作正常的总公司网络同分公司网络通过 DDN 专线连接，连接后发现网络不通了，即两端路由器的广域网端口之间不能正常通信。

故障分析：既然原来内部网络工作是正常的，那么问题很可能就出现在中间链路上。可将两端路由器的广域网端口之间的连线划分为 3 段，即总公司路由器 A 到总公司的 Modem A、总公司 Modem A 到分公司 Modem B、分公司 Modem B 到分公司路由器 B，然后检查到底是哪一段链路出现了故障。

在总公司的路由器 A 上运行“show interface serial number”命令，查看其广域网端口工作状态，若返回“Serial is down”，则表示到本地 Modem 之间无信号传输。若返回“Serial is up”，但同时提示“line protocol is down.”，则可能是以下几个方面的原因：

- 总公司路由器 A 未作任何配置，或者配置错误。
- 分公司路由器 B 未作任何配置，或者配置错误。
- 当采用 DDN 专线连接时，路由器两端需要配置相同的协议封装，否则就会总是提示“line protocol is down.”。
- Modem A 和 Modem B 之间的专线没有连通。

解决方法：使用“show running-config”查看两端路由器配置时，发现串行端口的封装方式不同。路由器 A 端采用的是“HDLC”封装方式，路由器 B 端则采用的是“ppp”封装方式。使用“encapsulation ppp”命令将路由器 A 串行口的封装方式修改为“ppp”，故障解决。

（3） 路由器大量丢包。

故障现象：校园网路由器传输速率明显下降，而且多个通信端口都有严重的数据丢失现象。

故障分析：网络攻击、病毒感染、路由器内存不足或者碎片过多，以及路由器 CPU 持续过载等都可能导致这种现象的发生。经查内部计算机均无病毒感染症状，基本可以排除黑客攻击和病毒的原因。于是使用“show memory”命令查看路由器的内存使用情况，发现路由器的内存利用率并不是很高，当前有足够的可用内存，内存碎片也不是很多，可以排除内存导致路由器工作异常的原因。然后使用“show processes cpu”命令查看路由器的 CPU 利用率、不同进程的 CPU 占用率等，确认 CPU 是否过载，结果发现 CPU 的利用率已经超过 80%，属于严重过载。

在正常情况下，5 分钟内 CPU 的利用率大于 60%是可以接受的，如果长时间持续过载，就会导致路由器工作效率下降，并将导致一个或者多个端口的数据丢失。借助 Sniffer Pro 查看网络的通信情况，发现通过 BT 点对点传输占用了多半的传输带宽。

解决方法：借助 IP 访问列表暂时禁用 BT 端口，并将该 IP 列表应用于路由器的 LAN 端口，路由器工作恢复正常，端口丢包现象也随之解决。

（4） 专线互联 Cisco 2600 路由器丢包严重。

故障现象：某校园网使用两台 Cisco 2600 路由器专线连接主校园网和分校区网络，发现传输速率慢而且丢包现象严重。

故障分析：新建立的专线连接出现故障的几率比较小，所以问题很可能出现在两端路由器的串行端口设置上。

解决方法：根据以往的经验判断，严重的丢包现象可能是线路上的时钟错位，导致线路两端路由器收和发不能同步。在串行接口上执行命令“invert transmit-clock”，将时钟翻转，即相当于使时钟改变半个周期，从而使时钟对准。

不过，时钟不准并不是丢包严重的唯一原因，如果改变时钟后仍不能解决问题，且确认配置无误，则需要检查线路是否正常。

（5） Cisco 3640 拨号路由不能自动断线。

故障现象：公司网络为了保证链路冗余，除在 Cisco 3640 路由器上设置了主用路由备份外，还设置了远程拨号。当主用路由断开时，可以自动启用拨号连接，保证网络正常连接。但是，当主用路由恢复正常后，拨号连接不能自动断开。

故障分析：登录到路由器查看具体配置，发现使用配置“dialer idle-timeout 180”控制空闲时间断线。初步判定故障可能是由于路由设置问题所致，即当主用路由恢复正常后，还有其他用户正在使用拨号连接，所以，如果设置不当很可能就会导致无法切换到主用路由。路由切换配置信息中有如下信息：“Backup load 60 5”，即当网络流量超过主链路的 60%时启动备份链路，当网络流量少于 5%时挂断备份链路。根据平时网络流量的不同，这两个值需要随时定义，如果挂断备份链路的限制设置较小，就会导致备份链路总处于开启状态，不会自动断开。

解决方法：根据网络的日常流量，重新设定参数，故障解决。另外，如果设置了较长时间的挂断延迟，也会导致该问题。其实在自动启动/挂断备份链路之前都会有一个时间延迟，即必须等待一定时间后才会执行相应操作。如果不确认可以使用如下配置语句进行设定：“Backup delay 5 5”。即在主链路断开 5 s 后启动备份链路，在主链路恢复正常 5 s 后断开备用链路。

（6） 不能路由的路由表。

故障现象：某公司的网络中包括两个部门，即上级部门（A）和下级部门（B），原来网络连接一直很正常。但最近部门 B 的网络不能访问部门 A 的网络，使用部门 B 的计算机（IP 地址为 192.168.2.201/24）Ping 部门 A 中的计算机 A1（IP 地址为 192.168.2.100/24）和计算机 A2（IP 地址为 192.168.2.110/24）时，发现丢包率为 100%，而使用 Ping 命令测试本部门的计算机时，连接正常。

故障分析：检查部门 B 中的计算机设置，发现网关设置为 192.168.2.254/24，正确无误，于是怀疑路由器不能正常工作。再在部门 B 中其他计算机 Ping 这两台计算机，结果有的可以 Ping 通，有的不能 Ping 通。参考本单位网络拓扑结构图，怀疑可能是由于部门 A 网络的防火墙设置引发了该故障。由于部门 A 与部门 B 分别位于城市中两个不同地方，部门 A 的防火墙是针对网络 IP 段设置的，也就是说，该防火墙对于部门 B 的整个网络都是允许访问的，所以可以排除防火墙的问题。进一步检查路由器配置时发现，默认路由被错误设置为“ip route 0.0.0.0 0.0.0.0 192.168.0.1”，这样就使本应该路由到地址 192.168.0.254 的数据路由到 192.168.0.1 中了。

解决方法：要解决该故障，只需要将路由表的该条路由删除即可，具体命令为：

```
no ip route 0.0.0.0 0.0.0.0 192.168.0.1
```

保存配置并重新启动路由器后，故障解决。

（7） 子网掩码反码设置错误。

故障现象：在路由器上设置 IP 访问列表，限制 192.168.0.0 段、192.168.3.0 至 192.168.10.0 段的计算机访问 Internet，只允许 192.168.1.0 段和 192.168.2.0 段的计算机对外访问。于是，在 IP 访问列表中添加了以下内容：

```
access-list 190 deny ip 192.168.0.0 0.255.255.255 any
access-list 190 deny ip 192.168.3.0 0.255.255.255 any
access-list 190 deny ip 192.168.4.0 0.255.255.255 any
access-list 190 deny ip 192.168.5.0 0.255.255.255 any
access-list 190 deny ip 192.168.6.0 0.255.255.255 any
access-list 190 deny ip 192.168.7.0 0.255.255.255 any
access-list 190 deny ip 192.168.8.0 0.255.255.255 any
access-list 190 deny ip 192.168.9.0 0.255.255.255 any
access-list 190 deny ip 192.168.10.0 0.255.255.255 any
```

同时，将该 IP 访问列表应用于路由器的 LAN 口。然而配置完成后，192.168.0.0 ~ 192.168.10.255 段内的所有计算机都无法连接至 Internet 了。

故障分析：导致该配置故障的原因是子网掩码反码错误，查看路由器配置时发现，访问列表为"access-list 190 deny ip 192.0.0.0 0.255.255.255 any"，也就是说，所有 192.0.0.0 ~ 192.255.255.255 网段内的计算机都被禁止访问 Internet。当然 192.168.1.0 段和 192.168.2.0 段的也就被禁止访问了。

解决方法：先使用"no access-list 190"命令删除 IP 访问列表，然后再重新添加新的访问列表。有关阻止某段 IP 地址的部分改写为：

```
access-list 190 deny ip 192.168.0.0 0.0.0.255 any
access-list 190 deny ip 192.168.3.0 0.0.0.255 any
access-list 190 deny ip 192.168.4.0 0.0.0.255 any
access-list 190 deny ip 192.168.5.0 0.0.0.255 any
access-list 190 deny ip 192.168.6.0 0.0.0.255 any
access-list 190 deny ip 192.168.7.0 0.0.0.255 any
access-list 190 deny ip 192.168.8.0 0.0.0.255 any
access-list 190 deny ip 192.168.9.0 0.0.0.255 any
access-list 190 deny ip 192.168.10.0 0.0.0.255 any
```

IP 访问列表修改完成后，故障排除。

10.4 网络协议故障

没有网络协议，网络设备和电脑之间就无法通信，根本不可能实现资源共享，更谈不上是连接至 Internet 了。

10.4.1 协议故障的表现

协议故障通常表现为以下几种情况。

（1） 电脑无法登录到服务器。

（2） 电脑在"网上邻居"中既看不到自己，也无法在网络中访问其他电脑。

（3） 电脑在"网上邻居"中能看到自己和其他成员，但无法访问其他电脑。

（4） 电脑无法通过局域网接入 Internet。

10.4.2　协议故障原因分析

协议故障的原因主要有两种：一是未安装协议，二是协议设置不正确。如果要实现联网，则必须安装通信协议，如 TCP/IP 协议和 NetBEUI 协议；除此之外，还要求用户正确设置 TCP/IP 协议的基本参数，包括 IP 地址、子网掩码、DNS、网关。其中任何一个参数设置错误，局域网都会发生故障。

10.4.3　协议故障的排除

当电脑出现协议故障时，可按以下步骤进行故障的定位。

（1）检查电脑是否安装 TCP/IP 和 NetBEUI 协议，如果没有，建议安装这两个协议。要检查是否安装协议，可打开“控制面板”→“网络连接”窗口，右击“本地连接”图标，从弹出的快捷菜单中选择“属性”命令，打开“本地连接属性”对话框在此查看电脑是否安装了所需协议，如图 10-6 所示。然后选择“Internet 协议（TPC/IP）”选项，单击“属性”按钮，打开如图 10-7 所示的“Internet 协议（TPC/IP）属性”对话框，选择“使用下面的 IP 地址”单选按钮，并设置“IP 地址”、“子网掩码”、“默认网关”和 DNS 服务。

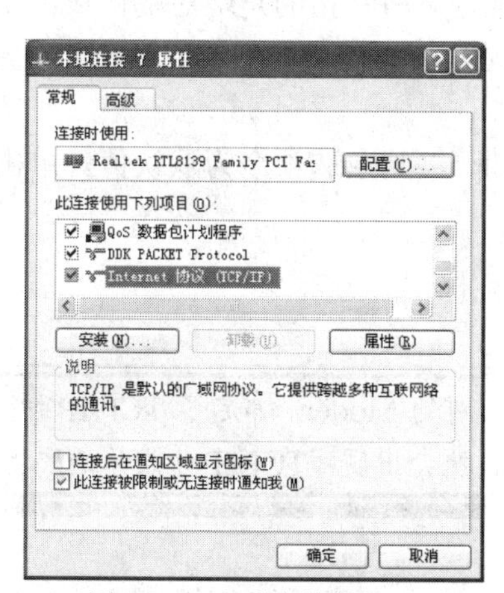

图 10-6　查看安装的协议

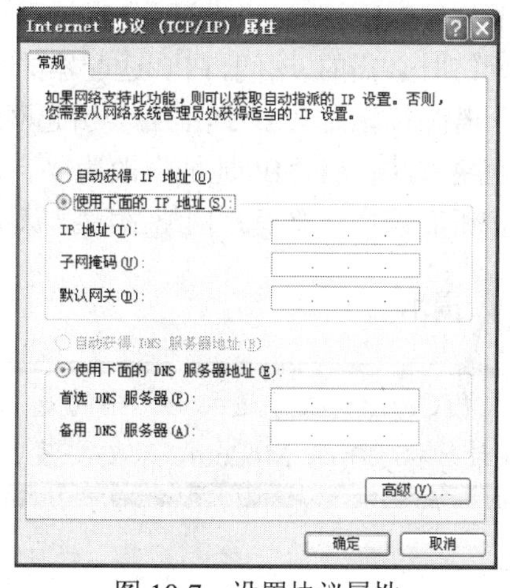

图 10-7　设置协议属性

完成设置后，重新启动电脑。

（2）使用 ping 命令，测试与其他电脑的连接情况。

（3）打开“本地连接属性”对话框，查看是否选中了“Microsoft 网络的文件和打印机共享”复选框。如果没有，应将其选择。否则将无法使用共享文件夹及共享硬件。

（4）系统重新启动后，双击“网上邻居”，将显示网络中的其他电脑和共享资源。如果仍看不到其他电脑，可以使用“查找”命令；如果能找到其他电脑，表明故障排除。

10.4.4　故障实例

故障现象：一个 Windows 对等网络中共四台计算机，均使用 Windows 98操作系统，安装 TCP/IP 协议，手动指定 IP 地址，为从 192.168.0.1～192.168.0.4，所有计算机都采用默认的子网掩码“255.255.255.0”，且均设在同一个工作组“WORKGROUPS”中。四台计算机硬件配置基本相同，均采用 REALTEK RTL8029 双口网卡（PCI），并用细缆相连。故障表现为计算机互连以后在“网上邻居”中可看到自己，但看不到其他计算机，计算机与计算机彼此之间不能通信。

故障分析：首先在计算机中可看到自己，说明 TCP/IP 安装无误。右击“我的电脑”图标，从弹出菜单中选择“属性”命令，打开“系统属性”对话框，从“硬件”选项卡中单击“设置管理器”按钮，打开“设备管理器”窗口，查看“网络适配器”列表，发现所有分支均运行正常，没有黄色惊叹号，说明计算机的网卡配置与传输介质也没有问题。用万用表测量 BNC 连接器的电阻值，也排除了传输介质细缆故障。排除了以上因素后，则可认为是 TCP/IP 配置不当而引起网络不能正常通信的可能性最大。

于是，右击“网上邻居”图标，从弹出的快捷菜单中选择“属性”命令，打开“网络连接”窗口，右击网络连接图标，打开其属性对话框，单击“配置”按钮，然后在打开的对话框中进行逐项检查。在网卡已确定绑定了 TCP/IP 协议后，发现有一个“TCP/IP”→“拨号适配器”选项。在“开始”菜单中选择“运行”命令，打开“运行”对话框，在其中输入“WINIPCFG”后单击“确定”按钮，在打开窗口的“IP 配置”中找到“Ethernet 适配器”，发现除了“REALTEK RTL8029（AS）Ethernet Adapter”之外，还有一项“PPP Adapter”。查看其属性时看到警告，发现它也被手动指定了 IP 地址。PPP 指的是端对端协议，是远程访问网络时必需的。由于 PPP 适配器的 IP 地址由远程服务器自动分配，在局域网中更无须配置，若强行指定其 IP 地址必会引起网络故障。

解决方法：将“IP 地址”改为“自动获取 IP 地址”，其余选项全为默认值。单击“确定”按钮后重启计算机，网络故障排除。

提示：

“TCP/IP→拨号适配器”指的是平时用来拨号上网的 Modem 绑定了 TCP/IP 协议。即使计算机没有装 Modem，只要安装了“拨号网络”，就会出现“TCP/IP→拨号适配器”。

10.5 局域网资源共享常见问题与故障

在局域网中最大的应用就是资源的共享，如文档资源、影音资源的共享以及打印机的共享。但是有些时候网络环境由于受到软硬件的影响，可能会出现一些问题，造成不能共享网络资源，从而影响正常工作。本节即介绍一些在资源共享方面常见的一些问题及其排除方法。

10.5.1 网络文件共享故障

在局域网中进行文件共享，是现代办公中的一个特色，人们省去了跑来跑去传送文件的麻烦，省时省力，而一旦文件共享过程中出现了问题，必然会大大影响工作效率。下面介绍一些共享访问文件方面的难题与解决的办法。

1. 无法访问共享文件夹

故障现象：通常在访问共享文件时，大多数人都会通过“网上邻居”窗口找到目标计算机中的共享文件夹，并通过双击文件夹图标的方法来访问目标共享文件，但是在实际访问过程中有时会发现，有的共享文件夹被双击后会弹出无法访问的提示，即使换成系统管理员权限的账号也无法被正常打开。

故障分析：遇到类似这种访问现象时，可通过强行夺取共享文件夹访问权来达到访问目的，即将访问权限改为“完全控制”，这样日后再访问该共享文件夹时就不会遇到无法访问的提示了。

解决方法：在共享文件夹所在计算机中打开“我的电脑”窗口，选择“工具”→“文件夹选项”命令，打开“文件夹选项”对话框。切换到“查看”选项卡，在“高级设置”列表框中取消对“使用简单文件共享（推荐）”复选框的选择，如图 10-8 所示。设置完毕单击“确定”按钮。

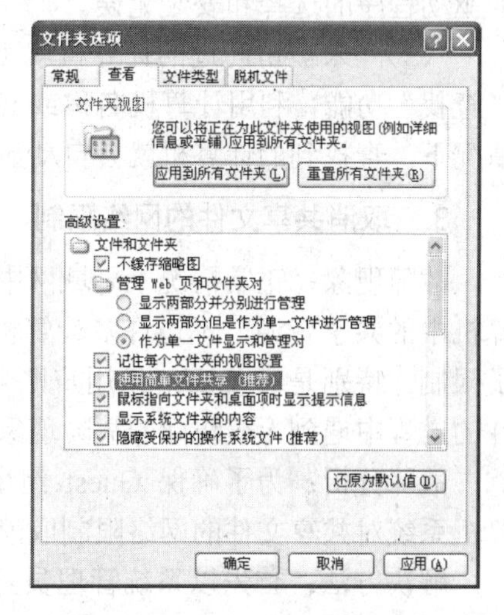

图 10-8　取消使用简单文件共享

接下来，找到无法被正常访问的目标共享文件夹，右击鼠标，从弹出的快捷菜单中选择“属性”命令，打开共享文件夹的属性对话框，切换到“安全”选项卡，单击其中的“高级”按钮，打开目标文件夹的高级安全设置对话框，切换到“所有者”选项卡，在“将所有者更改为”列表框中选择当前访问的账号名称，并选中“替换子容器及对象的所有者”复选框，然后单击“确定”按钮。之后，系统会提示用户没有访问该文件夹的权限，是否启用“完全控制”权限来替代当前的访问权限，单击“是”按钮即可。

2. 访问网上邻居速度太慢

故障现象：一个小型局域网的服务器为 Windows NT 操作系统，各工作站为 Windows 98。以前局域网一直工作正常，后来有一台工作站重新安装 Windows 98 之后，这台电脑通过网上邻居浏览其他电脑的速度非常慢，而且只能看到一部分电脑，有的电脑却看不到，而其他电脑相互之间一切正常。检查 IP 地址与子网掩码没有错误，域名与工作组也相同。

故障分析：首先，既然能看到一部分电脑，说明网络连接正常，而且正确安装了网卡驱动程序和网络通信协议；其次，既然 IP 地址与子网掩码没有错误，说明 IP 地址信息设置正确；再次，既然域名与工作组相同，应当能够非常快地找到同一工作组内的其他用户才对。那么，出现这个问题的原因应该有以下几种原因：

（1） 没有安装 NetBEUI 协议。

（2） 网卡驱动程序有缺陷。

（3） 由于 Windows NT 没有活动目录的功能，无法快速有效地组织网络资源。

解决方法：不同的原因应采取不同的解决方法。

（1） TCP/IP 是一个效率不高的协议，因此在小型局域网中通常都使用占用系统资源更小、效率更高的 NetBEUI 协议。此外，只安装有 TCP/IP 协议的 Windows 98 计算机要想加入到 Windows NT 域，也必须安装 NetBEUI 协议。

（2） 虽然许多网卡都采用相同的芯片组，但是驱动程序并不完全相同。虽然有缺陷的驱动程序并不一定会导致通信失败，却往往会在传输效率上大打折扣，因此应当确认网卡驱动程序的选择和安装无误。

（3） 未被访问过的计算机就可能不会出现在网上邻居中，可以试着在服务器上使用“查找”功能，利用计算机名称或 IP 地址查找一下无法显示在网上邻居中的计算机。通常情况下，查找到的计算机就会自动显示在网上邻居中。

3. 取消共享文件的网络限制

故障现象：正常情况下局域网中的用户一般都会通过 Guest 组用户账号来访问其他计算机中的共享资源，不过许多计算机系统在默认状态下都对共享文件的网络访问权限进行了限制，特别是对 Guest 组用户账号的访问权限进行了限制，这样用户就会在访问共享文件的过程中遇到无权访问的故障现象。

故障分析：为了确保 Guest 组用户账号也能轻松访问到局域网中的共享资源，可将计算机系统对共享文件的网络限制取消掉。

解决方法：首先以系统管理员身份登录共享文件所在的计算机系统，选择“开始”菜单中的“运行”命令，打开“运行”对话框，在其中输入“gpedit.msc”，单击“确定”按钮，打开该计算机系统的“组策略”窗口。在该窗口的左侧窗格中依次展开“计算机配置”→“Windows 设置”→“安全设置”→“本地策略”列表，打开“用户权利指派”文件夹，如图 10-9 所示。

双击“拒绝从网络访问这台计算机”选项，打开“拒绝从网络访问这台计算机属性”对话框，查看当前计算机的 Guest 组用户账号是否位列其中，如图 10-10 所示。如果发现 Guest 组用户账号，应将其删除。单击“确定”按钮关闭对话框，然后重启该计算机，即可取消共享文件的网络限制。

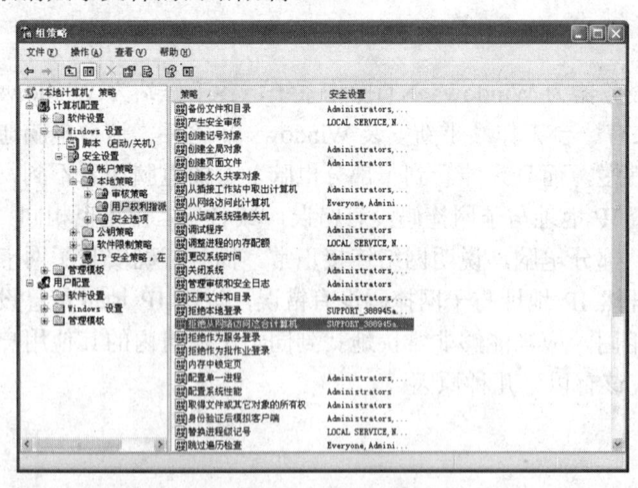

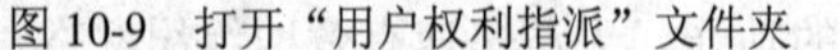
图 10-9 打开“用户权利指派”文件夹

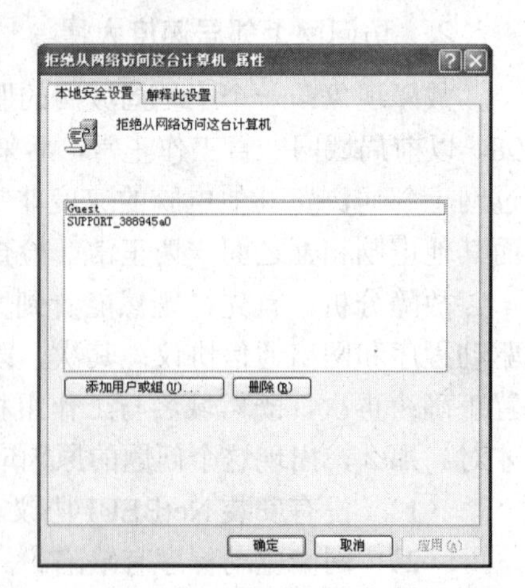

图 10-10 查看组策略属性

4. 清除和拒绝自动记录共享痕迹

故障现象：通过“网上邻居”窗口访问过目标共享文件之后，Windows 系统会自动把以前的共享访问痕迹记录下来，以后当其他人打开“网上邻居”窗口时即可发现上次共享访问的内容，Windows 的这种特性很容易曝露用户的隐私信息。

故障分析：为了保护自己的共享访问隐私，可以拒绝系统自动记忆共享访问痕迹。

解决方法：在“开始”菜单中选择“运行”命令，打开“运行”对话框，输入“Gpedit.msc”命令，单击“确定”按钮，打开系统的“组策略”窗口，在左窗格中依次展开“用户配置”→“管理模板”→“桌面”列表项，在右窗格中显示“桌面”文件夹中的内容，双击“不要将最近打开的文档的共享添加到‘网上邻居’”策略选项，打开相应的策略属性对话框，在“设置”选项卡中选中“已启用”单选按钮，如图 10-11 所示。单击“确定”按钮，此后系统就不会自动记忆共享访问痕迹了。

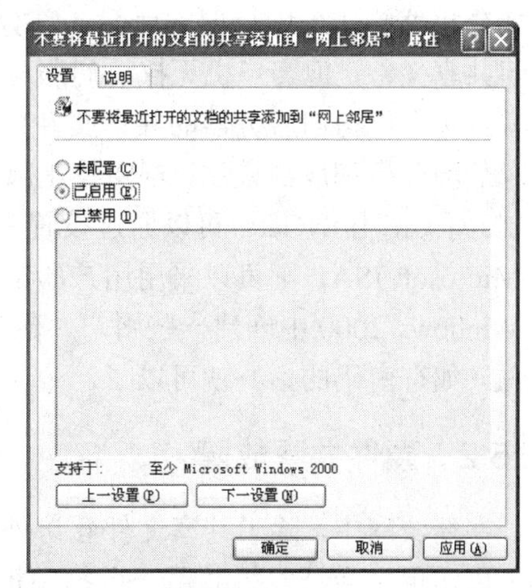

图 10-11　启用不自动记录共享访问痕迹功能

提示：

如果要清除已有的共享访问痕迹，可打开“运行”对话框，输入注册表编辑命令“regedit”，然后单击“确定”按钮，打开“注册表编辑器”窗口，在左窗格中展开“HKEY_LOCAL_MACHINE”→“SOFTWARE”→“Microsoft”→“Windows”→“CurrentVersion”→“Network”→“Lanman”列表项，这时在右窗格中看到的每一个键值其实就对应以前的一个共享访问记录，依次选中并删除每一个键值，即可将出现在网上邻居窗口中的共享访问痕迹清除干净。

5. 没有访问资源的权限

故障现象：对某一文件夹设置共享后，局域网内其他电脑访问时，出现“你没有访问资源的权限”的错误提示。

故障分析：此类问题在 Windows 98 与 Windows 2000/XP 之间互访时经常遇到。

解决方法：可以采取的解决方法有以下两种。

（1） 启用 Guest 用户。Windows 2000/XP 系统默认情况下并未启用 Guest 账户，启用了 Guest 账户后，在 Windows 98 访问 Windows 2000/XP 时就不需要输入用户名和密码了，也就不存在访问资源权限的问题了。

（2） 关闭本地连接上的防火墙。微软在 Windows XP 中内置的 Internet 连接了防火墙（ICF），但在本地连接上启用这个防火墙后，就会造成工作组之间无法互访，关闭本地连接上的防火墙即可解决这个问题。

6. 限制共享访问

故障现象：一个小型局域网为服务器/客户机模式，服务器为 Windows 2000 高级服务器版（安装双网卡），用 ADSL 方式上网（有固定 IP 地址）。客户机为 Windows 98 系统。服务器和客户机全部连接在一台交换机上。如何让局域网内各客户机之间能通信，同时要求部分机器能访问因特网，而另一部分不能访问？此外，在使用中发现各客户机之间可以访问共享文件，但客户机无权访问服务器的共享文件，如何在不改变客户机设置的情况下，让客户机也可访问服务器的共享文件？

故障分析和解决方法：若要禁止部分用户对 Internet 的访问，可在代理服务器中作必要限制。如果使用 SyGate，可以通过设置黑白名单，禁止某些 IP 地址的访问；如果使用 WinGate 或 Microsoft ISA，则可以采用用户验证方式实现。若要使 Windows 98 客户端共享，则需要在 Windows 2000 中创建一些用户，然后在 Windows 98 的登录窗口中输入创建的用户名和密码（如有密码的话）就可以了。

10.5.2 硬件共享故障

在局域网中，除了共享文件互访外，最常见的就是打印机共享。通过共享打印机资源，就可以实现多台计算机共用一台打印机，而不必为每一台计算机都配备打印机设备。下面介绍一例在局域网中共享打印机时出现的故障及其解决方法。

故障现象：客户端在正常安装了网络打印机后，在“网上邻居”中却找不到此设备，而共享打印机列表中只出现“Microsoft Windows Network”的信息。

故障分析：这是在共享网络打印中常见的问题。

解决方法：从“开始”菜单中选择“设置”→“网络连接”命令，打开“网络连接”窗口，右击“本地连接”图标，从弹出的快捷菜单中选择“属性”命令，打开“本地连接属性”对话框，单击“安装”按钮，打开“选择网络组件类型”对话框，在列表框中选择“协议”，然后单击“添加”按钮，打开“选择网络协议”对话框，在“网络协议”列表框中选择“NWLink IPX/SPX/NetBIOS Compatible Transport Protocol”协议，如图 10-12 所示，单击“确定”按钮。安装此协议可以提升网络的适应性，从而解决客户端找不到共享打印机的问题。

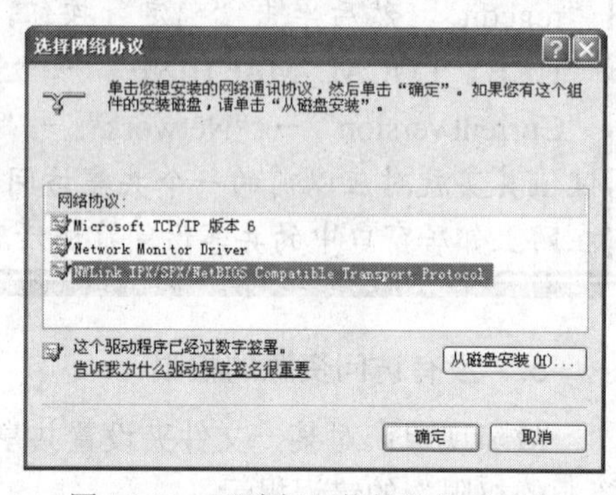

图 10-12 “选择网络协议”对话框

安装了网络协议后，打开“网上邻居”窗口，进入网络主机，右击共享打印机图标，从弹出的快捷菜单中选择“连接”命令，再在打开的提示对话框中单击“是”按钮，重新安装一次共享打印机。然后，再打开主机的“本地连接属性”对话框，在“高级”选项卡中检查是否启用了“Internet 连接防火墙”功能，如果开启了就关闭它。

提示：

取消了“Internet 连接防火墙”功能后，如果仍然要启用该功能，就必须安装 NetBEUI 协议（非路由协议）。

10.6　Internet 连接共享常见问题与故障

使用 Internet 连接共享，可以只通过一个连接就将局域网上的所有计算机连接到 Internet。例如，有一台通过拨号连接与 Internet 相连的计算机，这台计算机称为主机，当在这台主机上启用 Internet 连接共享时，局域网中的其他计算机将通过此拨号连接到 Internet。本节介绍一些关于 Internet 连接共享的常见问题与故障排除方法。

10.6.1　禁用自动拨号

故障现象：多台机器均采用 Windows XP 系统，用一个 Hub 组成局域网并连接一个 ADSL Modem，使用一台机器做代理服务器上网。但最近经常出现（主机尤为明显）一台机器开机后自动虚拟拨号到因特网，且该机下线后，另外两台机器仍然可以上网的现象。

故障分析：默认状态下，ICS（Internet 连接共享）启用“在我的网络上的计算机尝试访问 Internet 时建议一个拨号连接”和“允许其他网络用户控制或禁用共享的 Internet 连接”功能。也就是说，当网络内的任何一台计算机发送 Internet 请求时，ICS 主机都将开始自动拨号，并连接到 Internet。有些软件在计算机启动时，会自动连接到 Internet，以实现软件或病毒库的更新，因此，计算机开机后就会出现自动虚拟拨号的情况。

解决方法：打开 ICS 属性对话框，取消对“在我的网络上的计算机尝试访问 Internet 时建议一个拨号连接”和“允许其他网络用户控制或禁用共享的 Internet 连接”两个复选框的选择。

10.6.2　让服务器上网又不影响客户机登录

故障现象：网络服务器的系统为 Windows 2000 Server，客户端为 Windows 2000 Professional，使用 ADSL 宽带路由器共享 Internet 连接共享。宽带路由器直接连接至交换机上，所有客户机都可以不受限制地共享上网。但是，所有计算机的网关和 DNS 都必须指向这个路由器的 IP 地址，服务器也须如此。如果把服务器的网关和 DNS 设为路由器的 IP 地址后，客户机将无法登录服务器。为了让客户机能登录服务器，就只能把网关和 DNS 改为服务器的 IP 地址，而这样又不能上网。

故障分析：假设服务器的 IP 地址是 X.X.X.1，路由器的 IP 地址为 X.X.X.2，则服务器的网关应该设置为 X.X.X.2，DNS 应该设置为 X.X.X.1。然后，在服务器上安装、配置并启用 DNS 服务。当然，如果服务器已经升级到 Active Directory，默认已经安装 DNS 服务，只须启用并配置即可。客户机的 IP 地址设置为 X.X.X.Y（Y 不包括服务器和路由器的 IP 地址所用的数字），网关设置为 X.X.X.2（路由器的地址），DNS 设置为服务器的地址（X.X.X.1）。

解决方法：如果未申请 DNS 主机服务，或为了提高 DNS 解析速度，可在 Windows 2000 Server 的 DNS 上启用“转发”功能。在“开始”菜单中选择“程序”→“管理工具”→“DNS”命令，打开 DNS 服务器属性对话框，在“转发器”选项卡选中“启用转发器”复选框，并在“IP 地址”框中键入 ISP 的 DNS 服务器的 IP 地址，然后单击“添加”和“确定”按钮即可。

10.6.3 “本地连接”光发不收

故障现象：多台采用 Windows XP 系统的计算机网络，有一台机器在网上邻居中能看到自己，屏幕右下角有连接图标，双击该图标发现在“本地连接状态”中有发出的字节数，而接收到的字节数为 0，通信无法进行。网卡及线路用替换法测试无问题。

故障分析和解决方法：可能有以下几种原因。

（1） 网卡与 Windows XP 不兼容或者兼容性不好，试着安装其他操作系统试一下。

（2） 网线有问题，虽然用替换法测试过，但是，最好还是将故障计算机搬到能够连接到网络的计算机处替换一下。

（3） 如果网卡是 10/100 Mb/s 自适应，可以试着把网卡速率设置为 10 Mb/s 试一下。方法是：打开网卡的属性对话框，在“常规”选项卡中单击“配置”按钮，再在打开对话框的“高级”选项卡中的“Link Speed/Duplex Mode”选项后面选择“10 Half Mode”。

（4） 有发出的字节数，而接收到的字节数为 0，说明线路发送数据正常，而接收出现问题。因此连通性故障的可能性最大，也可能是接插处（水晶头与网卡、集线设备、信息插座的 RJ45 端口）接触不好，可重新连接一下试试。

10.6.4 内网 FTP 服务器连接外网

故障现象：Internet 中的计算机不能访问内网的 FTP 服务器。

故障分析和解决方法：如果作为服务器的计算机有合法的公网 IP，并且单位没有在防火墙上关闭 FTP 端口（TCP 协议的 21 端口），可以直接被 Internet 中的计算机访问到。如果网络采用专线方式（如光缆、DDN、专线 ADSL 等）接入 Internet，并拥有合法的静态 IP 地址，但作为服务器的计算机没有合法的公网 IP 地址，而是通过代理服务器或路由器的 NAT 方式共享 Internet 连接，就需要在 Windows 连接共享、代理服务器软件（SyGate、WinGate 或 ISA）或路由器上作端口映射（PAT），将端口号映射到服务器的 IP 地址，使得 Internet 用户在访问某端口时将相关请求转发到对应服务器上。局域网采用动态 IP 地址（如虚拟拨号 ADSL）的，还必须在代理服务器上安装动态域名系统，最后设置端口映射。

10.6.5 ADSL 路由共享上网经常断线

故障现象：用 GRT 1500 ADSL Modem 的路由功能和交换机实现共享上网，工作站关机一段时间以后再开机，会发现无法连接上网。用 Ping 命令测试，各工作站间可以互相连通，但 Ping 做路由的 ADSL Modem 的地址无法 Ping 通，只有重启 ADSL Modem 才能恢复正常。

故障分析：很可能是 ADSL Modem 的故障。首先，可以 Ping 通其他计算机，说明局域网网络连接没有问题；其次，无法 Ping 通 ADSL Modem，说明计算机与 ADSL Modem 之间的连接发生故障；再次，重新启动 ADSL Modem 后故障可以解决，说明问题的原因就出在路由器上。

解决方法：降低 ADSL Modem 的工作环境温度，撤去周围干扰源（手机、无绳电话等），并升级 ADSL Modem 的 Firmware。

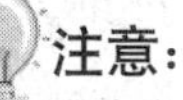

注意：

有时候线路连接松动也会导致类似现象发生。因此最好检查一下路由器与交换机间跳线的连通性，并且重新插拔一下两端的水晶头，或者重新制作一根跳线进行替换。此外，如果 ISP 局端设置有踢出空闲用户的功能，则网络内的所有计算机长时间都不访问 Internet 时，局端会自动断开 ADSL 连接，此时重新启动 ADSL Modem 才能启动内置的 PPPoE 自动拨号功能。

10.6.6 传输速率低

故障现象：局域网是用 HUB 连接的 10 Mb/s 以太网，但在传输文件时系统提示只有 800 KB~900 KB/s 的传输速率，有时甚至更少。

故障分析和解决方法：这是因为速率的计量方式不同。速率的计量方式一种是 Bit 比特位，一种是 Byte 字节。通常在 1 个 Byte 里有 8 个 Bits。网络带宽通常以 b/s（标称 bit/s）作为计量单位，即“Bits-Per-Second（每秒的比特位数量，通常又被译为波特率）”，而许多下载工具软件的计量单位是 Byte/s，所以，两者之间相差 8 倍。

排除计量方式的问题，网络无法达到标称传输速率的主要原因还有以下几种。

（1） 集线器的限制。集线器为 10 Mb/s 共享带宽，如果所有端口均处于通信状态，每个端口可获得的传输速率约每秒 0.625 MB（计算方法为 10÷16）；如果想要获得接近理论带宽的传输速率，必须采用交换机作为集线设备。

（2） 网卡的原因。如果网卡质量不好，发出的数据包经常出现错误，导致数据包经常重发，或收到的数据包错误比较多，也会导致复制文件速度降低。

（3） 网线的原因。如果网线太长，信号衰减比较厉害，或者虽然网线距离近，但网线质量不好，也不能达到理论速度。另外，当网络繁忙时，也达不到理想速度。

10.6.7 用 VPN 使两个局域网通过 Internet 互访

故障现象：一台用 Modem 拨号的计算机用 VPN 方式可以接入局域网中，但只找到服务器，看不到别的机器。

故障分析及解决方法：VPN 主要作用是为一台客户机远程访问 VPN 服务器或通过 VPN 服务器访问 VPN 服务器所在的网络。两个局域网通过 Internet 互相访问对方网络内的计算机，只能做 VPN 路由。如果一台远程客户机访问 VPN 服务器及其所在网络，需要正确配置 VPN 服务器，主要是 VPN 服务器为远程客户机分配 IP 地址的问题。当 VPN 服务器与 DHCP 服务器不在同一台计算机上时，可以使用 DHCP 方式为远程客户机分配 IP 地址；当 VPN 服务器与 DHCP 服务器在同一台计算机上时，只能使用静态地址分配方法，在“VPN 服务器属性”对话框的“IP”选项卡中设置。

拨号之后不能访问局域网，是没有分配到合法的局域网的 IP 地址。另外，使用 VPN 拨号时，拨号端一定要有合法的 IP 地址，否则拨叫 VPN 服务器是没有意义的。设置 VPN 路由连接两个局域网时，需要双方在 VPN 服务器的“路由和远程访问”→“路由接口”中

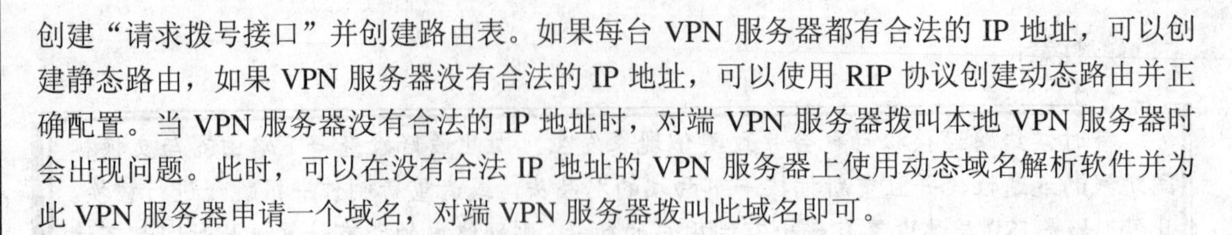

创建“请求拨号接口”并创建路由表。如果每台 VPN 服务器都有合法的 IP 地址，可以创建静态路由，如果 VPN 服务器没有合法的 IP 地址，可以使用 RIP 协议创建动态路由并正确配置。当 VPN 服务器没有合法的 IP 地址时，对端 VPN 服务器拨叫本地 VPN 服务器时会出现问题。此时，可以在没有合法 IP 地址的 VPN 服务器上使用动态域名解析软件并为此 VPN 服务器申请一个域名，对端 VPN 服务器拨叫此域名即可。

10.6.8 集线器+路由器无法共享上网

故障现象：多台计算机采用宽带路由器+集线器方式，利用集线器扩展端口组网共享 Internet。连接完成后，直接连接至宽带路由器 LAN 口的 3 台机器能上网，而通过集线器连接的计算机却无法上网，路由器与集线器之间无论采用交叉线或平行线都不行。集线器上与路由器 LAN 端口连接的灯不亮。此外，集线器上的计算机无法 Ping 通路由器，也无法 Ping 通其他计算机。

故障分析：可能导致接集线器的计算机无法访问 Internet 的原因有以下 3 种。

（1） 集线器自身故障。故障现象是集线器上的计算机彼此之间无法 Ping 通，更无法 Ping 通路由器。该故障所影响的只能是连接至集线器上的所有计算机。

（2） 级联故障。如路由器与集线器之间的级联跳线采用了不正确的线序，或者是跳线连通性故障，或者是采用了不正确的级联端口。故障现象是集线器上的计算机之间可以 Ping 通，但无法 Ping 通路由器。不过，直接连接至路由器 LAN 端口的计算机的 Internet 接入将不受影响。

（3） 宽带路由器故障。如果是 LAN 端口故障，结果将与级联故障类似；如果是路由故障，结果将是网络内的计算机都无法接入 Internet，无论连接至路由器的 LAN 端口，还是连接至集线器。

从故障现象上来看，连接至集线器的计算机既无法 Ping 通路由器，也无法 Ping 通其他计算机，初步断定应该是集线器故障。

解决方法：更换集线器。

10.7 无线网络常见问题与故障

无线局域网给我们的生活带来了极大的方便，为我们提供了无处不在的、高带宽的网络服务，但是，由于无线网络环境的特殊性，使得无线网络连接具有不稳定性，大大影响了服务质量。本节将介绍一些常见的无线网络及排除方法，来帮助用户及时、有效地排除这些故障。

10.7.1 混合无线网络经常掉线

故障现象：使用 Linksys WPC54G 网卡和 Linksys WRT54G AP 构建无线局域网，都使用 IEEE 802.11g 协议，网络中还存在少数 802.11b 网卡。当使用 WRT54G 进行 54 Mb/s 连接时经常掉线。

故障分析：从理论上说，IEEE 802.11g 协议是向下兼容 802.11b 协议的，使用这两种协议的设备可以同时连接至使用 IEEE 802.11g 协议的 AP。但是从实际工作经验来看，只要网络中存在使用 IEEE 802.11b 协议的网卡，则整个网络的连接速度就会降至 11Mb/s(IEEE 802.11b 协议的传输速度)。

解决方法：在混用 IEEE 802.11b 和 IEEE 802.11g 无线设备时，一定要把无线 AP 设置成混合（MIXED）模式，这样就可以同时兼容 IEEE 802.11b 和 802.11g 两种模式。

10.7.2　无线客户端接收不到信号

故障现象：构建无线局域网之后，发现客户端接收不到无线 AP 的信号。

故障分析：导致出现该故障的原因可能有以下几种。

（1）无线网卡距离无线 AP 或者无线路由器的距离太远，超出了无线网络的覆盖范围，因此在无线信号到达无线网卡时非常微弱，使得无线客户端无法进行正常连接。

（2）无线 AP 或者无线路由器未加电或者没有正常工作，导致无线客户端根本无法进行连接。

（3）当无线客户端距离无线 AP 较远时，经常使用定向天线技术来增强无线信号的传播。如果定向天线的角度存在问题，也会导致无线客户端无法正常连接。

（4）如果无线客户端没有正确设置网络 IP 地址，就无法与无线 AP 进行通信。

（5）出于安全考虑，无线 AP 或者无线路由器会过滤一些 MAC 地址，如果网卡的 MAC 地址被过滤掉了，也无法进行正常的网络连接。

解决方法：对于上述几种故障原因，可分别采用下述方法进行解决。

（1）在无线客户端安装天线以增强接收能力。如果有很多客户端都无法连接到无线 AP，则在无线 AP 处安装全向天线以增强发送能力。

（2）通过查看 LED 指示灯来检查无线 AP 或者无线路由器是否正常工作，并使用笔记本电脑进行近距离测试。

（3）若无线客户端使用了天线，可试着调整一下天线的方向，使其面向无线 AP 或者无线路由器的方向。

（4）为无线客户端设置正确的 IP 地址。

（5）查看无线 AP 或者无线路由器的安全设置，将无线客户端的 MAC 地址设置为可信任的 MAC 地址。

10.7.3　无线客户端能正常接收信号但无法接入无线网络

故障现象：无线客户端显示有无线信号，但无法接入无线网络。

故障分析：导致该故障的原因可能有以下两种。

（1）无线 AP 或者无线路由器的 IP 地址已经分配完毕。当无线客户端设置成自动获取 IP 地址时，就会因没有可用的 IP 地址而无法接入无线网络。

（2）无线网卡没有设置正确的 IP 地址。当用户采用手工设置 IP 地址时，如果所设置的 IP 地址和无线 AP 的 IP 地址不在同一个网段内，也将无法接入无线网络。

解决方法：对上述两个故障原因可分别采取以下解决办法。

（1）增加无线 AP 或者无线路由器的地址范围。

（2）为无线网卡设置正确的 IP 地址，确保其和无线 AP 的 IP 地址在同一网段内。

10.7.4 无线网络无法与无线路由器相连的以太网通信

故障现象：无线客户端可以与无线路由器正常进行通信，但是无法与无线路由器连接的以太网通信。

故障分析：导致该故障的原因可能有以下两种原因。

（1） 局域网（LAN）端口连接故障。

（2） IP 地址设置有误。

解决方法：对上述两个故障原因可分别采取以下解决办法。

（1） 通过查看 LAN 指示灯来检查 LAN 端口与以太网连接是否正确。应当使用交叉线连接 LAN 端口和以太网集线器。

（2） 查看无线网络和以太网是否在同一 IP 地址段，只有同一 IP 地址段内的主机才能进行通信。

10.7.5 拨打无绳电话时，会对无线网络产生强烈干扰

故障现象：每当拨打无绳电话时无线网络信号就变得异常微弱，常常导致链路中断。

故障分析：由于无绳电话和 IEEE 802.11b 都工作在 2.4 GHz 频段上，因此，当拨打无绳电话时，就会对无线网络产生强烈的干扰。

解决方法：停止使用无绳电话或者改变无线网络所使用的信道。

10.7.6 设置全部正确，却无法接入无线网络

故障现象：按照无线网络内的其他用户进行了网络设置，包括 WEP 加密、SSID 和 IP 地址（自动获取 IP 地址），而且无线信号显示为满格，却无法接入无线网络。

故障分析：出现这种情况，可能是对无线 AP 设置了 MAC 地址过滤，只允许指定的 MAC 地址接入到无线网络中，而拒绝未被授权的用户，以保证无线网络的安全。

解决方法：将此无线网卡的 MAC 地址添加到允许接入的 MAC 地址列表中。

10.7.7 无线 AP 不具备路由功能

故障现象：采用 ADSL 虚拟拨号方式上网，无线 AP 连接至 ADSL Modem。台式机（连接无线 AP 的 LAN 端口）可以正常上网，笔记本电脑也接收到了无线信号，却无法正常上网，并且显示 IP 地址和默认网关为“不可用”。

故障分析：如果 ADSL Modem 不支持路由功能，那么使用无线 AP 就无法实现 Internet 连接共享。

解决方法：

（1） 启用 ADSL Modem 的路由功能，实现网络连接共享。

（2） 购置一台无线路由器，将 LAN 连接至台式机，WAN 连接至 ADSL Modem。

（3） 在台式机上安装两块网卡，并将其设置为 ICS 主机。一块网卡连接至 ADSL Modem，另一块网卡连接至无线 AP。

10.7.8　看不到无线网络中的其他计算机

故障现象：无线网卡显示正常工作，但是在网上邻居中看不到网络中的其他计算机。

故障分析及解决方法：

（1）检查 SSID 和 WEP 参数设置，确认拼写和大小写正确无误。

（2）检查计算机是否启用了文件和打印机共享，确认在无线网络属性的“常规”选项卡中选中了“Microsoft 网络的文件和打印机共享”复选框。

10.8　网络安全的常见问题及解决方法

网络安全问题是自计算机和网络普及以来一直困扰广大计算机用户的问题，随着更多的服务器的开通，更快的宽带网得到逐渐普及，各种各样的攻击行为在网上也越来越频繁化和简单化。本节即介绍一些各种系统最常见的安全问题以及对应的解决办法。

10.8.1　Windows NT

国内站点中数 NT 站点最多，占总站点数的 91.4%，其余站点多为类 Unix 系统，如 SunOS、HP-Unix、SCO Unix、Linux、BSD Unix 等。在各类操作系统中，NT 的漏洞很多，而且由于微软的技术垄断，NT 的漏洞一般很难迅速、完美地解决。NT 把用户信息和加密口令保存在 SAM 文件中，即安全账户管理（Security Accounts Management）数据库，由于 NT 的加密过程与 Windows 9x 一样简单，因此 NT 口令比 Unix（linux）口令更加脆弱，更容易受到黑客攻击。

1.　SMB 漏洞

漏洞说明：NT 首当其冲的漏洞就是 SMB 漏洞，该漏洞可导致 SAM 数据库和其他 NT 服务器及 NT/9x 工作站上的文件可能被 SMB 的后门所共享。SMB（Server Message Block 服务器消息块）是微软早期的 LAN 产品的一种继承协议，即基于 Windows 95/98/NT 平台的共享功能。在 LAN 中，共享功能提供了网络中硬盘、CDROM、打印机的资源共享，极大方便了网络的使用。由于 LAN 局限在内部使用，并未引起较大安全问题。但当 LAN 连上 Internet，成为一个子网络时，外部用户就可以通过 Internet 访问到 LAN 中的共享资源。

共享资源有两种访问方式，一种是只读方式，另一种是完全访问方式。通常基于使用方便的考虑，共享资源都没有设置口令，而且有些还打开了完全访问方式，这样就使别有用心的人可以很容易地利用 SMB 黑客工具来窃取文件、删除磁盘、甚至上传木马。

NT 在安装后，每个磁盘都会默认地被设置成共享，这时 Internet 和 LAN 上的任何人都可以用命令行方式连接服务器。当前对于使用 SMB 进行 NT 组网，还没有任何其他可选的方法。那么如何防止黑客利用 SMB 漏洞来进行攻击呢？

解决方法：安装 NT 后，立即修改磁盘共享属性；严格控制共享，加上复杂的口令；打印服务器应认真对待，任何人都可以通过 SMB 漏洞将打印驱动替换成木马或夹入病毒；安装防火墙，截止从端口 135 到 142 的所有 TCP 和 UDP 连接，这样有利于控制，其中包

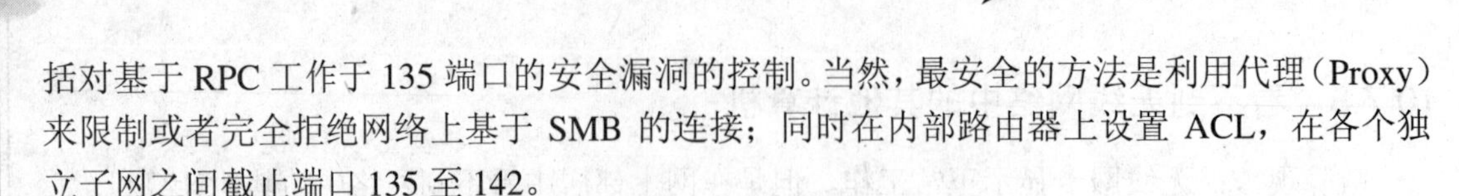

括对基于 RPC 工作于 135 端口的安全漏洞的控制。当然，最安全的方法是利用代理（Proxy）来限制或者完全拒绝网络上基于 SMB 的连接；同时在内部路由器上设置 ACL，在各个独立子网之间截止端口 135 至 142。

2. 注册表访问漏洞

漏洞说明：NT 的另一大漏洞是注册表访问漏洞。NT 的默认 Registry 权限有很多不恰当之处。首先，Registry 的默认权限设置是对 Everyone（所有人）的 Full Control（完全控制）和 Create（创建），这可能导致注册表文件被不知情用户或恶意用户修改、删除或替换。其实，NT 的默认状态下是允许用户远程访问 NT 的注册表。这将导致严重的安全隐患。

解决方法：关掉“远程注册表造访”功能，并使用第三方的工具软件如 Enterprise Administrator 来管理注册表，必要时可将其锁住。或者手动修改注册表，方法是在 HKEY_Local_MachineSystemCurrentControlSetControlSecurePipeServer 下添加 Winreg 项（Reg_SZ 类型），再在其下添加 Description 值（Reg_SZ 类型），输入字符串“Registry sever”，然后重启计算机。

3. 进程定期处理机制漏洞

漏洞说明：NT 的进程定期处理机制有较大漏洞。NT 允许非特权用户运行某些特别的程序，导致 NT 系统崩溃或者挂起。一些扫描器也可以使 NT 拒绝服务，甚至用一条简单的 Ping 命令也可以使服务器重启。这是因为 NT 对较大的 ICMP 包是很脆弱的，如果向 NT 发一条指定包大小为 64 K 的 Ping 命令，NT 的 TCP/IP Stack 将不会正常工作。这种情况会使系统离线工作，直至重启。

解决方法：下载并安装 Service Pack 6。

4. 账户设置不合理

漏洞说明：NT 的账户设置不合理，如果和 NT 密码的脆弱性联合起来，又是一个严重的隐患。通常入侵者最感兴趣的是 Administrator 账户，次之是 Guest 账户。因此必须严格设置域和账户。

解决方法：必须设置两个或两个以上的系统管理员账户，以免万一入侵者已得到最高权限并将口令更改。此外，还应将原 Administrator 账户改名，加上复杂的口令，再设置一个没有任何权限的假 Administrator 账户，以欺骗入侵者；取消 Guest 账户或者加上复杂的口令；设置口令尝试次数上限，达到即锁住该账户，以防止穷举口令；关注系统日志，对大量 Login 失败记录应保持警惕。

5. LAN 中的不友好用户和恶意用户

漏洞说明：通常 LAN 中的用户得到管理员权限的成功概率高达 70%，而其他用户则不到 5%，因为本网用户通常较熟悉管理员的工作习惯，而且穷举口令在局域网中也比从因特网上快得多（LAN 中 100 次/秒，Internet 中 3～5 次/秒）。因此很容易被一些别有用心的人所利用，通过使用黑客工具或者网络监听等手段来窃密，或者做一些不法的事。

解决方法：采用 Switch HUB，这样用户就只能监听本网段；严格设定域和工作组，用拓扑结构将各个域分开。

6. Modem 拨入式访问

漏洞说明：Modem 拨入式访问也是危险之一，且 NT 在默认状况下用紧急修复盘更新后，整个 SAM 数据库会被复制到%system%repairsam. 下，而且对所有人可读。

解决方法：不要将电话号码透露给任何人，不要将记有号码的介质随意放置，并要给此种访问加上口令。在修复后，应立即将其改为对所有人不可读。

10.8.2 Unix

NT 由于界面友好，操作简单，被中小型企业广泛采用；而 Unix 由于对管理人员要求较高，常常用于大型企业和 ISP。因此，如果此类服务器被摧毁，损失将是惊人的。Unix 中隐含的不安全因素大概有以下一些。

1. passwd 文件

漏洞说明：Unix 系统中的/etc/passwd 文件是整个系统中最重要的文件，它包含了每个用户的信息（加密后的口令也可能存在/etc/shadow 文件中）。它每一行分为 7 个部分，依次为用户登录名、加密过的口令、用户号、用户组号、用户全名、用户主目录和用户所用的 Shell 程序。其中用户号（UID）和用户组号（GID）用于 Unix 系统唯一地标识用户和同组用户及用户的访问权限。这个文件是用 DES 不可逆算法加密的，只能用 John 之类的软件穷举，因此此文件成为入侵者的首要目标。

解决方法：一定要把 passwd 文件设为不可读不可写。此外还要注意，opasswd 或 passwd.old 是 passwd 的备份，它们可能存在，如果存在，一定也要设为不可读不可写。

2. 文件许可权

漏洞说明：在 Unix 系统中用 ls -l 可以看到文件的权限。r 表示可读，w 表示可写，x 表示可执行；第一个 rwx 表示文件属主的访问权限，第二个 rwx 表示文件属主同组用户的访问权限，第三个 rwx 表示其他用户的访问权限。用 chown 和 chgrp 可改变文件的属主和组名，但修改后原属主和组名就无法修改回来。用 ls –l 查看文件权限时，目录前面有个 d，在 Unix 中，目录也是文件，所以目录许可也类似于文件许可。

用户目录下的.profile 文件在用户登录时就被执行，若此文件对其他人是可写的，则系统的任何用户都能修改此文件。如“echo "++">.rhosts”就可随意进出其他用户账号开始攻击，从而嫁祸他人。

解决方法：应设置用户 ID 许可和同组用户 ID 许可，并将 umask 命令加入每个用户的.profile 文件，以避免特络依木马攻击和各种模拟 Login 的诱骗。同时应多用 ls -l 查看自己的目录，包括以.开头的文件。任何不属于自己但存在于自己目录的文件应立即引起怀疑和追究。最好不设匿名账户或来宾账户（anonymouse & guest），如果一定要设，应在/etc/passwd 中将其 shell 设为/bin/failure，使其不能访问任何 shell（注意：Linux 中是设为/bin/false）。打开 chroot（如 chroot -s），使其访问的文件限定在一定目录下。

作为 root 登录后，应时刻保持清醒，以免因任何疏忽给整个系统带来不良后果，甚至导致系统崩溃。尽量少用 root 登录，而以具有同样权限的其他账户登录，或用普通账户登录后再用 su 命令取得管理员权限。这样做是为了避免可能潜在的嗅探器监听和加载木马。

应给 root 账户加上足够复杂的口令，并定期更换。

Unix 可执行文件的目录如/bin 可由所有的用户进行读访问，这样用户就可以从可执行文件中得到其版本号，从而知道它会有什么样的漏洞。如从 Telnet 就可以知道 sendmail 的版本号。禁止对某些文件的访问虽不能完全禁止黑客攻击，但至少可以增加攻击难度。

3. SunOS 系统

漏洞说明：SunOS 系统被侵入的事件较多，而且国内绝大部分重要的网络（国家政府部门，邮电通信，教育部门等）都采用 SunOS 系统。SUN 的本意是方便管理员从网上进行安装，但也为入侵者大开其门。例如，SunOS V4 安装时会创建一个/rhosts 文件，这个文件允许 Internet 上的任何人可以登录主机并获得超级用户权限。

解决方法：及时关注并下载最新的补丁。值得注意的是，通常管理员对核心主机非常关注，会及时补上补丁，但同网络内的其他主机的管理却没有跟上，入侵者虽然通常无法直接突破核心主机，但往往通过这一点，先突破附近的电脑，进入 LAN 网络，利用嗅探器等方式监视 LAN，获取通向服务器的途径。所以，同网段的计算机都应该同样重视。

10.8.3 CGI

漏洞说明：CGI 是主页安全漏洞的主要来源。CGI（COMMOM GATE INTERFACE）是外部应用程序与 Web 服务器交互的一个标准接口，它可以完成客户端与服务器的交互操作。CGI 带来了动态的网页服务，但如果 CGI 程序设计不当，就可能曝露未经授权的数据。具有破坏性的数据可以从多种渠道进入服务器，客户端可以设计自己的数据录入方式和数据内容，然后调用服务器端的 CGI 程序，严重时可造成系统瘫痪。

解决方法：服务器应对输入数据的长度有严格限制，在使用 POST 方法时，环境变量 CONTENT-LENGTH 能确保合理的数据长度，对总的数据长度和单个变量的数据长度都应有检查功能。此外，GET 方法虽可以自动设定长度，但不要轻信这种方法，因为客户可以很容易地将 GET 改为 POST。CGI 程序还应具有检查异常情况的功能，在检查出陌生数据后 CGI 还应能及时处理这些情况。CGI 在增加上这些功能后，很可能变得很繁琐。在实际应用中还要在程序的繁琐度和安全性上折衷考虑。黑客还可以想出其他办法进攻服务器，比如以 CET 和 POST 以外的方法传输数据，通过改变路径信息盗窃传统上的密码文件/etc/passwd，在 HTML 里增加 radio 选项等。最后，还要对 CGI 进行全面的测试，确保没有隐患再小心使用。

10.8.4 ASP

漏洞说明：ASP 由于强大的功能、简单的开发和维护，成为当前开发 Web 程序的首选。但 ASP 一直 BUG 不断。如 IIS3.0 时在 ASP 后加一个$Data 就得到源码；IIS4.0 时在 ASP 后加%81 或%82 也有同样功效。showcode.asp、codebrws.asp 等也有漏洞。

解决方法：下载 SP6 补丁，并留意有关 ASP 漏洞的报道，以便及时进行处理。

第 11 章　电脑的优化与日常维护

【本章导读】

电脑使用得时间长了，随着电脑中存储的文件越来越多，也会产生很多系统垃圾，有用的没用的资源会占用大量的内存空间，从而使系统运行变慢，也不利于操作。因此，对电脑经常性地进行一下优化和加强日常维护是保证电脑能够正常、快速运行的保障。本节即介绍电脑的优化和日常维护操作的方法与技巧。

【内容提要】

- λ 优化 Windows XP 系统。
- λ 优化启动登录及开关机速度。
- λ 优化桌面菜单及文件系统。
- λ 优化注册表。

11.1 优化 Windows XP 的作用

系统用久了，各部分都会有冗余、臃肿的地方影响系统速度。为了让系统运行得更流畅，我们要往往通过手动设置或用工具对系统进行优化。通过优化操作系统可以有效地提高电脑的运行速度，从而节约工作时间，提高工作效率。

11.1.1 优化原因

计算机操作系统支持多种硬件和软件。为了保持良好的兼容性，系统对硬件或软件的管理均采用默认的方式，这样可以满足大多数硬件或软件的需求，但是，这样的管理方式并不能将硬件和软件的性能最大限度地发挥出来。为了使各软硬件的运行能够达到最佳效果，就需要对操作系统进行优化管理。

当计算机使用一段时间后，用户普遍会觉得自己的计算机的启动速度或连接速度越来越慢了，这是因为系统用久了，以及长期上网而产生了大量的临时文件、连接文件等无用文件，占用了大量的系统资源。这时，就需要对计算机中的无用文件进行清理，也就是进行系统优化。对系统进行优化可以加快启动速度，清理垃圾文件，加大文件防护。

一般来说，对操作系统需要进行以下几方面的优化。

（1） 系统的页面文件优化。

（2） 系统的开始菜单弹出速度过慢，图标缓存过小，需要调整。

（3） 默认启动的一些无关服务、无关端口可能成为安全隐患，需要关闭。

（4） 一些应用程序安装后会自行在开始菜单的自启动项目中添加相应条目，如安装 Office 之后一些输入法条目出现在自动项中，需要删除。

（5） 系统不能自动根据用户的网络链接方式设置不同的最大传输单元等值，或者 IE 的同时连接数过小，需要调整。

（6） 系统默认安装微软主动提供的一些软件，不需要的完全可以清除。

（7） 软件卸载不完全，系统中仍有残留文件和注册表键值，需要清除。

11.1.2 优化整体解决方案

在优化操作系统之前，用户要确保以管理员的身份登录，因为使用普通用户身份登录时会有许多选项无权使用。操作系统的优化包括多个方面，下面介绍 Windows XP 操作系统的整体优化方案。

（1） 优化硬盘及分区。

（2） 优化内存。

（3） 禁用多余外设。

（4） 关闭多余接口。

（5） 关闭不必要的功能。

（6） 优化启动和登录项。

（7） 优化开关机速度。

（8） 优化桌面菜单。

（9） 优化文件系统。

（10） 优化网络及浏览器。

（11） 优化注册表。

为了保证所有的文件都能够被优化，在对系统进行优化之前应先显示隐藏的文件。方法是打开“资源管理器”，选择“工具”→“文件夹选项”命令，打开“文件夹选项”对话框，切换到“查看”选项卡，在列表框中清除对“隐藏受保护的操作系统文件”和“隐藏已知文件类型的扩展名”两个复选框的选择，如图 11-1 所示。

此外，用户还可以激活清晰字体，从而使桌面上的文字看起来更加清晰易读。激活清晰字体的方法是：在“控制面板”窗口中双击“显示”图标，打开“显示属性”对话框，切换到“外观”选项卡，单击“效果”按钮打开“效果”对话框，选中“使用下列方法使屏幕字体的边缘平滑”复选框，并在其下方的下拉列表框中选择“清晰”选项，如图 11-2 所示。

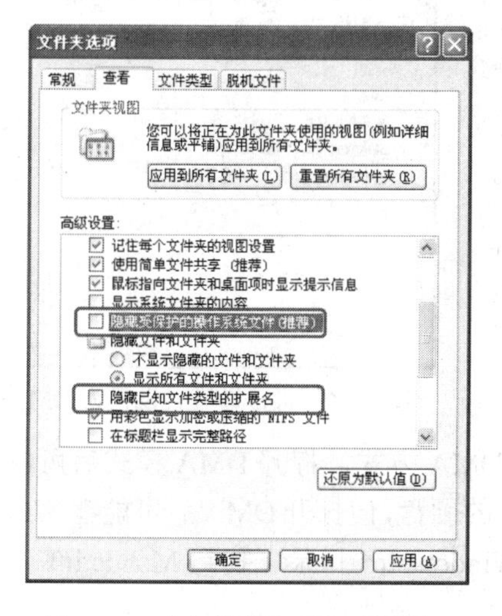

图 11-1　“文件夹选项”对话框

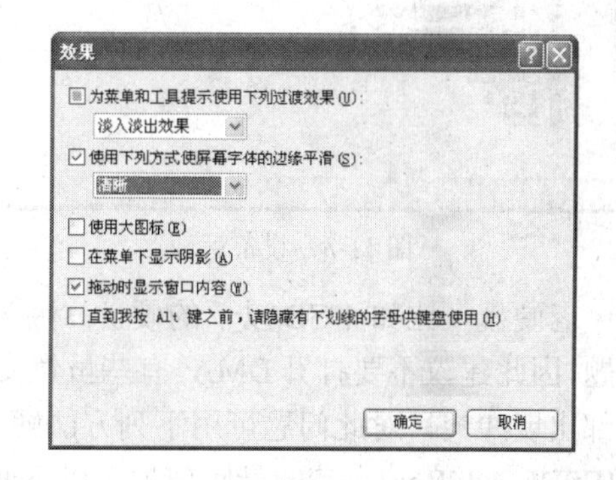

图 11-2　“效果”对话框

11.2　从硬件方面优化 Windows XP 系统

硬件是计算机系统的基础设施，优化系统性能首先要从硬件开始。因此，首先介绍一下如何从硬件方面优化 Windows XP 系统。

11.2.1　硬盘及分区优化

硬盘是经常使用的部件，只要电脑一启动，就会对硬盘进行读写操作，因此，硬盘的优化是很重要的。下面介绍一些硬盘优化的方法，如果能够付诸实施，就能把硬盘调理到最佳状态，从而大幅提升系统性能。

1. 打开 DMA 传输模式

DMA 是快速的传输模式，开启此模式后能增加硬盘或光驱的读取速度。如果硬盘支持 DMA 模式，就应该打开该模式。

打开 DMA 的方法是：在 BIOS 中先设置硬盘支持 DMA；然后打开“控制面板”窗口，双击“系统”图标，打开“系统属性”对话框，切换到“硬件”选项卡，单击“设备管理器”按钮，打开“设备管理器”窗口，展开“IDE ATA/ATA 控制器”列表项，如图 11-3 所示。分别右击“主要 IDE 通道”和“次要 IDE 通道”项，从弹出的快捷菜单中选择“属性”命令，打开相应的属性对话框，切换到“高级设置”选项卡，将设备的传送模式设置为 DMA，如图 11-4 所示。设置完毕，系统就会自动打开 DMA，加快Windows 运行速度。

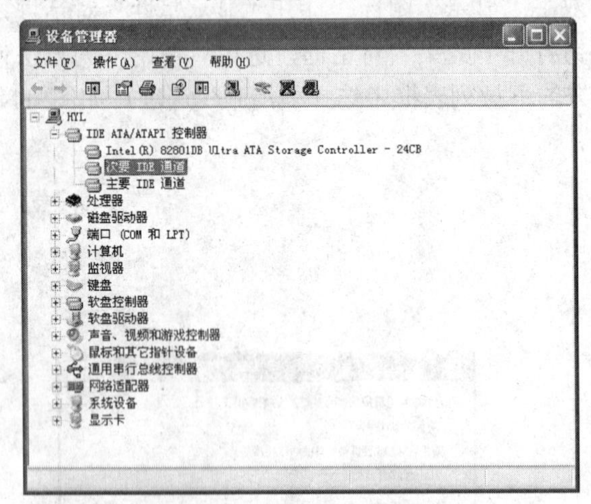

图 11-3 设备管理器

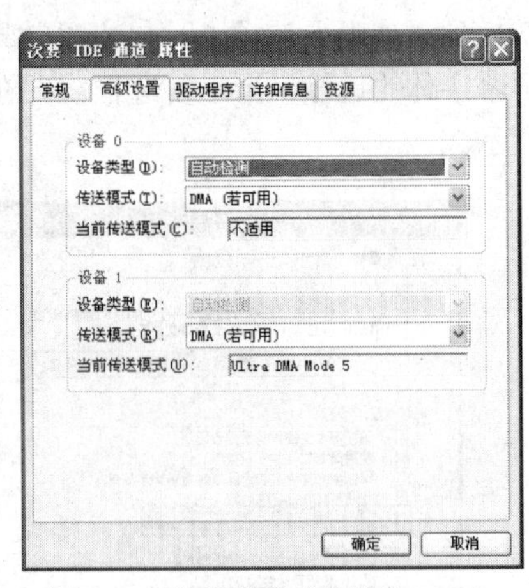

图 11-4 将传送模式设置为 DMA

老硬盘（比如 4 GB 以下的硬盘）因为不支持 DMA 方式，打开 DMA 模式后可能出现问题，因此建议不要打开 DMA。有些虽然支持 DMA 的硬盘，但打开 DMA 后可能在 Windows 内部出现冲突，对此问题可用下列方法解决：在 Windowsinf 目录下找到 Mshdc.inf 文件，在[ESDI_AddReg]小节的最底部加入以下两行：

```
HKR,IDEDMADrive0,3,01
HKR,IDEDMADrive1,3,01
```

2. 采用 FAT32 分区格式

在 Windows 98 之前，系统一般采用 FAT16 分区格式，其簇的大小为 32 KB，无论写入磁盘的资料有多小，都会至少占据 32 KB，因此如果磁盘中的小文件很多，浪费的空间将非常可观，于是 FAT32 格式应运而生，其簇大小已缩减为 4 KB，这样可减少硬盘上浪费的空间。

如果硬盘是 FAT16 格式，可以用 Windows 内置的系统工具“驱动器转换器”来把它转换为 FAT32 格式；新买的硬盘则可在 Fdisk 分区时直接把它划成 FAT32 格式。一般 2 GB 以上的分区最好采用 FAT32 格式。

3. 主分区大小要适中

Windows 启动时，要从主分区查找、调用系统文件，如果主分区过大，就会延长启动时间，所以有些人的做法是将主分区尽量控制在 2 GB~3 GB 之间，其他分区则按硬盘剩余大小平均划分为 2～3 个，然后再创建一个分区作为备份分区，把重要的文件和驱动程序都放在那里。在主分区中只安装 Windows 操作系统和一些必须软件，在其他分区安装常用软件，以便于维护和管理。但也有一些人重在考虑使用上的方便，习惯仅将硬盘分为 C、D 两个区，C 区比较大，除了存放软件系统外，还空余有很多容量的临时文件系统空间，以便于一些大数据吞吐量的程序运行；D 区则放个人文件。总之，不管如何分区，分区大小应根据实际情况综合考虑。

4. 硬盘缓存的优化设置

磁盘缓存对 Windows XP 的运行起着至关重要的作用，对不同容量的内存，采用不同的磁盘缓存是较好的做法。用户可以用专门的软件，如 Cacheman 来优化设置硬盘缓存。Cacheman 是 Outer 推出的硬盘缓存优化软件，内置了几套优化方案，用户可根据电脑的实际情况选择最为接近的方案进行优化设置。

5. 优化虚拟内存

由于物理内存有限，如果 Windows 执行的进程越多，物理内存的消耗就越多，以至于内存会消耗殆尽。为了解决这类问题，Windows 使用了虚拟内存（即交换文件），用硬盘来充当内存使用，然而由于硬盘存取速度比内存要慢得多，这样一来系统的速度就要慢得多了。所以，合理设置虚拟内存，可以为系统提速。

要优化虚拟内存，可打开“控制面板”窗口，双击“系统”图标，打开“系统属性”对话框的“高级”选项卡，单击“性能”选项组中的“设置”按钮，打开“性能选项”对话框，切换到“高级”选项卡，如图 11-5 所示。在“虚拟内存”选项组中单击“更改”按钮，打开“虚拟内存”对话框，调整虚拟内存的设定值，并指定虚拟内存的位置（在哪一个硬盘分区上），如图 11-6 所示。虚拟容量的大小建议选择“系统管理的大小”，这样 Windows 会根据内存的使用情况自动改变交换文件的大小。

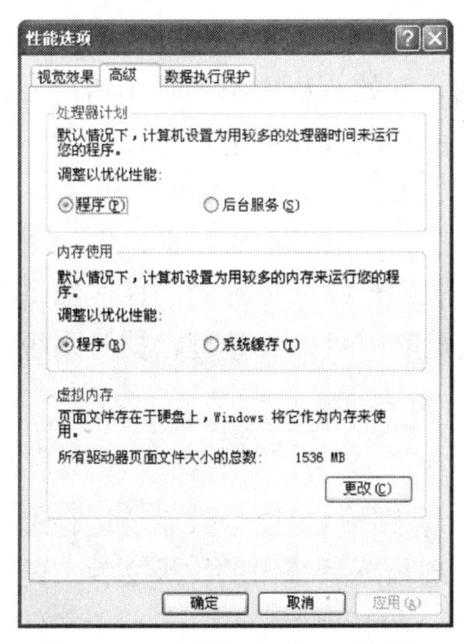

图 11-5 “性能选项”对话框

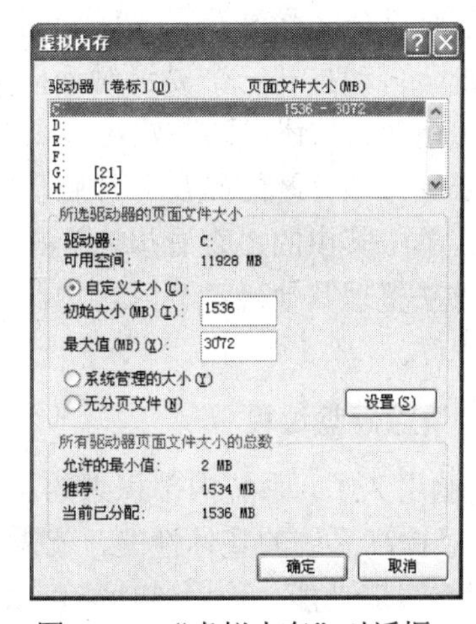

图 11-6 “虚拟内存”对话框

交换文件分区必须有足够的剩余空间，至少需要 200 MB 以上的剩余硬盘空间，否则

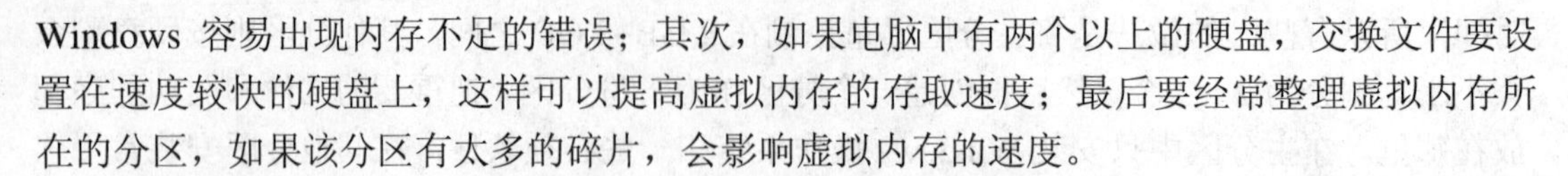

Windows 容易出现内存不足的错误；其次，如果电脑中有两个以上的硬盘，交换文件要设置在速度较快的硬盘上，这样可以提高虚拟内存的存取速度；最后要经常整理虚拟内存所在的分区，如果该分区有太多的碎片，会影响虚拟内存的速度。

6. 磁盘碎片整理

由于硬盘上的文件不是顺序存放的，因此同一个文件可能存在几个不同位置上，这样删除文件时，就会在硬盘上留下许多大小不等的空白区域，再储存文件时，系统会优先填满这些区域。这样，久而久之会产生很多的碎片，影响磁盘存取效率。Windows 内置了“磁盘碎片整理”工具，用户可使用它不定时地对硬盘进行碎片整理。

在“开始”菜单中选择“程序”→“附件”→“系统工具”→“磁盘碎片整理程序”命令，即可打开“磁盘碎片整理程序”窗口，如图 11-7 所示。

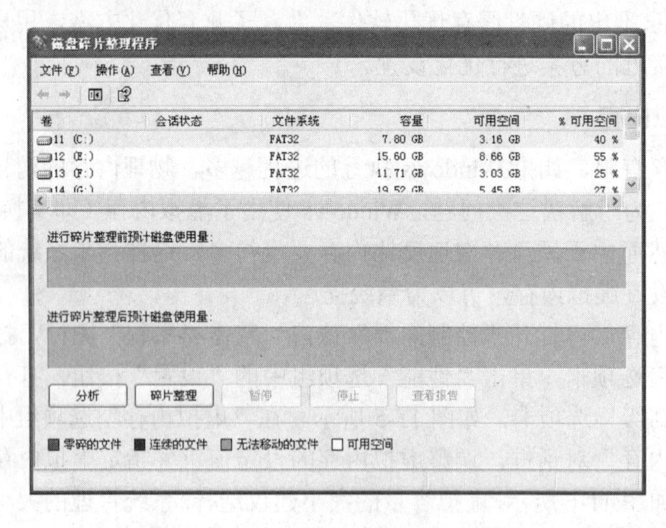

图 11-7 “磁盘碎片整程序”窗口

在窗口上部的列表框中选择要进行碎片整理的磁盘分区（在 Windows XP 系统中将通常所说的磁盘分区称作卷），然后单击“分析”按钮，开始分析磁盘的使用情况。分析完成后，系统会自动打开一个提示对话框，告诉用户是否应该对该卷进行碎片整理，单击其中的“碎片整理”按钮，即开始对该磁盘分区进行碎片整理。

耐心等待该分区的磁盘碎片整理完毕之后，会打开一个提示对话框，告知用户最终整理结果。单击其中的“查看报告”按钮可以查看无法进行碎片整理的文件详细资料。使用相同的方法整理其他磁盘分区，由此完成对整个硬盘的磁盘碎片整理，提升系统读取磁盘文件的速度。

7. 清除硬盘垃圾

电脑用久了，系统内部积聚的垃圾文件就越来越多，也就会导致系统运行速度越来越慢。为了提高系统的整体性能，就需要不定时地清理一下系统内的垃圾文件。Windows 内置了磁盘清理功能。使用该功能可以清理硬盘空间，包括删除临时 Internet 文件、删除不再使用的已安装组件和程序、清空回收站等。

在“开始”菜单中选择“程序”→“附件”→“系统工具”→“磁盘清理”命令，打开如图 11-8 所示的“选择驱动器”对话框，从“驱动器”下拉列表框中选择要进行清理的磁盘后单击“确定”按钮，即可打开相应磁盘的“磁盘清理”对话框，如图 11-9 所示。

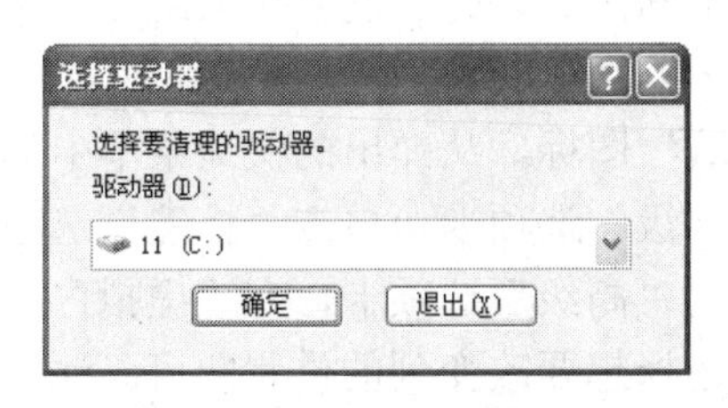

图 11-8 “选择驱动器”对话框

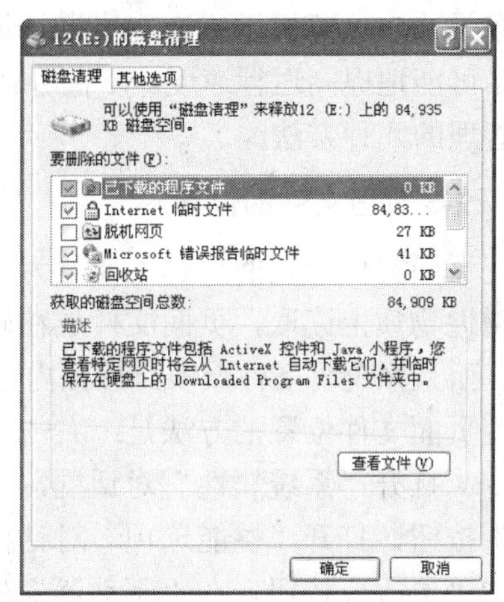

图 11-9 “磁盘清理”对话框

在所选驱动器的“磁盘清理”对话框的“要删除的文件”列表框中分类显示出了可删除的文件，选中要删除的文件类型前的复选框，然后单击“确定”按钮，即可清理相应的垃圾文件。

此外，用户还可在“磁盘清理”对话框中切换到“其他选项”选项卡，在此可以删除 Windows 组件、不用的安装程序或者系统还原点，以释放更多的磁盘空间。

8. 优化 Windows XP 系统所在分区

通常用户都会将 Windows XP 操作系统单独放在一个分区中，这是个很明智的方法。对于 Windows XP 所在分区用户可进行以下优化操作，以保证系统的正常运行。

（1） 删除系统文件备份 sfc.exe /purgecache。该文件一般用户不怎么用，因此可不保留。

（2） 删除驱动备份 Windows\driver cache\i386 目录下的 Driver.cab 文件。

（3） 取消系统还原功能。建议除了安装 Windows XP 的分区使用外，其他分区都别用，如果硬盘空间不够，可通过系统清理程序删除一些比较早的还原点。

（4） 删除帮助文件。对于使用 Windows XP 操作系统的熟手来说，帮助文件完全可以不用。

（5） 删除\Windows\system32\dllcache 下的文件。这是备用的 dll 文件，只要复制了安装文件，完全可以将其删除。

（6） 将“我的文档”、IE 的临时文件夹都转到其他分区。这对系统速度和硬盘都有好处，如果使用的是双系统，最好把两个系统的 IE 临时文件都放在同一个文件夹，这样既加快速度又节省空间。

（7） 把虚拟内存转到其他分区。

（8） 将应用软件安装在其他分区。

（9） 删除\windows\ime 下不用的输入法。

11.2.2 内存方面优化

内存是决定计算机运行速度快慢的最重要的因素。合理优化内存可以提高内存的使用效率，尽可能地提高运行速度。下面介绍在 Windows 操作系统中提高内存的使用效率和优化内存管理的几种方法。

1. 改变页面文件的位置

改变页面文件位置的目的主要是为了保持虚拟内存的连续性。因为硬盘读取数据是靠磁头在磁性物质上读取，页面文件放在磁盘上的不同区域，磁头就要跳来跳去，不利于提高效率。而且系统盘文件众多，虚拟内存肯定不连续，因此要将其放到其他盘上。

改变页面文件位置的方法是：右击“我的电脑”图标，从弹出的快捷菜单中选择“属性”命令，打开“系统属性”对话框，切换到“高级”选项卡，单击“性能”选项组中的“设置”按钮，打开“性能选项”对话框，切换到“高级”选项卡，在“虚拟内存”选项组中单击“更改”按钮，在“驱动器”列表框中选择想要改变到的位置即可。注意当移动好页面文件后，要将原来的文件删除，因为这些文件系统不会自动删除。

2. 改变页面文件的大小

改变了页面文件的位置后，还可以对它的大小进行一些调整。调整时应注意不要将最大、最小页面文件设为等值。因为通常内存不会真正被全部占用，而是会在内存储量到达一定程度时自动将一部分暂时不用的数据放到硬盘中。最小页面文件越大，所占比例就低，执行的速度也就越慢。最大页面文件是极限值，有时打开很多程序，内存和最小页面文件都已塞满，就会自动溢出到最大页面文件。所以将两者设为等值是不合理的。一般情况下，应将最小页面文件设得小些，这样能在内存中尽可能存储更多数据，效率就越高。最大页面文件设得大些，以免出现塞满的情况。

3. 内存性能优化

可以修改页面虚拟内存，方法是打开“系统属性”对话框，切换到“高级”选项卡，单击“性能”选项组中的“设置”按钮，打开“性能选项”对话框，切换到“高级”选项卡，在“虚拟内存”选项组中单击“更改”按钮，选择驱动器，然后在“自定义大小”选项组中进行设置，最好不小于 256 MB，不大于 382 MB。而且最大值和最小值最好一样。修改完毕，单击“设置”按钮，再单击“确定”按钮，设置生效。

4. 监视内存并及时释放内存空间

系统的内存不管有多大，总是会用完的。虽然有虚拟内存，但由于硬盘的读写速度无法与内存的速度相比，所以在使用内存时要时刻监视内存的使用情况。Windows 操作系统中提供了一个系统监视器，可以监视内存的使用情况。一般如果只有 60%的内存资源可用时就要注意调整内存了，不然就会严重影响电脑的运行速度和系统性能。

如果发现系统的内存不多了，就要注意释放内存。所谓释放内存，就是将驻留在内存中的数据从内存中释放出来。释放内存最简单有效的方法就是重新启动计算机，以及关闭暂时不用的程序。此外，如果剪贴板中存储了图像资料，是会占用大量内存空间的，这时可剪贴几个字把内存中剪贴板上原有的图片冲掉，这样就可以将图片所占用的大量的内存释放出来。

5. 优化内存中的数据

在 Windows 中，驻留内存中的数据越多就越占用内存资源。所以，桌面上和任务栏中的快捷图标不要设置得太多。如果内存资源较为紧张，可以考虑尽量少用各种后台驻留的程序；平时在操作电脑时也不要打开太多的文件或窗口；长时间地使用计算机后，如果没有重新启动计算机，内存中的数据排列就有可能因为比较混乱，从而导致系统性能的下降，这时可考虑重新启动计算机。

6. 提高系统其他部件的性能

计算机其他部件的性能对内存的使用也有较大的影响，如总线类型、CPU、硬盘和显存等。如果显存太小，而显示的数据量很大，再多的内存也是不可能提高其运行速度和系统效率的；如果硬盘的速度太慢，则会严重影响整个系统的工作。因此，为计算机配置与内在相匹配的其他部件也是非常重要的一个环节。

11.2.3 禁用多余外设

暂时禁用一些外设可以减少系统启动时要调入的外设驱动程序数量，因而使启动速度加快。对没有电源开关的外设如软盘控制器、光驱、多余的串口，可以在设备管理器中暂时禁用。方法是右击“我的电脑”图标，从弹出的快捷菜单中选择“属性”命令，打开“系统属性”对话框，切换到“硬件”选项卡，单击“设备管理器”按钮，打开“设备管理器”窗口，选中要停用的外设，单击菜单上的“停用”选项，如图 11-10 所示。

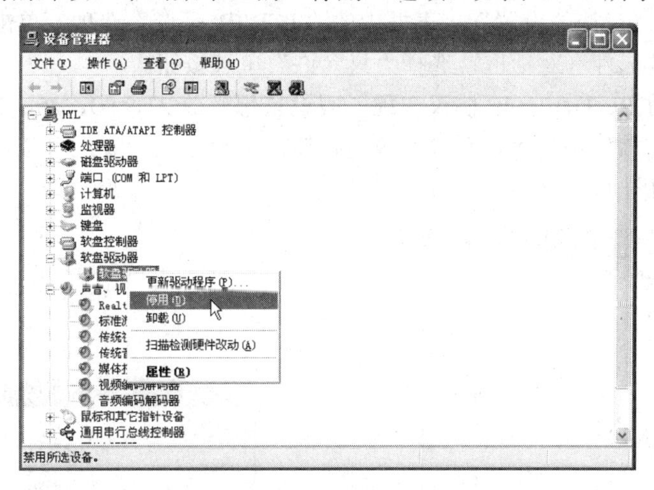

图 11-10　停用不必要的外设

禁用某外设后，如果重新启用它，可再次打开“设备管理器”窗口，右击要启用的外设，在快捷菜单中单击“启用”按钮。

11.2.4 关闭多余端口

Windows XP 默认开放 135、137、138、139 和 445 端口，有些跟网络有关的软件需要使用到一些端口，最常用的比如 QQ 使用 4000 端口。

1. 关闭软件开启的端口

如果要关闭软件开启的端口，右击桌面的“网上邻居”图标，从弹出的快捷菜单中选择“属性”命令，打开“网络连接”窗口。右击其中的本地连接图标，从弹出的快捷菜单中选择“属性”命令，打开如图 11-11 所示的属性对话框，选择“此连接使用下列项目”列表框中的“Internet 协议（TCP/IP）”选项，单击“属性”命令，打开“Internet 协议（TCP/IP）属性”对话框，如图 11-12 所示。

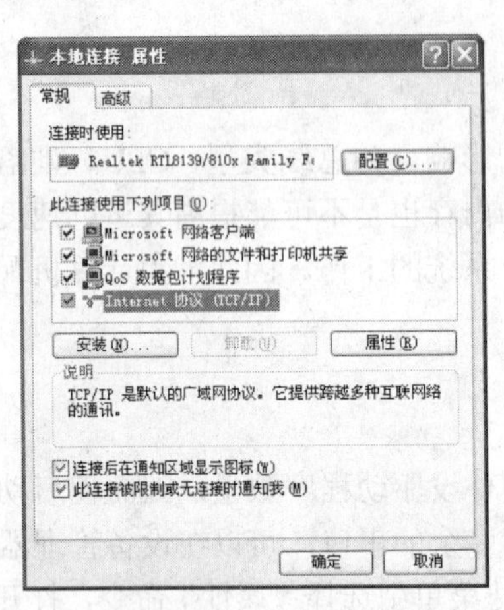

图 11-11　本地连接属性对话框

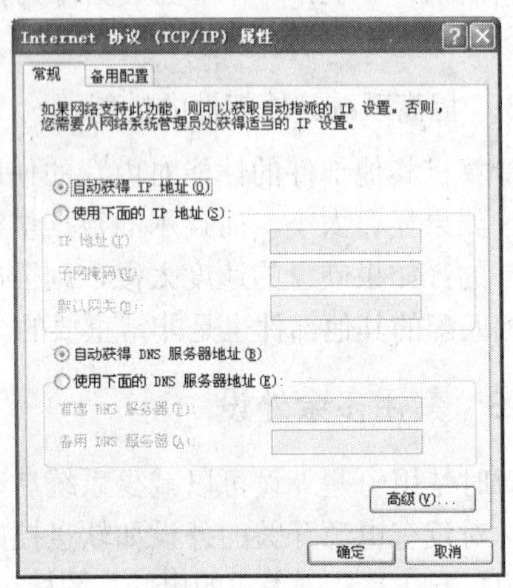

图 11-12　Internet 协议对话框

单击“高级”按钮，打开“高级 TCP/IP 设置”对话框，切换至“选项”选项卡，如图 11-13 所示。选择“可选的设置”列表框中的“TCP/IP 筛选”选项，单击“属性”按钮，打开“TCP/IP 筛选属性”对话框，选择“只允许”单选按钮。

在这里分为 TCP、UDP、IP 协议 3 项。假设只想开放 21、80、25、110 这 4 个端口，只要选择“TCP 端口”中的“只允许”单选按钮，然后单击“添加”按钮依次把这些端口添加进去即可，如图 11-14 所示。

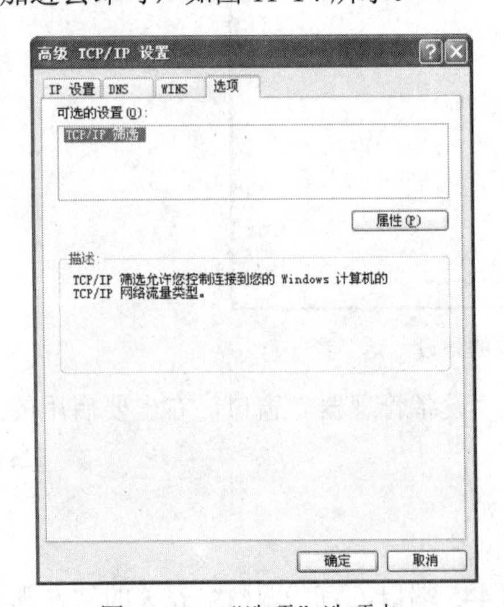

图 11-13　“选项”选项卡

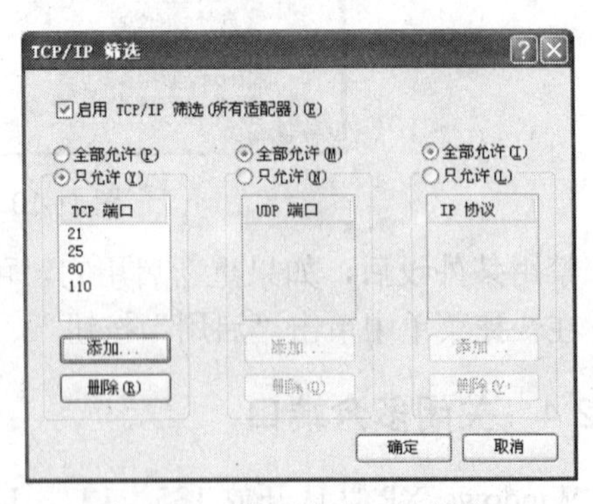

图 11-14　设置允许开放的端口

2. 禁用 NetBIOS

打开“高级 TCP/IP 设置”对话框，切换至“WINS”选项卡，选择“禁用 TCP/IP 上的 NetBIOS”单选按钮，如图 11-15 所示。这样可关闭 137、138 以及 139 端口，从而预防 IPC$入侵。

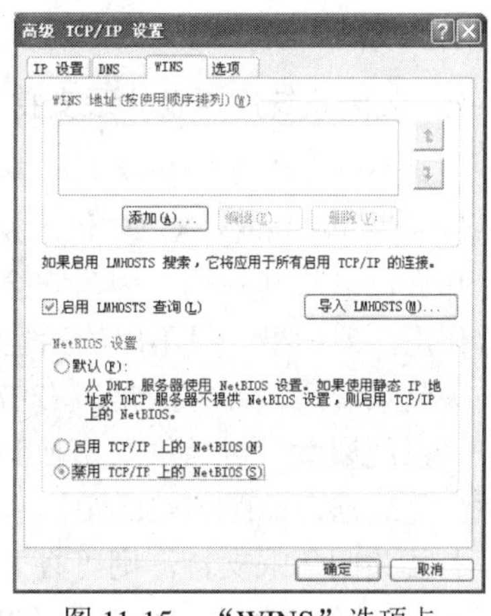

图 11-15　“WINS”选项卡

3. 开启 Windows XP 自带的网络防火墙

打开本地连接的“属性”对话框，切换至“高级”选项卡，如图 11-16 所示，单击“设置”按钮，打开“Windows 防火墙”对话框，选择“启用（推荐）”单选按钮，如图 11-17 所示。启用防火墙之后，单击“确定”按钮即可。

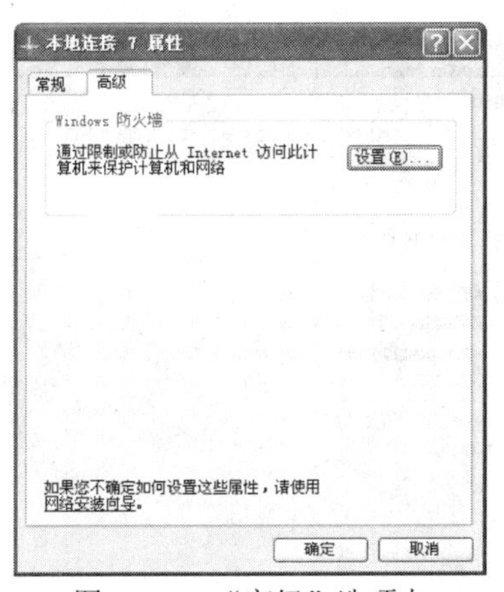

图 11-16　“高级”选项卡

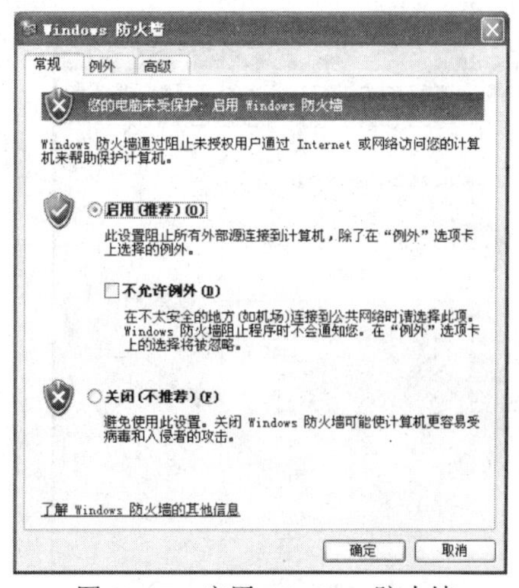

图 11-17　启用 Windows 防火墙

4. 禁用 445 端口

打开“注册表编辑器”窗口，选择 HKEY_LO-CAL_MACHINE\SYSTEM\Current-ControlSet\Servi ces\NetBT\Parameters 项，新建名为 SMBDeviceEnabled 的 DWORD 值，并将其值设置为 0。

提示:

一般情况下，建议用户关闭端口 135、445、136、137、138、256、445、593、768、1025、1068、1080、1081、1433、1434、4444、5554、5800、5900、6667、9995、9996、、29851、29851、34385，其他端口全都开放。

11.2.5 关闭不必要的功能

Windows XP 功能强大，但在日常工作中有些功能实际上很少用到，或者根本用不到。

对于这些功能，可以将其关闭，以释放硬盘和内存空间。

1. 关闭系统还原及休眠支持

“系统恢复”功能虽然对经常犯错误的人很有用处，但是它会让硬盘处于高度繁忙的状态，因为 Windows XP 要记录操作，以便日后恢复。如果用户对自己的电脑技术充满信心，那么可以将其关闭，因为它会占用不少内存。休眠支持功能也是一样，虽然并非完全没有作用，但如果一般不用的话也可将其关闭。

关闭系统还原的方法是：右击“我的电脑”图标，从弹出菜单中选择“属性”命令，打开“系统属性”对话框，切换到“系统还原”选项卡，选中“在所有驱动器上关闭系统还原”复选框，如图 11-18 所示。

若要关闭休眠支持，则可打开“控制面板”窗口，双击“电源选项”图标，打开“电源选项 属性”对话框，切换到“休眠”选项卡，取消对“启用休眠”复选框的选择，如图 11-19 所示。

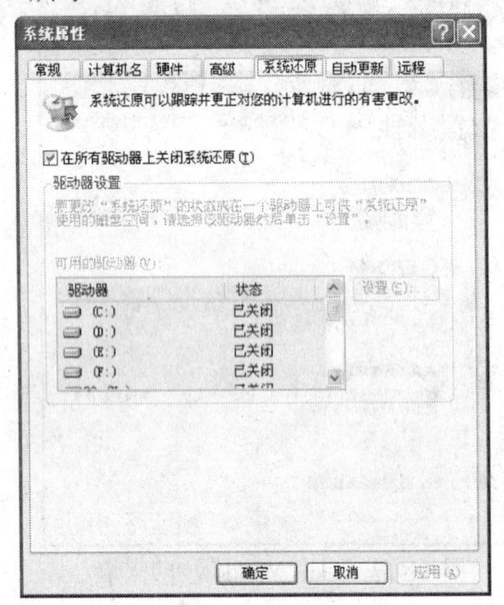

图 11-18　关闭系统还原

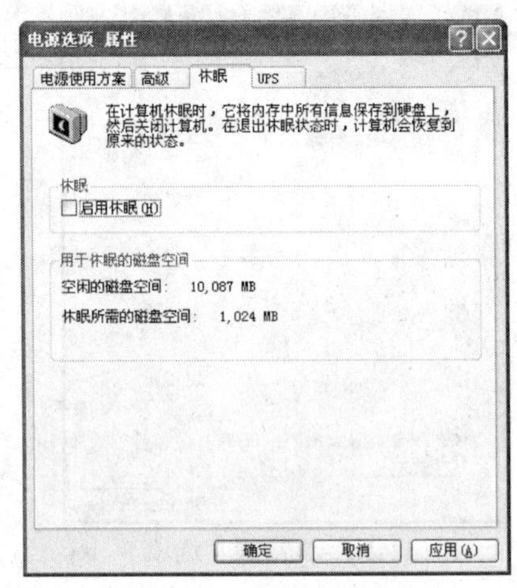

图 11-19　关闭休眠支持

2. 关闭“自动更新”和“远程桌面”功能

开启“自动更新”功能后，只要是在联网的状态下，系统就会自动更新升级，但是微软的升级并不是时时刻刻都有新的推出，而且可能有些时候我们并不想升级，因此，可以将自动升级改为确认升级方式，每隔一段时间自己更新一下。关闭自动更新功能的方法是：打开“系统属性”对话框，切换到“自动更新”选项卡，选中“关闭自动更新”单选按钮，如图 11-20 所示。用户也可根据需要选择其他手动更新方式。

“远程桌面”功能可以让别人在另一台机器上访问自己的桌面。在网络环境中，多个用户可以利用这个功能进行相互协作，但是该功能也有其潜在的危害性。而且，当前很多即时通信工具如 QQ、MSN 等都有远程控制功能，因此该功能完全可以关闭，以免白白浪费内存。关闭自动更新的方法是：在“系统属性”对话框中切换到“远程”选项卡，取消对“允许用户远程连接到此计算机”复选框的选择，如图 11-21 所示。

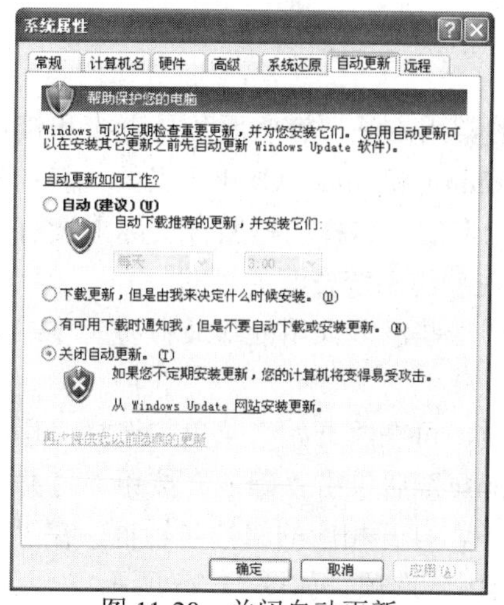

图 11-20　关闭自动更新

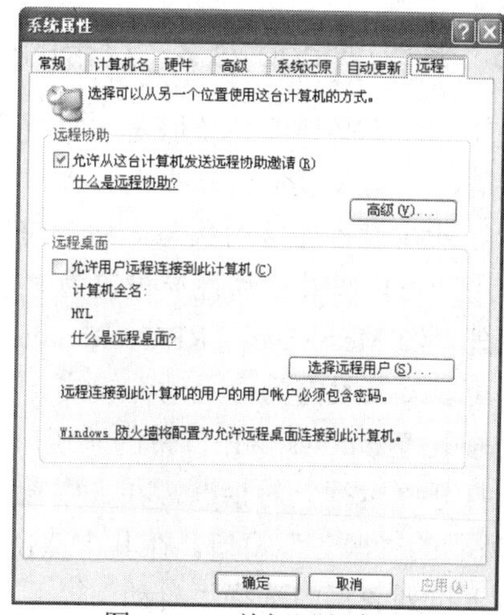

图 11-21　关闭远程桌面

3. 禁用 Dr. Watson 调试程序

Dr.Watson 处理 Windows 程序中出现的错误，如果系统找不到程序错误处理程序，系统将验证该程序是否被调试。一旦有程序出错，硬盘会响很久，而且会占用很多硬盘空间。如果不想让硬盘疯狂读写，可以将该程序禁用。方法是打开“运行”对话框，在其中输入“drwtsn32”，打开“Dr.Watson for Windows”对话框，把除了“转储全部线程上下文”复选框之外的复选框全部取消选择，如图 11-22 所示。

4. 禁用错误汇报

错误报告是Windows XP中增加的一项针对程序兼容性问题采取的提示措施，一旦程序发生运行错误，系统即收集发生错误时的一些信息，反馈给微软技术部。该功能对用户意义并不是很大，所以可以取消该功能。

要禁用错误汇报，右击“我的电脑”图标，从弹出的快捷菜单中选择“属性”命令，打开“系统属性”对话框，切换到“高级”选项卡，在“启动和故障修复”选项组中单击“错误报告”按钮，打开“错误汇报”对话框，选中“禁用错误汇报”单选按钮，再选中“但在发生严重错误时通知我”复选框即可，如图 11-23 所示。

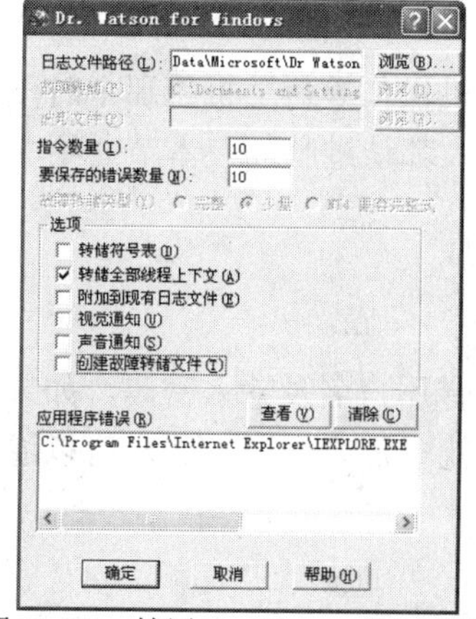

图 11-22　禁用 Dr. Watson 调试程序

图 11-23　“错误汇报”对话框

11.2.6 修改 Windows XP 自带的服务

关闭一些不必要的系统服务也是提高系统性能的常用方法。有些服务是直接和接口设备相连的，如用来显示红外线连接状态的 Infrared Monitor 和 Smart Card 的服务。前者是用来显示红外线设备连接的状态，后者是用来管理智能卡的，这样一些服务实际上没有多大实际作用。可以将其启动性质设置为“手动”，以实现节约系统资源的目的。

此外，像 Messenger、RPC、Remote Registry 这样一些没多大用处却最容易受攻击的服务，也可以将其设定为“手动”模式。

要修改 Windows XP 自带的系统服务的启动性质，可在“开始”菜单中选择“运行”命令，打开“运行”对话框，在其中输入“services.msc”后单击“确定”按钮，打开如图 11-24 所示的“服务”窗口。在其中双击要修改的服务，打开相应的属性对话框，在“启动类型”下拉列表框中选择“自动”、“手动”或“已禁用”选项，如图 11-25 所示。

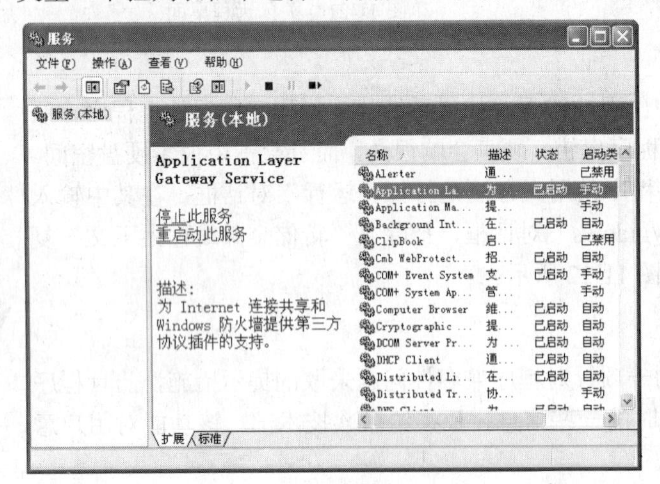

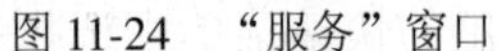
图 11-24 “服务”窗口

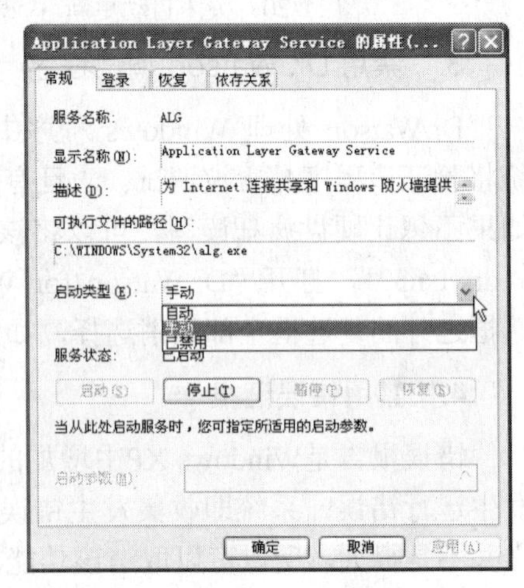

图 11-25 服务的属性对话框

11.3 优化启动登录及开机速度

在打开电脑启动 Windows XP 等待登录，和执行关机操作等待关机的那个时段，总是非常难熬的。如何优化启动登录和开关机速度相信很多人都动过脑筋。本节介绍关于这方面的内容。

11.3.1 登录设置及优化

在登录 Windows XP 操作系统的时候，总会要求选择用户名及输入密码，如果是多人合用一台公用电脑，此项很有用，但如果是个人专机，就非常麻烦了。用户可以通过设置自动登录来节约登录时间。

1. 设置自动登录

要设置自动登录，可在 Windows XP 中选择“开始”菜单中的“运行”命令，打开“运行”对话框，输入“rundll32 netplwiz.dll,UsersRunDll”或者“control userpasswords2”或者“rundll32 netplwiz.dll,UsersRunDll”（注意大小写及空格），然后单击“确定”按钮，打开“用户账户”对话框，取消对“要使用本机，用户必须输入用户名和密码”复选框的选择，如图 11-26 所示。单击“应用”按钮，单击“打开”按钮如图 11-27 所示的“自动登录”对话框，输入想让电脑每次自动登录的用户名及密码，然后“确定”按钮，下次启动时即可实现 Windows XP 的自动登录。

图 11-26　设置自动登录

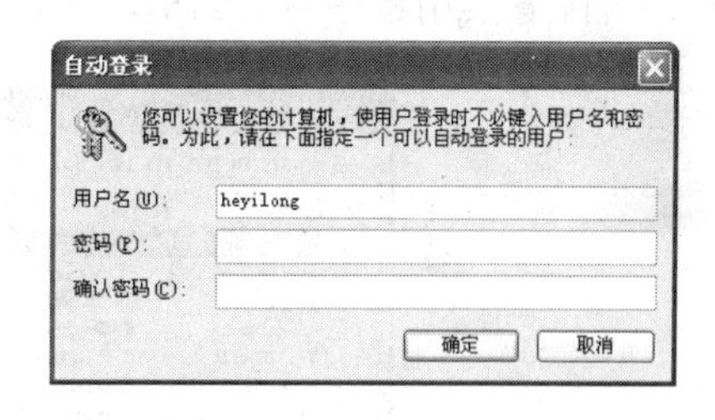

图 11-27　“自动登录”对话框

2. 清除不必要的账户

对于专用电脑，除了可以设置指定账户的自动登录外，还可以将一些不必要的账户清除。清除多余账户的方法是：打开“控制面板”→“用户账户”窗口，单击要删除的账户名称，打开如图 11-28 所示的窗口，单击“删除账户”选项，这时会切换到另一个对话框，询问用户是否想保留该账户的文件，如图 11-29 所示。根据需要单击“保留文件”或“删除文件”按钮。

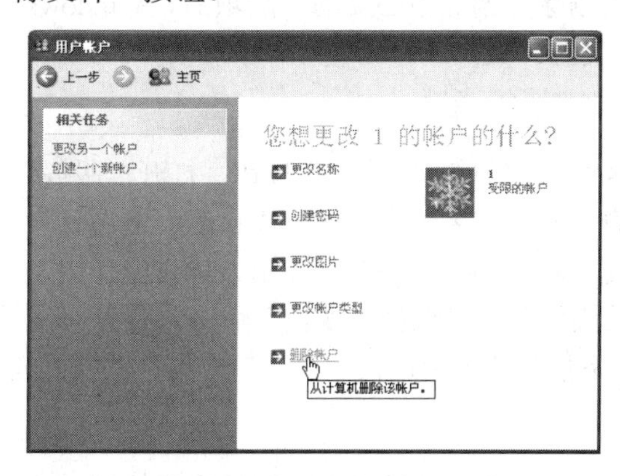

图 11-28　删除账户

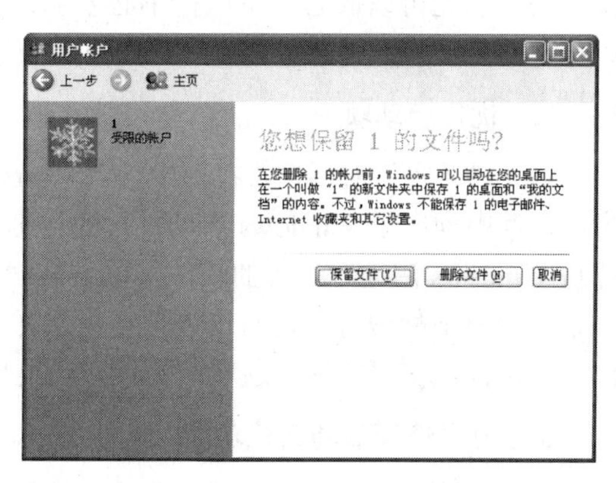

图 11-29　处理要删除账户的文件

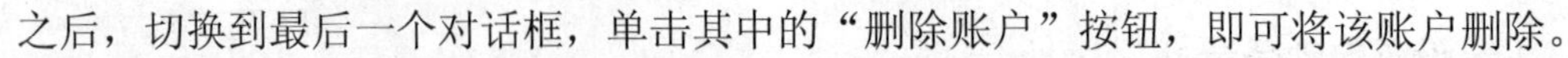

之后，切换到最后一个对话框，单击其中的“删除账户”按钮，即可将该账户删除。

上述方法适用于普通账户，如果要删除的是管理员账户，必须在“用户账户”对话框中进行删除。方法是打开“运行”对话框，在其中输入“rundll32 netplwiz.dll,UsersRunDll”或者“control userpasswords2”或者“rundll32 netplwiz.dll,UsersRunDll”，打开“用户账户”对话框，在“用户”选项卡的用户名列表框中选择要删除的账户名称，然后单击“删除”按钮，确定即可。

11.3.2 优化启动及开机速度

要加快启动和开机速度，可从多个方面进行设置，如减少随机启动程序、减少电脑自检时间等都可以有效地提速。下面介绍一些优化启动及开机速度的方法。

1. 优化启动组

Windows XP 内置了一个设置工具 MsConfig，可用来优化启动组。从“开始”菜单中选择“运行”命令，打开“运行”对话框，在其中输入“msconfig”后单击“确定”按钮，打开“系统配置实用程序”对话框，切换到“启动”选项卡，如图 11-30 所示。

图 11-30 “文件夹选项”对话框

该选项卡中显示了 Windows 启动时运行的所有程序，这些程序对 Windows 来说都不是必须的，因此可以放心大胆地把不必要的启动项删除。删除不必要的启动项后，Windows 启动时就会快些，同时也会多出一些空闲的系统资源。

2. 优化启动项

打开“运行”对话框，在其中输入“services.msc”后单击“确定”按钮，打开“服务”窗口，其中列出了 Windows 启动过程的详细列表。凡是在名称右边标着“自动”的项目，都是 Windows 启动时运行的软件，单击某一项目，项目列表左侧就会显示该项目的作用，如果不需要某种服务，可右击该项目，从弹出的快捷菜单中选择“属性”命令，打开“属性”对话框，在“常规”选项卡的“启动类型”下拉列表框中选择“手动”选项。

3. 打开快速启动自检功能

启动电脑后，系统会进行自我检查的例行程序，对系统几乎所有的硬件进行检测。打开快速自检功能可加快启动的速度。方法是：启动电脑后按 Del 键，进入 BIOS 设置主界面。选择“Advanced BIOS Features（高级 BIOS 设置功能）”设置项，按 Enter 键进入。移动光标到“Quick Power On Self Test（快速开机自检功能）”项，将其设置为“Enabled（允许）”。如果选择“Disabled”，则电脑会按正常速度执行开机自我检查，对内存检测三次。设置完毕，按 Esc 键返回主界面，将光标移动到“Save & Exit Setup（存储并结束设置）”项，按 Y 键保存退出即可。

4. 关闭开机软驱检测功能

打开“Boot Up Floppy Seek（开机软驱检测）”功能，将使系统在启动时检测 1.44 MB 软驱，引起 1 秒钟到 2 秒钟左右的延迟。为了加速启动的速度，可以将此功能关闭。方法是：启动电脑后按 Del 键进入 BIOS 设置主界面，将“Boot Up Floppy Seek”项设置为“Disabled”。

5. 设置硬盘为第一启动盘

在 BIOS 中可以选择软盘、硬盘、光盘、U 盘等多种启动方式，但一般情况下都是从硬盘启动。因此可以在 BIOS 设置中将硬盘设置为第一启动盘，从而跳过对光驱中光盘的检测等，以加快开机速度。

将硬盘设置为第一启动盘的方法是：启动电脑后按 Del 键进入 BIOS 设置主界面，选择“Advanced BIOS Features”项，按 Enter 键进入。将“First Boot Device（第一个优先启动的设备）”项设置成“HDD”或“Hard Disk”，即可加快开机速度，从硬盘启动系统。

如果想通过软盘启动，可以将“First Boot Device”项设置为“Floppy”。如果想通过光盘启动（如从光盘安装操作系统），则将其设置为“CDROM”即可。

6. 启动信息停留时间优化

Windows XP 在启动时要调用“操作系统列表”，通过优化显示操作系统列表的时间可以加快系统启动的速度。具体方法如下。

打开“运行”对话框，在其中输入“msconfig”，打开“系统配置实用程序”对话框，切换到“BOOT.INI”选项卡，将“超时”值改为“5”或“3”，如图 11-31 所示。确定后重启电脑即可。

如果电脑里只安装了一个操作系统，可设置在启动时跳过它，以节省时间。方法是右击“我的电脑”图标，从弹出的快捷菜单中选择“属性”命令，打开“系统属性”对话框，切换到“高级”选项卡，在“启动和故障恢复”选项组中单击“设置”按钮，打开“启动和故障恢复”对话框，取消对“显示操作系统列表时间”和“在需要时显示恢复选项的时间”两个复选框的选择，如图 11-32 所示。

7. 关闭 USB 设置启动

开启“Legacy USB storage detect（启动时 USB 存储设备检测）”功能后，系统在每次启动的时候会检查 USB 接口是不是插有存储设备，如 U 盘或者 USB 移动硬盘。禁用这个选项可以加快系统启动时的自检速度，同时也并不影响 U 盘的使用。要禁用该选项，可进入 BIOS 设置主界面，选择“Integrated Peripheral（整合周边设定）”项，按 Enter 键进入，将“Legacy USB storage detect”项设置为“Disable（禁用）”。

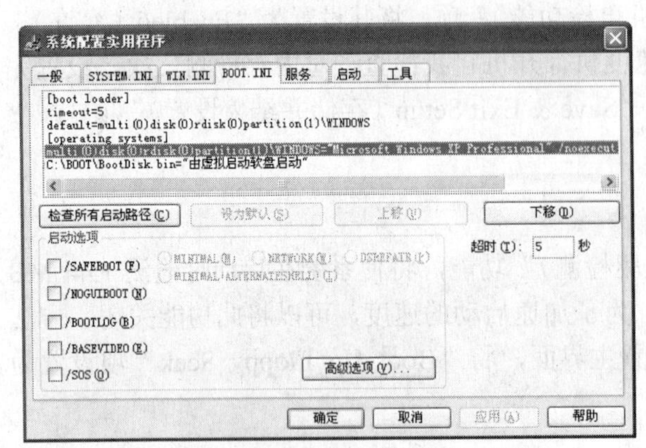

图 11-31 “系统配置实用程序”对话框

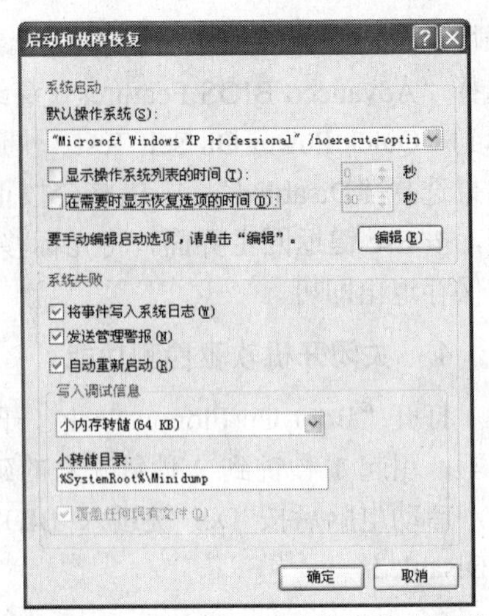

图 11-32 “启动和故障恢复”对话框

8. 随机启动程序优化

随机启动程序是在开机时加载的程序。随机启动程序不但会拖慢开机时的速度，而且会更快地消耗计算机资源以及内存。打开“运行”对话框，在其中输入“Msconfig”后单击“确定”按钮，打开“系统配置实用程序”窗口来终止系统随机启动程序，也可以通过一些优化软件来把开机时不加载的项目都去掉。一般保留 ctfmon.exe（输入法）、杀软进程、摄像头进程即可。

11.4 优化文件系统

在办公环境中，电脑的主要用途是文件处理，大量文件的堆积久而久之势必会影响电脑的运行速度，因此文件系统的优化不可忽视。

11.4.1 删除备份文件

可以删除一些 Windows XP 安装目录中的备份文件，如驱动备份、DLL 备份等。

Driver.cab 文件是 Windows 自带的驱动程序，在安装硬件时可能用到，用户可以在不用它时将其删除，等安装硬件时再插入光盘进行安装。Driver.cab 文件位于 Windows（XP 安装目录）driver cachei386 目录下。

此外，还可以删除备用动态链接库和系统文件的 EXE，这些文件有 250 MB 左右，在 System32dllcache 目录下。完全可以把这些文件删除，待以后 Windows 发现有文件需要保护时再插入光盘。

DLL 备份文件的目录 Windowssytem32bkupdllsgh 下，也可以删除。

11.4.2 删除不需要的输入法

可以删除 Windows（XP 安装目录）ime 下不用的输入法，这样可以节省 80 MB 空间。

打开“控制面板”窗口，双击“区域和语言选项”图标，打开“区域和语言选项”对话框，切换到“语言”选项卡，取消对“为东亚语言安装文件”复选框的选择。删除不要的语言后，重新启动电脑，再到 WINDOWSIME 目录下删除 CHTIME IMEJP IMJ8_1 IMKR6_1 四个目录。

11.4.3 GPEDIT 和 Autoplay

Windows XP 本身自带了一个非常好用的优化文件，即 gpedit.msc。打开“运行”对话框，输入“gpedit.msc”后单击“确定”按钮，打开“组策略”窗口，在此可以关闭一些不需要的自动运行程序。例如，要关闭 CD 自动播放功能，可在左窗格中依次展开“计算机设置”→“管理模板”→“系统”列表项，然后在右窗格中打开“关闭自动播放”选项，如图 11-33 所示。右击该选项，从弹出的快捷菜单中选择“属性”命令，在弹出的对话框中选中“已禁用”单选按钮。

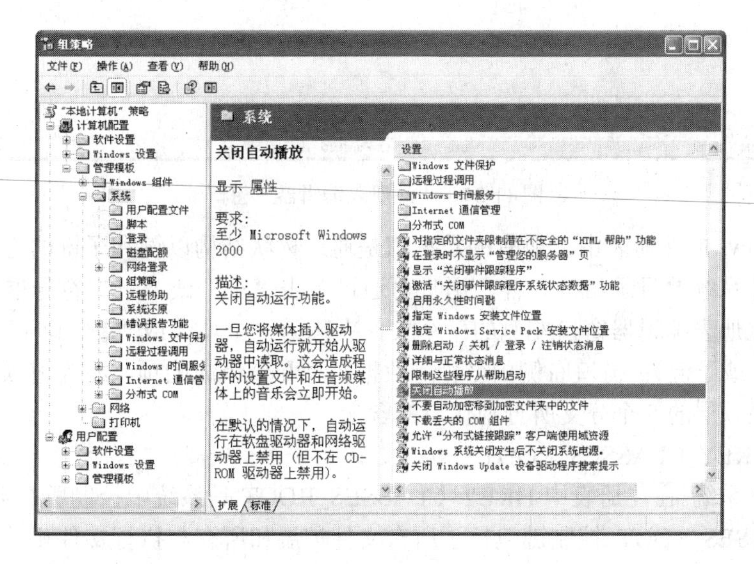

图 11-33 关闭自动播放

11.5 优化注册表

Windows 为用户提供了一个注册表编辑器（regedit.exe）的工具，它实质上是一个庞大的数据库，存储着软、硬件的有关配置和状态信息，应用程序和资源管理器外壳的初始条件、首选项和卸载数据，整个系统的设置和各种许可，文件扩展名与应用程序的关联，硬件的描述、状态和属性；电脑性能记录和底层的系统状态信息，以及各类其他数据。

11.5.1 认识注册表

在“开始”菜单中选择“运行”命令，打开“运行”对话框，在其中输入 regedit 命令，单击“确定”按钮，进入“注册表编辑器”窗口，如图 11-34 所示。

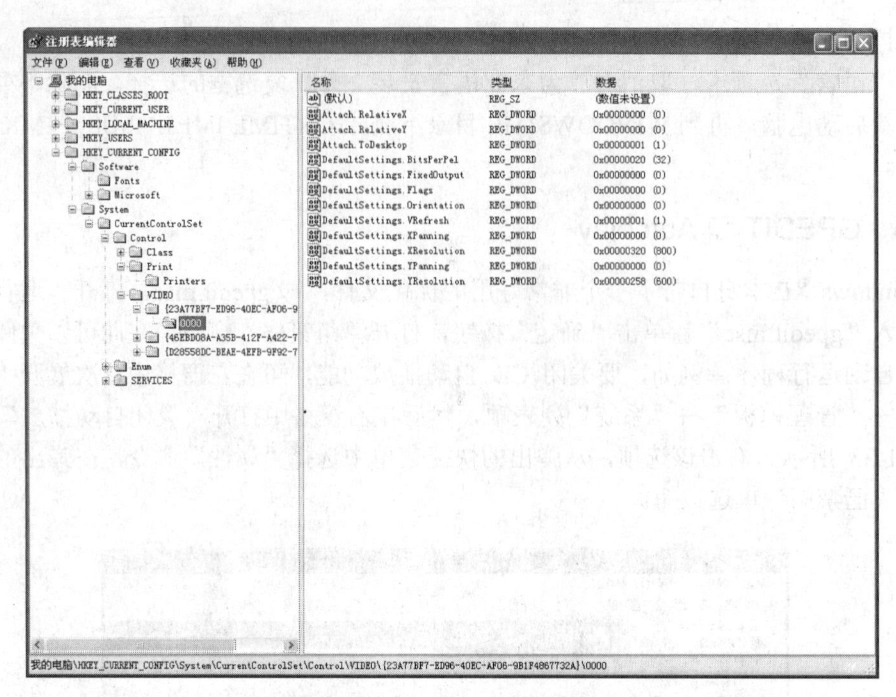

图 11-34 “注册表编辑器”窗口

在 Windows 的注册表中，所有的数据都是通过树状结构以键和子键的方式组织起来，就像磁盘文件系统的目录结构一样，用户可通过单击“+”或“-”符号展开或收起注册表树。其中注册表编辑器窗口左侧的一个文件夹称为一个项（或“键”），其下的子文件夹称其为子项（或子键）；窗口右侧由名称、数据类型和值组成的项，称为值项。下面介绍一下注册表树最顶层的 5 个分支所分别代表的含义。

（1） HKEY_CLASSES_ROOT

管理文件系统。在注册表中 HKEY_CLASSES_ROOT 是系统中控制所有数据文件的项。HKEY_CLASSES_ROOT 控制键包括了所有文件扩展和所有与执行文件相关的文件。它同样也决定了当一个文件被双击时所调用的相关应用程序。

（2） HKEY_CURRENT_USER

管理系统当前的用户信息。在这个根键中保存了本地计算机中存放的当前登录的用户信息，包括用户登录用户名和暂存的密码。

（3） HKEY_LOCAL_MACHINE

管理当前系统硬件配置。在这个根键中保存了本地计算机硬件配置数据，此根键下的子关键字包括在 SYSTEM.DAT 中，用来提供 HKEY_LOCAL_MACHINE 所需的信息，或者在远程计算机中可访问的一组键中。

（4） HKEY_USERS

管理系统的用户信息。在这个根键中保存了存放在本地计算机口令列表中的用户标识和密码列表。同时每个用户的预配置信息都存储在 HKEY_USERS 根键中。HKEY_USERS 是远程计算机中访问的根键之一。

（5） HKEY_CURRENT_CONFIG

管理当前用户的系统配置。在这个根键中保存着定义当前用户桌面配置（如显示器等）的数据，该用户使用过的文档列表（MRU），应用程序配置和其他有关当前用户的 Windows 安装信息。

提示：

注册表的数据类型主要有 5 类：字符串值、二进制值、DWORD 值、多字符串值和可扩充字符串值。

11.5.2　巧用注册表实现对系统的优化

对于初学者优化注册表最好使用专业的优化软件进行，如果想要试着手动修改注册表值项的方式优化注册表，则应先备份注册表后再进行。下面介绍几种修改注册表的常用优化方法。

1. 加快系统开机及关机速度

打开“注册表编辑器”窗口，选择 HKEY_CURRENT_USER\Control Panel\Desktop 项，双击 HungAppTimeout 打开“编辑字符串”对话框，修改其值为 200；以同样的方式修改 WaitToKillAppTimeout 值为 1000。

选择 HKEY_LOCAL_MACHINE\System\CurrentControlSet\Control 项，将 HungAppTimeout 值更改为 200，将 WaitToKillServiceTimeout 值更改为 1000。

用户还可以通过预读设定提高系统速度，加快开机速度。打开“注册表编辑器”窗口，选择 HKEY_LOCAL_MACHINE\SYSTEM\CurrentControlSet\Control\Session Manager\Memory Management\PrefetchParameters 项，将 EnablePrefetcher 值更改为 4 或 5。

2. 加快菜单显示速度

为了增强视觉感受，Windows XP 中的菜单在打开时会有划出的效果，但这也会延缓打开速度。打开“注册表编辑器”窗口，选择 HKEY_CURRENT_USER\Control Panel\Desktop 项，将 MenuShowDelay 值更改为 0。调整后如果觉得菜单显示速度太快，可将 MenuShowDelay 值更改为 200。

3. 加快窗口显示速度

可以通过修改注册表来改变窗口从任务栏弹出，以及最小化、还原等动作。打开“注册表编辑器”窗口，选择 HKEY_CURRENT_USER\Control Panel\Desktop\WindowMetrics 项，将 MinAniMate 值更改为 0。

4. 自动关闭未响应的程序

在 Windows XP 操作系统中，通过次设置可以使系统自动关闭没有响应的程序，而不需要进行麻烦的手工干预操作。想要实现这个功能，可打开“注册表编辑器”窗口，选择 HKEY_CURRENT_USER\Control Panel\Desktop 项，将 AutoEenTasks 值设置为 1 即可。

5. 关闭计算机时自动结束任务

在关机的时候，有时系统会提醒某个程序仍在运行，询问是否结束任务。可以让 Windows 自动结束这些仍在运行的程序，方法是打开“注册表编辑器”窗口，选择 HKEY_CURRENT_USER\Control Panel\Desktop 项，将 AugoEndTasks”键值改为“1”。如果找不到“AutoEndTasks”键值，可自己建一个串值并把它改为此名字，然后把值设为“1”。

6. 加快自动刷新率

打开“注册表编辑器”窗口，选择 HKEY_LOCAL_MACHINE\SYSTEM\CurrentControl-Set\Control\Update 项，将 UpdateMode 值更改为 0。

7. 去掉“更新”选项

对大多数的用户而言，Windows XP 的 Windows Update 功能似乎作用不大，我们可以取消它。打开“注册表编辑器”窗口，选择 HKEY_CURRENT_USER\Software\Microsoft\Windows\CurrentVersion\Policies\Explorer 项，将 NoCommongroups 值更改为 1。

8. 清除内存中不使用的 DLL 文件

要清除内存中不怎么使用的 DLL 文件，可打开“注册表编辑器”窗口，选择 HKKEY_LOCAL_MACHINE\SOFTWARE\Microsoft\Windows\CurrentVersion\Explorer 项，在右侧窗口空白处右击鼠标，选择“新建”→“字符串值”命令，新建一个名为 AlwaysUnloadDLL 的值项，并将其值设置为 1。若设置为 0，则表示停用此功能。

9. 加快宽带接入速度

针对不同的 Windows 版本有不同的设置方法。如果用户使用家用版本，打开“注册表编辑器”窗口，选择 HKEY_LOCAL_MACHINE\SOFTWARE\Policies\Microsoft\Windows 项，并在 Windows 项下添加 Psched 子项，在添加的子项下新建名为 NonBestEffortLimit 的 DWORD 值，并将其数设置为“0”。

如果用户使用的是专业版本，则需在“组策略”中设置。运行 gpedit.msc 打开“组策略”窗口，在左侧选择“计算机配置”→“管理模板”→“网络”→“QoS 数据包调度程序”选项，双击右侧的“限制可保留的带宽”选项，在打开的对话框中选择“已启用”选项，并将“带宽限制（%）”设为“0”。单击“确定”按钮，重启电脑即可生效。

10. 增加磁盘缓存容量

磁盘缓存大小对于 Windows XP 的启动和运行起着至关重要的作用，但是默认的 I/O 页面文件比较保守。所以，对于不同的内存，采用不同的磁盘缓存是比较好的做法。打开“注册表编辑器”窗口，选择 HKEY_LOCAL_MACHINE\SYSTEM\CurrentControlSet\Control\Session manager\Memory Management 项，在右侧找到 IoPageLockLimit 项值，根据电脑的物理内存容量修改其十六进制，如 64 MB：1000；128 MB：4000；256 MB：10000；512 MB 或更大：40000。

11. 禁用页面文件

对于 512 MB 以上的内存，页面文件的作用不太明显，因此可以将其禁用。方法是在

“开始”菜单中选择“运行”命令，打开“运行”对话框，在其中的“打开”文本框中输入“regedit”后单击“确定”按钮，打开“注册表编辑器”窗口，选择 HKEY_LOCAL_MACHINE\SYSTEM\CurrentControlSet\Control\Session Manager\MemoryManagement 项，将 DisablePaging Executive（禁用页面文件）的值设为“1”即可。

12. 清空页面文件

打开“注册表编辑器”窗口，选择 HKEY_LOCAL_MACHINE\SYSTEM\CurrentControlSet\Control\Session manager\MemoryManagement 项，将 ClearPageFileAtShutdown（关机时清除页面文件）值设为“1”可以清除页面文件。

这里所说的清除页面文件并非是指从硬盘上完全删除 pagefile.sys 文件，而是对其进行整理，从而为下次启动 Windows XP 时更好地利用虚拟内存做好准备。

13. 减少 Windows XP 滚动条次数

减少 Windows XP 滚动条次数也可以减少开机时间。方法是打开“注册表编辑器”窗口，选择 HKEY_LOCAL_MACHINE\SYSTEM\CurrentControlSet\Control\Session manager\Memory Management\PrefetchParameters 项，将 EnablePrefetcher 项的值改为“1”。

11.6 常用的优化软件

应用软件优化能够对系统注册表进行优化处理，从而达到优化系统的目的。对电脑比较熟悉的用户也可以自己手动修改注册表；而对新手来说，最好使用一些专业系统优化软件来优化系统，如 Windows 优化大师、超级魔法兔子等软件。

11.6.1 Windows 优化大师

Windows 优化大师是一款功能强大的系统辅助软件，提供了全面有效且简便安全的系统检测、系统优化、系统清理、系统维护 4 大功能模块及多个附加工具，如图 11-35 所示。

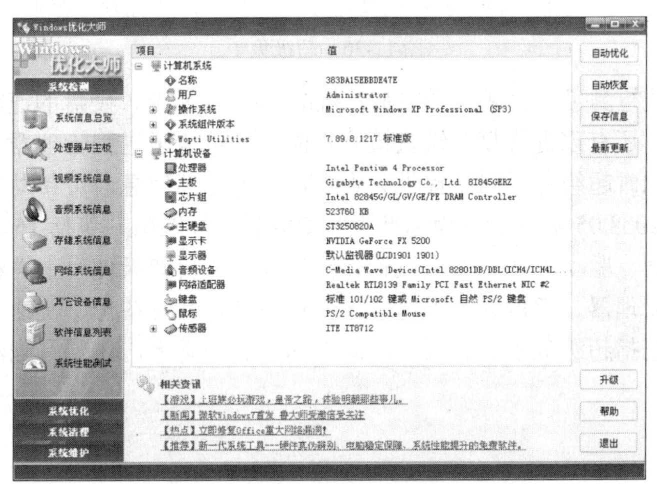

图 11-35　Windows 优化大师

使用 Windows 优化大师，能够有效地帮助用户了解自己的电脑软硬件信息；简化操作系统设置步骤；提升电脑运行效率；清理系统运行时产生的垃圾；修复系统故障及安全漏洞；维护系统的正常运转。

Windows 优化大师能够为系统提供全面有效、简便安全的优化、清理和维护手段，让用户的电脑系统始终保持在最佳状态。除此之外，该软件还拥有流氓软件功能，可以查杀卸载近 300 种流氓软件及恶意软件。

11.6.2 使用超级魔法兔子

超级兔子软件是一个完整的系统维护工具，如图 11-36 所示。该软件可清理用户大多数的文件、注册表里面的垃圾，同时还有强大的软件卸载功能，专业的卸载可以清理一个软件在电脑内的所有记录。超级兔子共有 9 大组件，可以优化、设置系统大多数的选项，打造一个属于自己的 Windows。除此之外，超级兔子上网精灵具有 IE 修复、IE 保护、恶意程序检测及清除功能，还能防止其他人浏览网站，阻挡色情网站，以及端口的过滤。

图 11-36 超级兔子

超级兔子系统检测可以诊断一台电脑系统的 CPU、显卡、硬盘的速度，由此检测电脑的稳定性及速度，还有磁盘修复及键盘检测功能。超级兔子进程管理器具有网络、进程、窗口查看方式，同时超级兔子网站提供大多数进程的详细信息，可帮助用户解决系统上的问题。该软件从 2008.05 版开始分为标准版和专业版。标准版共包括 15 款软件，分别是：清理王、升级天使、驱动天使、魔法设置、修复专家、反弹天使、上网精灵、系统检测、安全助手、进程管理器、虚拟磁盘加速器、内存整理、系统备份、快速关机。但不提供网卡驱动。专业版包括超级兔子所有软件，即在标准版基础上，还带有魔法盾，并且带网卡驱动。

第 12 章　电脑安全与病毒防范自救

【本章导读】

计算机安全问题一直是困扰广大计算机用户的头等大事，尤其是对于公司单位来说，一旦出现安全问题，所造成的损失可能不仅仅是计算机速度减慢、文件损坏等问题，还可能造成数据被盗、泄密等严重后果。因此，防毒防木马是一项时刻不能放松警惕的重大事项。本章即介绍计算机安全知识和病毒防范与自救的方法，包括检测与修复系统漏洞、Windows XP 的安全设置、识别计算机病毒的方法、防病毒软件的安装与使用，以及如何防杀木马，如何保护自己的各种账号和密码，以及中毒后的系统恢复问题。

【内容提要】

- λ　检测与修复系统漏洞。
- λ　Windows XP 安全设置。
- λ　认识病毒。
- λ　防病毒软件应用。
- λ　防杀木马。
- λ　保护账号和密码。
- λ　防御病毒。

12.1 检测与修复系统漏洞

系统漏洞是指操作系统中存在的不安全代码，可危及系统的安全性或稳定性。系统漏洞不但会造成系统或软件在使用中发生不正常退出等现象，还可能会被黑客利用木马攻击，或者病毒入侵。通过系统漏洞进行入侵几乎成为所有病毒首选的传播方式。因此，经常检测系统是否存在漏洞并及时修复严重漏洞是非常重要的。

12.1.1 扫描系统漏洞

要知道有哪些漏洞，首先要扫描漏洞。对于一个单位来说，应该对所有的主机进行扫描。现在一般通用的有两种扫描方式，一是从网络中的一台主机对网络内的全部主机进行扫描，二是对网络内的所有主机进行一一扫描。前者可利用一些扫描工具，如流光，以轻松地发现企业网络内的哪些主机没有设置管理员账户密码，或者对其只是设置简单的密码（例如 123456）；也可以利用这个工具扫描企业内的主机哪些开着默认共享等。后者则是在网络内的所有主机上安装扫描工具。

现在一些杀毒软件（如金山毒霸、瑞星、360 安全卫士等）都自带有漏洞扫描工具，并且可以定时检查修复系统漏洞，每当微软发布了最新的系统漏洞补丁时，这些杀毒软件及时更新漏洞库并提醒用户修复漏洞。用户只需把系统漏洞扫描设置成定时或自动修复状态，杀毒软件即可自动实现对系统漏洞的及时更新及修复，有效封堵住病毒入侵系统的“后门”，不给病毒以可趁之机。

用户也可以通过手动利用常用杀毒工具来扫描系统漏洞，例如，安装了 360 安全卫士的用户可通过在“计算机体检”选项卡中单击“重新体检”按钮来检查是否存在系统漏洞。如果没有，360 就会在安全检查项中提示未发现漏洞，如图 12-1 所示；如果有，则会提示用户修复。

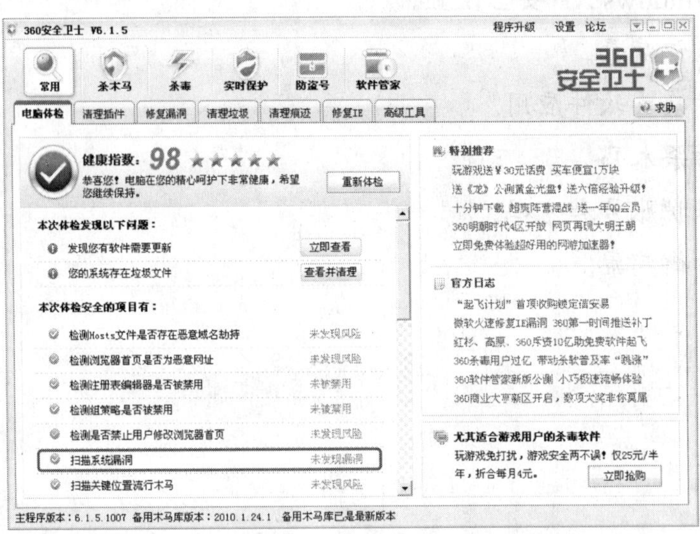

图 12-1 用 360 安全卫士进行计算机体检

12.1.2　修补系统漏洞

要修补系统漏洞，最简单的方法就是下载补丁包。补丁包收集了所有的漏洞，安装后就可以了。此外也可以使用 360 下载补丁，速度很快。

1.　下载补丁包

如果系统漏洞较多，推荐用下载补丁包的方法来修补漏洞。用户可在以下网站下载补丁包：

http://soft.ylmf.com/downinfo/240.html

http://www.luckfish.net.cn/patch.html

http://www.greendown.cn/soft/228.html

2.　使用第三方软件

使用第三方软件如 360 安全卫士，或者其他杀毒软件等都可以打上补丁。例如，如果使用 360 安全卫士扫描到存在有系统漏洞，则会在“本次体检发现以下问题”栏中提示存在系统漏洞，并显示一个“立即修复”按钮，单击该按钮即开始下载补丁程序。下载完毕用户可在“修复漏洞”选项卡中查看补丁的安装情况，并可以有选择地安装所需的漏洞，如图 12-2 所示。

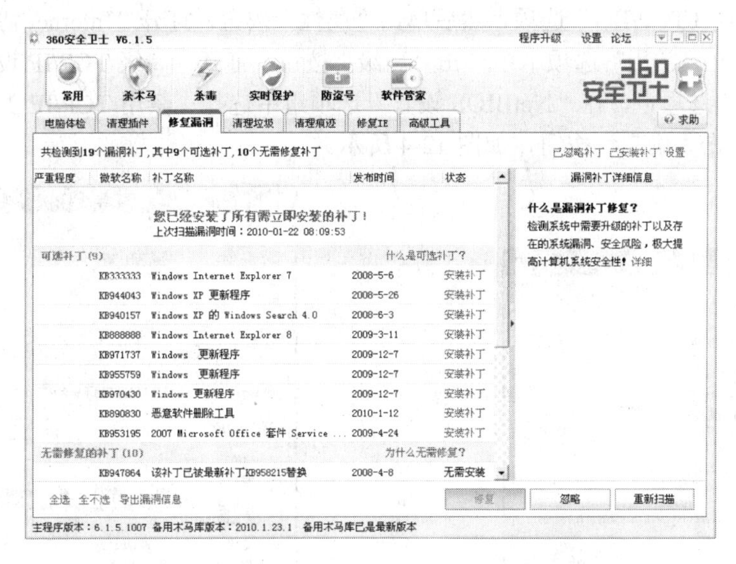

图 12-2　360 安全卫士的“修复漏洞”选项卡

12.2　Windows XP 安全设置

网络环境十分复杂，木马病毒防不胜防，即使我们在上网时十分小心，仍然有可能遭受袭击。那么如何才能保障系统的安全呢？作为用户来说，可采用必要的安全设置来解决问题。下面介绍在 Windows XP 中可进行的一些安全设置。

12.2.1 删除计算机中不需要的协议

对于服务器和主机来说，只安装 TCP/IP 协议即可。在配置系统协议时候，可以将不需要的协议删除。

右击桌面上的“网上邻居”图标，从弹出的快捷菜单中选择“属性”命令，打开“网络连接”窗口，右击其中的“本地连接”图标，再在弹出的快捷菜单中选择“属性”命令，打开“本地连接 属性”对话框，在“常规”选项卡的“此连接使用下列项目”列表框中选择要卸载的协议，然后单击“卸载”按钮即可，如图 12-3 所示。

12.2.2 禁用 NetBIOS

NetBIOS 是很多安全缺陷的源头，对于不需要提供文件和打印共享的主机，可以将绑定在 TCP/IP 协议上的 NetBIOS 关闭，以避免针对 NetBIOS 的攻击。安全焦点的 X-Scan 专门有一项是正对 NetBIOS 的安全漏洞进行扫描的。可以在关闭 NetBIOS 后用 X-Scan 来检验设置结果。

右击桌面上的“网上邻居”图标，从弹出的快捷菜单中选择“属性”命令，打开“网络连接”窗口，右击其中的“本地连接”图标，再在弹出的快捷菜单中选择“属性”命令，打开“本地连接属性”对话框，在“常规”选项卡的“此连接使用下列项目”列表框中选择“Internet 协议（TCP/IP）”选项，然后单击“属性”按钮，打开“Internet 协议（TCP/IP）属性”对话框，在“常用”选项卡中单击“高级”按钮，打开“高级 TCP/IP 设置”对话框，切换到“WINS”选项卡，在“NetBIOS 设置”选项组中选择“禁用 TCP/IP 上的 NetBIOS”单选按钮，并单击“确定”按钮，如图 12-4 所示。

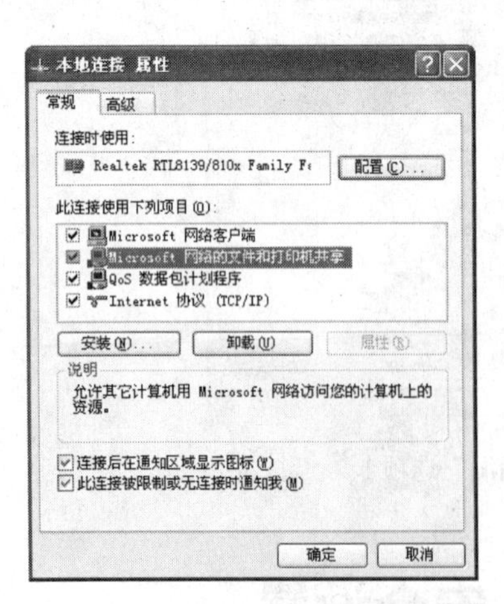

图 12-3 “本地连接 属性”对话框

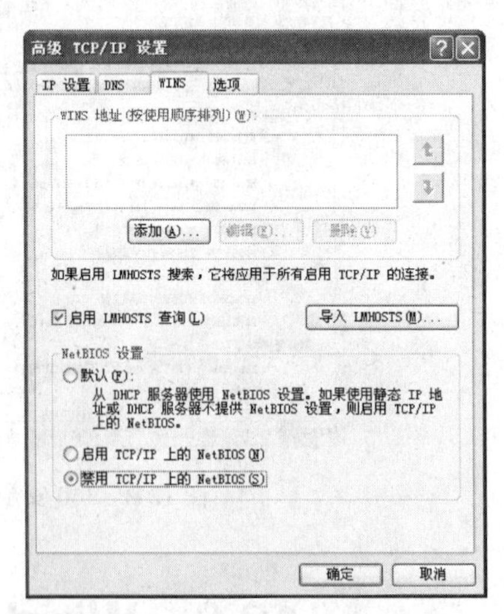

图 12-4 禁用 TCP/IP 上的 NetBIOS

12.2.3 启用 TCP/IP 筛选

如果 Windows 安装了 IIS 服务，如 mail、ftp、MS SQL、PcAnyWhere 等，可启用 TCP/IP 筛选服务。

右击桌面上的“网上邻居”图标，从弹出的快捷菜单中选择“属性”命令，打开“网络连接”窗口，右击其中的“本地连接”图标，再在弹出的快捷菜单中选择“属性”命令，打开“本地连接属性”对话框，在“常规”选项卡的“此连接使用下列项目”列表框中选择“Internet 协议（TCP/IP）”选项，然后单击“属性”按钮，打开“Internet 协议（TCP/IP）属性”对话框，在“常用”选项卡中单击“高级”按钮，打开“高级 TCP/IP 设置”对话框，切换到“选项”选项卡，在列表框中选择“TCP/IP 筛选”选项，单击“属性”按钮，打开“TCP/IP 筛选”对话框，选中“启用 TCP/IP 筛选（所有适配器）”复选框，然后在 TCP 端口组中选中“只允许”单选按钮激活该组选项，如图 12-5 所示。单击其下方的“添加”按钮，打开如图 12-6 所示的“添加筛选器”对话框，在“TCP 端口”文本框中输入所需服务的 TCP 端口。重复单击添加按钮可依次添加各个服务所需的 TCP 端口。

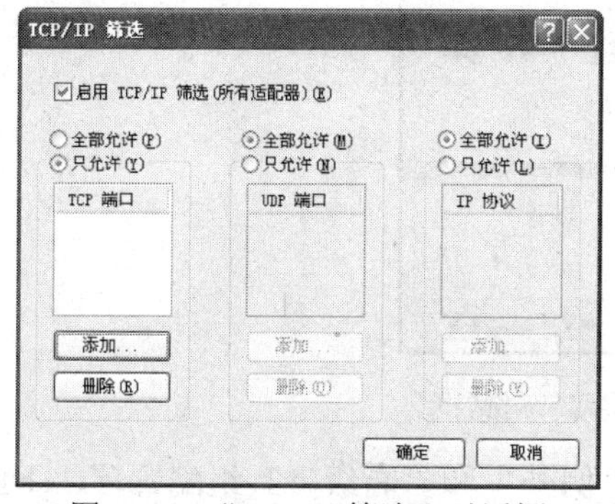

图 12-5　“TCP/IP 筛选”对话框

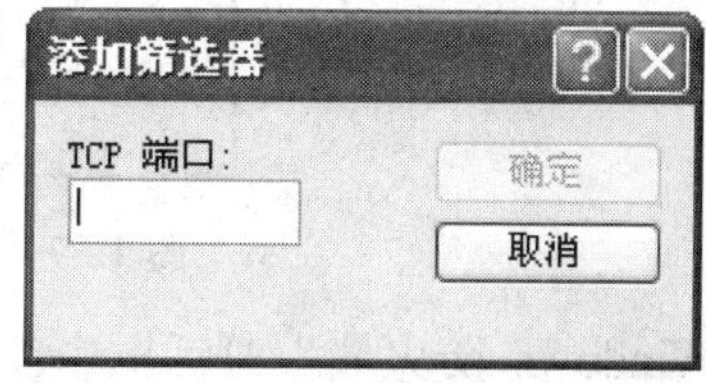

图 12-6　“添加筛选器”对话框

下面介绍一下常用服务的各个端口。

（1） IIS：80。

（2） FTP：21。启用后需要 FTP 客户端关闭 PSAV 才能连接。

（3） SMTP：25。

（4） POP3：110。

（5） MS SQL：1433。

（6） Mysql：3306。

（7） PcAnywhere：5631。

（8） Windows 远程客户端：3389。

12.2.4　设置文档和打印共享服务

对于文档和打印共享服务的 137、138、139 和 445 端口，还可以用以下的方法来关闭。

右击桌面上的“网上邻居”图标，从弹出的快捷菜单中选择“属性”命令，打开“网络连接”窗口，右击其中的“本地连接”图标，再在弹出的快捷菜单中选择“属性”命令，打开“本地连接 属性”对话框，在“常规”选项卡的“此连接使用下列项目”列表框中选择“Microsoft 网络客户端”选项，然后单击“卸载”按钮，再单击“确定”按钮。

12.2.5　启用 Windows XP 防火墙

Windows XP 自带了防火墙，对网络和应用程序都可以起到保护作用。要启用 Windows

XP 防火墙，可在“开始”菜单中选择“设置”→“控制面板”命令，打开“控制面板”窗口，单击“网络和 Internet 连接”选项，打开“网络和 Internet 连接”窗口，单击“Windows 防火墙”选项，打开“Windows 防火墙”对话框，在“常规”选项卡中选中“启用（推荐）”单选按钮，如图 12-7 所示。

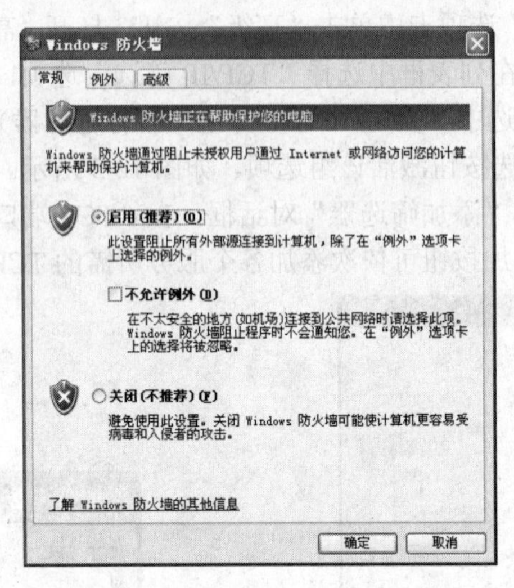

图 12-7 “Windows 防火墙”对话框

“Windows 防火墙”对话框中包含“常规”、“例外”和“高级”3 组配置项，下面分别介绍一下各选项的配置。

1. 常规项配置

Windows 防火墙主要有启用（推荐）、不允许例外和关闭（不推荐）3 种状态，默认状态下是启用的。如果选择了“不允许例外”，防火墙将拦截所有连接计算机的网络请求，包括在“例外”选项卡列表中的应用程序和系统服务，同时拦截文件和打印机共享，以及网络设备的侦测。使用“不允许例外”选项的 Windows 防火墙比较适用于连接在公共网络上的个人计算机。在“不允许例外”的情况下，用户仍然可以浏览网页、发送接受电子邮件和使用实时通信软件。

如果计算机中安装了其他防火墙，可选择“关闭”选项，否则不推荐使用该选项设置。

2. 例外项设置

在“Windows 防火墙”对话框的“例外项”选项卡中可以像其他防火墙一样编辑拦截规则。如果希望某个程序或服务能够访问网络，但不知道这个程序或服务将使用哪一个端口和哪一类型端口，可以将这个程序或服务添加到 Windows 防火墙的例外项中，以保证它能被外部访问，如图 12-8 所示。如果知道程序所用的端口，也可以为程序开启所需的端口。当不需要该程序访问网络时，则可以删除此规则。选中“Windows 防火墙阻止程序时通知我”复选框可以确认是否放行某个网络类软件。

3. 防火墙高级设置

在“Windows 防火墙”对话框的“高级”选项卡中包含了网络连接设置、安全日志记录、ICMP 设置和还原默认设置四组选项，可以根据实际情况进行配置，如图 12-9 所示。

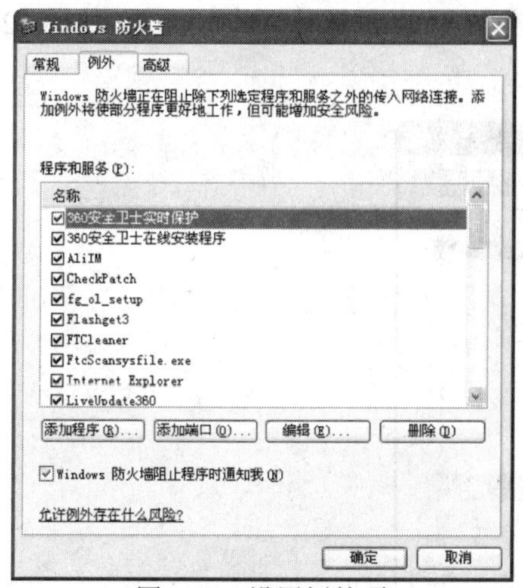

图 12-8　设置例外项

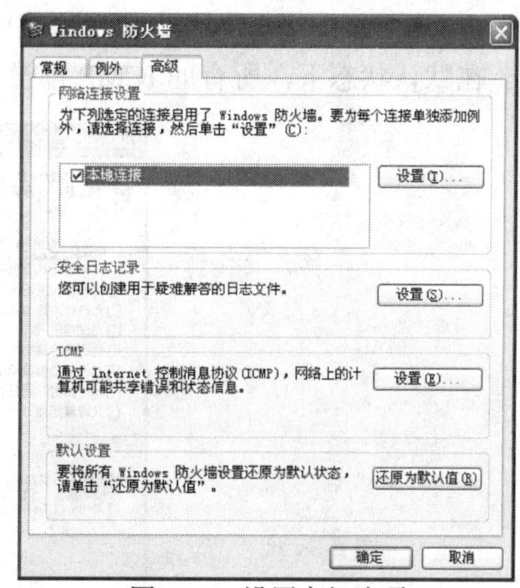

图 12-9　设置高级选项

（1）　网络连接设置。

在“高级”选项卡中单击“网络连接设置”选项组中的“设置”按钮，可打开“高级设置”对话框，在这里可以选择将 Windows 防火墙应用到哪些连接上，如本地连接或网络连接。也可以对某个连接进行单独配置，甚至还可以通过单击“添加”按钮来添加一些网络服务，以使防火墙应用更灵活，如图 12-10 所示。

（2）　安全日志记录。

在“高级”选项卡中单击“安全日志记录”选项组中的“设置”按钮可打开“日志设置”对话框。日志是网络安全检测中非常重要的依据，在日志选项里可以设置防火墙跟踪记录，包括丢弃和成功的所有事项；可以更改记录文件存放的位置；还可以手动指定日志文件的大小，如图 12-11 所示。系统默认的选项是不记录任何拦截或成功的事项，记录文件的大小默认为 4 MB。

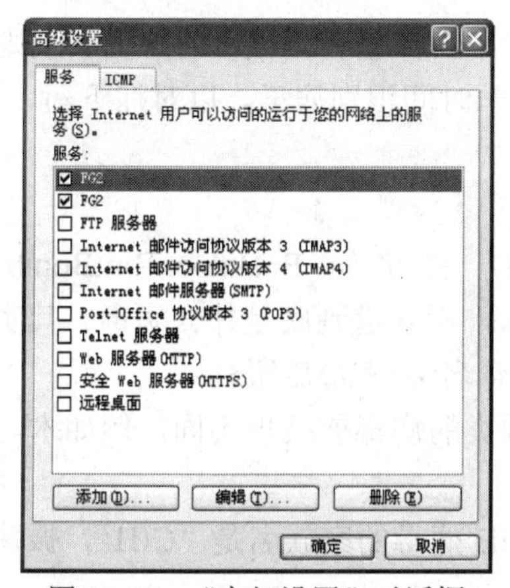

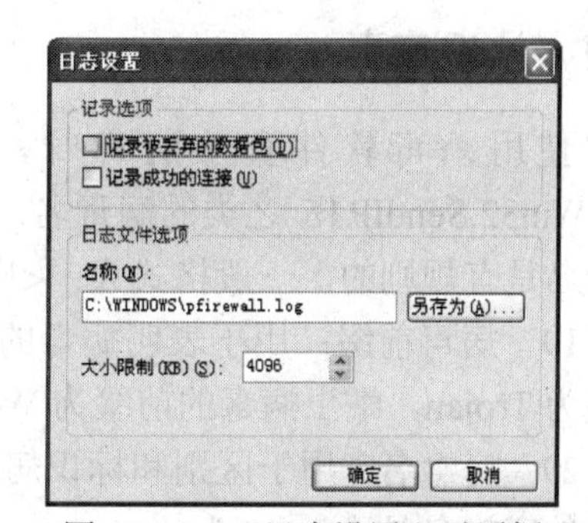

图 12-10　“高级设置”对话框

图 12-11　“日志设置”对话框

（3）　ICMP 设置。

Internet 控制消息协议（ICMP）允许网络上的计算机共享错误和状态信息。在“高级”

选项卡中单击“ICMP”选项组中的“设置”按钮可打开“ICMP 设置”对话框。在该对话框中选定某一项时，接口下方会显示出相应的描述信息，可以根据需要进行配置，如图 12-12 所示。在默认状态下，所有的 ICMP 都没有打开。

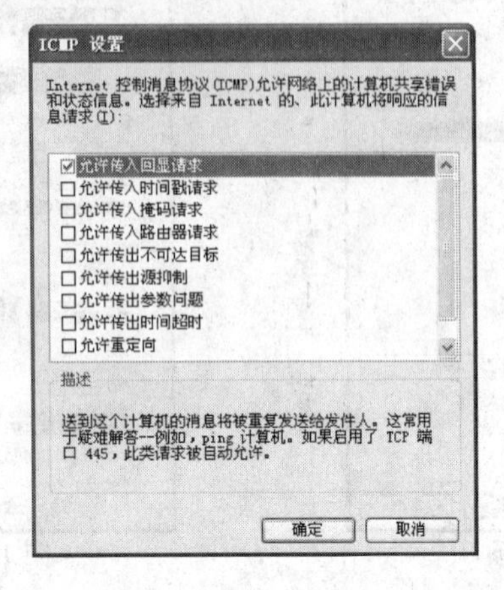

图 12-12 “ICMP 设置”对话框

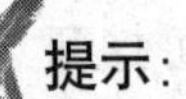

提示：

ICMP 协议（Internet 控制消息协议）用来给 IP 协议提供控制服务，允许路由器或目标主机给数据的发送方提供回馈信息。ICMP 协议是 IP 协议的一部分，任何实现了 IP 协议的设备同时也被要求实现 ICMP 协议。

12.3 如何识别计算机病毒

计算机病毒其实就是一种恶意程序，它同其他程序一样也有其独特的特征和规则。因此，如果我们能够了解一些病毒的常识，就可以在第一时间识别病毒，以对症下药。

12.3.1 认识病毒

在使用杀毒软件查杀病毒时，有时会发现一些诸如 Backdoor.RmtBomb.12、Trojan.Win32.SendIP.15 之类的病毒名，让人一头雾水，不知道到底是什么病毒。其实病毒的的命名是有规则的，一般格式为：<病毒前缀>.<病毒名>.<病毒后缀>。

（1） 病毒前缀：用于表明病毒的种类，不同种类的病毒前缀也不同，例如木马病毒的前缀为 Trojan，蠕虫病毒的前缀为 Worm。

（2） 病毒名：用于区别和标识病毒家族，如 CIH 病毒的家族名是“CIH”，振荡波蠕虫病毒的家族名是“Sasser”。

（3） 病毒后缀：用于区别具体某个家族病毒的某个变种，一般都采用英文中的 26 个字母来表示，如 Worm.Sasser.b 就是指振荡波蠕虫病毒的变种 B，因此一般称为“振荡波 B

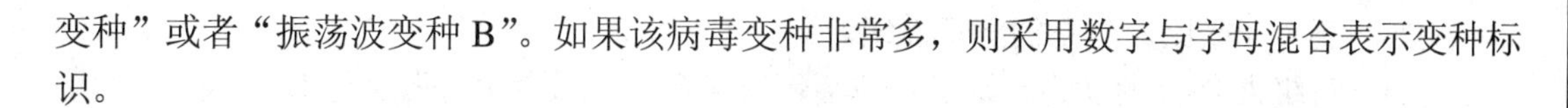

变种”或者“振荡波变种 B”。如果该病毒变种非常多，则采用数字与字母混合表示变种标识。

12.3.2 识别病毒的方法

下面介绍一些 Windows 操作系统中常见的病毒前缀，以方便用户识别病毒。

（1） 前缀为 Win32、PE、Win95、W32、W95 等病毒属于系统病毒。这些病毒的特性是可以感染 Windows 操作系统的 *.exe 和 *.dll 文件，并通过这些文档进行传播，如 CIH 病毒。

（2） 前缀为 Worm 的病毒属于蠕虫病毒。这种病毒是通过网络或者系统漏洞进行传播的，大部分的蠕虫病毒都有向外发送带毒邮件，阻塞网络的特性，如冲击波、小邮差等。

（3） 前缀为 Trojan 的病毒属于木马病毒，前缀为 Hack 的病毒属于黑客病毒，一般情况下木马病毒与黑客病毒是成对出现的。木马病毒的共有特性是通过网络或者系统漏洞进入用户的系统并隐藏，然后向外界泄露用户的信息，而黑客病毒则有一个可视的接口，能对用户的计算机进行远程控制。

提示：

病毒名中含 PSW 或 PWD 字样一般表示这些病毒有盗取密码的功能，这些字母一般都为“密码”的英文 Password 的缩写。

（4） 前缀为 Script 的病毒属于脚本病毒。这些病毒使用脚本语言编写，并通过网页传播，如红色代码（Script.Redlof）。脚本病毒还会有如 VBS、JS 等前缀，用于表明是使用何种脚本编写的，如欢乐时光（VBS.Happytime）、十四日（Js.Fortnight.c.s）等。

（5）宏病毒也属于脚本病毒，但它有着自己的前缀 Macro，第二前缀为 Word、Word 97、Excel、Excel 97 等。例如，感染 Word 97 以后版本 Word 文件的病毒，采用 Word 做为第二前缀，格式为 Macro.Word。

（6） 前缀为 Backdoor 的病毒属于后门病毒。该类病毒是通过网络传播，给系统开后门，给用户计算机带来安全隐患。

（7） 前缀为 Dropper 的病毒属于种植程序病毒。这类病毒运行时会在系统目录下释放出一个或多个新的病毒，由新病毒产生破坏。如：冰河播种者（Dropper.BingHe2.2C）、MSN 射手（Dropper.Worm.Smibag）等。

（8） 前缀为 Harm 的病毒属于破坏性程序病毒。这类病毒是通过引诱用户单击直接对用户计算机产生破坏，如格式化 C 盘（Harm.formatC.f）。

（9） 前缀为 Joke 的病毒属于玩笑病毒，也称为恶作剧病毒。这类病毒不会破坏用户的系统，如女鬼病毒（Joke.Girl ghost）。

（10） 前缀为 Binder 的病毒属于捆绑机病毒。这类病毒通常与一些应用程序如 QQ、IE 等捆绑在一起，表面上看是一个正常的档，当用户运行捆绑了病毒的文件时，也会运行隐藏捆绑的病毒，从而给用户造成危害。如捆绑 QQ（Binder.QQPass.QQBin）、系统杀手（Binder.killsys）等。

此外，还有一些比较少见的病毒前缀。

（1） 前缀为 DoS 的病毒：这类病毒会针对某台主机或者服务器进行 DoS 攻击。

（2） 前缀为 Exploit 的病毒：这类病毒会自动通过溢出对方或者自己的系统漏洞来传播自身，或者它本身就是一个用于 Hacking 的溢出工具。

（3） 前缀为 HackTool 的病毒：这是黑客工具，也许本身并不破坏计算机，但是会被别人加以利用来用本机做替身去破坏其他的计算机。

12.4 防病毒软件的安装与使用

病毒的种类越来越多，传播途径多种多样，表现形式更是五花八门，即使安装了防病毒软件还不敢保证万无一失，如果不安装反病毒软件则更是会沦为病毒、木马等的攻击对象。因此，在计算机中一定要确保安装一款反病毒软件，并且要掌握它的用法。

12.4.1 认识几种防病毒软件

现在一般用户都认识到了安装防病毒软件的重要性，而各类防病毒软件也举不胜举，究竟哪一款最好用，杀毒效果最好呢？这是广大电脑用户普遍关心的一个问题。其实，它们各有千秋，只要正确运用都会起到良好的杀毒效果。下面介绍几种最受用户欢迎的常用杀毒软件。

1. 瑞星杀毒软件 2010

瑞星品牌诞生于 1991 年，是中国最早的计算机反病毒标志，它以研究、开发、生产及销售计算机反病毒产品、网络安全产品和反“黑客”防治产品为主，拥有全部自主知识产权和多项专利技术。瑞星杀毒软件（Rising Anti-Virus）简称 RAV，目前最新版本为瑞星杀毒软件 2010，主界面如图 12-13 所示。

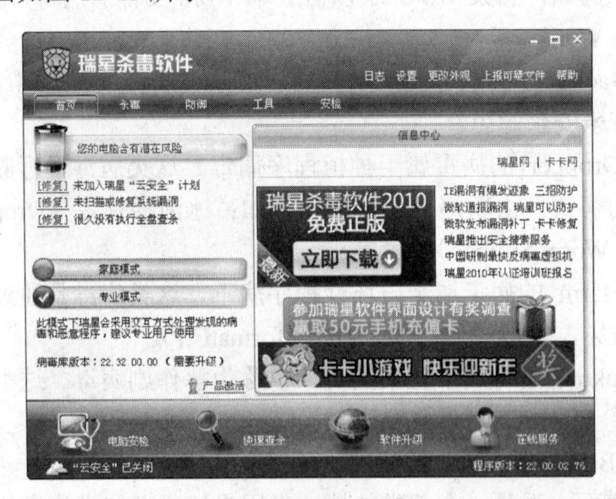

图 12-13 瑞星杀毒软件 2010 主界面

瑞星 2010 提供了“家庭模式”和“专业模式”两种监控模式，用户可根据需要选择所需的模式。如果选择“家庭模式”，瑞星会自动说明用户自动处理扫描过程中发现的病毒和恶意软件；如果选择“专业模式”，则瑞星会采用交互方式处理发现的病毒和恶意软件。

瑞星 2010 新增自我保护，把“U 盘监控”设置得更加广泛和安全，直接把“U 盘监控”修改成“木马入侵拦截”；并把移动媒体、网络盘、光盘纳入“木马入侵拦截”身上，真正做到主动防御的成效。

此外，瑞星还推出了全功能安全软件 2010，该软件是基于“云安全”（Cloud Security）计划和“智慧主动防御”技术开发的新一代信息安全产品，该产品完全互联网化，并实现了杀毒软件、个人防火墙等产品的无缝集成，针对目前木马病毒和黑客攻击等各种网络威胁，为用户提供集“拦截、防御、查杀、保护”为一体的个人计算机安全整体解决方案。

2. 金山毒霸 2010

金山毒霸 2010 将采用 09 年最新研发的“蓝芯 2”引擎，新引擎不仅在查杀未知病毒和变种上有质的飞跃，查杀速度更是远远快于其他任何杀毒软件，主界面如图 12-14 所示。

图 12-14　金山毒霸 2010 主界面

与 2009 版相比，基于新引擎的金山毒霸 2010 开机速度可忽略不计，扫描速度迅如闪电，内存占用微乎其微，其速度之快是其他任何杀毒软件所无法媲美的。作为国内唯一一家加入微软病毒信息联盟（VIA）的杀毒软件厂商，金山毒霸 2010 可以第一时间获得美国微软总部实时拦截的全球所有病毒数据库，再基于全新进化版的“云安全 2.0”，金山毒霸 2010 的病毒库将是国内最新最全面的。

3. 卡巴斯基 2010

卡巴斯基反病毒软件（Kaspersky Anti-Virus，原名 AVP），总部设在俄罗斯首都莫斯科，它为个人用户、企业网络提供反病毒、防黑客和反垃圾邮件产品，主界面如图 12-15 所示。卡巴斯基软件拥有较高的警觉性，它会提示所有具有危险行为的进程或者程序，因此很多正常程序也会被提醒确认操作。该软件被众多计算机专业媒体及反病毒专业评测机构誉为病毒防护的最佳产品。

图 12-15　卡巴斯基 2010 主界面

4. ESET Smart Security

ESET 最新的杀毒软件分为两个版本，NOD32 反病毒版和 Eset smart security 因特网套装版。ESET Smart Security 是一个集成的安全套装解决方案，适合普通个人消费者和中小型商业客户。它包含病毒防御与清除、反间谍软件、反垃圾邮件、防火墙等功能，而且不但杀毒迅速、精准，体积也非常轻巧，仅占用 40 MB 硬盘空间，主界面如图 12-16 所示。

图 12-16　ESET Smart Security 主界面

12.4.2　安装瑞星

用户可以购买正版瑞星杀毒软件 2010，或者到 http://www.rising.com.cn/2010/release/surprise/index.html 网址下载瑞星安装程序，2010 年 1 月正推出瑞星 2010 免费半年使用权的活动。在安装瑞星 2010 之前，应先关闭所有其他正在运行的应用程序。下面介绍从光盘安装瑞星全功能杀毒软件的方法。

提示：

一台计算机中最好只安装一款杀毒软件和一款防火墙，不要认为杀毒软件越多越好，这样一来占用空间，二来还可能发生冲突，反而不能正常发挥出杀毒效果，甚至导致计算机故障。

将瑞星杀毒软件的安装光盘放入光驱，等待光盘自动运行。然后选择“安装瑞星全功能安全软件”选项，打开瑞星杀毒软件的语言选择对话框，选择“中文简体”选项后单击“确定”按钮，如图 12-17 所示。此后会打开“瑞星欢迎您”对话框，直接单击“下一步”按钮，进入“最终用户许可协议”对话框，选择“我接受”单选按钮，然后单击“下一步”按钮，如图 12-18 所示。

图 12-17　选择语音种类

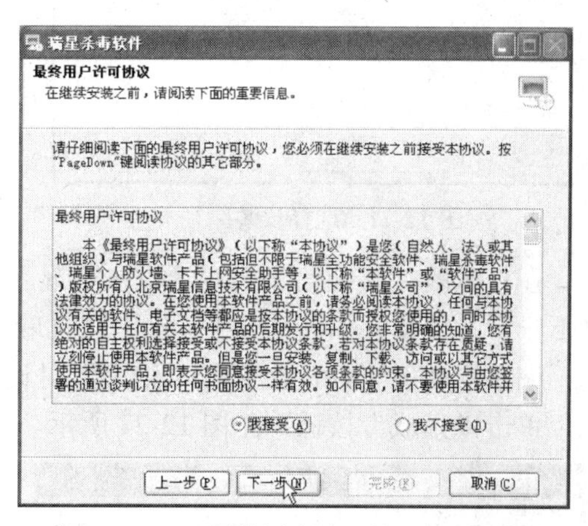

图 12-18　“最终用户许可协议”对话框

在打开的“验证产品序号和用户 ID”对话框中，在“产品序号”及“使用者 ID”文本框中分别输入指定的序号和用户 ID，单击“下一步”按钮，如图 12-19 所示。在打开的“定制安装”对话框中选择要安装的组件，这里使用默认方式安装，直接单击“下一步”按钮即可，如图 12-20 所示。

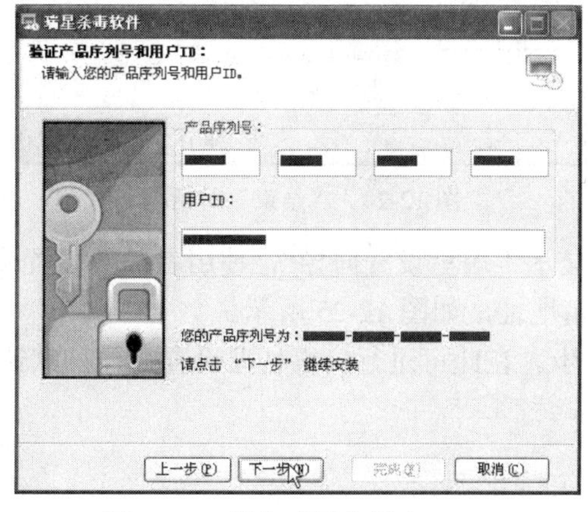

图 12-19　输入序号和用户 ID

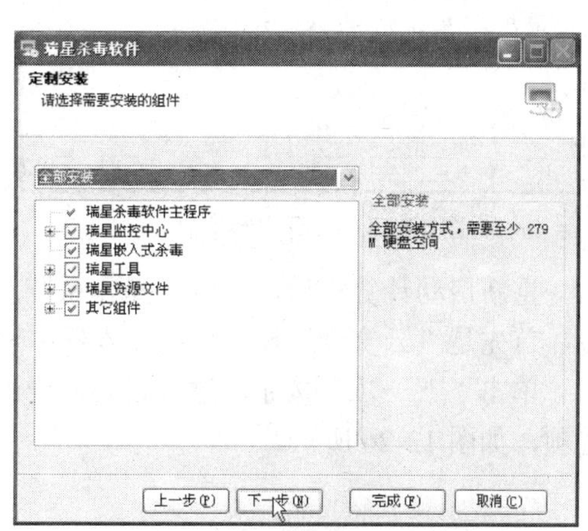

图 12-20　“定制安装”对话框

在打开的“选择目标文件夹”对话框中单击“浏览”按钮，从打开的对话框中选择安装路径，也可以使用默认安装路径。设置完毕单击“下一步”按钮，如图 12-21 所示。

在打开的“选择开始菜单文件夹”对话框中设置开始菜单文件夹名称，清除“放置瑞星图标到桌面”和“放置瑞星图标到快速启动工具条”复选框，然后单击“下一步”按钮，如图 12-22 所示。

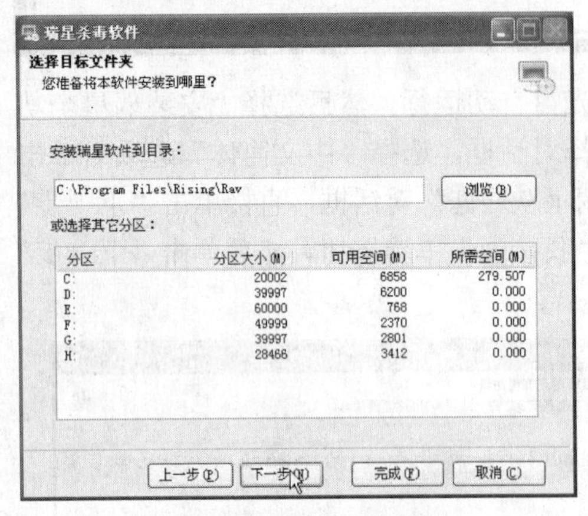

图 12-21　选择安装路径

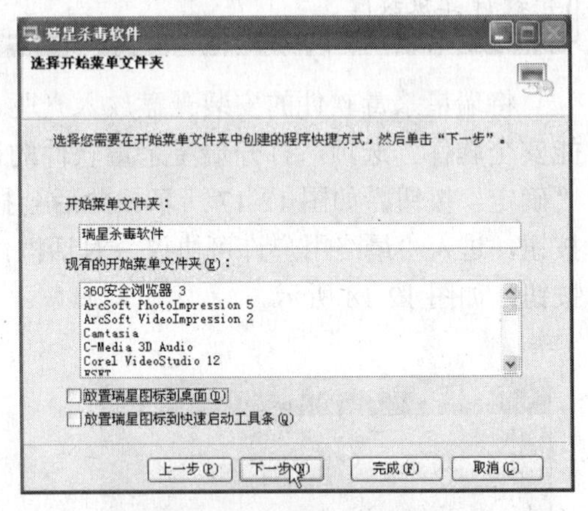

图 12-22　设置开始菜单

在打开的“安装信息”对话框中会显示安装瑞星时的所有相关信息，核实无误后单击“下一步”按钮，如图 12-23 所示。此时瑞星开始安装，并显示安装进度。

瑞星安装完毕后，会打开“结束”对话框，在其中确认选择了“重新启动电脑”复选框，单击“完成”按钮，如图 12-24 所示。

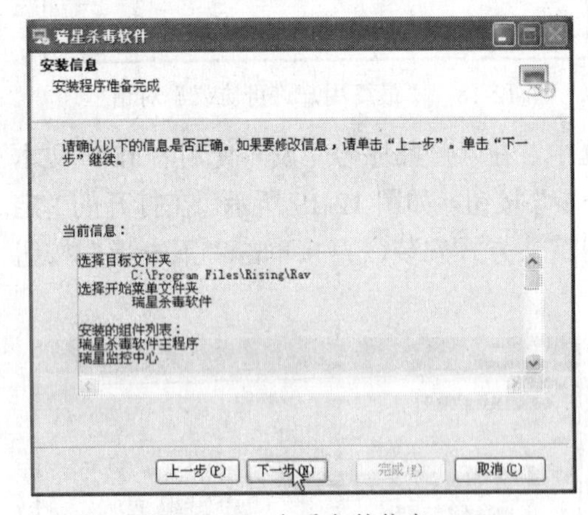

图 12-23　查看安装信息

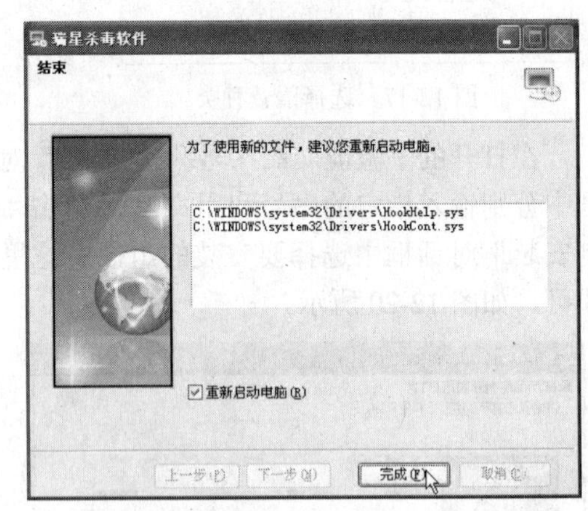

图 12-24　“结束”对话框

重新启动计算机后，在进入操作系统之前会显示“瑞星设置向导”，使用者需要设置 4 步，首先是“云安全”设置，在文本框中输入邮箱地址，如图 12-25 所示。

单击“下一步”按钮，进入设置向导的第 2 步。在此可进行病毒处理设置，保护默认选项，如图 12-26 所示。

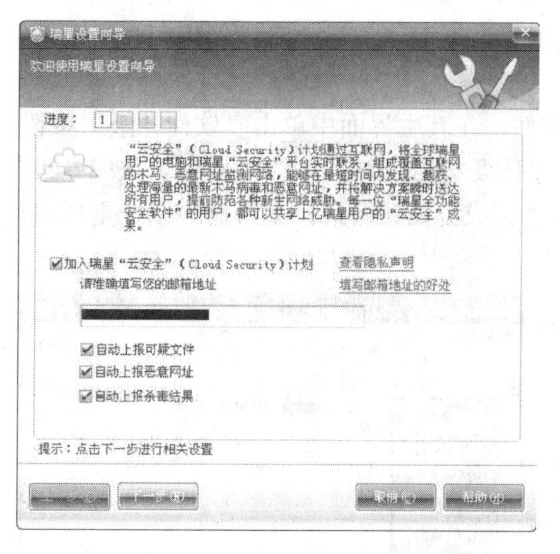

图 12-25　设置“云安全”

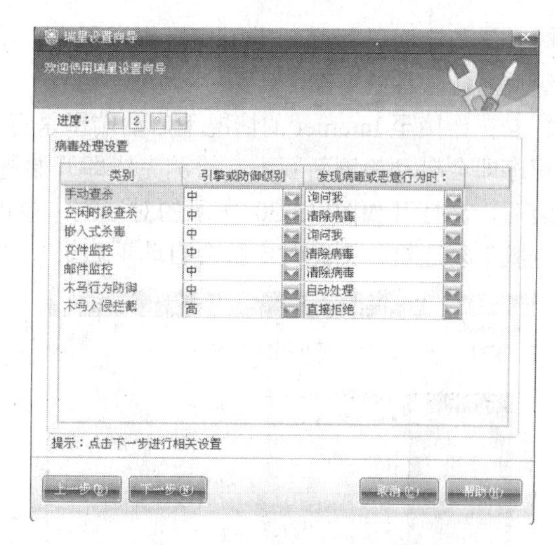

图 12-26　病毒处理设置

单击“下一步”按钮，进入设置向导的第 3 步。在此可进行相关提示设置，保护默认选项，如图 12-27 所示。使用者也可以根据自己的使用习惯取消某选项，例如用户希望手动升级程序、不希望显示瑞星助手，可以清除“启用静默升级”和“启用瑞星助手”两个复选框。

单击“下一步”按钮，进入设置向导的第 4 步。在此可进行系统安全环境检查，如图 12-28 所示，完成扫描后，单击“完成”按钮，进入操作系统并运行瑞星杀毒软件。首次进入时会弹出产品状态检测对话框，单击“关闭”按钮即可进入瑞星主界面。

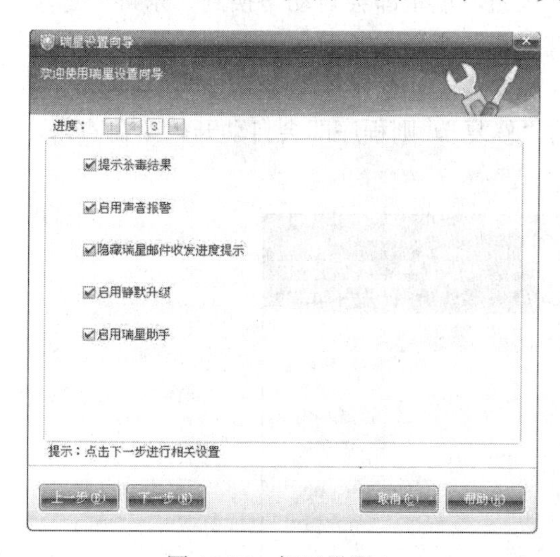

图 12-27　提示设置

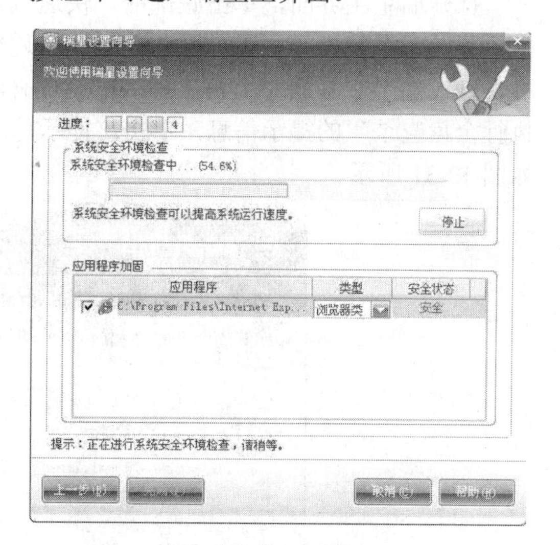

图 12-28　系统安全环境检查

12.4.3　升级瑞星

安装瑞星杀毒软件后，程序会自动检测当前状态下用户系统的安全级别。新安装的杀毒软件病毒库版本并非最新，安全级别相对较低。因此安装杀毒软件后首先要升级反病毒软件，一般的反病毒软件都提示了多种升级方式，如实时升级、定时升级和手动升级。实时升级与定时升级都无需用户操作，程序自动执行。下面以瑞星杀毒软件为例介绍手动升级反病毒软件的方法。

在连接至 Internet 的情况下启动瑞星杀毒软件，在其主界面中单击“软件升级”按钮，程序即会自动检测新版本，检测完毕即开始进行升级安装，如图 12-29 所示。完成升级安装后，会打开如图 12-30 所示的对话框，单击“完成”按钮即可。如果选中了“重新启动电脑”复选框，则此时电脑会自动重启。

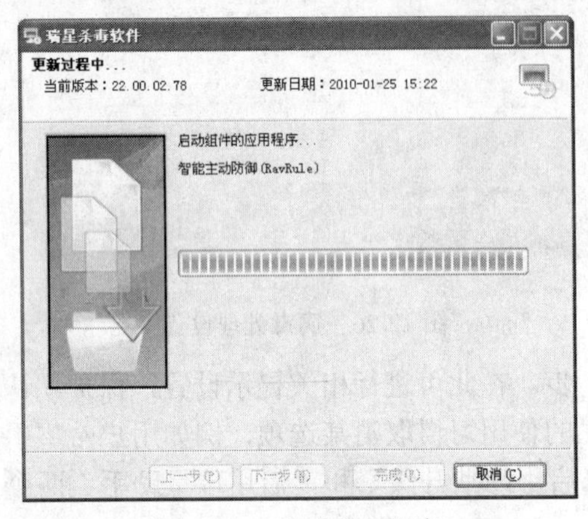

图 12-29　自动升级程序

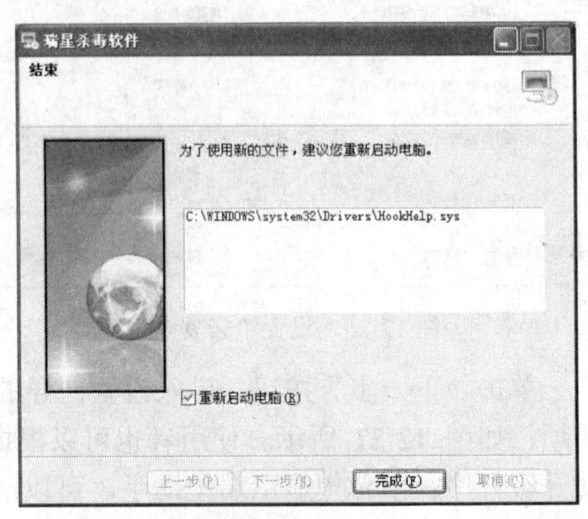

图 12-30　完成升级安装

12.4.4　查杀病毒

打开瑞星主界面，单击底部的“快速查杀”按钮，瑞星即会自动切换到“杀毒”选项卡，开始对系统内存、引导区和关键区域进行查毒。如果用户长时间未对电脑进行全面查毒，则在瑞星主界面左上角“您的电脑含有潜在风险”提示区域中会显示一条“很久没有执行全盘查杀”的提示信息，单击该提示前面的“修复”，则程序即会自动开始全盘查杀，如图 12-31 所示。

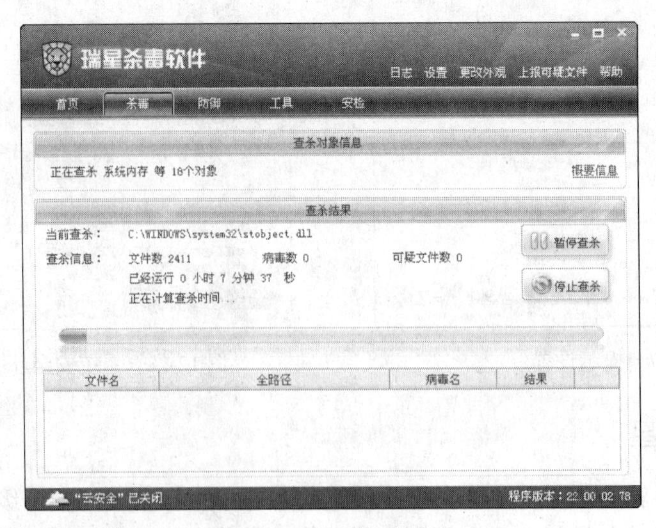

图 12-31　全盘查杀

用户的磁盘容量越大、存储的内容越多，全盘查杀所需的时间也就越多，而且在查毒过程中会占用大量内存，因此在进行全盘查杀过程中最好不要执行其他程序，建议用户腾出半天时间专门进行全盘查杀操作。全盘查杀结束后，会在“杀毒”选项卡下方列出所有删除的病毒及可疑文件，并打开“杀毒结束”对话框，报告杀毒结果，如图 12-32 所示。

在“杀毒结束”对话框中单击“手动删除可疑文件”，可展开“请选择要删除的可疑文件”列表框，选中“全选”复选框选择所有可疑档，然后单击“确定”按钮即可删除所有可疑文件，如图 12-33 所示。

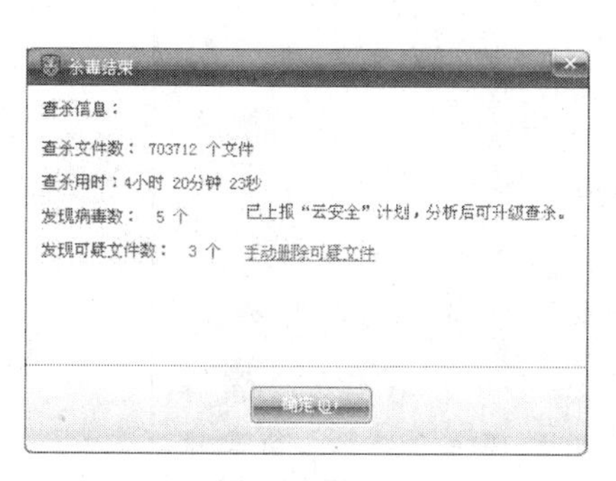

图 12-32　杀毒结果

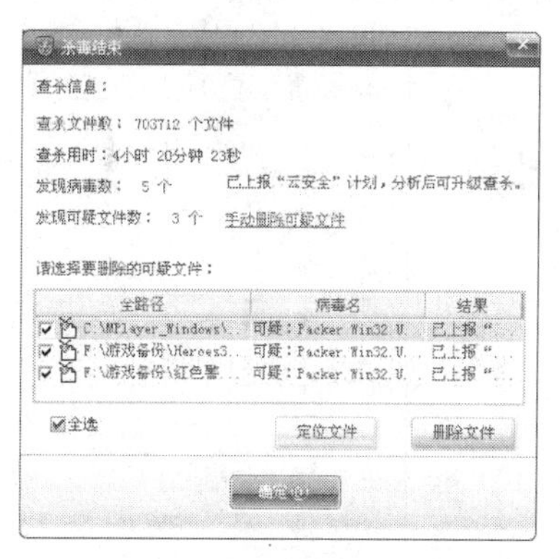

图 12-33　删除可疑档

12.4.5　查杀相关设置

用户可以自定义查杀目标，如只查杀 C 盘，或者只查杀 E 盘下某个文件夹等。此外还可以设置瑞星的查杀病毒的方式，以及发现病毒后的处理方式等。

1.　设置查杀目标

在瑞星主界面中切换到“杀毒”选项卡。若要查杀某个磁盘分区，可取消其他分区的选择，例如查杀 C 盘可取消 D、E、F、G、H 等盘的选择，如图 12-34 所示。至于“系统内存”、“引导区”、“系统邮件”和“关键区域”等建议用户保护选择状态。

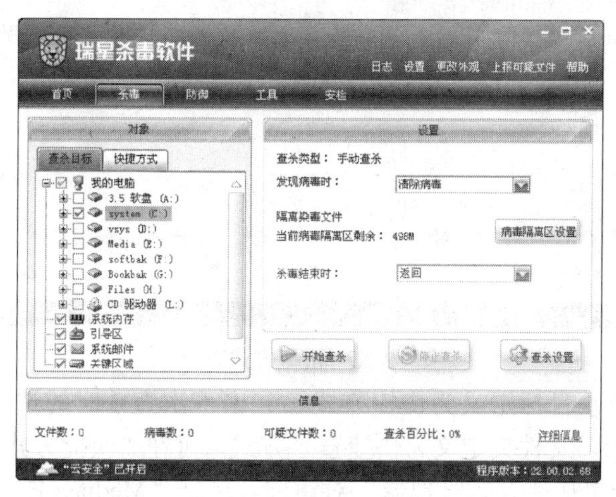

图 12-34　查杀目标为某个磁盘分区

如果只希望查杀某磁盘分区下的某个文件夹，应先选择该磁盘分区且只选择该分区，然后单击该分区左侧的“+”号展开，取消其他文件夹的选择状态，只选择要查杀的文件夹，如图 12-35 所示。完成查杀目标设置后，单击右侧的“开始查杀”按钮开始查杀选择的目标。

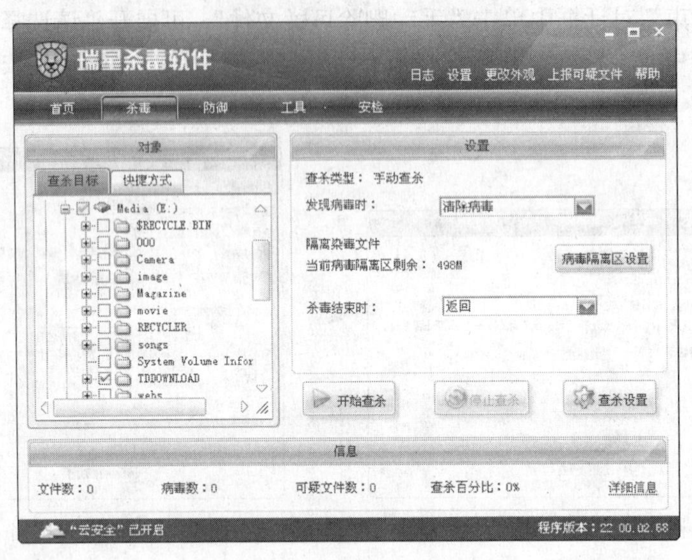

图 12-35　查杀目标为某个文件夹

瑞星杀毒软件还提供了快捷方式查杀，其中只包含 4 个选项：我的文档、可移动介质、所有硬盘和所有光盘，如图 12-36 所示。

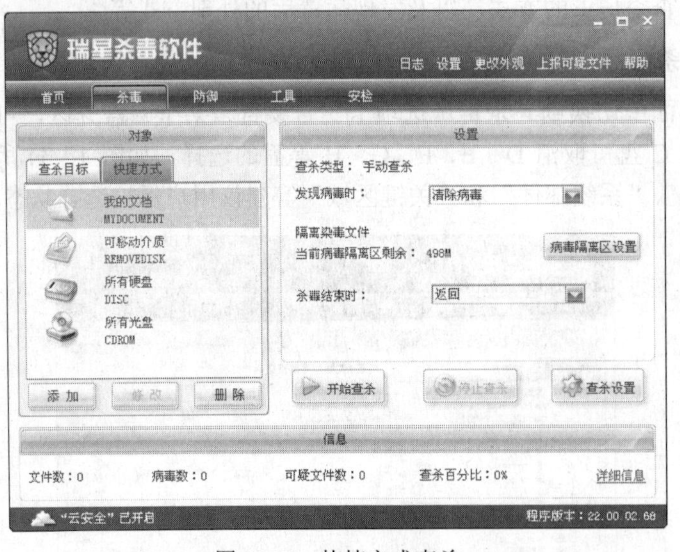

图 12-36　快捷方式查杀

用户也可以将查杀目标定义为快捷方式，省去下次查杀时的选择操作。例如，要将“E:\TDDOWNLOAD”文件夹定义为快捷查杀方式，可在“快捷方式”选项卡中单击“添加”按钮，打开“瑞星快捷方式管理器”对话框，展开“Media（E:）”磁盘，选择该磁盘根目录下的 TDDOWNLOAD 文件夹，如图 12-37 所示。

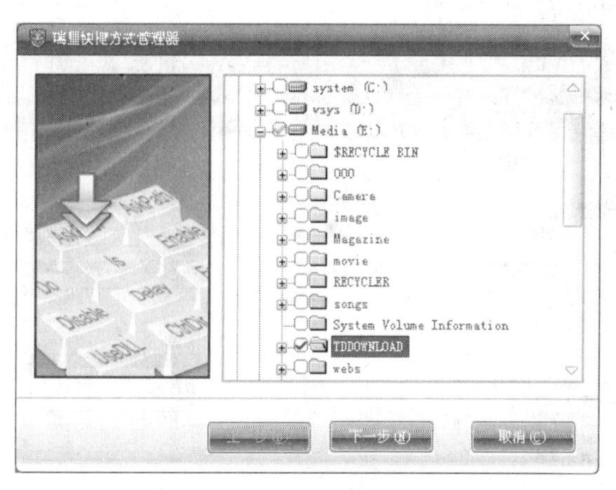

图 12-37　设置查杀目标

单击“下一步”按钮，切换到下一个对话框，在“请输入快捷方式名称”文本框中设置快捷方式名称，如“下载文件”。在“请输入快捷方式描述信息”文本框中可输入相关说明；在“请选择图示”列表框中可选择快捷方式的图标；如果要在桌面中显示快捷方式，可选中“生成桌面快捷方式”复选框，如图 12-38 所示。

图 12-38　设置快捷方式

单击“完成”按钮完成查杀快捷方式的设置，即会在“快捷方式”列表框中多出一个名为“下载文件”的快捷方式。如果在桌面上也添加了快捷方式，下次查杀“E:\TDDOWNLOAD”文件夹时，可通过双击运行桌面的“下载文件”快捷方式进行查杀，无需再打开瑞星程序。

2.　设置处理方式

默认情况下，瑞星在查杀过程中发现病毒时会自动清除病毒，杀毒结束后返回瑞星杀毒软件主界面。用户可以根据情况自定义处理方式，如图 12-39 所示。

例如使用者从 Internet 中获得了一个破解软件，其中的破解程序有可能会被杀毒软件误认为是病毒，如果使用默认方式查杀破解程序就会被清除，下载的软件也就无法使用了；如果遇到这种情况，在查杀前应先设置发现病毒时的处理方式。

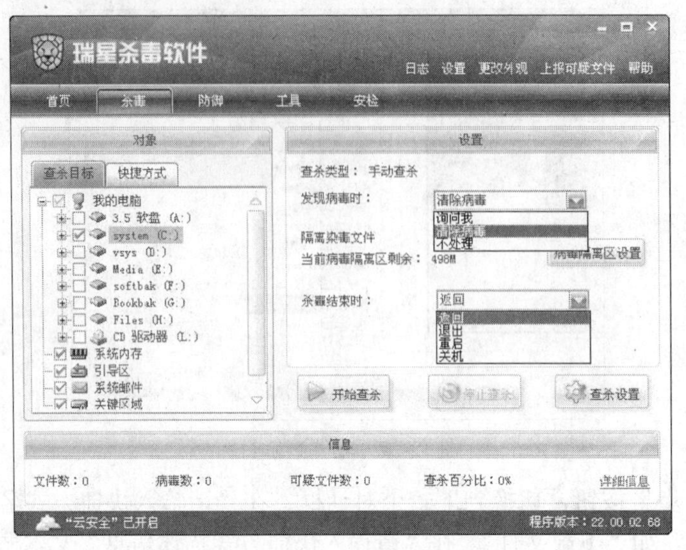

图 12-39 设置处理方式

完成设置后单击“应用”按钮，打开“确认验证码”对话框，在“请输入验证码”文本框中输入对话框图像内容，单击“确定”按钮。值得注意的是，每次完成一个选项页内容设置都需单击“应用”按钮，再设置其他选项页内容。若要退出“设置”对话框，直接单击“确定”按钮即可。

提示：

单击“杀毒”选项页中的“查杀设置”按钮，进入“设置”对话框，不但可以设置处理方式，而且还可以设置查杀级别。一般用户选择“中安全级别”即可，如果要进行全面彻底的查杀可选择“高安全级别”。

3. 设置空闲时段查杀

用户可以利用空闲时段查杀病毒，例如利用午休时间查杀 C 盘等。打开“设置”对话框，选择“查杀设置”下的“空闲时段查杀”选项，“处理方式”选项卡中各选项设置保持不变。然后切换至“查杀任何列表”选项卡，单击“添加”按钮，打开“添加时段”对话框，在“名称”文本框中输入名称，如“午休空闲查杀”，再在“类型”下拉列表框中选择查杀类型，并设置时间间隔，指定生效日期和开始时间与结束时间，如图 12-40 所示。完成设置后单击“确定”按钮，返回“设置”对话框，在列表框中即会新增一个指定的查杀任务。

切换到“检测对象”选项卡，选择“引导区”和“指定档或文件夹”复选框，单击“添加”按钮打开“浏览文件夹”对话框，选择要查杀的磁盘，然后单击“确定”按钮返回“设置”对话框，即可完成空闲时段查杀设置。

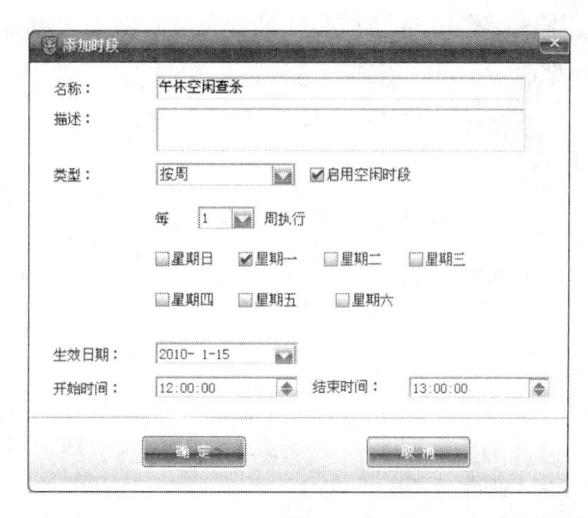

图 12-38　设置空闲时间

4. 设置嵌入查杀

瑞星可以直接处理包含在 FlashGet、WinRAR、WinZip、MSN Messenger、AOL、WellGet 和 Net Vampire 等软件内的病毒。切换至“嵌入式高级设置”选项卡，选择列表框中显示的软件 WinRAR，再选择“当嵌入式杀毒设置工具升级时，自动嵌入所有支持的软件”，如图 12-39 所示。

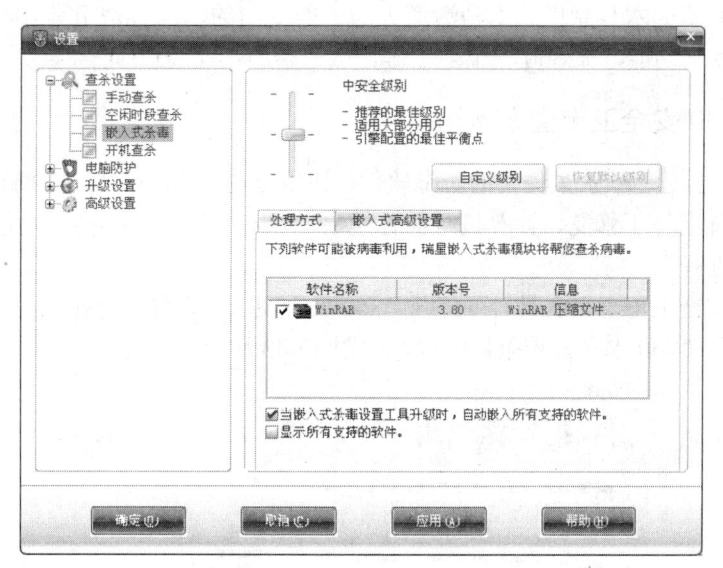

图 12-39　嵌入式高级设置

5. 设置开机查杀

如果要设置开机查杀，应单击“设置”对话框左侧的“查杀设置”选项，从右侧选择“使用开机查杀”复选框。至于开机时要查杀的内容，使用者可展开“查杀设置”选项，选择其下的“开机查杀”选项，在该选项页中设置开机查杀目标，如图 12-42 所示。

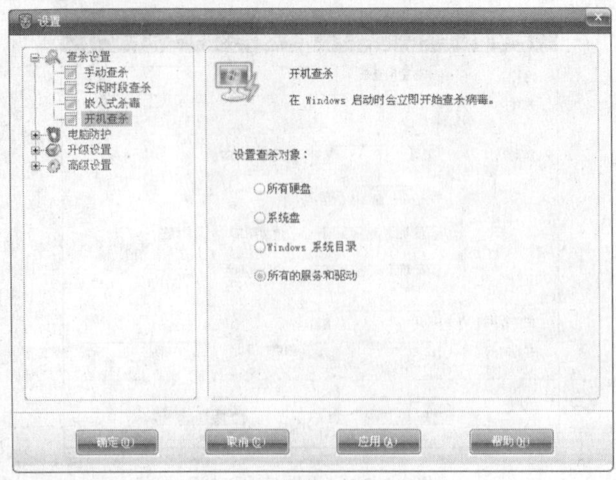

图 12-42　设置开机查杀对象

12.5 防 杀 木 马

木马是黑客用来攻击他人电脑的工具，它可以侦听系统中存在的漏洞，从而控制他人的电脑。除了有诸如木马克星、木马清道夫等一类专门的木马查杀工具外，很多杀毒软件也都带有查杀木马功能，如 360 安全卫士等。

12.5.1　用 360 安全卫士查杀木马

360 安全卫士是一款永久免费的防毒软件，使用方便，功能强大。它拥有木马查杀、恶意软件清理、漏洞补丁修复、计算机全面体检、垃圾和痕迹清理等多种功能，被誉为“防范木马的第一选择”。

要用 360 安全卫士查杀木马，可打开“360 安全卫士”主界面，在工具栏中单击“杀木马”按钮，打开“360 木马云查杀”窗口，如图 12-43 所示。

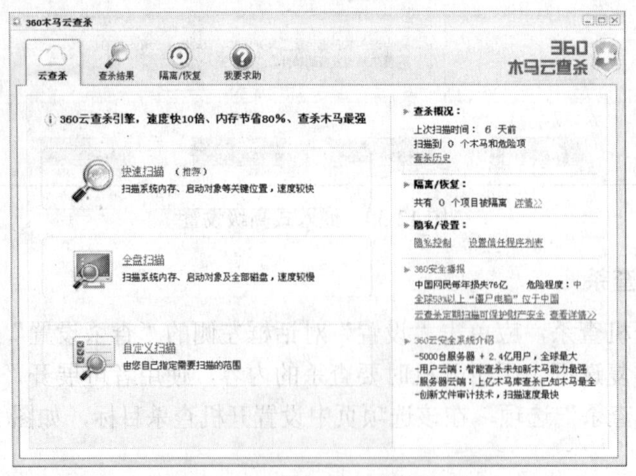

图 12-43　进入云查杀选项页

单击“全盘扫描”选项，进行全盘木马查杀，360 会显示扫描进度，并将扫描结果显示在列表框中，如图 12-44 所示。

图 12-44 扫描进度及结果

若要查看已发现的木马的情况，可切换到“扫描结果”选项卡，其中列出了所有已查出的木马，如图 12-45 所示。选中木马项，单击“立即处理”按钮即可清除木马。

图 12-45 查看扫描结果

随着计算机技术的提高，黑客们的招数也越来越多。有些木马的隐藏性很深，通过上述常规方法可能查不出来，360 还提供了系统急救箱，可深入查杀木马。当用户在使用 360 查杀木马结束后，如果没有查到木马和危险行为，但仍然怀疑自己的计算机存在严重问题，可在 360 扫描结果的提示信息中单击“360 急救箱”字样，打开“360 急救箱”，如图 12-46 所示。

单击“开始系统急救”按钮，360 开始查找并处理隐藏的病毒文件及木马程序，并报告处理结果，如图 12-47 所示。

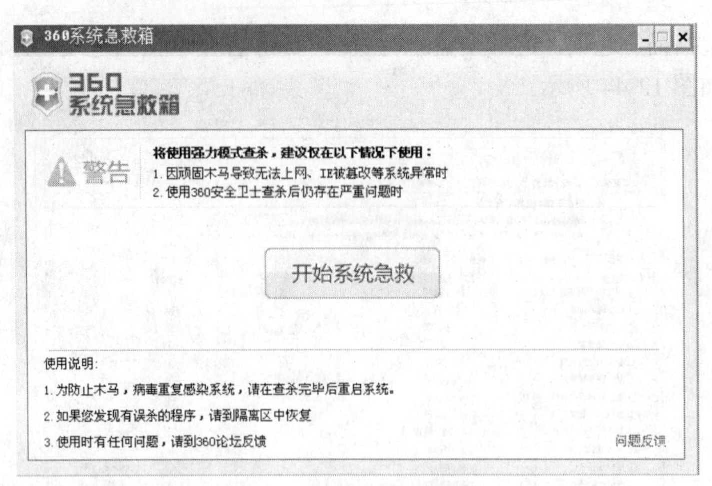

图 12-46　360 系统急救箱

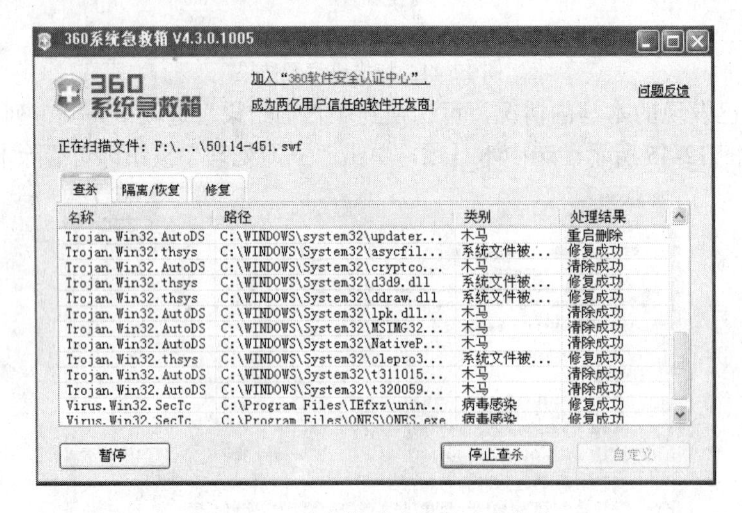

图 12-47　查杀隐藏木马及病毒文件

12.5.2　预防木马的方法

俗话说：防患于未然。虽然众杀毒软件道行高深，但谁又愿意经常性地专门耗费大量的时间去进行查杀呢？因此，杀不如防。下面介绍几种防木马的方法。

（1）定期给系统和第三方软件打补丁，第一时间修补系统漏洞。

（2）一定要注意及时升级杀毒软件，并开启实时监控功能。

（3）设置复杂的管理员密码，关闭来宾账户。

（4）不进入不良网站，不轻易单击网站连接，不随意安装可疑插件和来历不明程序。

（5）不要单击陌生人发送的 Word 等祝福文档和连接。

（6）在网上购物、交流时要有防范意识，不要轻易泄漏自己的信息。

（7）重要的数据要及时进行备份。

12.6　保护自己的各种账号和密码

现在利用网络处理的事务越来越丰富，各种需要保密的资料也越来越多，如游戏、网银、QQ 等账号及密码，如果电脑被人攻击控制，那么这些资料就有可能丢失，造成不可估量的损失。因此，如何保护自己的各种账号和密码是网络用户非常有必要了解和掌握的。

12.6.1　保护游戏账号和密码

相信每个网民都会在闲暇时间玩玩游戏，那么游戏玩家就需要注意：绝对不要在游戏中告诉别人自己的账号与密码。

如果用户在上网时看到“您获得了 XX 活动的奖励，请您将您的账号与密码告诉我，以便我们核实数据给您发奖品”之类的信息时，一定不要被这样的低级骗术所蒙蔽，因为正规的游戏网站内部人员是不会以任何形式向游戏玩家索取账号、密码和相关数据的。

12.6.2　保护通信工具账号和密码

不要随意接收网上不明身份的人在 QQ、E-mail 等联络工具中所传输的文件。

在使用 QQ 等通信软件聊天时，有时会遇上一些心怀不轨的人，他们故意和别人套近乎、诱惑别人接收他传送的文件。一旦接出了对方的文件，就中了他的圈套，因为那些文件中可能会携带病毒或木马。中了木马之后，木马主人就很容易控制他人的计算机，轻而易举地盗取他人账号。所以上网聊天时一定要有自我保护意识，不要轻易相信他人的花言巧语。

此外，如果用户是网吧上网，还要注意在输入账号与密码的时候要防止他人在背后偷窥，离开的时候要切记清除账户，以防他人利用工具恢复破译用户的密码。这里还要建议用户最好将密码设为由数字、字母、符号等组成的 6～12 位的复杂密码，尽量不要使用纯数字或字母组合的简单密码。

12.6.3　警惕网页挂马

有许许多多不良网站在网页中植入木马，用户从打开网站系统时便开始接收恶意代码，点击连接接收病毒，点击下载则被种下木马，轻则注册表被改，计算机中毒，IE 出现问题；重则系统崩溃、甚至硬件出现问题。当然最不幸的就是木马被植入系统中，密码和账号被窃取。因此，建议用户慎入一些不健康的网站，并切记要安装防火墙，且时时进行更新。

12.6.4　输入密码的技巧

在输入密码时可以使用一些小技巧，来增加保险系数。盗号木马一旦潜伏在计算机里，它会窃听记录用户输入的账号和密码。因此建议用户使用另类的方式输入密码，例如用户密码为 zhou1234，可以先输入 hou34，移动鼠标插入点至行首，输入 z；然后再移至插入点至 34 前输入 12，这样木马监测文件生成的密码就变为了 hou34z12。这种方法适用于只记

录键盘输入，而不记录鼠标轨迹的木马。

如果用户使用的软件允许以复制粘贴的方式输入密码，可以先在记事本中输入密码，然后以复制粘贴的方式粘贴到密码文本框中。如果用户使用的软件允许以鼠标单击软键盘的方式输入，可使用软键盘输入。例如腾讯 QQ 就支持软件键盘输入密码，如图 12-48 所示。

图 12-48　单击软键盘上的按钮输入密码

12.6.5　使用第三方软件

现在用于保护账号和密码的第三方软件越来越多，例如瑞星杀毒软件 2010 提供的小工具中就包含有“账号保险柜”，还有 360 保险箱等。这类软件采用主动防御技术，对盗号木马进行层层拦截，阻止盗号木马对网游、聊天等程序的侵入，说明用户保护网游账号、聊天账号、网银账号、炒股账号等，可防止由于账号丢失导致的虚拟资产和真实资产受到损失。例如，图 12-49 中的“QQ2009”就处于 360 保险箱的保护之下。

图 12-49　360 保险箱

12.7　中毒后的系统恢复

一旦计算机系统遭到病毒破坏，可先采取一些简单的办法清除大部分计算机病毒，恢复被计算机病毒破坏的系统。

12.7.1　修复处理

下面介绍计算机感染病毒后的一般修复处理方法。

（1）全面了解系统破坏程度，并根据情况采用有效的病毒清除方法和对策。如果受破坏的大多是系统文件和应用程序文件，并且感染程度较深，那么可以采取重装系统的办法清除计算机病毒；如果感染的是关键数据文件，或比较严重的时候，如硬件被 CIH 破坏，则应考虑请病毒防杀专家进行病毒清除和数据恢复工作。

（2）修复前尽可能备份重要的数据文件。目前防杀计算机病毒软件在杀毒前大多都能够保存重要的数据和感染的文件，以便能够在误杀或造成新的破坏时可以恢复现场。但是对那些重要的用户数据文件等还是应该在杀毒前手工单独进行备份，备份不能做在被感染破坏的系统内，也不应该与平时的常规备份混在一起。

（3）启动计算机反病毒软件进行全盘扫描。对整个硬盘进行扫描，尽可能地把病毒清除干净。

（4）发现计算机病毒后，可使用杀毒软件直接清除文件中的病毒，如果可执行文件中的病毒无法清除，可直接将其删除，然后重新安装相应的应用程序。

（5）杀毒完成后重新启动计算机，再次使用杀毒软件检查系统中是否还存在病毒，并确定被感染破坏的数据已被完全恢复。

12.7.2　修复实例

下面介绍几个感染病毒的故障排除案例。

1. 病毒引起声卡故障

故障现象：计算机最近开机后总会听到“咔、咔、咔”声。

故障分析及解决方法：出现该类故障可按如下步骤一步步排除故障。

（1）首先考虑声卡设置是否有误，可进入“设备管理器”窗口查看确认，排除声卡及其他设置设置故障。

（2）查看音箱是否有问题，可将耳机插到声卡的 Speaker 口，如果故障依旧存在，则说明音箱无误。

（3）声卡、音箱无误，则有可能是病毒造成的，启动反病毒软件进行全盘查杀，然后重新安装声卡驱动程序。

（4）最后重新启动计算机即可操作故障。

2. 系统提示找不到 Word.exe

故障现象：在计算机中运行 Word 时，系统提示找不到 Word.exe。

故障分析及解决方法：这种故障有可能是由于可执行文件被病毒破坏引起的，可安装反病毒软件，然后对系统进行全面扫描，重新安装 Office 软件即可排除故障。

3. 弹出非法操作信息

故障现象：正确操作计算机却总是弹出提示文件非法操作信息，后来发现原来 C 盘 Windows 文件夹中多了一个 Wins.exe 文件。

故障分析及解决方法：出现这种情况，有可能是病毒利用 Wins.exe 档感染了 Fantast 的缘故，可按以下操作方法排除故障。

（1） 以记事本的方式打开 C:\Windows\System.ini 档，删除其中的 shell=explorer.exe wins.exe 中的空格及 wins.exe，只保留 shell=explorer.exe。

（2） 选择“文件”→“保存”命令，保存修改的文件，然后单击“关闭”按钮退出 System.ini 文件。

（3） 重启计算机，删除 C:\Windows\Wins.exe 文件和 C:\Windows\Command\sys.exe 文件，故障即可排除。

4. 病毒引起的系统文件无法执行

故障现象：计算机近来出现双击无法执行桌面上快捷方式，使用“开始”菜单也只能执行“关闭”操作，其余操作无法执行。

故障分析及解决方法：出现这种故障多数情况下是病毒在做怪，可直接运行反病毒软件，进行全盘查杀。如果故障仍旧，则有可能是系统故障，可通过恢复程序进行修复。

5. 病毒引起的一系列故障

故障现象：计算机出现运行速度变慢、频繁死机，操作过程中经常出现一些莫名其妙的提示，数据文件丢失、文件忽然变大等现象。

故障分析及解决方法：出现这些情况，可以十分肯定计算机已经感染病毒了。其中一部分病毒对数据、文件等软件进行了破坏，一部分病毒直接影响到计算机硬设备的正常工作。一般情况下，运行反病毒软件即可排除故障。